城市地下综合管廊建设
指导手册

本书编委会◎编著

中国建筑工业出版社

图书在版编目（CIP）数据

城市地下综合管廊建设指导手册/本书编委会编著. —北京：中国建筑工业出版社，2018.3
ISBN 978-7-112-21843-1

Ⅰ.①城…　Ⅱ.①本…　Ⅲ.①市政工程—地下管道—管道施工—手册　Ⅳ.①TU990.3-62

中国版本图书馆CIP数据核字（2018）第032250号

责任编辑：李　明　李　杰　葛又畅
责任校对：张　颖　王　烨

城市地下综合管廊建设指导手册
本书编委会　编著
*
中国建筑工业出版社出版、发行（北京海淀三里河路9号）
各地新华书店、建筑书店经销
北京锋尚制版有限公司制版
北京富诚彩色印刷有限公司印刷
*
开本：850毫米×1168毫米　1/16　印张：33¾　字数：820千字
2023年3月第一版　　2023年3月第一次印刷
定价：**328.00**元
ISBN 978-7-112-21843-1
（31266）

本书编委会

主　　编：赵泽生

副 主 编：严盛虎　孙晓春　唐　兰

参编人员：张　月　李　昂　李筱祎

审核专家名单：（按姓氏笔画排序）

王长祥　王恒栋　王　英　王　建　束　昱

李跃飞　肖　燃　杨京生　安志强　闫红缨

陈　伟　陈永初　张义理　张亦明　张　明

张　燎　徐　波　金永祥　姜　威　苗战中

梁小军

支持单位名单：

中国城市规划设计研究院

北京市市政工程设计研究总院有限公司

北京城建设计发展集团股份有限公司

上海市政工程设计研究总院（集团）有限公司

中国市政工程华北设计研究总院有限公司

中冶京诚工程技术有限公司

深圳市市政设计研究院有限公司

深圳市城市规划设计研究院

郑州市规划勘测设计研究院

青岛市市政工程设计研究院有限责任公司

威海市城乡规划编研中心有限公司

厦门市政管廊投资管理有限公司

上海电器科学研究所（集团）有限公司

广州大学城投资经营管理有限公司

北京荣科物业服务有限公司

中兴工程顾问股份有限公司

北京大岳咨询有限责任公司

上海济邦投资咨询有限公司

北京市中伦（上海）律师事务所（联合体）

苏州中咨工程咨询有限公司

北京中财视点咨询有限公司

北京思泰工程咨询有限公司

广州市国际工程咨询有限公司

海口市设计集团有限公司

中交第四公路工程局有限公司

中国建筑第五工程局有限公司

中国建筑第二工程局有限公司

中国建筑第六工程局有限公司

中建地下空间有限公司

中交南沙新区明珠湾区工程总承包项目经理部

黑龙江宇辉新型建筑材料有限公司

中交第三航务工程局有限公司

北京城建亚泰建设集团有限公司

中铁海峡建设集团有限公司

序

近十年来，针对我国长期存在的重地上轻地下、地上设施齐全、地下管线混乱、地面被反复"开膛破肚"的现象，党中央国务院从推动城市基础设施高质量发展的战略高度，部署推进城市地下综合管廊建设。习近平总书记就加快补齐地下基础设施短板、提升城市安全运行水平、提高城市综合承载能力等作出重要指示批示。李克强总理多次就推进地下综合管廊建设工作作出重要指示。《中共中央 国务院关于进一步加强城市规划建设管理工作的若干意见》《国务院办公厅关于推进城市地下综合管廊建设的指导意见》（国办发〔2015〕61号）、《国务院关于印发扎实稳住经济一揽子政策措施的通知》（国发〔2022〕12号）就推进地下综合管廊建设作出总体部署。2016年以来，先后5年的《政府工作报告》对全国综合管廊建设进行专题部署，2022年《政府工作报告》要求继续推进地下综合管廊建设。

为贯彻落实党中央国务院部署，指导各地推进地下综合管廊建设，住房和城乡建设部和财政部从2015年至2019年组织开展了中央财政支持地下综合管廊建设试点工作，先后确定2批共25个试点城市，带动全国各级政府探索综合管廊建设。住房和城乡建设部先后印发了《城市地下综合管廊工程规划编制指引》《城市地下综合管廊建设规划技术导则》，制定完善综合管廊工程技术、运行维护及安全、监控与报警等一系列技术标准，并会同国家发展改革委印发关于建立综合管廊有偿使用制度的指导意见，完善电力管线纳入综合管廊建设的意见。住房和城乡建设部积极协调国家发展改革委、人民银行，将地下综合管廊建设纳入专项建设基金支持范围，并给予抵押补充贷款（PSL）支持，同时与国家开发银行合作，发挥开发性金融作用支持综合管廊建设。住房和城乡建设部建立了全国城市地下综合管廊建设项目信息系统，监督指导各地推进地下综合管廊建设。近日住房和城乡建设部、国家发改委联合发布《"十四五"全国城市基础设施建设规划》，要求"因地制宜推进地下综合管廊系统建设，提高管线建设体系化水平和安全运行保障能力，在城市老旧管网改造等工作中协同推进综合管廊建设"。

各地积极贯彻落实党中央国务院部署，精心组织、全面贯彻，按照先规划后建设的原则，结合新区建设和旧城更新等，因地制宜、统筹安排地下综合管廊建设。近10年来，我国地下综合管廊建设全面推进，建设地下综合管廊的城市数量和规模迅速扩大，系统性和功能性不断增强，在统筹城市地上地下空间利用、节约城市建设用地、解决"马路拉链"问题、提升管线抵御台风等极端天气影响等方面发挥了重要作用。截至2022年6月底，全国共有485个城市编制完成地下综合管廊建设规划，共279个城市、104个县城累计开工建设地下综合管廊5902公里，建成廊体近4000公里。逐步扭转"重地上、轻地下"的现象，取得较好的社会效益、经济效益、环境效益。

为进一步贯彻落实党中央国务院继续推进地下综合管廊建设的要求，指导各地更好地实施各项政策要求，因地制宜推进地下综合管廊建设，提升城市发展质量，本书编委会组织有关单位和专家学者，坚持问题导向和需求指引，系统梳理了地下综合管廊相关政策文件，并结合试点城市和部分先进城市的实践做法，有针对地收集形成了一批具有广泛代表性，可复制、可推广的典型案例，以供各地根据实际情况借鉴和参考。

我相信，指导手册的出版必将对我国因地制宜好字当头稳步有序推进地下综合管廊高质量建设起到重要的推动作用。

钱七虎

二〇二二年九月廿三日

简介：钱七虎，1937年生，少将军衔，防护工程专家、军事工程专家、教育家，中国工程院院士，国家最高科学技术奖获得者，"八一勋章"获得者，中国共产党中央军事委员会科学技术委员会顾问，中国人民解放军陆军工程大学教授、博士生导师。

前　言

建设地下综合管廊是全面建成小康社会、全面建设社会主义现代化国家、推动高质量发展的必然要求，是解决"马路拉链"等"城市病"问题、保障城市安全的重要民生工程，是城市地下管线建设的绿色发展方式。近年来，党中央、国务院部署全面推进城市地下综合管廊建设。《中共中央 国务院关于进一步加强城市规划建设管理工作的若干意见》和《国务院办公厅关于推进城市地下综合管廊建设的指导意见》等文件提出了建设地下综合管廊的工作目标和要求。自2016年以来，《政府工作报告》先后5次对全国综合管廊建设进行专题部署，2022年《政府工作报告》再次提出"继续推进地下综合管廊建设"，并在《国务院关于印发扎实稳住经济一揽子政策措施的通知》（国发〔2022〕12号）中明确要求"指导各地在城市老旧管网改造等工作中协同推进管廊建设，在城市新区根据功能需求积极发展干、支线管廊，合理布局管廊系统，统筹各类管线敷设。"

为推动地下综合管廊建设，住房和城乡建设部等部门（委）按照先规划、后建设的原则，印发了《城市地下综合管廊建设规划技术导则》，制定完善综合管廊相关技术标准体系，在全国25个城市开展了中央财政支持的地下综合管廊试点城市建设工作，并逐步完善了管线入廊、有偿使用收费等政策制度。各地方积极贯彻落实党中央、国务院决策部署和相关部门政策要求，全面启动了地下综合管廊规划建设管理工作。特别是中央财政支持的地下综合管廊试点城市，先行先试、积极探索，在地下综合管廊规划编制、工程设计、投融资模式、定价收费、运营维护及施工工艺等方面积累了一定的经验。

为及时总结推广经验，有序推进地下综合管廊建设，我们组织有关单位开展了本手册的编写工作。全书共四章，第一章政策篇，收录了中共中央、国务院以及住房城乡建设部等部门出台的相关政策文件；第二章规划设计实践篇，收录了不同规模等级城市地下综合管廊规划编制案例，以及各具特点的地下综合管廊工程设计案例；第三章投融资及运营管理篇，包括投融资结构设计、有偿使用制度及标准制定、运营维护及安全管理等三方面案例；第四章施工技术篇，涵盖了可推广运用的相关施工工艺。

本书在编制过程中，得到了中国城市规划设计研究院、北京城建设计发展集团股份有限公司、北京市市政工程设计研究总院有限公司、上海市政工程设计研究总院（集团）有限公司、中国市政工程华北设计研究总院有限公司、中冶京诚工程技术有限公司、深圳市市政设计研究院有限公司、郑州市规划勘测设计研究院、深圳市城市规划设计研究院、青岛市市政工程设计研究院有限责任公司、威海市城乡规划编研中心有限公司、中兴工程顾问股份有限公司上海济邦投资咨询有限公司、北京大岳咨询有限责任公司、北京市中伦（上海）律师事务所（联合体）、苏州中咨工程咨询有限公司、北京中财视点咨询有限公司、北京思泰工程咨询有限公司、广州市国际工程咨询有限公司、厦门市政管廊投资管理有限公司、上海电器科学研究所（集团）有限公司、海口市设计集团有限公司、广州大学城投资经营管理有限公司、北京荣科物业服务有限公司、中交第四公路工程局有限公司、中国建筑第五工程局有限公司、中国建筑第二工程局有限公司、中国建筑第六工程局有限公司、中建地下空间有限公司、中交南沙新区明珠湾区工程总承包项目经理部、中交第三航务工程局有限公司、北京城建亚泰建设集团有限公司、中铁海峡建设集团有限公司、黑龙江宇辉新型建筑材料有限公司等单位的大力支持，特此致谢。编委会各位领导、专家及编写组的同志为本书的出版做了大量工作、提供了强有力的支持。此外，武迪、王宇恒、王波等同志也参与了本书的前期协调和后期校核等工作，在此一并表示感谢！

由于我国地下综合管廊建设实践在不断推进，本书编制过程中还存在有待改进之处，敬请读者不吝赐教。

2022年10月16日

目 录／Contents

第二章 / 规划设计实践篇　101

第一节　规划编制案例　104

一、大城市和超大城市地下综合管廊规划编制案例　104

1. 全面兼顾、层层聚焦的广州市地下综合管廊规划案例　104

适应经济发达的超大城市市政建设实际需求，紧密围绕"宏观统筹、中观管控、微观指引"三个维度的总体规划思路，全面分析预测市政发展需求，系统合理布局地下综合管廊体系，制定"刚弹结合"的原则推动全管线入廊，因地制宜地布置综合管廊断面，促进规划稳步建设实施。

2. "大系统，小集中"构建纵横贯通管廊系统的郑州市地下综合管廊规划案例　119

切合中部地区大城市城镇化快速发展的实际情况，运用"六个结合"的全方位统筹协调、多因素组合叠加的分析方法，与相关规划紧密衔接，创造性地建立"大系统+小集中"的综合管廊规划体系，为郑州市由外延扩张发展向内涵提升式转变提供基础支撑。

3. 遵循务实规划理念，构建百年市政系统的深圳市地下综合管廊规划案例　136

针对深圳特区特点，划分规划层次，深化和丰富规划编制内容。注重规划的可实施性，提出"因地、因时、因势"的规划原则，结合轨道交通建设等8类有利实施时机规划建设地下综合管廊，提高了规划的可实施性。运用GIS分析技术，将管廊的布局方案建立在大量数据分析的基础之上，建立完整的规划逻辑体系。

4. 与海绵城市结合、实现雨水收集利用的西宁市地下综合管廊规划案例　144

管廊系统布局层次分明，建立干线、支线管廊和缆线管沟相结合的管廊系统；利用西宁市区地形优势，创新性地采用雨、污水组合箱涵形式实现雨、污水全入廊；同时将管廊规划设计与海绵城市理念结合，合理利用降水资源。

二、中小城市地下综合管廊规划编制案例　151

5. 市政基础设施"多规合一"实践下的威海市地下综合管廊规划案例　151

针对东部沿海中等城市特点，积极践行市政基础设施"多规合一"理念，采用定性规划、定量验证的方式，通过构建建设区域量化评价体系，结合独特的山海格局，构筑合理、高效的地下综合管廊系统，科学确定综合管廊断面。

第三章 ∕ 投融资及运营管理篇 311

第一节 投融资结构设计案例 313

　　针对长距离过海段管廊施工技术难题，在进行关键科学问题研究基础上，采用了超长过海段顶管施工技术，相关的管材选择、管节防水、中间继设置、顶管进出口洞加固、顶管机选择、减阻、顶进测量及纠偏、孤石处理等经验，可为其他类似地区施工提供借鉴。

综述　因地制宜推进地下综合管廊建设

推进地下综合管廊建设，是贯彻新发展理念、保障城市安全、提高新型城镇化质量的重要举措。近年来，党中央国务院高度重视地下综合管廊建设工作，全国地下综合管廊建设有序推进，积累了丰富的实践经验，发展中也暴露了一些问题，有必要及时总结经验，分析问题，因地制宜科学推进地下综合管廊建设。

一、全国地下综合管廊建设工作进展

（一）党中央国务院部署推进地下综合管廊建设。

近年来，党中央、国务院将地下综合管廊建设作为推动城市基础设施高质量发展的重要举措大力推进。习近平总书记就加快补齐地下基础设施短板、提升城市安全运行水平、提高城市综合承载能力等作出重要指示。李克强总理指出，建设城市地下综合管廊是解决"马路拉链"问题的有效途径，多次就推进地下综合管廊建设工作作出重要指示。2016年以来，先后5年的《政府工作报告》对全国综合管廊建设进行专题部署，2022年再次提出"继续推进地下综合管廊建设"。《中共中央　国务院关于进一步加强城市规划建设管理的若干意见》《国务院办公厅关于推进城市地下综合管廊建设的指导意见》《国务院关于印发扎实稳住经济一揽子政策措施的通知》等一系列政策文件，部署了地下综合管廊建设的相关工作并明确了地下综合管廊建设的工作要求。

（二）住房城乡建设部等指导推动地下综合管廊建设。

为贯彻落实党中央国务院部署，推进地下综合管廊建设，2015年以来，住房城乡建设部印发《城市地下综合管廊工程规划编制指引》《城市地下综合管廊建设规划技术导则》，制修订了《城市综合管廊工程技术规范》等一系列标准规范，并组织专家开展两轮全国城市地下综合管廊规划巡回辅导，指导各地按照先规划后建设的原则，规范推进地下综合管廊建设；与财政部一起开展中央财政支持地下综合管廊建设试点，确定两批共25个试点城市，探索地下综合管廊建设管理经验。

针对各地推进地下综合管廊建设过程中面临的主要问题，住房城乡建设部积极协调有关部门，不断完善相关政策措施。如，协调国家发展改革委、人民银行，将地下综合管廊建设纳入专项建设基金支持范围，并给予抵押补充贷款（PSL）支持，与国家开发银行签订部行协议，发挥开发性金融作用支持综合管廊建设；印发了《国家发展改革委 住房和城乡建设部关于城市地下综合管廊实行有偿使用制度的指导意见》（发改价格〔2015〕2754号）、《住房城乡建设部 国家能源局关于推进电力管线纳入城市地下综合管廊的意见》（建城〔2016〕98号）等政策文件。

为及时掌握各地地下综合管廊建设进展情况，住房城乡建设部开发了"全国城市地下综合管廊建设项目信息系统"，建立了项目储备库，并组织建立全国地下综合管廊建设进展信息周报制度，监督指导各地推进地下综合管廊建设。

（三）各地积极推进地下综合管廊建设。

按照党中央国务院部署和有关文件要求，各地积极落实、统筹推进地下综合管廊建设。截至2021年底，全国共28个省（区、市）印发了推进地下综合管廊建设的实施意见，其中21个省（区、市）明确了地下综合管廊建设量化指标。各地通过开展专题调研、培训、召开现场会等多种形式，组织各城市不断加强对地下综合管廊的认识，高质量推进地下综合管廊建设。山东、吉林、四川等省设立奖补资金，引导推动地下综合管廊建设。河北、陕西、宁夏、重庆等部分省市出台了地下综合管廊相关地方法规，上海、辽宁、河北等多个地方印发了相关技术标准，指导规范地下综合管廊建设。

（四）全国地下综合管廊建设成效显著。

近年来，在党中央国务院部署推动和各地积极贯彻实施下，全国地下综合管廊建设快速推进，取得明显成效。截至2022年底，全国657个设市城市中，共有485个城市编制了地下综合管廊专项规划，其中214个城市的规划通过城市人民政府审批。2015年以来，全国累计共有279个城市、104个县开展地下综合管廊建设，开工建设地下综合管廊总长度达5902公里，总投资4000亿元，圆满完成了《政府工作报告》确定的目标任务。地下综合管廊建设的经济、社会、环境等综合效应正在逐步显现。据测算。仅25个试点城市5000余公里的高压架空线入廊，就增加了2800公顷可开发建设用地；避免了管线频繁施工对交通和居民出行造成的影响和干扰，消除了"拉链马路"、空中"蜘蛛网"等现象，极大地改善了城市环境；特别是在抵御强台风对架空电力设施灾害等方面发挥了重要作用；还大大提高了管线单位敷设和运行维护地下管线的工作效率，入廊积极性提高。

二、各地推进地下综合管廊建设的经验做法

近年来，各地在积极推进地下综合管廊建设过程中，结合实际情况，探索形成了地下综合管廊系统规划、统筹建设、投融资、定价收费、运营管理、施工技术等多方面的实践经验，为全国其他地区提供了借鉴。

（一）有机结合，科学编制地下综合管廊专项规划。

经过两轮的全国城市地下综合管廊规划巡回辅导，以及《城市地下综合管廊建设规划技术导则》和相关技术标准的指导，多数地区的地下综合管廊规划编制水平有明显提升。部分城市能够结合实际需求，统筹相关设施建设，科学布局地下综合管廊系统，规划可实施性较强。

一是通过规划统筹各类建设。部分城市充分结合各类规划及建设需求，统筹编制地下综合管廊规划，达到综合管廊建设效益的最大化。如，郑州以"六个结合"为总体布局原则，结合综合交通规划、水资源和能源转输体系、地下空间开发、城市近期建设计划、商业敏感区域、海绵城市示范区等6项内容，合理确定地下综合管廊总体布局。

二是结合架空线入地规划管廊。一些城市以推进架空线入地为契机，因地制宜规划地下综合管廊，有效释放城区土地资源。如，贵安新区地下综合管廊规划，针对山地城市建设用地紧张等特点，以新区全部高压电力线入地为导向，与市政专项规划相互融合，构建地下综合管廊系统布局，节约大量土地资源。

三是结合地形特征布局管廊系统。部分城市结合地形地貌特征，科学编制地下综合管廊规划，解决实际问题。如，西宁地下综合管廊规划，结合地形坡度优势，将全市域的雨、污水全面入廊，实现西部缺水地区降水资源合理利用。平潭综合实验区地下综合管廊规划，结合岛内外和组团之间市政联系主通道构建管廊系统，提高市政供给可靠性。

四是实践探索管廊规划新技术。部分城市编制综合管廊规划过程中，积极采用GIS等空间分析技术，提升规划编制技术水平。如，深圳地下综合管廊规划，运用GIS技术，将综合管廊系统布局建立在大数据分析的基础之上。广州根据地质条件适宜性和城市建设影响条件，建立综合管廊选址评估模型，进行片区地下综合管廊布局。

（二）统筹建设，开展多种类型地下综合管廊工程设计。

各地结合综合管廊工程与其他相关地下设施统筹建设的需求，探索开展了多种类型的地下综合管廊复杂工程设计，提升了我国地下综合管廊建设技术水平，同时也为后续类似工程建设积累了经验。

一是探索结合轨道交通和地下空间开发建设综合管廊的工程设计。北京、广州、郑州等城市，结合轨道交通和地下空间开发建设了一定规模地下综合管廊，探索形成了综合管廊与地下工程共构设计经验。如，北京轨道交通七号线采取在车站范围共构设计方式建设综合管廊，王府井大街改造利用轨道交通施工后留下的降水导洞作为综合管廊空间；北京通州副中心、郑东新区等综合管廊项目与地下交通隧道集约、共构一体开发设计，实现了地下空间一体化统筹建设。

二是研究结合旧城更新和棚户区改造等建设综合管廊的工程设计。针对老城区综合管廊建设的难题，部分城市探索形成了多种工程设计经验。如，包头结合老北梁棚户区改造、海东结合旧城改造和河道整治、海口椰海大道结合现状主干道改造等建设综合管廊的工程设计经验。

三是优化了污水、燃气等特殊管线入廊的工程设计技术。部分城市研究探索了重力流污水、燃气、蒸汽等特殊管线入廊敷设的工程设计技术。如，平潭综合实验区探索优化了污水管线与其他管线共舱敷设的关键节点设计技术；四平创新实践了燃气和蒸汽等高危管线入廊设计技术，对相关管材选用、节点细部、安全保障的配套设施等进行周密设计。

（三）以企业为主，创新地下综合管廊投融资模式。

各地积极贯彻落实以企业为主投资建设地下综合管廊的政策要求，探索推进以政府和社会资本合作、管线单位入股组建项目公司等模式建设管理综合管廊，在社会资本方构成、政府出资方式等方面进行创新，形成了可供借鉴的经验。

一是结合实际灵活选择社会资本方。多数城市探索采用政府和社会资本合作模式建设地下综合管廊，社会资本方多为施工企业及其联合体。如，施工类央企作为社会资本的厦门案例、设计单位与施工方作为社会资本的郑州案例等，充分发挥施工和设计在整个工程建设过程中的主导作用；白银采取"国企+民营企业"联合体作为社会资本方，且民营企业在出资比例等方面占据绝对主导地位，充分实现了政府与社会资本合作的价值。此外，苏州、海口、长沙等部分城市的地下综合管廊项目，采用了管线单位入股组建项目公司的模式，从而更好地协调各类管线入廊和运营管理。

二是创新政府方出资模式。一些城市创新政府出资方式，既降低了政府财政负担，又有助于充分发挥社会资本优势。如，白银将地下综合管廊项目所占用的地下空间使用权作价出资，实现了地下空间资源从无偿到有偿的突破；哈尔滨地下综合管廊项目设立金股，使政府在不出资的情况下，参与项目公司决策，监督项目公司运作。

（四）建立机制，探索推进管线入廊及管廊有偿使用。

管线入廊及管廊有偿使用收费是当前各地推进地下综合管廊建设过程中面临的主要突出问题。厦门、广州等中央财政支持的地下综合管廊试点城市进行了先行探索，形成了一些可供其他地区学习和借鉴的经验。

一是完善法规政策，建立管线入廊和管廊有偿使用制度。部分地区和试点城市通过推进地方立法和建立完善相关政策制度，为管线入廊和实施管廊有偿使用提供保障。如，河北、宁夏、重庆等地区通过人大立法制定了地下管线管理条例，广州、深圳、厦门等城市出台地下管线或综合管廊地方法规或政府规章，明确管线入廊、管廊有偿使用等制度。

二是创新工作机制，推动各类管线入廊。综合管廊建设涉及行业部门和管线单位多，部分城市通过创新工作机制，加强了与各管线单位的沟通和协调，推进各类管线有序入廊。如，多数试点城市成立了地下综合管廊建设领导小组，建立了定期协商会议制度等，由市政府主要领导牵头，协调解决管线入廊等问题。针对电力管线入廊难的问题，杭州成立了电网建设领导小组（市长任组长），建立市政府与省电力公司的定期磋商机制；南宁同步组织编制了电力管线规划，确定了电力入廊规模和年度建设计划。

三是探索收费模式，提高管线单位入廊及缴费积极性。各地结合实际情况，探索形成了全城统一收费和"一廊一费"两种收费模式。如，广州针对不同区域、地质条件和施工方式下工程造价有差异的情况，采取"一廊一费"模式测算综合管廊有偿使用费；郑州和海口因不同区域采取类似管廊施工工法的项目特点，采用全市"统一收费标准"的模式，减少管线单位之间的争议。此外，为提高管线单位入廊积极性，广州、厦门、南宁等城市制定实施了"早入少缴费"、分期付费等优惠政策，效果较好。

（五）完善制度，积累地下综合管廊运营维护技术经验。

近年来开工建设的地下综合管廊工程很快将进入运维阶段，迫切需要借鉴地下综合管廊运营管理经验。我国北京中关村、上海世博园和广州大学城等地下综合管廊项目均已安全运营十多年，相关的管理制度和技术措施，可为其他地区提供宝贵经验。同时，部分试点城市积极探索智慧管廊运营模式，其先行先试做法也可为其他地区提供借鉴。

一是重视地下综合管廊运维相关法规制度和标准建设。北京、上海、广州等已有地下综合管廊投入运营的城市，以及厦门、苏州、海口等地下综合管廊新近投入运营的城市，均十分重视相关法规政策和技术标准的制订。通过出台地方法规或政策制度，明确综合管廊运维的管理体制、费用承担方式等；通过制订运维技术标准，保障综合管廊规范化运营。

二是结合实际建立地下综合管廊运营管理模式。已投入运营多年的地下综合管廊项目，在实践中形成了各自不同的运营管理模式。如，按政府指导价收取运营维护费，已基本实现"运营管理收支平衡"的广州大学城模式，政府补贴与市场化运作相结合的北京中关村模式，以及政府购买服务的上海世博模式等。新近投入运营的地下综合管廊试点项目，多探索采用收取运营维护费加政府财政补贴方式，保障地下综合管廊正常运营。

三是探索地下综合管廊智能化运营维护和安全监管技术。近年来，厦门、苏州、南宁等试点城市探索建设智慧管廊，积极发展智能化管廊运营服务能力。如，厦门建立市、区、管理站三级管控机制，构建综合管廊集成管理信息系统，通过综合管廊全生命周期的智能化监测管理，确保安全运营。

（六）创新工艺，提高地下综合管廊施工技术水平。

部分城市结合综合管廊施工区域特殊地质状况、复杂施工环境等限制条件，针对施工过程中遇到的技术难题，在保障质量的同时提高施工效率，积极探索形成了多项施工工艺。

一是改进传统明挖现浇施工技术。为解决中心城区施工时严重缺乏开挖作业面的困难，长沙老城区湘府西路综合管廊采用铝合金单边支模施工，显著提高了施工质量、效率和材料周转率。针对喀斯特地区淤泥质土、溶洞、溶槽等复杂多变的地质环境，六盘水综合管廊项目研究总结了施工过程中基坑开挖与支护中的处理方式。广州南沙开发区管廊项目针对吹填土地质条件下，管廊基槽开挖的稳定性、建成后沉降变形要求以及耐久性要求，积累了管廊建设经验。

二是研究复杂节点暗挖施工工艺。在综合管廊穿越老城、跨越运营中的轨道交通、现状河道、地下空间等复杂节点，苏州采取了大截面长距离顶管施工以及浅覆土近距离跨越轨道交通的顶管施工技术；针对长距离过海段管廊施工等技术难题，厦门翔安机场项目采用了超长过海段顶管施工技术；为减少对城市中心城区道路交通影响，四平采用了浅埋暗挖施工技术。

三是推广预制拼装施工工艺。部分城市积极探索采用预制拼装施工工艺建设综合管廊。如，厦门集美核心区管廊项目采取节段式预制拼装技术，哈尔滨红旗大街管廊项目探索采用预制装配整体式安装及施工技术等，有效提高了施工效率，带动了工业构件生产、施工设备制造等相关产业的发展。

四是研发高效施工技术。为降低对中心城区现状交通、周边居民的影响，海口研发并使用了U型盾构机，相比传统施工方法，可缩短工期30%；南宁采取管廊内模台车技术，缩短管廊模板及支架体系安装周期；四平采用简易衬砌台车技术，解决施工中模板安装、拆卸、倒运工序，并节约成本。

三、因地制宜推进地下综合管廊建设的着力点

我国地下综合管廊建设已从试点探索进入了全面建设阶段，从建设阶段逐步过渡到运维阶段，取得了瞩目的成就，但同时也面临着发展中出现的一些问题。如：一些城市规划管廊规模过大，超出了城市发展需求和实际建设能力；部分城市新区管廊工程建设与周边地块开发不同步，容易造成管廊建成后一定时期的闲置；一些城市对管线入廊需求分析论证不足，管廊设计断面过大或过小，易造成"空廊""剩廊"或空间不足等问题；部分城市管廊规划建设与相关设施的统筹衔接不够，未能实现管廊建设综合效益最大化；多数城市尚未确定管廊有偿使用收费标准，入廊管线较少，实际收取管廊有偿使用费不足，需要政府补贴维持。

2017年12月，全国住房城乡建设工作会议提出，因地制宜推进地下综合管廊建设，为贯彻落实新发展理念，科学合理推进地下综合管廊建设明确了方向。结合各地在实践中积累的宝贵经验，因地制宜推进地下综合管廊建设要从以下几方面着力：

（一）以需求为导向，科学有序推进地下综合管廊建设。

应贯彻落实新发展理念，在顺应城市发展规律的基础上，以解决现状问题、满足使用需求为标准，合理确定地下综合管廊建设目标、规模和类型，统筹安排地下综合管廊建设时序，防止盲目贪大求多、不切实际。从我国当前发展现状分析，应以结合架空线入地建设缆线管廊为基础，根据城市发展条件，构建干线、支线和缆线管廊协调统一的管廊系统。

一是加快架空线入地入沟建设缆线管廊。结合架空线入地，将电力电缆和通信电缆集中敷设建设缆线管廊，不仅可以节省建设用地、改善城市景观风貌，其经济性、实用性和可操作性均较强。各地应结合旧城更新、道路改造及新区开发、新建道路等，加快架空线入地工程建设，具备条件的应同步建设缆线管廊。特别是中小城市和县城，规划建设地下综合管廊，应结合市政管网建设密度和经济、技术发展条件等特点，重视缆线管廊建设。

二是根据需求构建干线、支线和缆线管廊相协调的管廊系统。地下综合管廊根据纳入管线的功能类型不同，分为干线、支线综合管廊和缆线管廊三种，是一个有机系统。大城市及以上规模等级城市，结合实际需求规划建设地下综合管廊，应注重从不同空间尺度分析，充分发挥干线综合管廊保障城市内部及各组团间重要能源输配系统安全、支线综合管廊保障服务周边地块、缆线管廊保障信息传递等作用，构建干线、支线和缆线管廊相协调的管廊系统。中小城市应结合市政管线密度较低、管径较小、干线管线较少等特点，以经济实用为准则规划建设综合管廊，突出综合管廊的服务功能。

三是合理确定地下综合管廊建设规模和建设时序。应根据城市自身发展需求，

结合新老城区工程建设，合理确定地下综合管廊建设目标和时序。地下综合管廊建设规模和断面大小，要与城市发展阶段、管线建设需求及经济可承受能力相适应，注重可实施性分析。要结合城市新区、新建道路、各类园区建设和老城区旧城改造、棚户区改造、道路改造、河道改造、管线改造、轨道交通建设、人防建设和地下综合体建设等，抓住有利时机，统筹推进地下综合管廊建设。

（二）联系实际，构建各具特色地下综合管廊体系。

我国幅员辽阔，各地推进地下综合管廊建设，既要结合各自的地形、地质、地貌、气候等自然特征，还要做到城市内部的多方面统筹，要结合实际，勇于创新，积极采用新技术、新工艺、新设备等，提升地下综合管廊建设技术水平，形成各具特色的地下综合管廊体系。

一是结合地区自然特征，破解地下综合管廊建设技术难题。不同气候条件、地貌情况、地质状况等自然条件下，建设综合管廊需要攻克的技术难题不一样，采用的设计和施工技术也不一样。各城市应结合本地自然特征，分析管廊建设及运营过程中可能会遇到的主要问题，在充分论证管廊建设必要性、可行性及经济性等基础上，有针对性地进行技术创新，克服自然条件限制，推进适合当地地域特点的管廊建设。

二是统筹各类工程建设，提升地下综合管廊建设综合效益。具备条件的，可将地下综合管廊与地铁工程、地下空间同步设计、同步施工，将地铁车站、地下交通隧道、地下空间与管廊共构设计，实现地下空间统筹集约建设，最大限度减小对环境的影响，降低工程造价和工程风险。老城区结合旧城更新和棚户区改造等建设综合管廊，需考虑区内道路狭窄，市政管线复杂等现状特点，重点规划布局支线和缆线管廊，施工中可引入浅埋暗挖等施工工艺，最大限度减小管廊建设对地面交通、既有管线正常使用以及周边建筑的影响。

三是选择适宜的排水、燃气等管线入廊技术。排水、燃气、蒸汽等特殊管线入廊，相关工程设计和施工技术应进行充分论证，确保入廊管线安全和工程建设经济可行。排水管线入廊，要解决好管廊与重力流排水管网体系衔接以及污水管道进出线、检查井等关键节点设计等问题；燃气和蒸汽管道入廊，应结合地区气候等特点，注重相关配套设施、监控设施等设置，采取有效措施，保障管线和地下综合管廊安全。

四是积极采用新工艺新设备，提高地下综合管廊建设技术水平。地下综合管廊建设是百年工程，质量安全是根本，力争把每个地下综合管廊项目都建设成为"优质工程""精品工程"，经得起历史检验。鼓励各地结合实际情况，推广并创新应用装配式施工，探索采用暗挖、盾构等新工艺新设备，提高地下综合管廊施工质量和效率，破解不利地质条件、施工区域环境带来的施工难题，提升地下综合管廊建设施工技术水平。

（三）创新机制，保障地下综合管廊可持续安全运营。

作为百年工程项目，地下综合管廊的持续安全运营十分重要。各地应结合实际情况，合理选择投融资模式，推进地下综合管廊有偿使用制度落实，增强社会资本信心，积极吸引社会资本参与，同时建立长效运营机制，确保地下综合管廊可持续安全运营。

一是创新投融资模式，多种形式吸引社会资本参与地下综合管廊建设运营。继续推广应用政府和社会资本合作模式，完善投融资机制和风险分担等制度，积极吸引社会资本，特别是民间资本，参与投资建设和运营管理地下综合管廊。进一步鼓励管线单位入股组建项目公司，采用物业管理等模式，进行地下综合管廊建设和运营管理，调动管线单位积极性。

二是灵活制定收费政策，落实地下综合管廊有偿使用制度。确定收费标准，实现有偿使用收费，建立投资回报机制，是吸引社会资本参与，推进地下综合管廊建设长期可持续发展的关键。各地应进一步按照有关文件要求，结合实际情况，加强与管线单位沟通，尽快明确地下综合管廊有偿使用收费标准，先期可制定激励或优惠政策，鼓励管线入廊，不断完善收费机制和制度，逐步实现按照市场化模式进行收费。

三是完善制度和技术，实现地下综合管廊智能化运营管理。保障地下综合管廊安全运营，必须"软件"和"硬件"一起抓。"软件"是指地下综合管廊运维管理相关法规制度和技术标准等，以明确地下综合管廊运营管理主体、费用分担及工作要求等。"硬件"是指地下综合管廊安全运营需借助的各项附属设施设备、信息化监管平台等，是提高地下综合管廊安全运营工作效率、降低运营成本的重要技术手段。要充分利用信息化、监控与报警、智能机器人等先进技术和设备，实现地下综合管廊智能化运营管理。

撰稿人：唐兰，博士，中国城市规划设计研究院（住房和城乡建设部遥感应用中心）副研究员。

第一章
政策篇

CHAPTER 01

第一节　中共中央、国务院文件

1. 中共中央　国务院
关于进一步加强城市规划建设管理工作的若干意见

（2016年2月6日）

城市是经济社会发展和人民生产生活的重要载体，是现代文明的标志。新中国成立特别是改革开放以来，我国城市规划建设管理工作成就显著，城市规划法律法规和实施机制基本形成，基础设施明显改善，公共服务和管理水平持续提升，在促进经济社会发展、优化城乡布局、完善城市功能、增进民生福祉等方面发挥了重要作用。同时务必清醒地看到，城市规划建设管理中还存在一些突出问题：城市规划前瞻性、严肃性、强制性和公开性不够，城市建筑贪大、媚洋、求怪等乱象丛生，特色缺失，文化传承堪忧；城市建设盲目追求规模扩张，节约集约程度不高；依法治理城市力度不够，违法建设、大拆大建问题突出，公共产品和服务供给不足，环境污染、交通拥堵等"城市病"蔓延加重。

积极适应和引领经济发展新常态，把城市规划好、建设好、管理好，对促进以人为核心的新型城镇化发展，建设美丽中国，实现"两个一百年"奋斗目标和中华民族伟大复兴的中国梦具有重要现实意义和深远历史意义。为进一步加强和改进城市规划建设管理工作，解决制约城市科学发展的突出矛盾和深层次问题，开创城市现代化建设新局面，现提出以下意见。

一、总体要求

（一）指导思想。全面贯彻党的十八大和十八届三中、四中、五中全会及中央城镇化工作会议、中央城市工作会议精神，深入贯彻习近平总书记系列重要讲话精神，按照"五位一体"总体布局和"四个全面"战略布局，牢固树立和贯彻落实创新、协调、绿色、开放、共享的发展理念，认识、尊重、顺应城市发展规律，更好发挥法治的引领和规范作用，依法规划、建设和管理城市，贯彻"适用、经济、绿色、美观"的建筑方针，着力转变城市发展方式，着力塑造城市特色风貌，着力提升城市环境质量，着力创新城市管理服务，走出一条中国特色城市发展道路。

（二）总体目标。实现城市有序建设、适度开发、高效运行，努力打造和谐宜居、富有活力、各具特色的现代化城市，让人民生活更美好。

（三）基本原则。坚持依法治理与文明共建相结合，坚持规划先行与建管并重相结合，坚持改革创新与传承保护相结合，坚持统筹布局与分类指导相结合，坚持完善功能与宜居宜业相结合，坚持集约高效与安全便利相结合。

二、强化城市规划工作

（四）依法制定城市规划。城市规划在城市发展中起着战略引领和刚性控制的重要作用。

依法加强规划编制和审批管理，严格执行城乡规划法规定的原则和程序，认真落实城市总体规划由本级政府编制、社会公众参与、同级人大常委会审议、上级政府审批的有关规定。创新规划理念，改进规划方法，把以人为本、尊重自然、传承历史、绿色低碳等理念融入城市规划全过程，增强规划的前瞻性、严肃性和连续性，实现一张蓝图干到底。坚持协调发展理念，从区域、城乡整体协调的高度确定城市定位、谋划城市发展。加强空间开发管制，划定城市开发边界，根据资源禀赋和环境承载能力，引导调控城市规模，优化城市空间布局和形态功能，确定城市建设约束性指标。按照严控增量、盘活存量、优化结构的思路，逐步调整城市用地结构，把保护基本农田放在优先地位，保证生态用地，合理安排建设用地，推动城市集约发展。改革完善城市规划管理体制，加强城市总体规划和土地利用总体规划的衔接，推进两图合一。在有条件的城市探索城市规划管理和国土资源管理部门合一。

（五）严格依法执行规划。经依法批准的城市规划，是城市建设和管理的依据，必须严格执行。进一步强化规划的强制性，凡是违反规划的行为都要严肃追究责任。城市政府应当定期向同级人大常委会报告城市规划实施情况。城市总体规划的修改，必须经原审批机关同意，并报同级人大常委会审议通过，从制度上防止随意修改规划等现象。控制性详细规划是规划实施的基础，未编制控制性详细规划的区域，不得进行建设。控制性详细规划的编制、实施以及对违规建设的处理结果，都要向社会公开。全面推行城市规划委员会制度。健全国家城乡规划督察员制度，实现规划督察全覆盖。完善社会参与机制，充分发挥专家和公众的力量，加强规划实施的社会监督。建立利用卫星遥感监测等多种手段共同监督规划实施的工作机制。严控各类开发区和城市新区设立，凡不符合城镇体系规划、城市总体规划和土地利用总体规划进行建设的，一律按违法处理。用5年左右时间，全面清查并处理建成区违法建设，坚决遏制新增违法建设。

三、塑造城市特色风貌

（六）提高城市设计水平。城市设计是落实城市规划、指导建筑设计、塑造城市特色风貌的有效手段。鼓励开展城市设计工作，通过城市设计，从整体平面和立体空间上统筹城市建筑布局，协调城市景观风貌，体现城市地域特征、民族特色和时代风貌。单体建筑设计方案必须在形体、色彩、体量、高度等方面符合城市设计要求。抓紧制定城市设计管理法规，完善相关技术导则。支持高等学校开设城市设计相关专业，建立和培育城市设计队伍。

（七）加强建筑设计管理。按照"适用、经济、绿色、美观"的建筑方针，突出建筑使用功能以及节能、节水、节地、节材和环保，防止片面追求建筑外观形象。强化公共建筑和超限高层建筑设计管理，建立大型公共建筑工程后评估制度。坚持开放发展理念，完善建筑设计招投标决策机制，规范决策行为，提高决策透明度和科学性。进一步培育和规范建筑设计市场，依法严格实施市场准入和清出。为建筑设计院和建筑师事务所发展创造更加良好的条件，鼓励国内外建筑设计企业充分竞争，使优秀作品脱颖而出。培养既有国际视野又有民族自信的建筑师队伍，进一步明确建筑师的权利和责任，提高建筑师的地位。倡导开展建筑评论，促进建筑设计理念的交融和升华。

（八）保护历史文化风貌。有序实施城市修补和有机更新，解决老城区环境品质下降、空间秩序混乱、历史文化遗产损毁等问题，促进建筑物、街道立面、天际线、色彩和环境更加协调、优美。通过维护加固老建筑、改造利用旧厂房、完善基础设施等措施，恢复老城区功能和活力。加强文化遗产保护传承和合理利用，保护古遗址、古建筑、近现代历史建筑，更好地延续历史文脉，展现城市风貌。用5年左右时间，完成所有城市历史文化街区划定和历史建筑确定工作。

四、提升城市建筑水平

（九）落实工程质量责任。完善工程质量安全管理制度，落实建设单位、勘察单位、设计单位、施工单位和工程监理单位等五方主体质量安全责任。强化政府对工程建设全过程的质量监管，特别是强化对工程监理的监管，充分发挥质监站的作用。加强职业道德规范和技能培训，提高从业人员素质。深化建设项目组织实施方式改革，推广工程总承包制，加强建筑市场监管，严厉查处转包和违法分包等行为，推进建筑市场诚信体系建设。实行施工企业银行保函和工程质量责任保险制度。建立大型工程技术风险控制机制，鼓励大型公共建筑、地铁等按市场化原则向保险公司投保重大工程保险。

（十）加强建筑安全监管。实施工程全生命周期风险管理，重点抓好房屋建筑、城市桥梁、建筑幕墙、斜坡（高切坡）、隧道（地铁）、地下管线等工程运行使用的安全监管，做好质量安全鉴定和抗震加固管理，建立安全预警及应急控制机制。加强对既有建筑改扩建、装饰装修、工程加固的质量安全监管。全面排查城市老旧建筑安全隐患，采取有力措施限期整改，严防发生垮塌等重大事故，保障人民群众生命财产安全。

（十一）发展新型建造方式。大力推广装配式建筑，减少建筑垃圾和扬尘污染，缩短建造工期，提升工程质量。制定装配式建筑设计、施工和验收规范。完善部品部件标准，实现建筑部品部件工厂化生产。鼓励建筑企业装配式施工，现场装配。建设国家级装配式建筑生产基地。加大政策支持力度，力争用10年左右时间，使装配式建筑占新建建筑的比例达到30%。积极稳妥推广钢结构建筑。在具备条件的地方，倡导发展现代木结构建筑。

五、推进节能城市建设

（十二）推广建筑节能技术。提高建筑节能标准，推广绿色建筑和建材。支持和鼓励各地结合自然气候特点，推广应用地源热泵、水源热泵、太阳能发电等新能源技术，发展被动式房屋等绿色节能建筑。完善绿色节能建筑和建材评价体系，制定分布式能源建筑应用标准。分类制定建筑全生命周期能源消耗标准定额。

（十三）实施城市节能工程。在试点示范的基础上，加大工作力度，全面推进区域热电联产、政府机构节能、绿色照明等节能工程。明确供热采暖系统安全、节能、环保、卫生等技术要求，健全服务质量标准和评估监督办法。进一步加强对城市集中供热系统的技术改造和运行管理，提高热能利用效率。大力推行采暖地区住宅供热分户计量，新建住宅必须全部实现供热分户计量，既有住宅要逐步实施供热分户计量改造。

六、完善城市公共服务

（十四）大力推进棚改安居。深化城镇住房制度改革，以政府为主保障困难群体基本住房需求，以市场为主满足居民多层次住房需求。大力推进城镇棚户区改造，稳步实施城中村改造，有序推进老旧住宅小区综合整治、危房和非成套住房改造，加快配套基础设施建设，切实解决群众住房困难。打好棚户区改造三年攻坚战，到2020年，基本完成现有的城镇棚户区、城中村和危房改造。完善土地、财政和金融政策，落实税收政策。创新棚户区改造体制机制，推动政府购买棚改服务，推广政府与社会资本合作模式，构建多元化棚改实施主体，发挥开发性金融支持作用。积极推行棚户区改造货币化安置。因地制宜确定住房保障标准，健全准入退出机制。

（十五）建设地下综合管廊。认真总结推广试点城市经验，逐步推开城市地下综合管廊建设，统筹各类管线敷设，综合利用地下空间资源，提高城市综合承载能力。城市新区、各类园区、成片开发区域新建道路必须同步建设地下综合管廊，老城区要结合地铁建设、河道治理、道路整治、旧城更新、棚户区改造等，逐步推进地下综合管廊建设。加快制定地下综合管廊建设标准和技术导则。凡建有地下综合管廊的区域，各类管线必须全部入廊，管廊以外区域不得新建管线。管廊实行有偿使用，建立合理的收费机制。鼓励社会资本投资和运营地下综合管廊。各城市要综合考虑城市发展远景，按照先规划、后建设的原则，编制地下综合管廊建设专项规划，在年度建设计划中优先安排，并预留和控制地下空间。完善管理制度，确保管廊正常运行。

（十六）优化街区路网结构。加强街区的规划和建设，分梯级明确新建街区面积，推动发展开放便捷、尺度适宜、配套完善、邻里和谐的生活街区。新建住宅要推广街区制，原则上不再建设封闭住宅小区。已建成的住宅小区和单位大院要逐步打开，实现内部道路公共化，解决交通路网布局问题，促进土地节约利用。树立"窄马路、密路网"的城市道路布局理念，建设快速路、主次干路和支路级配合理的道路网系统。打通各类"断头路"，形成完整路网，提高道路通达性。科学、规范设置道路交通安全设施和交通管理设施，提高道路安全性。到2020年，城市建成区平均路网密度提高到8公里／平方公里，道路面积率达到15%。积极采用单行道路方式组织交通。加强自行车道和步行道系统建设，倡导绿色出行。合理配置停车设施，鼓励社会参与，放宽市场准入，逐步缓解停车难问题。

（十七）优先发展公共交通。以提高公共交通分担率为突破口，缓解城市交通压力。统筹公共汽车、轻轨、地铁等多种类型公共交通协调发展，到2020年，超大、特大城市公共交通分担率达到40%以上，大城市达到30%以上，中小城市达到20%以上。加强城市综合交通枢纽建设，促进不同运输方式和城市内外交通之间的顺畅衔接、便捷换乘。扩大公共交通专用道的覆盖范围。实现中心城区公交站点500米内全覆盖。引入市场竞争机制，改革公交公司管理体制，鼓励社会资本参与公共交通设施建设和运营，增强公共交通运力。

（十八）健全公共服务设施。坚持共享发展理念，使人民群众在共建共享中有更多获得感。合理确定公共服务设施建设标准，加强社区服务场所建设，形成以社区级设施为基础，市、区级设施衔接配套的公共服务设施网络体系。配套建设中小学、幼儿园、超市、菜市场，以及社区养老、医疗卫生、文化服务等设施，大力推进无障碍设施建设，打造方便快捷生活圈。继续推动公共图书馆、美术馆、文化馆（站）、博物馆、科技馆免费向全社会开放。推动社区内公共设施向居民开放。合理规划建设广场、公园、步行道等公共活动空间，方便居民文体活动，促进居民交流。强化绿地服务居民日常活动的功能，使市民在居家附近能够见到绿地、亲近绿地。城市公园原则上要免费向居民开放。限期清理腾退违规占用的公共空间。顺应新型城镇化的要求，稳步推进城镇基本公共服务常住人口全覆盖，稳定就业和生活的农业转移人口在住房、教育、文化、医疗卫生、计划生育和证照办理服务等方面，与城镇居民有同等权利和义务。

（十九）切实保障城市安全。加强市政基础设施建设，实施地下管网改造工程。提高城市排涝系统建设标准，加快实施改造。提高城市综合防灾和安全设施建设配置标准，加大建设投入力度，加强设施运行管理。建立城市备用饮用水水源地，确保饮水安全。健全城市抗震、防洪、排涝、消防、交通、应对地质灾害应急指挥体系，完善城市生命通道系统，加强城市防灾避难场所建设，增强抵御自然灾害、处置突发事件和危机管理能力。加强城市安全监管，建立专业化、职业化的应急救援队伍，提升社会治安综合治理水平，形成全天候、系统性、现代化的城市安全保障体系。

七、营造城市宜居环境

（二十）推进海绵城市建设。充分利用自然山体、河湖湿地、耕地、林地、草地等生态空间，建设海绵城市，提升水源涵养能力，缓解雨洪内涝压力，促进水资源循环利用。鼓励单位、社区和居民家庭安装雨水收集装置。大幅度减少城市硬覆盖地面，推广透水建材铺装，大力建设雨水花园、储水池塘、湿地公园、下沉式绿地等雨水滞留设施，让雨水自然积存、自然渗透、自然净化，不断提高城市雨水就地蓄积、渗透比例。

（二十一）恢复城市自然生态。制定并实施生态修复工作方案，有计划有步骤地修复被破坏的山体、河流、湿地、植被，积极推进采矿废弃地修复和再利用，治理污染土地，恢复城市自然生态。优化城市绿地布局，构建绿道系统，实现城市内外绿地连接贯通，将生态要素引入市区。建设森林城市。推行生态绿化方式，保护古树名木资源，广植当地树种，减少人工干预，让乔灌草合理搭配、自然生长。鼓励发展屋顶绿化、立体绿化。进一步提高城市人均公园绿地面积和城市建成区绿地率，改变城市建设中过分追求高强度开发、高密度建设、大面积硬化的状况，让城市更自然、更生态、更有特色。

（二十二）推进污水大气治理。强化城市污水治理，加快城市污水处理设施建设与改造，全面加强配套管网建设，提高城市污水收集处理能力。整治城市黑臭水体，强化城中村、老旧城区和城乡接合部污水截流、收集，抓紧治理城区污水横流、河湖水系污染严重的现象。到2020年，地级以上城市建成区力争实现污水全收集、全处理，缺水城市再生水利用率达到20%以上。以中水洁厕为突破口，不断提高污水利用率。新建住房和单体建筑面积超过一定规模的新建公共建筑应当安装中水设施，老旧住房也应当逐步实施中水利用改造。培育以经营中水业务为主的水务公司，合理形成中水回用价格，鼓励按市场化方式经营中水。城市工业生产、道路清扫、车辆冲洗、绿化浇灌、生态景观等生产和生态用水要优先使用中水。全面推进大气污染防治工作。加大城市工业源、面源、移动源污染综合治理力度，着力减少多污染物排放。加快调整城市能源结构，增加清洁能源供应。深化京津冀、长三角、珠三角等区域大气污染联防联控，健全重污染天气监测预警体系。提高环境监管能力，加大执法力度，严厉打击各类环境违法行为。倡导文明、节约、绿色的消费方式和生活习惯，动员全社会参与改善环境质量。

（二十三）加强垃圾综合治理。树立垃圾是重要资源和矿产的观念，建立政府、社区、企业和居民协调机制，通过分类投放收集、综合循环利用，促进垃圾减量化、资源化、无害化。到2020年，力争将垃圾回收利用率提高到35%以上。强化城市保洁工作，加强垃圾处理设施建设，统筹城乡垃圾处理处置，大力解决垃圾围城问题。推进垃圾收运处理企业化、市场化，促进垃圾清运体系与再生资源回收体系对接。通过限制过度包装，减少一次性制品使用，推行净菜入城等措施，从源头上减少垃圾产生。利用新技术、新设备，推广厨余垃圾家庭粉碎处理。完善激励机制和政策，力争用5年左右时间，基本建立餐厨废弃物和建筑垃圾回收和再生利用体系。

八、创新城市治理方式

（二十四）推进依法治理城市。适应城市规划建设管理新形势和新要求，加强重点领域法律法规的立改废释，形成覆盖城市规划建设管理全过程的法律法规制度。严格执行城市规划建设管理行政决策法定程序，坚决遏制领导干部随意干预城市规划设计和工程建设的现象。研究推动城乡规划法与刑法衔接，严厉惩处规划建设管理违法行为，强化法律责任追究，提高违法违规成本。

（二十五）改革城市管理体制。明确中央和省级政府城市管理主管部门，确定管理范围、权力清单和责任主体，理顺各部门职责分工。推进市县两级政府规划建设管理机构改革，推行跨部门综合执法。在设区的市推行市或区一级执法，推动执法重心下移和执法事项属地化管理。加强城市管理执法机构和队伍建设，提高管理、执法和服务水平。

（二十六）完善城市治理机制。落实市、区、街道、社区的管理服务责任，健全城市基层治理机制。进一步强化街道、社区党组织的领导核心作用，以社区服务型党组织建设带动社区居民自治组织、社区社会组织建设。增强社区服务功能，实现政府治理和社会调节、居民自治良性互动。加强信息公开，推进城市治理阳光运行，开展世界城市日、世界住房日等主题宣传活动。

（二十七）推进城市智慧管理。加强城市管理和服务体系智能化建设，促进大数据、物联网、云计算等现代信息技术与城市管理服务融合，提升城市治理和服务水平。加强市政设施运行管理、交通管理、环境管理、应急管理等城市管理数字化平台建设和功能整合，建设综合性城市管理数据库。推进城市宽带信息基础设施建设，强化网络安全保障。积极发展民生服务智慧应用。到2020年，建成一批特色鲜明的智慧城市。通过智慧城市建设和其他一系列城市规划建设管理措施，不断提高城市运行效率。

（二十八）提高市民文明素质。以加强和改进城市规划建设管理来满足人民群众日益增长的物质文化需要，以提升市民文明素质推动城市治理水平的不断提高。大力开展社会主义核心价值观学习教育实践，促进市民形成良好的道德素养和社会风尚，提高企业、社会组织和市民参与城市治理的意识和能力。从青少年抓起，完善学校、家庭、社会三结合的教育网络，将良好校风、优良家风和社会新风有机融合。建立完善市民行为规范，增强市民法治意识。

九、切实加强组织领导

（二十九）加强组织协调。中央和国家机关有关部门要加大对城市规划建设管理工作的指导、协调和支持力度，建立城市工作协调机制，定期研究相关工作。定期召开中央城市工作会议，研究解决城市发展中的重大问题。中央组织部、住房城乡建设部要定期组织新任市委书记、市长培训，不断提高城市主要领导规划建设管理的能力和水平。

（三十）落实工作责任。省级党委和政府要围绕中央提出的总目标，确定本地区城市发展的目标和任务，集中力量突破重点难点问题。城市党委和政府要制定具体目标和工作方案，明确实施步骤和保障措施，加强对城市规划建设管理工作的领导，落实工作经费。实施城市规划建设管理工作监督考核制度，确定考核指标体系，定期通报考核结果，并作为城市党政领导班子和领导干部综合考核评价的重要参考。

各地区各部门要认真贯彻落实本意见精神，明确责任分工和时间要求，确保各项政策措施落到实处。各地区各部门贯彻落实情况要及时向党中央、国务院报告。中央将就贯彻落实情况适时组织开展监督检查。

2. 国务院关于深入推进新型城镇化建设的若干意见

国发〔2016〕8号

各省、自治区、直辖市人民政府，国务院各部委、各直属机构：

新型城镇化是现代化的必由之路，是最大的内需潜力所在，是经济发展的重要动力，也是一项重要的民生工程。《国家新型城镇化规划（2014—2020年）》发布实施以来，各地区、各部门抓紧行动、改革探索，新型城镇化各项工作取得了积极进展，但仍然存在农业转移人口市民化进展缓慢、城镇化质量不高、对扩大内需的主动力作用没有得到充分发挥等问题。为总结推广各地区行之有效的经验，深入推进新型城镇化建设，现提出如下意见。

一、总体要求

全面贯彻党的十八大和十八届二中、三中、四中、五中全会以及中央经济工作会议、中央城镇化工作会议、中央城市工作会议、中央扶贫开发工作会议、中央农村工作会议精神，按照"五位一体"总体布局和"四个全面"战略布局，牢固树立创新、协调、绿色、开放、共享的发展理念，坚持走以人为本、四化同步、优化布局、生态文明、文化传承的中国特色新型城镇化道路，以人的城镇化为核心，以提高质量为关键，以体制机制改革为动力，紧紧围绕新型城镇化目标任务，加快推进户籍制度改革，提升城市综合承载能力，制定完善土地、财政、投融资等配套政策，充分释放新型城镇化蕴藏的巨大内需潜力，为经济持续健康发展提供持久强劲动力。

坚持点面结合、统筹推进。统筹规划、总体布局，促进大中小城市和小城镇协调发展，着力解决好"三个1亿人"城镇化问题，全面提高城镇化质量。充分发挥国家新型城镇化综合试点作用，及时总结提炼可复制经验，带动全国新型城镇化体制机制创新。

坚持纵横联动、协同推进。加强部门间政策制定和实施的协调配合，推动户籍、土地、财政、住房等相关政策和改革举措形成合力。加强部门与地方政策联动，推动地方加快出台一批配套政策，确保改革举措和政策落地生根。

坚持补齐短板、重点突破。加快实施"一融双新"工程，以促进农民工融入城镇为核心，以加快新生中小城市培育发展和新型城市建设为重点，瞄准短板，加快突破，优化政策组合，弥补供需缺口，促进新型城镇化健康有序发展。

二、积极推进农业转移人口市民化

（一）加快落实户籍制度改革政策。围绕加快提高户籍人口城镇化率，深化户籍制度改革，促进有能力在城镇稳定就业和生活的农业转移人口举家进城落户，并与城镇居民享有同等权利、履行同等义务。鼓励各地区进一步放宽落户条件，除极少数超大城市外，允许农业转移人口在就业地落户，优先解决农村学生升学和参军进入城镇的人口、在城镇就业居住5年以上和举家迁徙的农业转移人口以及新生代农民工落户问题，全面放开对高校毕业生、技术工人、职业院校毕业生、留学归国人员的落户限制，加快制定公开透明的落户标准和切实可行的落户目标。除超大城市和特大城市外，其他城市不得采取要求购买房屋、投资纳税、积分制等方式设置落户限制。加快调整完善超大城市和特大城市落户政策，根据城市综合承载能力和功能定位，区分主城区、郊区、新区等区域，分类制定落户政策；以具有合法稳定就业和合法稳定住所（含租赁）、参加城镇社会保险年限、连续居住年限等为主要指标，建立完善积分落户制度，重点解决符合条件的普通劳动者的落户问题。加快制定实施推动1亿非户籍人口在城市落户方案，强化地方政府主体责任，确保如期完成。

（二）全面实行居住证制度。推进居住证制度覆盖全部未落户城镇常住人口，保障居住证持有人在居住地享有义务教育、基本公共就业服务、基本公共卫生服务和计划生育服务、公共文化体育服务、法律援助和法律服务以及国家规定的其他基本公共服务；同时，在居住地享有按照国家有关规定办理出入境证件、换领补领居民身份证、机动车登记、申领机动车驾驶证、报名参加职业资格考试和申请授予职业资格以及其他便利。鼓励地方各级人民政府根据本地承载能力不断扩大对居住证持有人的公共服务范围并提高服务标准，缩小与户籍人口基本公共服务的差距。推动居住证持有人享有与当地户籍人口同等的住房保障权利，将符合条件的农业转移人口纳入当地住房保障范围。各城市要根据《居住证暂行条例》，加快制定实施具体管理办法，防止居住证与基本公共服务脱钩。

（三）推进城镇基本公共服务常住人口全覆盖。保障农民工随迁子女以流入地公办学校为主接受义务教育，以公办幼儿园和普惠性民办幼儿园为主接受学前教育。实施义务教育"两免一补"和生均公用经费基准定额资金随学生流动可携带政策，统筹人口流入地与流出地教师编制。组织实施农民工职业技能提升计划，每年培训2000万人次以上。允许在农村参加的养老保险和医疗保险规范接入城镇社保体系，加快建立基本医疗保险异地就医医疗费用结算制度。

（四）加快建立农业转移人口市民化激励机制。切实维护进城落户农民在农村的合法权益。实施财政转移支付同农业转移人口市民化挂钩政策，实施城镇建设用地增加规模与吸纳农业转移人口落户数量挂钩政策，中央预算内投资安排向吸纳农业转移人口落户数量较多的城镇倾斜。各省级人民政府要出台相应配套政策，加快推进农业转移人口市民化进程。

三、全面提升城市功能

（五）加快城镇棚户区、城中村和危房改造。围绕实现约1亿人居住的城镇棚户区、城中村和危房改造目标，实施棚户区改造行动计划和城镇旧房改造工程，推动棚户区改造与名城保护、城市更新相结合，加快推进城市棚户区和城中村改造，有序推进旧住宅小区综合整治、危旧住房和非成套住房（包括无上下水、北方地区无供热设施等的住房）改造，将棚户区改造政策支持范围扩大到全国重点镇。加强棚户区改造工程质量监督，严格实施质量责任终身追究制度。

（六）加快城市综合交通网络建设。优化街区路网结构，建设快速路、主次干路和支路级配合理的路网系统，提升城市道路网络密度，优先发展公共交通。大城市要统筹公共汽车、轻轨、地铁等协同发展，推进城市轨道交通系统和自行车等慢行交通系统建设，在有条件的地区规划建设市郊铁路，提高道路的通达性。畅通进出城市通道，加快换乘枢纽、停车场等设施建设，推进充电站、充电桩等新能源汽车充电设施建设，将其纳入城市旧城改造和新城建设规划同步实施。

（七）实施城市地下管网改造工程。统筹城市地上地下设施规划建设，加强城市地下基础设施建设和改造，合理布局电力、通信、广电、给排水、热力、燃气等地下管网，加快实施既有路面城市电网、通信网络架空线入地工程。推动城市新区、各类园区、成片开发区的新建道路同步建设地下综合管廊，老城区要结合地铁建设、河道治理、道路整治、旧城更新、棚户区改造等逐步推进地下综合管廊建设，鼓励社会资本投资运营地下综合管廊。加快城市易涝点改造，推进雨污分流管网改造与排水和防洪排涝设施建设。加强供水管网改造，降低供水管网漏损率。

（八）推进海绵城市建设。在城市新区、各类园区、成片开发区全面推进海绵城市建设。在老城区结合棚户区、危房改造和老旧小区有机更新，妥善解决城市防洪安全、雨水收集利用、黑臭水体治理等问题。加强海绵型建筑与小区、海绵型道路与广场、海绵型公园与绿地、绿色蓄排与净化利用设施等建设。加强自然水系保护与生态修复，切实保护良好水体和饮用水源。

（九）推动新型城市建设。坚持适用、经济、绿色、美观方针，提升规划水平，增强城市规划的科学性和权威性，促进"多规合一"，全面开展城市设计，加快建设绿色城市、智慧城市、人文城市等新型城市，全面提升城市内在品质。实施"宽带中国"战略和"互联网+"城市计划，加速光纤入户，促进宽带网络提速降费，发展智能交通、智能电网、智能水务、智能管网、智能园区。推动分布式太阳能、风能、生物质能、地热能多元化规模化应用和工业余热供暖，推进既有建筑供热计量和节能改造，对大型公共建筑和政府投资的各类建筑全面执行绿色建筑标准和认证，积极推广应用绿色新型建材、装配式建筑和钢结构建筑。加强垃圾处理设施建设，基本建立建筑垃圾、餐厨废弃物、园林废弃物等回收和再生利用体系，建设循环型城市。划定永久基本农田、生态保护红线和城市开发边界，实施城市生态廊道建设和生态系统修复工程。制定实施城市空气质量达标时间表，努力提高优良天数比例，大幅减少重污染天数。落实最严格水资源管理制度，推广节水新技术和新工艺，积极推进中水回用，全面建设节水型城市。促进国家级新区健康发展，推动符合条件的开发区向城市功能区转型，引导工业集聚区规范发展。

（十）提升城市公共服务水平。根据城镇常住人口增长趋势，加大财政对接收农民工随迁子女较多的城镇中小学校、幼儿园建设的投入力度，吸引企业和社会力量投资建学办学，增加中小学校和幼儿园学位供给。统筹新老城区公共服务资源均衡配置。加强医疗卫生机构、文化设施、体育健身场所设施、公园绿地等公共服务设施以及社区服务综合信息平台规划建设。优化社区生活设施布局，打造包括物流配送、便民超市、银行网点、零售药店、家庭服务中心等在内的便捷生活服务圈。建设以居家为基础、社区为依托、机构为补充的多层次养老服务体系，推动生活照料、康复护理、精神慰藉、紧急援助等服务全覆盖。加快推进住宅、公共建筑等的适老化改造。加强城镇公用设施使用安全管理，健全城市抗震、防洪、排涝、消防、应对地质灾害应急指挥体系，完善城市生命通道系统，加强城市防灾避难场所建设，增强抵御自然灾害、处置突发事件和危机管理能力。

四、加快培育中小城市和特色小城镇

（十一）提升县城和重点镇基础设施水平。加强县城和重点镇公共供水、道路交通、燃气供热、信息网络、分布式能源等市政设施和教育、医疗、文化等公共服务设施建设。推进城镇生活污水垃圾处理设施全覆盖和稳定运行，提高县城垃圾资源化、无害化处理能力，加快重点镇垃圾收集和转运设施建设，利用水泥窑协同处理生活垃圾及污泥。推进北方县城和重点镇集中供热全覆盖。加大对中西部地区发展潜力大、吸纳人口多的县城和重点镇的支持力度。

（十二）加快拓展特大镇功能。开展特大镇功能设置试点，以下放事权、扩大财权、改革人事权及强化用地指标保障等为重点，赋予镇区人口10万以上的特大镇部分县级管理权限，允许其按照相同人口规模城市市政设施标准进行建设发展。同步推进特大镇行政管理体制改革和设市模式创新改革试点，减少行政管理层级、推行大部门制、降低行政成本、提高行政效率。

（十三）加快特色镇发展。因地制宜、突出特色、创新机制，充分发挥市场主体作用，推动小城镇发展与疏解大城市中心城区功能相结合、与特色产业发展相结合、与服务"三农"相结合。发展具有特色优势的休闲旅游、商贸物流、信息产业、先进制造、民俗文化传承、科技教育等魅力小镇，带动农业现代化和农民就近城镇化。提升边境口岸城镇功能，在人员往来、加工物流、旅游等方面实行差别化政策，提高投资贸易便利化水平和人流物流便利化程度。

（十四）培育发展一批中小城市。完善设市标准和市辖区设置标准，规范审核审批程序，加快启动相关工作，将具备条件的县和特大镇有序设置为市。适当放宽中西部地区中小城市设置标准，加强产业和公共资源布局引导，适度增加中西部地区中小城市数量。

（十五）加快城市群建设。编制实施一批城市群发展规划，优化提升京津冀、长三角、珠三角三大城市群，推动形成东北地区、中原地区、长江中游、成渝地区、关中平原等城市群。推进城市群基础设施一体化建设，构建核心城市1小时通勤圈，完善城市群之间快速高效互联互通交通网络，建设以高速铁路、城际铁路、高速公路为骨干的城市群内部交通网络，统筹规划建设高速联通、服务便捷的信息网络，统筹推进重大能源基础设施和能源市场一体化建设，共同建设安全可靠的水利和供水系统。做好城镇发展规划与安全生产规划的统筹衔接。

五、辐射带动新农村建设

（十六）推动基础设施和公共服务向农村延伸。推动水电路等基础设施城乡联网。推进城乡配电网建设改造，加快信息进村入户，尽快实现行政村通硬化路、通班车、通邮、通快递，推动有条件地区燃气向农村覆盖。开展农村人居环境整治行动，加强农村垃圾和污水收集处理设施以及防洪排涝设施建设，强化河湖水系整治，加大对传统村落民居和历史文化名村名镇的保护力度，建设美丽宜居乡村。加快农村教育、医疗卫生、文化等事业发展，推进城乡基本公共服务均等化。深化农村社区建设试点。

（十七）带动农村一二三产业融合发展。以县级行政区为基础，以建制镇为支点，搭建多层次、宽领域、广覆盖的农村一二三产业融合发展服务平台，完善利益联结机制，促进农业产业链延伸，推进农业与旅游、教育、文化、健康养老等产业深度融合，大力发展农业新型业态。强化农民合作社和家庭农场基础作用，支持龙头企业引领示范，鼓励社会资本投入，培育多元化农业产业融合主体。推动返乡创业集聚发展。

（十八）带动农村电子商务发展。加快农村宽带网络和快递网络建设，加快农村电子商务发展和"快递下乡"。支持适应乡村特点的电子商务服务平台、商品集散平台和物流中心建设，鼓励电子商务第三方交易平台渠道下沉，带动农村特色产业发展，推进农产品进城、农业生产资料下乡。完善有利于中小网商发展的政策措施，在风险可控、商业可持续的前提下支持发展面向中小网商的融资贷款业务。

（十九）推进易地扶贫搬迁与新型城镇化结合。坚持尊重群众意愿，注重因地制宜，搞好科学规划，在县城、小城镇或工业园区附近建设移民集中安置区，推进转移就业贫困人口在城镇落户。坚持加大中央财政支持和多渠道筹集资金相结合，坚持搬迁和发展两手抓，妥善解决搬迁群众的居住、看病、上学等问题，统筹谋划安置区产业发展与群众就业创业，确保搬迁群众生活有改善、发展有前景。

六、完善土地利用机制

（二十）规范推进城乡建设用地增减挂钩。总结完善并推广有关经验模式，全面实行城镇建设用地增加与农村建设用地减少相挂钩的政策。高标准、高质量推进村庄整治，在规范管理、规范操作、规范运行的基础上，扩大城乡建设用地增减挂钩规模和范围。运用现代信息技术手段加强土地利用变更情况监测监管。

（二十一）建立城镇低效用地再开发激励机制。允许存量土地使用权人在不违反法律法规、符合相关规划的前提下，按照有关规定经批准后对土地进行再开发。完善城镇存量土地再开发过程中的供应方式，鼓励原土地使用权人自行改造，涉及原划拨土地使用权转让需补办出让手续的，经依法批准，可采取规定方式办理并按市场价缴纳土地出让价款。在国家、改造者、土地权利人之间合理分配"三旧"（旧城镇、旧厂房、旧村庄）改造的土地收益。

（二十二）因地制宜推进低丘缓坡地开发。在坚持最严格的耕地保护制度、确保生态安全、切实做好地质灾害防治的前提下，在资源环境承载力适宜地区开展低丘缓坡地开发试点。通过创新规划计划方式、开展整体整治、土地分批供应等政策措施，合理确定低丘缓坡地开发用途、规模、布局和项目用地准入门槛。

（二十三）完善土地经营权和宅基地使用权流转机制。加快推进农村土地确权登记颁证工作，鼓励地方建立健全农村产权流转市场体系，探索农户对土地承包权、宅基地使用权、集体收益分配权的自愿有偿退出机制，支持引导其依法自愿有偿转让上述权益，提高资源利用效率，防止闲置和浪费。深入推进农村土地征收、集体经营性建设用地入市、宅基地制度改革试点，稳步开展农村承包土地的经营权和农民住房财产权抵押贷款试点。

七、创新投融资机制

（二十四）深化政府和社会资本合作。进一步放宽准入条件，健全价格调整机制和政府补贴、监管机制，广泛吸引社会资本参与城市基础设施和市政公用设施建设和运营。根据经营性、准经营性和非经营性项目不同特点，采取更具针对性的政府和社会资本合作模式，加快城市基础设施和公共服务设施建设。

（二十五）加大政府投入力度。优化政府投资结构，安排专项资金重点支持农业转移人口市民化相关配套设施建设。编制公开透明的政府资产负债表，允许有条件的地区通过发行地方政府债券等多种方式拓宽城市建设融资渠道。省级政府举债使用方向要向新型城镇化倾斜。

（二十六）强化金融支持。专项建设基金要扩大支持新型城镇化建设的覆盖面，安排专门资金定向支持城市基础设施和公共服务设施建设、特色小城镇功能提升等。鼓励开发银行、农业发展银行创新信贷模式和产品，针对新型城镇化项目设计差别化融资模式与偿债机制。鼓励商业银行开发面向新型城镇化的金融服务和产品。鼓励公共基金、保险资金等参与具有稳定收益的城市基础设施项目建设和运营。鼓励地方利用财政资金和社会资金设立城镇化发展基金，鼓励地方整合政府投资平台设立城镇化投资平台。支持城市政府推行基础设施和租赁房资产证券化，提高城市基础设施项目直接融资比重。

八、完善城镇住房制度

（二十七）建立购租并举的城镇住房制度。以满足新市民的住房需求为主要出发点，建立购房与租房并举、市场配置与政府保障相结合的住房制度，健全以市场为主满足多层次需求、以政府为主提供基本保障的住房供应体系。对具备购房能力的常住人口，支持其购买商品住房。对不具备购房能力或没有购房意愿的常住人口，支持其通过住房租赁市场租房居住。对符合条件的低收入住房困难家庭，通过提供公共租赁住房或发放租赁补贴保障其基本住房需求。

（二十八）完善城镇住房保障体系。住房保障采取实物与租赁补贴相结合并逐步转向租赁补贴为主。加快推广租赁补贴制度，采取市场提供房源、政府发放补贴的方式，支持符合条件的农业转移人口通过住房租赁市场租房居住。归并实物住房保障种类。完善住房保障申请、审核、公示、轮候、复核制度，严格保障性住房分配和使用管理，健全退出机制，确保住房保障体系公平、公正和健康运行。

（二十九）加快发展专业化住房租赁市场。通过实施土地、规划、金融、税收等相关支持政策，培育专业化市场主体，引导企业投资购房用于租赁经营，支持房地产企业调整资产配置持有住房用于租赁经营，引导住房租赁企业和房地产开发企业经营新建租赁住房。支持专业企业、物业服务企业等通过租赁或购买社会闲置住房开展租赁经营，落实鼓励居民出租住房的税收优惠政策，激活存量住房租赁市场。鼓励商业银行开发适合住房租赁业务发展需要的信贷产品，在风险可控、商业可持续的原则下，对购买商品住房开展租赁业务的企业提供购房信贷支持。

（三十）健全房地产市场调控机制。调整完善差别化住房信贷政策，发展个人住房贷款保险业务，提高对农民工等中低收入群体的住房金融服务水平。完善住房用地供应制度，优化住房供应结构。加强商品房预售管理，推行商品房买卖合同在线签订和备案制度，完善商品房交易资金监管机制。进一步提高城镇棚户区改造以及其他房屋征收项目货币化安置比例。鼓励引导农民在中小城市就近购房。

九、加快推进新型城镇化综合试点

（三十一）深化试点内容。在建立农业转移人口市民化成本分担机制、建立多元化可持续城镇化投融资机制、改革完善农村宅基地制度、建立创新行政管理和降低行政成本的设市设区模式等方面加大探索力度，实现重点突破。鼓励试点地区有序建立进城落户农民农村土地承包权、宅基地使用权、集体收益分配权依法自愿有偿退出机制。有可能突破现行法规和政策的改革探索，在履行必要程序后，赋予试点地区相应权限。

（三十二）扩大试点范围。按照向中西部和东北地区倾斜、向中小城市和小城镇倾斜的原则，组织开展第二批国家新型城镇化综合试点。有关部门在组织开展城镇化相关领域的试点时，要向国家新型城镇化综合试点地区倾斜，以形成改革合力。

（三十三）加大支持力度。地方各级人民政府要营造宽松包容环境，支持试点地区发挥首创精神，推动顶层设计与基层探索良性互动、有机结合。国务院有关部门和省级人民政府要强化对试点地区的指导和支持，推动相关改革举措在试点地区先行先试，及时总结推广试点经验。各试点地区要制定实施年度推进计划，明确年度任务，建立健全试点绩效考核评价机制。

十、健全新型城镇化工作推进机制

（三十四）强化政策协调。国家发展改革委要依托推进新型城镇化工作部际联席会议制度，加强政策统筹协调，推动相关政策尽快出台实施，强化对地方新型城镇化工作的指导。各地区要进一步完善城镇化工作机制，各级发展改革部门要统筹推进本地区新型城镇化工作，其他部门要积极主动配合，共同推动新型城镇化取得更大成效。

（三十五）加强监督检查。有关部门要对各地区新型城镇化建设进展情况进行跟踪监测和监督检查，对相关配套政策实施效果进行跟踪分析和总结评估，确保政策举措落地生根。

（三十六）强化宣传引导。各地区、各部门要广泛宣传推进新型城镇化的新理念、新政策、新举措，及时报道典型经验和做法，强化示范效应，凝聚社会共识，为推进新型城镇化营造良好的社会环境和舆论氛围。

国务院

2016年2月2日

3. 国务院关于加强城市基础设施建设的意见

国发〔2013〕36号

各省、自治区、直辖市人民政府，国务院各部委、各直属机构：

城市基础设施是城市正常运行和健康发展的物质基础，对于改善人居环境、增强城市综合承载能力、提高城市运行效率、稳步推进新型城镇化、确保2020年全面建成小康社会具有重要作用。当前，我国城市基础设施仍存在总量不足、标准不高、运行管理粗放等问题。加强城市基础设施建设，有利于推动经济结构调整和发展方式转变，拉动投资和消费增长，扩大就业，促进节能减排。为加强和改进城市基础设施建设，现提出以下意见：

一、总体要求

（一）指导思想。以邓小平理论、"三个代表"重要思想、科学发展观为指导，围绕推进新型城镇化的重大战略部署，立足于稳增长、调结构、促改革、惠民生，科学研究、统筹规划，提升城市基础设施建设和管理水平，提高城镇化质量；深化投融资体制改革，充分发挥市场配置资源的基础性作用；着力抓好既利当前、又利长远的重点基础设施项目建设，提高城市综合承载能力；保障城市运行安全，改善城市人居生态环境，推动城市节能减排，促进经济社会持续健康发展。

（二）基本原则。

规划引领。坚持先规划、后建设，切实加强规划的科学性、权威性和严肃性。发挥规划的控制和引领作用，严格依据城市总体规划和土地利用总体规划，充分考虑资源环境影响和文物保护的要求，有序推进城市基础设施建设工作。

民生优先。坚持先地下、后地上，优先加强供水、供气、供热、电力、通信、公共交通、物流配送、防灾避险等与民生密切相关的基础设施建设，加强老旧基础设施改造。保障城市基础设施和公共服务设施供给，提高设施水平和服务质量，满足居民基本生活需求。

安全为重。提高城市管网、排水防涝、消防、交通、污水和垃圾处理等基础设施的建设质量、运营标准和管理水平，消除安全隐患，增强城市防灾减灾能力，保障城市运行安全。

机制创新。在保障政府投入的基础上，充分发挥市场机制作用，进一步完善城市公用事业服务价格形成、调整和补偿机制。加大金融机构支持力度，鼓励社会资金参与城市基础设施建设。

绿色优质。全面落实集约、智能、绿色、低碳等生态文明理念，提高城市基础设施建设工业化水平，优化节能建筑、绿色建筑发展环境，建立相关标准体系和规范，促进节能减排和污染防治，提升城市生态环境质量。

二、围绕重点领域，促进城市基础设施水平全面提升

当前，要围绕改善民生、保障城市安全、投资拉动效应明显的重点领域，加快城市基础设施转型升级，全面提升城市基础设施水平。

（一）加强城市道路交通基础设施建设。

公共交通基础设施建设。鼓励有条件的城市按照"量力而行、有序发展"的原则，推进地铁、轻轨等城市轨道交通系统建设，发挥地铁等作为公共交通的骨干作用，带动城市公共交通和相关产业发展。到2015年，全国轨道交通新增运营里程1000公里。积极发展大容量地面公共交通，加快调度中心、停车场、保养场、首末站以及停靠站的建设；推进换乘枢纽及充电桩、充电站、公共停车场等配套服务设施建设，将其纳入城市旧城改造和新城建设规划同步实施。

城市道路、桥梁建设改造。加快完善城市道路网络系统，提升道路网络密度，提高城市道路网络连通性和可达性。加强城市桥梁安全检测和加固改造，限期整改安全隐患。加快推进城市桥梁信息系统建设，严格落实桥梁安全管理制度，保障城市路桥的运行安全。各城市应尽快完成城市桥梁的安全检测并及时公布检测结果，到2015年，力争完成对全国城市危桥加固改造，地级以上城市建成桥梁信息管理系统。

城市步行和自行车交通系统建设。城市交通要树立行人优先的理念，改善居民出行环境，保障出行安全，倡导绿色出行。设市城市应建设城市步行、自行车"绿道"，加强行人过街设施、自行车停车设施、道路林荫绿化、照明等设施建设，切实转变过度依赖小汽车出行的交通发展模式。

（二）加大城市管网建设和改造力度。

市政地下管网建设改造。加强城市供水、污水、雨水、燃气、供热、通信等各类地下管网的建设、改造和检查，优先改造材质落后、漏损严重、影响安全的老旧管网，确保管网漏损率控制在国家标准以内。到2015年，完成全国城镇燃气8万公里、北方采暖地区城镇集中供热9.28万公里老旧管网改造任务，管网事故率显著降低；实现城市燃气普及率94%、县城及小城镇燃气普及率65%的目标。开展城市地下综合管廊试点，用3年左右时间，在全国36个大中城

市全面启动地下综合管廊试点工程；中小城市因地制宜建设一批综合管廊项目。新建道路、城市新区和各类园区地下管网应按照综合管廊模式进行开发建设。

城市供水、排水防涝和防洪设施建设。加快城镇供水设施改造与建设，积极推进城乡统筹区域供水，力争到2015年实现全国城市公共供水普及率95%和水质达标双目标；加强饮用水水源建设与保护，合理利用水资源，限期关闭城市公共供水管网覆盖范围内的自备水井，切实保障城市供水安全。在全面普查、摸清现状基础上，编制城市排水防涝设施规划。加快雨污分流管网改造与排水防涝设施建设，解决城市积水内涝问题。积极推行低影响开发建设模式，将建筑、小区雨水收集利用、可渗透面积、蓝线划定与保护等要求作为城市规划许可和项目建设的前置条件，因地制宜配套建设雨水滞渗、收集利用等削峰调蓄设施。加强城市河湖水系保护和管理，强化城市蓝线保护，坚决制止因城市建设非法侵占河湖水系的行为，维护其生态、排水防涝和防洪功能。完善城市防洪设施，健全预报预警、指挥调度、应急抢险等措施，到2015年，重要防洪城市达到国家规定的防洪标准。全面提高城市排水防涝、防洪减灾能力，用10年左右时间建成较完善的城市排水防涝、防洪工程体系。

城市电网建设。将配电网发展纳入城乡整体规划，进一步加强城市配电网建设，实现各电压等级协调发展。到2015年，全国中心城市基本形成500（或330）千伏环网网架，大部分城市建成220（或110）千伏环网网架。推进城市电网智能化，以满足新能源电力、分布式发电系统并网需求，优化需求侧管理，逐步实现电力系统与用户双向互动。以提高电力系统利用率、安全可靠水平和电能质量为目标，进一步加强城市智能配电网关键技术研究与试点示范。

（三）加快污水和垃圾处理设施建设。

城市污水处理设施建设。以设施建设和运行保障为主线，加快形成"厂网并举、泥水并重、再生利用"的建设格局。优先升级改造落后设施，确保城市污水处理厂出水达到国家新的环保排放要求或地表水Ⅳ类标准。到2015年，36个重点城市城区实现污水"全收集、全处理"，全国所有设市城市实现污水集中处理，城市污水处理率达到85%，建设完成污水管网7.3万公里。按照"无害化、资源化"要求，加强污泥处理处置设施建设，城市污泥无害化处置率达到70%左右；加快推进节水城市建设，在水资源紧缺和水环境质量差的地区，加快推动建筑中水和污水再生利用设施建设。到2015年，城镇污水处理设施再生水利用率达到20%以上；保障城市水安全、修复城市水生态，消除劣Ⅴ类水体，改善城市水环境。

城市生活垃圾处理设施建设。以大中城市为重点，建设生活垃圾分类示范城市（区）和生活垃圾存量治理示范项目。加大处理设施建设力度，提升生活垃圾处理能力。提高城市生活垃圾处理减量化、资源化和无害化水平。到2015年，36个重点城市生活垃圾全部实现无害化处理，设市城市生活垃圾无害化处理率达到90%左右；到2017年，设市城市生活垃圾得到有效处理，确保垃圾处理设施规范运行，防止二次污染，摆脱"垃圾围城"困境。

（四）加强生态园林建设。

城市公园建设。结合城乡环境整治、城中村改造、弃置地生态修复等，加大社区公园、街头游园、郊野公园、绿道绿廊等规划建设力度，完善生态园林指标体系，推动生态园林城市建设。到2015年，确保老城区人均公园绿地面积不低于5平方米、公园绿地服务半径覆盖率不低于60%。加强运营管理，强化公园公共服务属性，严格绿线管制。

提升城市绿地功能。到2015年，设市城市至少建成一个具有一定规模，水、气、电等设施齐备，功能完善的防灾避险公园。结合城市污水管网、排水防涝设施改造建设，通过透水性铺装，选用耐水湿、吸附净化能力强的植物等，建设下沉式绿地及城市湿地公园，提升城市绿地汇聚雨水、蓄洪排涝、补充地下水、净化生态等功能。

三、科学编制规划，发挥调控引领作用

（一）科学编制城市总体规划。牢固树立规划先行理念，遵循城镇化和城乡发展客观规律，以资源环境承载力为基础，科学编制城市总体规划，做好与土地利用总体规划的衔接，统筹安排城市基础设施建设。突出民生为本，节约集约利用土地，严格禁止不切实际的"政绩工程""形象工程"和滋生腐败的"豆腐渣工程"。强化城市总体规划对空间布局的统筹协调。严格按照规划进行建设，防止各类开发活动无序蔓延。开展地下空间资源调查与评估，制定城市地下空间开发利用规划，统筹地下各类设施、管线布局，实现合理开发利用。

（二）完善和落实城市基础设施建设专项规划。城市基础设施建设要着力提高科学性和前瞻性，避免盲目和无序建设。尽快编制完成城市综合交通、电力、排水防涝和北方采暖地区集中供热老旧管网改造规划。抓紧落实已明确的污水处理及再生利用、生活垃圾处理设施建设、城镇供水、城镇燃气等"十二五"规划。所有建设行为应严格执行建筑节能标准，落实《绿色建筑行动方案》。

（三）加强公共服务配套基础设施规划统筹。城市基础设施规划建设过程中，要统筹考虑城乡医疗、教育、治安、文化、体育、社区服务等公共服务设施建设。合理布局和建设专业性农产品批发市场、物流配送场站等，完善城市公共厕所建设和管理，加强公共消防设施、人防设施以及防灾避险场所等设施建设。

四、抓好项目落实，加快基础设施建设进度

（一）加快在建项目建设。各地要统筹组织协调在建基础设施项目，加快施工建设进度。通过建立城市基础设施建设项目信息系统，全面掌握在建项目进展情况。对城市道路和公共交通设施建设、市政地下管网建设、城市供水设施建设和改造、城市污水处理设施建设和改造、城市生活垃圾处理设施建设、消防设施建设等在建项目，要确保工程建设在规定工期内完成。各地要列出在建项目的竣工时间表，倒排工期，分项、分段落实；要采取有效措施，确保建设资金、材料、人工、装备设施等及时或提前到位；要优化工程组织设计，充分利用新理念、新技术、新工艺，推进在建项目实施。

（二）积极推进新项目开工。根据城市基础设施建设专项规划落实具体项目，科学论证，加快项目立项、规划、环保、用地等前期工作。进一步优化简化城市基础设施建设项目审批流程，减少和取消不必要的行政干预，逐步转向备案、核准与审批相结合的专业化管理模式。要强化部门间的分工合作，做好环境、技术、安全等领域审查论证，对重大基础设施建设项目探索建立审批"绿色通道"，提高效率。在完善规划的基础上，对经审核具备开工条件的项目，

要抓紧落实招投标、施工图设计审查、确定施工及监理单位等配套工作，尽快开工建设。

（三）做好后续项目储备。按照城市总体规划和基础设施专项规划要求，超前谋划城市基础设施建设项目。各级发展改革、住房城乡建设、规划和国土资源等部门要解放思想，转变职能和工作作风，通过统筹研究、做好用地规划安排、提前下拨项目前期可研经费、加快项目可行性研究等措施，实现储备项目与年度建设计划有效对接。对2016年、2017年拟安排建设的项目，要抓紧做好前期准备工作，建立健全统一、完善的城市基础设施项目储备库。

五、确保政府投入，推进基础设施建设投融资体制和运营机制改革

（一）确保政府投入。各级政府要把加强和改善城市基础设施建设作为重点工作，大力推进。中央财政通过中央预算内投资以及城镇污水管网专项等现有渠道支持城市基础设施建设，地方政府要确保对城市基础设施建设的资金投入力度。各级政府要充分考虑和优先保障城市基础设施建设用地需求。对于符合《划拨用地目录》的项目，应当以划拨方式供应建设用地。基础设施建设用地要纳入土地利用年度计划和建设用地供应计划，确保建设用地供应。

（二）推进投融资体制和运营机制改革。建立政府与市场合理分工的城市基础设施投融资体制。政府应集中财力建设非经营性基础设施项目，要通过特许经营、投资补助、政府购买服务等多种形式，吸引包括民间资本在内的社会资金，参与投资、建设和运营有合理回报或一定投资回收能力的可经营性城市基础设施项目，在市场准入和扶持政策方面对各类投资主体同等对待。创新基础设施投资项目的运营管理方式，实行投资、建设、运营和监管分开，形成权责明确、制约有效、管理专业的市场化管理体制和运行机制。改革现行城市基础设施建设事业单位管理模式，向独立核算、自主经营的企业化管理模式转变。进一步完善城市公用事业服务价格形成、调整和补偿机制。积极创新金融产品和业务，建立完善多层次、多元化的城市基础设施投融资体系。研究出台配套财政扶持政策，落实税收优惠政策，支持城市基础设施投融资体制改革。

六、科学管理，明确责任，加强协调配合

（一）提升基础设施规划建设管理水平。城市规划建设管理要保持城市基础设施的整体性、系统性，避免条块分割、多头管理。要建立完善城市基础设施建设法律法规、标准规范和质量评价体系。建立健全以城市道路为核心、地上和地下统筹协调的基础设施管理体制机制。重点加强城市管网综合管理，尽快出台相关法规，统一规划、建设、管理，规范城市道路开挖和地下管线建设行为，杜绝"拉链马路"、窨井伤人现象。在普查的基础上，整合城市管网信息资源，消除市政地下管网安全隐患。建立城市基础设施电子档案，实现设市城市数字城管平台全覆盖。提升城市管理标准化、信息化、精细化水平，提升数字城管系统，推进城市管理向服务群众生活转变，促进城市防灾减灾综合能力和节能减排功能提升。

（二）落实地方政府责任。省级人民政府要把城市基础设施建设纳入重要议事日程，加大监督、指导和协调力度，结合已有规划和各地实际，出台具体政策措施并抓好落实。城市人民政府是基础设施建设的责任主体，要切实履行职责，抓好项目落实，科学确定项目规模和投资需求，公布城市基础设施建设具体项目和进展情况，接受社会监督，做好城市基础设施建设各项具体工作。对涉及民生和城市安全的城市管网、供水、节水、排水防涝、防洪、污水垃圾处理、消防及道路交通等重点项目纳入城市人民政府考核体系，对工作成绩突出的城市予以表彰奖励；对质量评价不合格、发生重大事故的政府负责人进行约谈，限期整改，依法追究相关责任。

（三）加强部门协调配合。住房城乡建设部会同有关部门加强对城市基础设施建设的监督指导；发展改革委、财政部、住房城乡建设部会同有关部门研究制定城市基础设施建设投融资、财政等支持政策；人民银行、银监会会同有关部门研究金融支持城市基础设施建设的政策措施；住房城乡建设部、发展改革委、财政部等有关部门定期对城市基础设施建设情况进行检查。

国务院

2013年9月6日

4. 国务院办公厅
关于加强城市地下管线建设管理的指导意见

国办发〔2014〕27号

各省、自治区、直辖市人民政府，国务院各部委、各直属机构：

城市地下管线是指城市范围内供水、排水、燃气、热力、电力、通信、广播电视、工业等管线及其附属设施，是保障城市运行的重要基础设施和"生命线"。近年来，随着城市快速发展，地下管线建设规模不足、管理水平不高等问题凸显，一些城市相继发生大雨内涝、管线泄漏爆炸、路面塌陷等事件，严重影响了人民群众生命财产安全和城市运行秩序。为切实加强城市地下管线建设管理，保障城市安全运行，提高城市综合承载能力和城镇化发展质量，经国务院同意，现提出以下意见：

一、总体工作要求

（一）指导思想。深入学习领会党的十八大和十八届二中、三中全会精神，认真贯彻落实党中央和国务院的各项决策部署，适应中国特色新型城镇化需要，把加强城市地下管线建设管理作为履行政府职能的重要内容，统筹地下管线规划建设、管理维护、应急防灾等全过程，综合运用各项政策措施，提高创新能力，全面加强城市地下管线建设管理。

（二）基本原则。

规划引领，统筹建设。坚持先地下、后地上，先规划、后建设，科学编制城市地下管线等规划，合理安排建设时序，提高城市基础设施建设的整体性、系统性。

强化管理，消除隐患。加强城市地下管线维修、养护和改造，提高管理水平，及时发现、消除事故隐患，切实保障地下管线安全运行。

因地制宜，创新机制。按照国家统一要求，结合不同地区实际，科学确定城市地下管线的技术标准、发展模式。稳步推进地下综合管廊建设，加强科学技术和体制机制创新。

落实责任，加强领导。强化城市人民政府对地下管线建设管理的责任，明确有关部门和单位的职责，加强联动协调，形成高效有力的工作机制。

（三）目标任务。2015年底前，完成城市地下管线普查，建立综合管理信息系统，编制完成地下管线综合规划。力争用5年时间，完成城市地下老旧管网改造，将管网漏失率控制在国家标准以内，显著降低管网事故率，避免重大事故发生。用10年左右时间，建成较为完善的城市地下管线体系，使地下管线建设管理水平能够适应经济社会发展需要，应急防灾能力大幅提升。

二、加强规划统筹，严格规划管理

（四）加强城市地下管线的规划统筹。开展地下空间资源调查与评估，制定城市地下空间开发利用规划，统筹地下各类设施、管线布局，原则上不允许在中心城区规划新建生产经营性危险化学品输送管线，其他地区新建的危险化学品输送管线，不得在穿越其他管线等地下设施时形成密闭空间，且距离应满足标准规范要求。各城市要依据城市总体规划组织编制地下管线综合规划，对各类专业管线进行综合，结合城市未来发展需要，统筹考虑军队管线建设需求，合理确定管线设施的空间位置、规模、走向等，包括驻军单位、中央直属企业在内的行业主管部门和管线单位都要积极配合。编制城市地下管线综合规划，应加强与地下空间、道路交通、人防建设、地铁建设等规划的衔接和协调，并作为控制性详细规划和地下管线建设规划的基本依据。

（五）严格实施城市地下管线规划管理。按照先规划、后建设的原则，依据经批准的城市地下管线综合规划和控制性详细规划，对城市地下管线实施统一的规划管理。地下管线工程开工建设前要依据城乡规划法等法律法规取得建设工程规划许可证。要严格执行地下管线工程的规划核实制度，未经核实或者经核实不符合规划要求的，不得组织竣工验收。要加强对规划实施情况的监督检查，对各类违反规划的行为及时查处，依法严肃处理。

三、统筹工程建设，提高建设水平

（六）统筹城市地下管线工程建设。按照先地下、后地上的原则，合理安排地下管线和道路的建设时序。各城市在制定道路年度建设计划时，应提前告知相关行业主管部门和管线单位。各行业主管部门应指导管线单位，根据城市道路年度建设计划和地下管线综合规划，制定各专业管线年度建设计划，并与城市道路年度建设计划同步实施。要统筹安排各专业管线工程建设，力争一次敷设到位，并适当预留管线位置。要建立施工掘路总量控制制度，严格控制道路挖掘，杜绝"马路拉链"现象。

（七）稳步推进城市地下综合管廊建设。在36个大中城市开展地下综合管廊试点工程，探索投融资、建设维护、定价收费、运营管理等模式，提高综合管廊建设管理水平。通过试点示范效应，带动具备条件的城市结合新区建设、旧城改造、道路新（改、扩）建，在重要地段和管线密集区建设综合管廊。城市地下综合管廊应统一规划、建设和管理，满足管线单位的使用和运行维护要求，同步配套消防、供电、照明、监控与报警、通风、排水、标识等设施。鼓励管线单位入股组成股份制公司，联合投资建设综合管廊，或在城市人民政府指导下组成地下综合管廊业主委员会，招标选择建设、运营管理单位。建成综合管廊的区域，凡已在管廊中预留管线位置的，不得再另行安排管廊以外的管线位置。要统筹考虑综合管廊建设运行费用、投资回报和管线单位的使用成本，合理确定管廊租售价格标准。有关部门要及时总结试点经验，加强对各地综合管廊建设的指导。

（八）严格规范建设行为。城市地下管线工程建设项目应履行基本建设程序，严格落实施工图设计文件审查、施工许可、工程质量安全监督与监理、竣工测量以及档案移交等制度。要落实施工安全管理制度，明确相关责任人，确保施工作业安全。对于可能损害地下管线的建设工程，管线单位要与建设单位签订保护协议，辨识危险因素，提出保护措施。对于可能涉及危险化学品管道的施工作业，建设单位施工前要召集有关单位，制定施工方案，明确安全责任，严格按照安全施工要求作业，严禁在情况不明时盲目进行地面开挖作业。对违规建设施工造成管线破坏的行为要依法追究责任。工程覆土前，建设单位应按照有关规定进行竣工测量，及时将测量成果报送城建档案管理部门，并对测量数据和测量图的真实、准确性负责。

四、加强改造维护，消除安全隐患

（九）加大老旧管线改造力度。改造使用年限超过50年、材质落后和漏损严重的供排水管网。推进雨污分流管网改造和建设，暂不具备改造条件的，要建设截流干管，适当加大截流倍数。对存在事故隐患的供热、燃气、电力、通信等地下管线进行维修、更换和升级改造。对存在塌陷、火灾、水淹等重大安全隐患的电力电缆通道进行专项治理改造，推进城市电网、通信网架空线入地改造工程。实施城市宽带通信网络和有线广播电视网络光纤入户改造，加快有线广播电视网络数字化改造。

（十）加强维修养护。各城市要督促行业主管部门和管线单位，建立地下管线巡护和隐患排查制度，严格执行安全技术规程，配备专门人员对管线进行日常巡护，定期进行检测维修，强化监控预警，发现危害管线安全的行为或隐患应及时处理。对地下管线安全风险较大的区段和场所要进行重点监控；对已建成的危险化学品输送管线，要按照相关法律法规和标准规范严格管理。开展地下管线作业时，要严格遵守相关规定，配备必要的设施设备，按照先检测后监护再进入的原则进行作业，严禁违规违章作业，确保人员安全。针对城市地下管线可能发生或造成的泄漏、燃爆、坍塌等突发事故，要根据输送介质的危险特性及管道情况，制定应急防灾综合预案和有针对性的专项应急预案、现场处置方案，并定期组织演练；要加强应急队伍建设，提高人员专业素质，配套完善安全检测及应急装备；维修养护时一旦发生意外，要对风险进行辨识和评估，杜绝盲目施救，造成次生事故；要根据事故现场情况及救援需要及时划定警戒区域，疏散周边人员，维持现场秩序，确保应急工作安全有序。切实提高事故防范、灾害防治和应急处置能力。

（十一）消除安全隐患。各城市要定期排查地下管线存在的隐患，制定工作计划，限期消除隐患。加大力度清理拆除占压地下管线的违法建（构）筑物。清查、登记废弃和"无主"管线，明确责任单位，对于存在安全隐患的废弃管线要及时处置，消灭危险源，其余废弃管线应在道路新（改、扩）建时予以拆除。加强城市窨井盖管理，落实维护和管理责任，采用防坠落、防位移、防盗窃等技术手段，避免窨井伤人等事故发生。要按照有关规定完善地下管线配套安全设施，做到与建设项目同步设计、施工、交付使用。

五、开展普查工作，完善信息系统

（十二）开展城市地下管线普查。城市地下管线普查实行属地负责制，由城市人民政府统一组织实施。各城市要明确责任部门，制定总体方案，建立工作机制和相关规范，组织好普查成果验收和归档移交工作。普查工作包括地下管线基础信息普查和隐患排查。基础信息普查应按照相关技术规程进行探测、补测，重点掌握地下管线的规模大小、位置关系、功能属性、产权归属、运行年限等基本情况；隐患排查应全面了解地下管线的运行状况，摸清地下管线存在的结构性隐患和危险源。驻军单位、中央直属企业要按照当地政府的统一部署，积极配合做好所属地下管线的普查工作。普查成果要按规定集中统一管理，其中军队管线普查成果按军事设施保护法有关规定和军队保密要求提供和管理，由军队有关业务主管部门另行明确配套办法。

（十三）建立和完善综合管理信息系统。各城市要在普查的基础上，建立地下管线综合管理信息系统，满足城市规划、建设、运行和应急等工作需要。包括驻军单位、中央直属企业在内的行业主管部门和管线单位要建立完善专业管线信息系统，满足日常运营维护管理需要，驻军单位按照军队有关业务主管部门统一要求组织实施。综合管理信息系统和专业管线信息系统应按照统一的数据标准，实现信息的即时交换、共建共享、动态更新。推进综合管理信息系统与数字化城市管理系统、智慧城市融合。充分利用信息资源，做好工程规划、施工建设、运营维护、应急防灾、公共服务等工作，建设工程规划和施工许可管理必须以综合管理信息系统为依据。涉及国家秘密的地下管线信息，要严格按照有关保密法律法规和标准进行管理。

六、完善法规标准，加大政策支持

（十四）完善法规标准。研究制订地下空间管理、地下管线综合管理等方面法规，健全地下管线规划建设、运行维护、应急防灾等方面的配套规章。开展各类地下管线标准规范的梳理和制（修）订工作，建立完善地下管线标准体系。根据城市发展实际需要，适当提高地下管线建设和抗震防灾等技术标准，重要地区要按相关标准规范的上限执行。按照国防和人防建设要求，研究促进城市地下管线军民融合发展的措施，优先为军队提供管线资源。

（十五）加大政策支持。中央继续通过现有渠道予以支持。地方政府和管线单位要落实资金，加快城市地下管网建设改造。要加快城市建设投融资体制改革，分清政府与企业边界，确需政府举债的，应通过发行政府一般债券或专项债券融资。开展城市基础设施和综合管廊建设等政府和社会资本合作机制（PPP）试点。以政府和社会资本合作方式参与城市基础设施和综合管廊建设的企业，可以探索通过发行企业债券、中期票据、项目收益债券等市场化方式融资。积极推进政府购买服务，完善特许经营制度，研究探索政府购买服务协议、特许经营权、收费权等作为银行质押品的政策，鼓励社会资本参与城市基础设施投资和运营。支持银行业金融机构在有效控制风险的基础上，加大信贷投放力度，支持城市基础设施建设。鼓励外资和民营资本发起设立以投资城市基础设施为主的产业投资基金。各级政府部门要优化地下管线建设改造相关行政许可手续办理流程，提高办理效率。

（十六）提高科技创新能力。加大城市地下管线科技研发和创新力度，鼓励在地下管线规划建设、运行维护及应急防灾等工作中，广泛应用精确测控、示踪标识、无损探测与修复、非开挖、物联网监测和隐患事故预警等先进技术。积极推广新工艺、新材料和新设备，推进新型建筑工业化，支持发展装配式建筑，推广应用管道预构件产品，提高预制装配化率。

七、落实地方责任，加强组织领导

（十七）落实地方责任。各地要牢固树立正确的政绩观，纠正"重地上轻地下""重建设轻管理""重使用轻维护"等错误观念，加强对城市地下管线建设管理工作的组织领导。省级人民政府要把城市地下空间和管线建设管理纳入重要议事日程，加大监督、指导和协调力度，督促各城市结合实际抓好相关工作。城市人民政府作为责任主体，要切实履行职责，统筹城市地上地下设施建设，做好地下空间和管线管理各项具体工作。住房城乡建设部要会同有关部门，加强对地下管线建设管理工作的指导和监督检查。对地下管线建设管理工作不力、造成重大事故的，要依法追究责任。

（十八）健全工作机制。各地要建立城市地下管线综合管理协调机制，明确牵头部门，组织有关部门和单位，加强联动协调，共同研究加强地下管线建设管理的政策措施，及时解决跨地区、跨部门及跨军队和地方的重大问题和突发事故。住房城乡建设部门会同有关部门负责城市地下管线综合管理，发展改革部门要将城市地下管线建设改造纳入经济社会发展规划，财政、通信、广播电视、安全监管、能源、保密等部门要各司其职、密切配合，形成分工明确、高效有力的工作机制。

（十九）积极引导社会参与。充分发挥行业组织的积极作用。各城市应设立统一的地下管线服务专线。充分运用多种媒体和宣传形式，加强城市地下管线安全和应急防灾知识的普及教育，开展"管线挖掘安全月"主题宣传活动，增强公众保护地下管线的意识。建立举报奖励制度，鼓励群众举报危害管线安全的行为。

国务院办公厅
2014年6月3日

5. 国务院办公厅
关于推进城市地下综合管廊建设的指导意见

国办发〔2015〕61号

各省、自治区、直辖市人民政府，国务院各部委、各直属机构：

地下综合管廊是指在城市地下用于集中敷设电力、通信、广播电视、给水、排水、热力、燃气等市政管线的公共隧道。我国正处在城镇化快速发展时期，地下基础设施建设滞后。推进城市地下综合管廊建设，统筹各类市政管线规划、建设和管理，解决反复开挖路面、架空线网密集、管线事故频发等问题，有利于保障城市安全、完善城市功能、美化城市景观、促进城市集约高效和转型发展，有利于提高城市综合承载能力和城镇化发展质量，有利于增加公共产品有效投资、拉动社会资本投入、打造经济发展新动力。为切实做好城市地下综合管廊建设工作，经国务院同意，现提出以下意见：

一、总体要求

（一）指导思想。全面贯彻落实党的十八大和十八届二中、三中、四中全会精神，按照《国务院关于加强城市基础设施建设的意见》（国发〔2013〕36号）和《国务院办公厅关于加强城市地下管线建设管理的指导意见》（国办发〔2014〕27号）有关部署，适应新型城镇化和现代化城市建设的要求，把地下综合管廊建设作为履行政府职能、完善城市基础设施的重要内容，在继续做好试点工程的基础上，总结国内外先进经验和有效做法，逐步提高城市道路配建地下综合管廊的比例，全面推动地下综合管廊建设。

（二）工作目标。到2020年，建成一批具有国际先进水平的地下综合管廊并投入运营，反复开挖地面的"马路拉链"问题明显改善，管线安全水平和防灾抗灾能力明显提升，逐步消除主要街道蜘蛛网式架空线，城市地面景观明显好转。

（三）基本原则。

——坚持立足实际，加强顶层设计，积极有序推进，切实提高建设和管理水平。

——坚持规划先行，明确质量标准，完善技术规范，满足基本公共服务功能。

——坚持政府主导，加大政策支持，发挥市场作用，吸引社会资本广泛参与。

二、统筹规划

（四）编制专项规划。各城市人民政府要按照"先规划、后建设"的原则，在地下管线普查的基础上，统筹各类管线实际发展需要，组织编制地下综合管廊建设规划，规划期限原则上应与城市总体规划相一致。结合地下空间开发利用、各类地下管线、道路交通等专项建设规划，合理确定地下综合管廊建设布局、管线种类、断面形式、平面位置、竖向控制等，明确建设规模和时序，综合考虑城市发展远景，预留和控制有关地下空间。建立建设项目储备制度，明确五年项目滚动规划和年度建设计划，积极、稳妥、有序推进地下综合管廊建设。

（五）完善标准规范。根据城市发展需要抓紧制定和完善地下综合管廊建设和抗震防灾等方面的国家标准。地下综合管廊工程结构设计应考虑各类管线接入、引出支线的需求，满足抗震、人防和综合防灾等需要。地下综合管廊断面应满足所在区域所有管线入廊的需要，符合入廊管线敷设、增容、运行和维护检修的空间要求，并配建行车和行人检修通道，合理设置出入口，便于维修和更换管道。地下综合管廊应配套建设消防、供电、照明、通风、给排水、视频、标识、安全与报警、智能管理等附属设施，提高智能化监控管理水平，确保管廊安全运行。要满足各类管线独立运行维护和安全管理需要，避免产生相互干扰。

三、有序建设

（六）划定建设区域。从2015年起，城市新区、各类园区、成片开发区域的新建道路要根据功能需求，同步建设地下综合管廊；老城区要结合旧城更新、道路改造、河道治理、地下空间开发等，因地制宜、统筹安排地下综合管廊建设。在交通流量较大、地下管线密集的城市道路、轨道交通、地下综合体等地段，城市高强度开发区、重要公共空间、主要道路交叉口、道路与铁路或河流的交叉处，以及道路宽度难以单独敷设多种管线的路段，要优先建设地下综合管廊。加快既有地面城市电网、通信网络等架空线入地工程。

（七）明确实施主体。鼓励由企业投资建设和运营管理地下综合管廊。创新投融资模式，推广运用政府和社会资本合作（PPP）模式，通过特许经营、投资补贴、贷款贴息等形式，鼓励社会资本组建项目公司参与城市地下综合管廊建设和运营管理，优化合同管理，确保项目合理稳定回报。优先鼓励入廊管线单位共同组建或与社会资本合作组建股份制公司，或在城市人民政府指导下组成地下综合管廊业主委员会，公开招标选择建设和运营管理单位。积极培育大型专业化地下综合管廊建设和运营管理企业，支持企业跨地区开展业务，提供系统、规范的服务。

（八）确保质量安全。严格履行法定的项目建设程序，规范招投标行为，落实工程建设各方质量安全主体责任，切实把加强质量安全监管贯穿于规划、建设、运营全过程，建设单位要按规定及时报送工程档案。建立地下综合管廊工程质量终身责任永久性标牌制度，接受社会监督。根据地下综合管廊结构类型、受力条件、使用要求和所处环境等因素，考虑耐久性、可靠性和经济性，科学选择工程材料，主要材料宜采用高性能混凝土和高强钢筋。推进地下综合管廊主体结构构件标准化，积极推广应用预制拼装技术，提高工程质量和安全水平，同时有效带动工业构件生产、施工设备制造等相关产业发展。

四、严格管理

（九）明确入廊要求。城市规划区范围内的各类管线原则上应敷设于地下空间。已建设地下综合管廊的区域，该区域内的所有管线必须入廊。在地下综合管廊以外的位置新建管线的，规划部门不予许可审批，建设部门不予施工许可审批，市政道路部门不予掘路许可审批。既有管线应根据实际情况逐步有序迁移至地下综合管廊。各行业主管部门和有关企业要积极配合城市人民政府做好各自管线入廊工作。

（十）实行有偿使用。入廊管线单位应向地下综合管廊建设运营单位交纳入廊费和日常维护费，具体收费标准要统筹考虑建设和运营、成本和收益的关系，由地下综合管廊建设运营单位与入廊管线单位根据市场化原则共同协商确定。入廊费主要根据地下综合管廊本体及附属设施建设成本，以及各入廊管线单独敷设和更新改造成本确定。日常维护费主要根据地下综合管廊本体及附属设施维修、更新等维护成本，以及管线占用地下综合管廊空间比例、对附属设施使用强度等因素合理确定。公益性文化企业的有线电视网入廊，有关收费标准可适当给予优惠。由发展改革委会同住房城乡建设部制定指导意见，引导规范供需双方协商确定地下综合管廊收费标准，形成合理的收费机制。在地下综合管廊运营初期不能通过收费弥补成本的，地方人民政府视情给予必要的财政补贴。

（十一）提高管理水平。城市人民政府要制定地下综合管廊具体管理办法，加强工作指导与监督。地下综合管廊运营单位要完善管理制度，与入廊管线单位签订协议，明确入廊管线种类、时间、费用和责权利等内容，确保地下综合管廊正常运行。地下综合管廊本体及附属设施管理由地下综合管廊建设运营单位负责，入廊管线的设施维护及日常管理由各管线单位负责。管廊建设运营单位与入廊管线单位要分工明确，各司其职，相互配合，做好突发事件处置和应急管理等工作。

五、支持政策

（十二）加大政府投入。中央财政要发挥"四两拨千斤"的作用，积极引导地下综合管廊建设，通过现有渠道统筹安排资金予以支持。地方各级人民政府要进一步加大地下综合管廊建设资金投入。省级人民政府要加强地下综合管廊建设资金的统筹，城市人民政府要在年度预算和建设计划中优先安排地下综合管廊项目，并纳入地方政府采购范围。有条件的城市人民政府可对地下综合管廊项目给予贷款贴息。

（十三）完善融资支持。将地下综合管廊建设作为国家重点支持的民生工程，充分发挥开发性金融作用，鼓励相关金融机构积极加大对地下综合管廊建设的信贷支持力度。鼓励银行业金融机构在风险可控、商业可持续的前提下，为地下综合管廊项目提供中长期信贷支持，积极开展特许经营权、收费权和购买服务协议预期收益等担保创新类贷款业务，加大对地下综合管廊项目的支持力度。将地下综合管廊建设列入专项金融债支持范围予以长期投资。支持符合条件的地下综合管廊建设运营企业发行企业债券和项目收益票据，专项用于地下综合管廊建设项目。

城市人民政府是地下综合管廊建设管理工作的责任主体，要加强组织领导，明确主管部门，建立协调机制，扎实推进具体工作；要将地下综合管廊建设纳入政府绩效考核体系，建立有效的督查制度，定期对地下综合管廊建设工作进行督促检查。住房城乡建设部要会同有关部门建立推进地下综合管廊建设工作协调机制，组织设立地下综合管廊专家委员会；抓好地下综合管廊试点工作，尽快形成一批可复制、可推广的示范项目，经验成熟后有效推开，并加强对全国地下综合管廊建设管理工作的指导和监督检查。各管线行业主管部门、管理单位等要各司其职，密切配合，共同有序推动地下综合管廊建设。中央企业、省属企业要配合城市人民政府做好所属管线入地入廊工作。

国务院办公厅

2015年8月3日

6. 国务院关于印发扎实稳住经济一揽子政策措施的通知

国发〔2022〕12号

各省、自治区、直辖市人民政府，国务院各部委、各直属机构：

今年以来，在以习近平同志为核心的党中央坚强领导下，各地区各部门有力统筹疫情防控和经济社会发展，按照中央经济工作会议和《政府工作报告》部署，扎实做好"六稳"工作，全面落实"六保"任务，我国经济运行总体实现平稳开局。与此同时，新冠肺炎疫情和乌克兰危机导致风险挑战增多，我国经济发展环境的复杂性、严峻性、不确定性上升，稳增长、稳就业、稳物价面临新的挑战。

疫情要防住、经济要稳住、发展要安全，这是党中央的明确要求。要坚持以习近平新时代中国特色社会主义思想为指导，完整、准确、全面贯彻新发展理念，加快构建新发展格局，推动高质量发展，高效统筹疫情防控和经济社会发展，最大程度保护人民生命安全和身体健康，最大限度减少疫情对经济社会发展的影响，统筹发展和安全，努力实现全年经济社会发展预期目标。为深入贯彻落实党中央、国务院决策部署，现将《扎实稳住经济的一揽子政策措施》印发给你们，请认真贯彻执行。

各省、自治区、直辖市人民政府要加强组织领导，结合本地区实际，下更大力气抓好中央经济工作会议精神和《政府工作报告》部署的贯彻落实，同时靠前发力、适当加力，推动《扎实稳住经济的一揽子政策措施》尽快落地见效，确保及时落实到位，尽早对稳住经济和助企纾困等产生更大政策效应。各部门要密切协调配合、形成工作合力，按照《扎实稳住经济的一揽子政策措施》提出的六个方面33项具体政策措施及分工安排，对本部门本领域本行业的工作进行再部署再推动再落实，需要出台配套实施细则的，应于5月底前全部完成。近期，国务院办公厅将会同有关方面对相关省份稳增长稳市场主体保就业情况开展专项督查。

各地区各部门要进一步提高政治站位，在工作中增强责任感使命感紧迫感，担当作为、求真务实、齐心协力、顽强拼搏，切实担负起稳定宏观经济的责任，以钉钉子精神抓好党中央、国务院各项决策部署的贯彻落实，切实把二季度经济稳住，努力使下半年发展有好的基础，保持经济运行在合理区间，以实际行动迎接党的二十大胜利召开。

国务院

2022年5月24日

（本文有删减）

扎实稳住经济的一揽子政策措施

（六个方面33项措施）

一、财政政策（7项）

1. 进一步加大增值税留抵退税政策力度。在已出台的制造业、科学研究和技术服务业、电力热力燃气及水生产和供应业、软件和信息技术服务业、生态保护和环境治理业、民航交通运输仓储和邮政业等6个行业企业的存量留抵税额全额退还、增量留抵税额按月全额退还基础上，研究将批发和零售业，农、林、牧、渔业，住宿和餐饮业，居民服务、修理和其他服务业，教育，卫生和社会工作，文化、体育和娱乐业等7个行业企业纳入按月全额退还增量留抵税额、一次性全额退还存量留抵税额政策范围，预计新增留抵退税1420亿元。抓紧办理小微企业、个体工商户留抵退税并加大帮扶力度，在纳税人自愿申请的基础上，6月30日前基本完成集中退还存量留抵税额；今年出台的各项留抵退税政策新增退税总额达到约1.64万亿元。加强退税风险防范，依法严惩偷税、骗税等行为。

2. 加快财政支出进度。督促指导地方加快预算执行进度，尽快分解下达资金，及时做好资金拨付工作。尽快下达转移支付预算，加快本级支出进度；加大盘活存量资金力度，对结余资金和连续两年未用完的结转资金按规定收回统筹使用，对不足两年的结转资金中不需按原用途使用的资金收回统筹用于经济社会发展急需支持的领域；结合留抵退税、项目建设等需要做好资金调度、加强库款保障，确保有关工作顺利推进。

3. 加快地方政府专项债券发行使用并扩大支持范围。抓紧完成今年专项债券发行使用任务，加快今年已下达的3.45万亿元专项债券发行使用进度，在6月底前基本发行完毕，力争在8月底前基本使用完毕。在依法合规、风险可控的前提下，财政部会同人民银行、银保监会引导商业银行对符合条件的专项债券项目建设主体提供配套融资支持，做好信贷资金和专项债资金的有效衔接。在前期确定的交通基础设施、能源、保障性安居工程等9大领域基础上，适当扩大专项债券支持领域，优先考虑将新型基础设施、新能源项目等纳入支持范围。

4. 用好政府性融资担保等政策。今年新增国家融资担保基金再担保合作业务规模1万亿元以上。对符合条件的交通运输、餐饮、住宿、旅游行业中小微企业、个体工商户，鼓励政府性融资担保机构提供融资担保支持，政府性融资担保机构及时履行代偿义务，推动金融机构尽快放贷，不盲目抽贷、压贷、断贷，并将上述符合条件的融资担保业务纳入国家融资担保基金再担保合作范围。深入落实中央财政小微企业融资担保降费奖补政策，计划安排30亿元资金，支持融资担保机构进一步扩大小微企业融资担保业务规模，降低融资担保费率。推动有条件的地方对支小支农担保业务保费给予阶段性补贴。

5. 加大政府采购支持中小企业力度。将面向小微企业的价格扣除比例由6%—10%提高至10%—20%。政府采购工程要落实促进中小企业发展的政府采购政策，根据项目特点、专业类型和专业领域合理划分采购包，积极扩大联合体投标和大企业分包，降低中小企业参与门槛，坚持公开公正、公平竞争，按照统一质量标准，将预留面向中小企业采购的份额由30%以上今年阶段性提高至40%以上，非预留项目要给予小微企业评审优惠，增加中小企业合同规模。

6. 扩大实施社保费缓缴政策。在确保各项社会保险待遇按时足额支付的前提下，对符合条件地区受疫情影响生产经营出现暂时困难的所有中小微企业、以单位方式参保的个体工商户，阶段性缓缴三项社会保险单位缴费部分，缓缴期限阶段性实施到今年底。在对餐饮、零售、旅游、民航、公路水路铁路运输等5个特困行业实施阶段性缓缴三项社保费政策的基础上，对受到疫情严重冲击、行业内大面积出现企业生产经营困难、符合国家产业政策导向的其他特困行业，扩大实施缓缴政策，养老保险费缓缴期限阶段性延长到今年底。

7. 加大稳岗支持力度。优化失业保险稳岗返还政策，进一步提高返还比例，将大型企业稳岗返还比例由30%提至50%。拓宽失业保险留工补助受益范围，由中小微企业扩大至受疫情严重影响暂时无法正常生产经营的所有参保企业。企业招用毕业年度高校毕业生，签订劳动合同并参加失业保险的，可按每人不超过1500元的标准，发放一次性扩岗补助，具体补助标准由各省份确定，与一次性吸纳就业补贴不重复享受，政策执行期限至今年底。

二、货币金融政策（5项）

8. 鼓励对中小微企业和个体工商户、货车司机贷款及受疫情影响的个人住房与消费贷款等实施延期还本付息。商业银行等金融机构继续按市场化原则与中小微企业（含中小微企业主）和个体工商户、货车司机等自主协商，对其贷款实施延期还本付息，努力做到应延尽延，本轮延期还本付息日期原则上不超过2022年底。中央汽车企业所属金融子企业要发挥引领示范作用，对2022年6月30日前发放的商用货车消费贷款给予6个月延期还本付息支持。对因感染新冠肺炎住院治疗或隔离、受疫情影响隔离观察或失去收入来源的人群，金融机构对其存续的个人住房、消费等贷款，灵活采取合理延后还款时间、延长贷款期限、延期还本等方式调整还款计划。对延期贷款坚持实质性风险判断，不单独因疫情因素下调贷款风险分类，不影响征信记录，并免收罚息。

9. 加大普惠小微贷款支持力度。继续新增支农支小再贷款额度。将普惠小微贷款支持工具的资金支持比例由1%提高至2%，即由人民银行按相关地方法人银行普惠小微贷款余额增量（包括通过延期还本付息形成的普惠小微贷款）的2%提供资金支持，更好引导和支持地方法人银行发放普惠小微贷款。指导金融机构和大型企业支持中小微企业应收账款质押等融资，抓紧修订制度将商业汇票承兑期限由1年缩短至6个月，并加大再贴现支持力度，以供应链融资和银企合作支持大中小企业融通发展。

10. 继续推动实际贷款利率稳中有降。在用好前期降准资金、扩大信贷投放的基础上，充分发挥市场利率定价自律机制作用，持续释放贷款市场报价利率（LPR）形成机制改革效能，发挥存款利率市场化调整机制作用，引导金融机构将存款利率下降效果传导至贷款端，继续推动实际贷款利率稳中有降。

11. 提高资本市场融资效率。科学合理把握首次公开发行股票并上市（IPO）和再融资常态化。支持内地企业在香港上市，依法依规推进符合条件的平台企业赴境外上市。继续支持和鼓励金融机构发行金融债券，建立"三农"、小微企业、绿色、双创金融债券绿色通道，为重点领域企业提供融资支持。督促指导银行间债券市场和交易所债券市场各基础设施全面梳理收费项目，对民营企业债券融资交易费用能免尽免，进一步释放支持民营企业的信号。

12. 加大金融机构对基础设施建设和重大项目的支持力度。政策性开发性银行要优化贷款结构，投放更多更长期限贷款；引导商业银行进一步增加贷款投放、延长贷款期限；鼓励保险公司等发挥长期资金优势，加大对水利、水运、公路、物流等基础设施建设和重大项目的支持力度。

三、稳投资促消费等政策（6项）

13. 加快推进一批论证成熟的水利工程项目。2022年再开工一批已纳入规划、条件成熟的项目，包括南水北调后续工程等重大引调水、骨干防洪减灾、病险水库除险加固、灌区建设和改造等工程。进一步完善工程项目清单，加强组织实施、协调推动并优化工作流程，切实提高水资源保障和防灾减灾能力。

14. 加快推动交通基础设施投资。对沿江沿海沿边及港口航道等综合立体交通网工程，加强资源要素保障，优化审批程序，抓紧推动上马实施，确保应开尽开、能开尽开。支持中国国家铁路集团有限公司发行3000亿元铁路建设债券。启动新一轮农村公路建设和改造，在完成今年目标任务的基础上，进一步加强金融等政策支持，再新增完成新改建农村公路3万公里、实施农村公路安全生命防护工程3万公里、改造农村公路危桥3000座。

15. <u>因地制宜继续推进城市地下综合管廊建设。指导各地在城市老旧管网改造等工作中协同推进管廊建设，在城市新区根据功能需求积极发展干、支线管廊，合理布局管廊系统，统筹各类管线敷设。加快明确入廊收费政策，多措并举解决投融资受阻问题，推动实施一批具备条件的地下综合管廊项目。</u>

16. 稳定和扩大民间投资。启动编制国家重大基础设施发展规划，扎实开展基础设施高质量发展试点，有力有序推进"十四五"规划102项重大工程实施，鼓励和吸引更多社会资本参与国家重大工程项目。在供应链产业链招投标项目中对大中小企业联合体给予倾斜，鼓励民营企业充分发挥自身优势参与攻关。2022年新增支持500家左右专精特新"小巨人"企业。鼓励民间投资以城市基础设施等为重点，通过综合开发模式参与重点领域项目建设。

17. 促进平台经济规范健康发展。出台支持平台经济规范健康发展的具体措施，在防止资本无序扩张的前提下设立"红绿灯"，维护市场竞争秩序，以公平竞争促进平台经济规范健康发展。充分发挥平台经济的稳就业作用，稳定平台企业及其共生中小微企业的发展预期，以平台企业发展带动中小微企业纾困。引导平台企业在疫情防控中做好防疫物资和重要民生商品保供"最后一公里"的线上线下联动。鼓励平台企业加快人工智能、云计算、区块链、操作系统、处理器等领域技术研发突破。

18. 稳定增加汽车、家电等大宗消费。各地区不得新增汽车限购措施，已实施限购的地区逐步增加汽车增量指标数量、放宽购车人员资格限制，鼓励实施城区、郊区指标差异化政策。加快出台推动汽车由购买管理向使用管理转变的政策文件。全面取消二手车限迁政策，在全国范围取消对符合国五排放标准小型非营运二手车的迁入限制，完善二手车市场主体登记注册、备案和车辆交易登记管理规定。支持汽车整车进口口岸地区开展平行进口业务，完善平行进口汽车环保信息公开制度。对皮卡车进城实施精细化管理，研究进一步放宽皮卡车进城限制。研究今年内对一定排量以下乘用车减征车辆购置税的支持政策。优化新能源汽车充电桩（站）投资建设运营模式，逐步实现所有小区和经营性停车场充电设施全覆盖，加快推进高速公路服务区、客运枢纽等区域充电桩（站）建设。鼓励家电生产企业开展回收目标责任制行动，引导金融机构提升金融服务能力，更好满足消费升级需求。

四、保粮食能源安全政策（5项）

19. 健全完善粮食收益保障等政策。针对当前农资价格依然高企情况，在前期已发放200亿元农资补贴的基础上，及时发放第二批100亿元农资补贴，弥补成本上涨带来的种粮收益下降。积极做好钾肥进口工作。完善最低收购价执行预案，落实好2022年适当提高稻谷、小麦最低收购价水平的政策要求，根据市场形势及时启动收购，保护农民种粮积极性。优化种粮补贴政策，健全种粮农民补贴政策框架。

20. 在确保安全清洁高效利用的前提下有序释放煤炭优质产能。建立健全煤炭产量激励约束政策机制。依法依规加快保供煤矿手续办理，在确保安全生产和生态安全的前提下支持符合条件的露天和井工煤矿项目释放产能。尽快调整核增产能政策，支持具备安全生产条件的煤矿提高生产能力，加快煤矿优质产能释放，保障迎峰度夏电力电煤供应安全。

21. 抓紧推动实施一批能源项目。推动能源领域基本具备条件今年可开工的重大项目尽快实施。积极稳妥推进金沙江龙盘等水电项目前期研究论证和设计优化工作。加快推动以沙漠、戈壁、荒漠地区为重点的大型风电光伏基地建设，近期抓紧启动第二批项目，统筹安排大型风光电基地建设项目用地用林用草用水，按程序核准和开工建设基地项目、煤电项目和特高压输电通道。重点布局一批对电力系统安全保障作用强、对新能源规模化发展促进作用大、经济指标相对优越的抽水蓄能电站，加快条件成熟项目开工建设。加快推进张北至胜利、川渝主网架交流工程，以及陇东至山东、金上至湖北直流工程等跨省区电网项目规划和前期工作。

22. 提高煤炭储备能力和水平。用好支持煤炭清洁高效利用专项再贷款和合格银行贷款。压实地方储备责任。

23. 加强原油等能源资源储备能力。谋划储备项目并尽早开工。推进政府储备项目建设，已建成项目尽快具备储备能力。

五、保产业链供应链稳定政策（7项）

24. 降低市场主体用水用电用网等成本。全面落实对受疫情影响暂时出现生产经营困难的小微企业和个体工商户用水、用电、用气"欠费不停供"政策，设立6个月的费用缓缴期，并可根据当地实际进一步延长，缓缴期间免收欠费滞纳金。指导地方对中小微企业、个体工商户水电气等费用予以补贴。清理规范城镇供水供电供气供暖等行业收费，取消不合理收费，规范政府定价和经营者价格收费行为，对保留的收费项目实行清单制管理。2022年中小微企业宽带和专线平均资费再降10%。在招投标领域全面推行保函（保险）替代现金缴纳投标、履约、工程质量等保证金，鼓励招标人对中小微企业投标人免除投标担保。

25．推动阶段性减免市场主体房屋租金。2022年对服务业小微企业和个体工商户承租国有房屋减免3—6个月租金；出租人减免租金的可按规定减免当年房产税、城镇土地使用税，并引导国有银行对减免租金的出租人视需要给予优惠利率质押贷款等支持。非国有房屋减免租金的可同等享受上述政策优惠。鼓励和引导各地区结合自身实际，拿出更多务实管用举措推动减免市场主体房屋租金。

26．加大对民航等受疫情影响较大行业企业的纾困支持力度。在用好支持煤炭清洁高效利用、交通物流、科技创新、普惠养老等专项再贷款的同时，增加民航应急贷款额度1500亿元，并适当扩大支持范围，支持困难航空企业渡过难关。支持航空业发行2000亿元债券。统筹考虑民航基础设施建设需求等因素，研究解决资金短缺等问题；同时，研究提出向有关航空企业注资的具体方案。有序增加国际客运航班数量，为便利中外人员往来和对外经贸交流合作创造条件。鼓励银行向文化旅游、餐饮住宿等其他受疫情影响较大行业企业发放贷款。

27．优化企业复工达产政策。疫情中高风险地区要建立完善运行保障企业、防疫物资生产企业、连续生产运行企业、产业链供应链重点企业、重点外贸外资企业、"专精特新"中小企业等重点企业复工达产"白名单"制度，及时总结推广"点对点"运输、不见面交接、绿色通道等经验做法，细化实化服务"白名单"企业措施，推动部省联动和区域互认，协同推动产业链供应链企业复工达产。积极引导各地落实属地责任，在发生疫情时鼓励具备条件的企业进行闭环生产，保障其稳定生产，原则上不要求停产；企业所在地政府要做好疫情防控指导，加强企业员工返岗、物流保障、上下游衔接等方面服务，尽量减少疫情对企业正常生产经营的影响。

28．完善交通物流保通保畅政策。全面取消对来自疫情低风险地区货运车辆的防疫通行限制，着力打通制造业物流瓶颈，加快产成品库存周转进度；不得擅自阻断或关闭高速公路、普通公路、航道船闸，严禁硬隔离县乡村公路，不得擅自关停高速公路服务区、港口码头、铁路车站和民用运输机场。严禁限制疫情低风险地区人员正常流动。对来自或进出疫情中高风险地区所在地市的货运车辆，落实"即采即走即追"制度。客货运司机、快递员、船员到异地免费检测点进行核酸检测和抗原检测，当地政府视同本地居民纳入检测范围、享受同等政策，所需费用由地方财政予以保障。

29．统筹加大对物流枢纽和物流企业的支持力度。加快宁波舟山大宗商品储运基地建设，开展大宗商品储运基地整体布局规划研究。2022年，中央财政安排50亿元左右，择优支持全国性重点枢纽城市，提升枢纽的货物集散、仓储、中转运输、应急保障能力，引导加快推进多式联运融合发展，降低综合货运成本。2022年，中央财政在服务业发展资金中安排约25亿元支持加快农产品供应链体系建设，安排约38亿元支持实施县域商业建设行动。加快1000亿元交通物流专项再贷款政策落地，支持交通物流等企业融资，加大结构性货币政策工具对稳定供应链的支持。在农产品主产区和特色农产品优势区支持建设一批田头小型冷藏保鲜设施，推动建设一批产销冷链集配中心。

30．加快推进重大外资项目积极吸引外商投资。在已纳入工作专班、开辟绿色通道推进的重大外资项目基础上，充分发挥重大外资项目牵引带动作用，尽快论证启动投资数额大、带动作用强、产业链上下游覆盖面广的重大外资项目。加快修订《鼓励外商投资产业目录》，引导外资更多投向先进制造、科技创新等领域以及中西部和东北地区，支持外商投资设立高新技术研发中心等。进一步拓宽企业跨境融资渠道，支持符合条件的高新技术和"专精特新"企业开展外债便利化额度试点。建立完善与在华外国商协会、外资企业常态化交流机制，积极解决外资企业在华营商便利等问题，进一步稳住和扩大外商投资。

六、保基本民生政策（3项）

31. 实施住房公积金阶段性支持政策。受疫情影响的企业，可按规定申请缓缴住房公积金，到期后进行补缴。在此期间，缴存职工正常提取和申请住房公积金贷款，不受缓缴影响。受疫情影响的缴存人，不能正常偿还住房公积金贷款的，不作逾期处理，不纳入征信记录。各地区可根据本地实际情况，提高住房公积金租房提取额度，更好满足实际需要。

32. 完善农业转移人口和农村劳动力就业创业支持政策。加强对吸纳农业转移人口较多区域、行业的财政和金融支持，中央财政农业转移人口市民化奖励资金安排400亿元，推动健全常住地提供基本公共服务制度，将符合条件的新市民纳入创业担保贷款扶持范围。依据国土空间规划和上一年度进城落户人口数量，合理安排各类城镇年度新增建设用地规模。拓宽农村劳动力就地就近就业渠道。重大工程建设、以工代赈项目优先吸纳农村劳动力。

33. 完善社会民生兜底保障措施。指导各地落实好社会救助和保障标准与物价上涨挂钩联动机制，及时足额发放补贴，保障低收入群体基本生活。用好中央财政下拨的1547亿元救助补助资金，压实地方政府责任，通过财政资金直达机制，及时足额发放到需要帮扶救助的群众手中。做好受灾人员生活救助，精准做好需要救助保障的困难群体帮扶工作，对临时生活困难群众给予有针对性帮扶。针对当前部分地区因局部聚集性疫情加强管控，同步推进疫情防控和保障群众基本生活，做好米面油、蔬菜、肉蛋奶等生活物资保供稳价工作。统筹发展和安全，抓好安全生产责任落实，深入开展安全大检查，严防交通、建筑、煤矿、燃气等方面安全事故，开展自建房安全专项整治，切实保障人民群众生命财产安全。

第二节 住房城乡建设部等有关部门文件

1. 住房和城乡建设部办公厅关于印发 《城市地下综合管廊建设规划技术导则》的通知

建办城函〔2019〕363号

各省、自治区住房和城乡建设厅，北京市城市管理委员会、规划和自然资源委员会，天津市、重庆市住房和城乡建设委员会，上海市住房和城乡建设管理委员会，新疆生产建设兵团住房和城乡建设局：

为贯彻落实党的十九大提出的高质量发展要求，指导各地进一步提高城市地下综合管廊建设规划编制水平，因地制宜推进城市地下综合管廊建设，我部组织编制了《城市地下综合管廊建设规划技术导则》。现印发给你们，请结合实际参照执行。

本导则自印发之日起施行。《城市地下综合管廊工程规划编制指引》（建城〔2015〕70号）同时废止。

中华人民共和国住房和城乡建设部办公厅

2019年6月13日

（此件主动公开）

城市地下综合管廊建设规划技术导则

前　言

为贯彻落实党的十九大提出的高质量发展要求，指导各地进一步提高城市地下综合管廊建设规划编制水平，因地制宜推进综合管廊建设，特制定本导则。

本导则共分为6章，主要内容包括：总则、术语、基本要求、规划方法、编制内容及技术要点、编制成果。

本导则由住房和城乡建设部组织编制。主要起草单位：住房和城乡建设部城乡规划管理中心、中国城市规划设计研究院、上海市政工程设计研究总院（集团）有限公司、北京市市政工程设计研究总院有限公司、北京城建设计发展集团股份有限公司、中国市政工程华北设计研究总院有限公司、中冶京诚工程技术有限公司、深圳市城市规划设计研究院、深圳市市政设计研究院有限公司、河南省城乡规划设计研究院有限公司。

本导则编制主要依据《中共中央 国务院关于进一步加强城市规划建设管理工作的若干意见》《国务院办公厅关于加强城市地下管线建设管理的指导意见》（国办发〔2014〕27号）、《国务院办公厅关于推进城市地下综合管廊建设的指导意见》（国办发〔2015〕61号）、《城市综合管廊工程技术规范》（GB50838）、《城市工程管线综合规划规范》（GB50289）等。

本导则由住房和城乡建设部城市建设司负责指导实施与监督管理，住房和城乡建设部城乡规划管理中心、中国城市规划设计研究院负责技术解释。

目 录

1 总 则

1.0.1 为提高城市地下综合管廊建设规划编制水平，指导各地因地制宜推进综合管廊建设，形成干、支、缆线综合管廊建设体系，特制定本导则。

1.0.2 本导则适用于综合管廊建设规划编制相关工作。

1.0.3 综合管廊建设规划编制应符合《城市综合管廊工程技术规范》（GB50838）、《城市工程管线综合规划规范》（GB50289）、各类工程管线行业标准等相关标准规范的规定。

2 术 语

2.0.1 综合管廊体系utility tunnel system。地下综合管廊是建于城市地下用于容纳两类及以上城市工程管线的构筑物及附属设施，是由干线综合管廊、支线综合管廊和缆线综合管廊组成的多级网络衔接的系统。

2.0.2 系统布局system layout。不同类型综合管廊在规划范围内的统筹布局。

2.0.3 三维控制线the 3D control line。综合管廊建设规划中确定并应控制的综合管廊平面及竖向位置界线。

2.0.4 附属设施Accessorial works。为保障综合管廊本体、内部环境、管线运行和人员安全，配套建设的消防、通风、供电、照明、监控与报警、给排水和标识等设施。

3 基本要求

3.1 编制原则

编制综合管廊建设规划应遵循以下原则：

3.1.1 政府组织、部门合作。充分发挥政府组织协调作用，有效建立相关部门合作和衔接机制，统筹协调各部门及管线单位的建设管理要求。

3.1.2 因地制宜、科学决策。从城市发展需求和建设条件出发，合理确定综合管廊系统布局、建设规模、建设类型及建设时序，提高规划的科学性和可实施性。

3.1.3 统筹衔接、远近结合。从统筹地上地下空间资源利用角度，加强相关规划之间的衔接，统筹综合管廊与相关设施的建设时序，适度考虑远期发展需求，预留远景发展空间。

3.2 规划组织

综合管廊建设规划由城市人民政府组织相关部门编制，编制中应充分听取道路、轨道交通、供水、排水、燃气、热力、电力、通信、广播电视、人民防空、消防等行政主管部门及有关单位、社会公众的意见。

3.3 重点内容

综合管廊建设规划应合理确定综合管廊建设区域、系统布局、建设规模和时序，划定综合管廊廊体三维控制线，明确监控中心等设施用地范围。

3.4 规划统筹

3.4.1 新老城区统筹。综合管廊建设规划应统筹兼顾城市新区和老城区，应与新区规划同步编制，老城区应结合棚户区改造、道路改造、河道治理、管线改造、架空线入地、地下空间开发等编制。

3.4.2 地下空间统筹。综合管廊建设规划的编制，应做到与地下管线、道路、轨道交通、人民防空、地下综合体等工程的统筹衔接，实施地下空间分层管控，促进城市地下空间的科学合理利用。

3.4.3 管线统筹。应结合实际需求、建设条件及综合效益分析，因地制宜将综合管廊建设区域内的管线纳入综合管廊。

3.5 规划期限

综合管廊建设规划期限应与上位规划及相关专项规划一致，原则上5年进行一次修订，或根据上位规划及相关专项规划和重要地下管线规划的修编及时调整。

3.6 规划范围

综合管廊建设规划范围应与上位规划及相关专项规划保持一致。

4 规划方法

4.1 技术路线

编制综合管廊建设规划可遵循以下技术路线：

4.1.1 依据上位规划及相关专项规划，合理确定规划范围、规划期限、规划目标、指导思想、基本原则。

4.1.2 开展现状调查，通过资料收集、相关单位调研、现场踏勘等，了解规划范围内的现状及需求。

4.1.3 确定系统布局方案。主要包括：

1 根据规划建设区现状、用地规划、各类管线专项规划、道路规划、地下空间规划、轨道交通规划及重点建设项目等，拟定综合管廊系统布局初始方案。

2 对相关道路、城市开放空间、地下空间的可利用条件进行分析，并与各类管线专项规划相协调，分析系统布局初始方案的可行性及合理性，确定综合管廊系统布局方案，提出相关专项规划调整建议。

3 根据城市近期发展需求，如新区开发和老城改造、轨道交通建设、道路新改扩建、地下管线新改扩建等重点项目建设计划，确定综合管廊近期建设方案。

4.1.4 分析综合管廊建设区域内现状及规划管线情况，并征求管线单位意见，进行入廊管线分析。

4.1.5 结合入廊管线分析，优化综合管廊系统布局方案，确定综合管廊断面选型、三维控制线、重要节点、监控中心及各类口部、附属设施、安全及防灾、建设时序、投资估算等规划内容。

4.1.6 提出综合管廊建设规划实施保障措施。具体技术路线如图4-1所示。

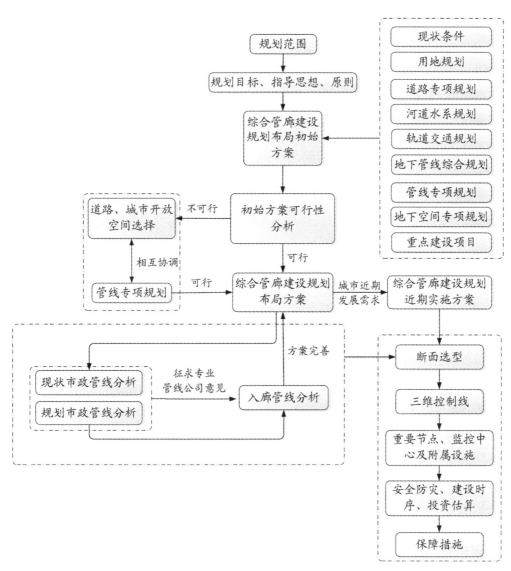

图4-1 综合管廊建设规划编制技术路线图

4.2 现状调查

编制综合管廊建设规划应注重现状调查。现状调查主要工作内容包括资料收集、相关单位调研以及规划区域实地踏勘。

4.2.1 资料收集。主要收集以下资料：

1 城市总体规划、控制性详细规划、管线综合规划、各类管线专项规划，以及道路、地下空间、轨道交通、人民防空等上位规划及相关专项规划。

2 城市近期建设规划和重要市政设施近期建设计划。

3 管线普查及道路网、已建综合管廊等现状地下设施资料。当地经济发展状况、地质勘查、地震和水文资料、地形图等。

4.2.2 相关单位调研。主要开展以下调研：

1 对住房和城乡建设、规划、发展改革、财政、城市管理、市政等相关部门调研，了解综合管廊规划建设的实际需求、基础条件，以及综合管廊建设的经济、技术支撑能力。

2 对管线单位、综合管廊建设及运营管理单位调研，了解各类管线建设现状及规划情况、入廊需求、建设运营情况及设想。

3 对道路、轨道交通、人民防空、地下空间等相关工程建设管理主管部门进行调研，了解相关工程设施的现状及规划情况，综合管廊与相关设施统筹建设的需求和可行性，以及对综合管廊规划建设的意见建议等。

4.2.3 实地踏勘。主要包括：

1 调查现状给水厂、污水厂、热电厂、变电站、燃气场站等重要市政设施，核实军用、输油输气、电力、供水、排水等对综合管廊规划建设有较大影响的重要管线设施，避免线位冲突。

2 了解现状道路建设使用及改扩建计划，调查周边交通状况，分析综合管廊建设对交通的影响。

3 调查现状综合管廊建设路由、断面、埋深、平面位置、入廊管线种类及规模等情况，梳理综合管廊建设和运营的需求及问题。

4 分析规划范围内的工程地质、水文地质条件，查明不良地质条件所在位置，尤其是地震断裂带位置。

5 通过地形图或现场测量图统计综合管廊规划建设路段沿线现状建筑情况，调研周边各类管线建设情况，分析综合管廊规划的可行性。

4.3 规划衔接

编制综合管廊建设规划，应做好与相关规划的衔接。

4.3.1 与上位规划及相关专项规划衔接。综合管廊建设规划应依据上位规划及相关专项规划确定的发展目标和空间布局，评价综合管廊建设的可行性，提出综合管廊建设的目标，确定综合管廊系统布局。综合管廊建设规划应与上位规划及相关专项规划中的地下空间规划、各类管线规划、管线综合规划以及道路、轨道交通、人民防空等相关规划的内容充分衔接。

综合管廊建设规划的主要技术内容应纳入上位规划及相关专项规划。上位规划及相关专项规划如发生调整且调整内容影响综合管廊的，需要对综合管廊建设规划做相应调整。

4.3.2 与详细规划衔接。综合管廊建设规划确定的规划目标和规模、建设区域、系统布局、监控中心等技术内容应与详细规划充分协调。依据详细规划对各路段综合管廊进行断面设计，细化三维控制线和重要节点的控制要求，对监控中心进行选址和布置。

详细规划中应包含综合管廊建设规划相应技术内容，统筹各类市政管线，提升规划地块基础设施服务水平。

4.3.3 与地下空间利用相关规划衔接。综合管廊建设规划应与城市地下空间利用规划衔接，促进地下空间科学、有序利用。

城市地下空间利用规划应统筹考虑综合管廊工程相关内容，实现综合管廊与各类地下设施的平面与竖向协调。

4.3.4 与各类管线规划和地下管线综合规划衔接。编制综合管廊建设规划，应结合给水厂、污水厂、热电厂、变电站、燃气场站等重要市政场站以及重要市政廊道的布局和需求，合理确定综合管廊路由。与各类管线规划和地下管线综合规划衔接，确定综合管廊平面及竖向位置、入廊管线等内容，并实现与直埋管线系统的衔接和联通。

城市地下管线综合规划应包含综合管廊建设规划相关内容，因地制宜确定不同区域、各类管线的敷设方式，统筹城市不同敷设方式的管线布局。编制或修订各类专业管线规划，应明确管线纳入综合管廊敷设的路段，并依据综合管廊建设规划，优化管网系统布局。

4.3.5 与道路、轨道交通、人民防空等相关规划衔接。编制综合管廊建设规划，应统筹考虑城市道路系统等级划分及其交通量大小、道路横断面规划设计等，确定综合管廊系统布局、断面选型、三维控制线划定、重要节点控制等内容。应结合道路建设和改造时序，合理安排综合管廊建设时序。

编制综合管廊建设规划，应与轨道交通、人民防空等相关规划衔接，研究统筹建设可行性。可同步建设的，应做到同步规划，明确重要节点控制要求；无法同步建设的，应预留建设和发展空间。

4.3.6 对相关规划的反馈。综合管廊建设规划方案确定后，应对相关规划提出优化和调整意见。

5 编制内容及技术要点

5.1 编制内容

5.1.1 规划编制层级。综合管廊建设规划宜根据城市规模及规划区域的不同，分类型、分层级确定规划内容及深度。

1 特大及以上规模等级城市，可分市、区两级编制综合管廊建设规划。

市级综合管廊建设规划，应在分析市级重大基础设施、轨道交通设施、重要人民防空设施、重点地下空间开发等现状、规划情况的基础上，提出综合管廊布局原则，确定全市综合管廊系统总体布局方案，形成以干线、支线管廊为主体的、完善的骨干管廊体系，并对各行政分区、城市重点地区或特殊要求地区综合管廊规划建设提出针对性的指引，保障全市综合管廊建设的系统性。

区级综合管廊建设规划是市级综合管廊工程规划在本区内的细化和落实，应结合区域内实际情况对市级综合管廊规划确定的系统布局方案进行优化、补充和完善，增加缆线管廊布局研究，细化各路段综合管廊的入廊管线，以此细化综合管廊断面选型、三维控制线划定、重要节点控制、配套及附属设施建设、安全防灾、建设时序、投资估算、保障措施等规划内容。

2 大城市及以下城市综合管廊建设规划是否分层级编制，可根据实际情况确定。

3 城市新区、重要产业园区、集中更新区等城市重点发展区域，根据需要可依据市级和区级综合管廊建设规划，编制片区级综合管廊建设规划，结合功能需求，按建设方案的内容深度要求，细化规划内容。

5.1.2 综合管廊建设规划编制内容。主要包括：

1 分析综合管廊建设实际需求及经济技术等可行性。

2 明确综合管廊建设的目标和规模。

3 划定综合管廊建设区域。

4 统筹衔接地下空间及各类管线相关规划。

5 考虑城市发展现状和建设需求，科学、合理确定干线管廊、支线管廊、缆线管廊等不同类型综合管廊的系统布局。

6 确定入廊管线，对综合管廊建设区域内管线入廊的技术、经济可行性进行论证；分析项目同步实施的可行性，确定管线入廊的时序。

7 根据入廊管线种类及规模、建设方式、预留空间等，确定综合管廊分舱方案、断面形式及控制尺寸。

8 明确综合管廊及未入廊管线的规划平面位置和竖向控制要求，划定综合管廊三维控制线。

9 明确综合管廊与道路、轨道交通、地下通道、人民防空及其他设施之间的间距控制要求，制定节点跨越方案。

10 合理确定监控中心以及吊装口、通风口、人员出入口等各类口部配置原则和要求，并与周边环境相协调。

11 明确消防、通风、供电、照明、监控和报警、排水、标识等相关附属设施的配置原则和要求。

12 明确综合管廊抗震、防火、防洪、防恐等安全及防灾的原则、标准和基本措施。

13 根据城市发展需要，合理安排综合管廊建设的近远期时序。明确近期建设项目的建设年份、位置、长度等。

14 测算规划期内的综合管廊建设资金规模。

15 提出综合管廊建设规划的实施保障措施及综合管廊运营保障要求。

5.2 规划可行性分析

5.2.1 根据城市经济发展水平、人口规模、用地保障、道路交通、地下空间利用、各类管线建设及规划、水文地质、气象等情况，科学论证管线敷设方式，分析综合管廊建设可行性，系统说明是否具备建设综合管廊的条件。对位于老城区的近期综合管廊规划项目，应重点分析其可实施性。

5.2.2 从城市发展战略、安全保障要求、建设质量提升、管线统筹建设及管理、地下空间综合开发利用等方面，分析综合管廊建设的必要性，针对城市建设发展问题，分析综合管廊建设实际需求。

5.3 规划目标和规模

5.3.1 综合管廊建设规划应明确规划期内综合管廊建设的总目标和总规模，明确近、中、远期的分期建设目标和建设规模，以及干线、支线、缆线等不同类型综合管廊规划目标和规模。

5.3.2 规划目标应秉承科学、合理、可实施的原则，综合考虑城市需求和发展特点，因地制宜予以确定。

5.3.3 依据系统布局规划方案，统计综合管廊规划总规模。结合新区开发、老城改造、棚户区改造、道路改造、河道治理、管线改造、轨道交通建设、人民防空建设和地下综合体建设等时机，合理确定不同时期的建设规模。

5.4　建设区域

5.4.1 综合管廊建设规划应合理确定综合管廊建设区域。建设区域分为优先建设区和一般建设区。城市新区、更新区、重点建设区、地下空间综合开发区和重要交通枢纽等区域为优先建设区域。其他区域为一般建设区域。

5.4.2 综合管廊建设宜结合道路新改扩建、轨道交通建设、重大市政管线更新、功能区及老旧小区改造、架空线入地等开展。

5.5　系统布局

5.5.1 综合管廊建设规划应根据城市功能分区、空间布局、土地使用、开发建设等，结合管线敷设需求及道路布局，确定综合管廊的系统布局和类型等。

5.5.2 综合管廊系统布局应综合考虑不同路由建设综合管廊的经济性、社会性和其他综合效益。综合管廊系统布局应重点考虑对城市交通和景观影响较大的道路，以及有市政主干管线运行保障、解决地下空间管位紧张、与地铁、人民防空、地下空间综合体及其他地下市政设施等统筹建设的路段。管线需要集中穿越江、河、沟、渠、铁路或高速公路时，宜优先采用综合管廊方式建设。

5.5.3 干线管廊宜在规划范围内选取具有较强贯通性和传输性的建设路由布局。如结合轨道交通、主干道路、高压电力廊道、供给主干管线等的新改扩建工程进行布局。

5.5.4 支线管廊宜在重点片区、城市更新区、商务核心区、地下空间重点开发区、交通枢纽、重点片区道路、重大管线位置等区域，选择服务性较强的路由布局，并根据城市用地布局考虑与干线管廊系统的关联性。

5.5.5 缆线管廊一般应结合城市电力、通信管线的规划建设进行布局。缆线管廊建设适用于以下情况：

1 城市新区及具有架空线入地要求的老城改造区域。

2 城市工业园区、交通枢纽、发电厂、变电站、通信局等电力、通信管线进出线较多、接线较复杂，但尚未达到支线管廊入廊管线规模的区域。

5.5.6 综合管廊系统布局应从全市层面统筹考虑，在满足各区域综合管廊建设需求的同时，应注重不同建设区域综合管廊之间、综合管廊与管网之间的关联性、系统性。

5.5.7 综合管廊系统布局应在满足实际规划建设需求和运营管理要求前提下，适度考虑干线、支线和缆线管廊的网络连通，保证综合管廊系统区域完整性。

5.5.8 综合管廊系统布局应与沿线既有或规划地下设施的空间统筹布局和结构衔接，处理好综合管廊与重力流管线或其他直埋管线的空间关系。

5.6　管线入廊分析

5.6.1 供水、雨水、污水、再生水、天然气、热力、电力、通信等城市工程管线可纳入综合管廊。

5.6.2 管线入廊时序的确定应统筹考虑综合管廊建设区域道路、供水、排水、电力、通信、广播电视、燃气、热力、垃圾气力收集等工程管线建设规划和新（改、扩）建计划，以及轨道交通、人民防空、其他重大工程等建设计划，分析项目同步实施的可行性。

5.6.3 入廊管线的确定应考虑综合管廊建设区域工程管线的现状、周边建筑设施现状、工程实施征地拆迁及交通组织等因素，结合社会经济发展状况和水文地质等自然条件，分析工程安全、技术、经济及运行维护等因素。

5.6.4 供水管线入廊主要分析入廊需求，管线敷设、检修和扩容的需求等。

1 根据供水专项规划和管线综合规划，应优先将输配水给水干线纳入综合管廊。

2 管径超过DN1200mm的输水管线入廊，需进行经济技术比较研究。

5.6.5 排水管线入廊主要分析排水相关规划、高程系统条件、地势坡度、管线过流能力、支线数量、配套设施、施工工法、安全性及经济性，及入廊后对现状管线系统的影响等。

1 雨水管渠、污水管道规划设计应符合《室外排水设计规范》（GB50014）等标准规范的有关规定。

2 污水管道入廊，需在廊内配套硫化氢和甲烷气体监测与防护设备。

3 雨水、污水管道的检查及清通设施应满足管道安装、检修、运行和维护的要求。重力流管道同时应考虑外部排水系统水位及冲击负荷变化等对综合管廊内管道运行安全的影响。并考虑雨、污水舱与其他舱室关系。

4 利用综合管廊结构本体排除雨水时，雨水舱应加强廊体防渗漏措施。

5.6.6 电力、通信管线入廊主要分析电压等级，电力和通信管线种类及数量，入廊需求，管线敷设、检修和扩容需求，保障城市生命线运行安全需求，对城市景观的影响等。

5.6.7 热力管线入廊应综合分析城市集中供热系统现状，具体包括：热水管道、蒸汽管道及凝结水管道的建设及应用情况；近5年城镇热力事故分析，并需要对蒸汽管道事故进行重点描述及分析；热源厂规划、管网规划，尤其是热力主干管线的规划情况。

1 根据供热相关专项规划，应将供热主干管道纳入综合管廊，并考虑尽量减少分支口；DN1200mm及以上规格管径的供热管道入廊需进行安全性、经济性分析。

2 热力管道入廊还应考虑热力管道介质种类（热水、蒸汽）、管径、压力等级、管道数量、管道敷设、检修和扩容、运行安全等需求，以及对城市景观、地下空间、道路交通的影响，综合分析含热力舱的综合管廊建设效益。

5.6.8 燃气管线入廊应综合分析城镇燃气系统现状，具体包括：城市气源条件；输配系统现状，需说明系统组成及系统特点；燃气管网规划，特别是城市主干燃气管线的规划情况；近5年城市燃气事故分析。

1 根据燃气相关专项规划，宜将燃气输配主干管道纳入综合管廊，并尽量减少分支口；入廊燃气管道设计压力不宜大于1.6MPa，大于1.6MPa燃气管道入廊需要进行安全论证。

2 燃气管道入廊还应结合入廊燃气管道的管径、压力等级、管道数量、管道敷设、检修和扩容、运行安全、用地条件等因素，提出含燃气舱室以及燃气管道配套设施的有关要求，考虑对城市景观、地下空间、道路交通的影响等，综合分析含燃气舱室的综合管廊建设效益。

5.6.9 其他管线入廊，如再生水管、区域空调管线及气力垃圾输送管道等，主要分析入廊需求、管线规模、运营管理、经济效益等。

5.7 综合管廊断面选型

5.7.1 综合管廊建设规划应根据入廊管线种类及规模、建设方式、预留空间，以及地下空间、周边地块、工程风险点等，合理确定综合管廊分舱、断面形式及控制尺寸。

5.7.2 综合管廊断面选型应遵循集约原则，并为未来发展适度预留空间。

5.7.3 综合管廊断面尺寸应满足现行《城市综合管廊工程技术规范》（GB50838）等相关标准规范规定，并考虑以下因素：

1 应满足入廊管线安装、检修、维护作业及管线更新等所需要的空间要求，以及照明、通风、排水等设施所需空间。

2 各类口部的结构形式。

3 道路及相邻的地下空间、轨道交通等现状或规划条件。

4 现状地下建（构）筑物及周围建筑物等条件。

5.7.4 舱室布置。应综合考虑综合管廊空间、入廊管线种类及规模、管线相容性以及周边用地功能和建设用地条件等因素，对综合管廊舱室进行合理布置。从运营角度考虑宜尽量整合舱室。建设条件受限时，多舱综合管廊可采用双层或多层布置形式，各个舱室的位置应考虑各种管线的安装敷设及运行安全需求。当舱室采用上下层布置时，燃气舱宜位于上层。

5.7.5 断面形式。采用明挖现浇施工时宜采用矩形断面；采用明挖预制施工时宜采用矩形、圆形或类圆形断面；采用盾构施工时宜采用圆形断面；采用顶管施工时宜采用圆形或矩形断面；采用暗挖施工时宜采用马蹄形断面。

5.7.6 干线管廊断面布置。一般位于道路机动车道或绿化带下方，主要容纳城市工程主干管线，向支线管廊提供配送服务，不直接服务于两侧地块，一般根据管线种类设置分舱，覆土较深。

5.7.7 支线管廊断面布置。一般位于道路非机动车道、人行道或绿化带下方，主要容纳城市工程配给管线，包括中压电力管线、通信管线、配水管线及供热支管等，主要为沿线地块或用户提供供给服务，一般为单舱或双舱断面形式。

5.7.8 缆线管廊断面布置。一般位于道路的人行道或绿化带下，主要容纳中低压电力、通信、广播电视、照明等管线，主要为沿线地块或用户提供供给服务。可以选用盖板沟槽或组合排管两种断面形式。采用盖板沟槽形式的，断面净高一般在1.6m以内，不设置通风、照明等附属设施，不考虑人员在内部通行。安装更换管线时，应将盖板打开，或在操作工井内完成。

5.8 三维控制线划定

5.8.1 三维控制线划定应明确综合管廊的平面位置和竖向控制要求，引导综合管廊工程设计和地下空间管控与预留。

5.8.2 综合管廊规划设计条件应确定综合管廊在道路下的平面位置及与轨道交通、地下空间、人民防空及其他地下工程的平面和竖向间距控制要求。

5.8.3 综合管廊平面线形宜与所在道路平面线形保持一致，平面位置应与河道、轨道、桥梁以及地下空间建筑物的桩、柱、基础的平面位置相协调。

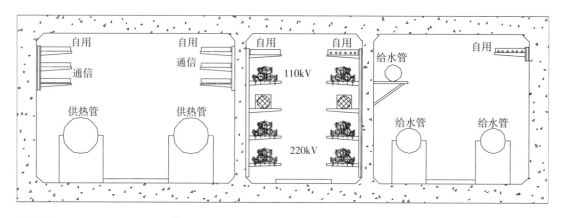

图5-1 干线管廊断面示意图一[1]

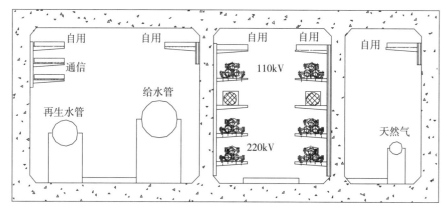

图5-2 干线管廊断面示意图二

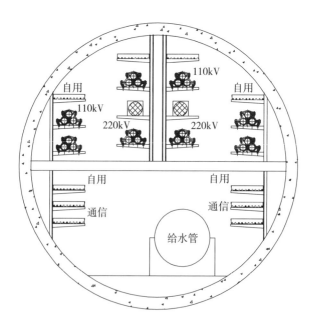

图5-3 干线管廊断面示意图三

---

[1] 本处为直接引用，图号为原导则图号，下同。

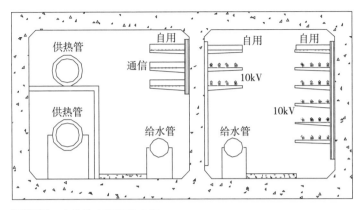

图5-4 支线管廊断面示意图一　　　　图5-5 支线管廊断面示意图二

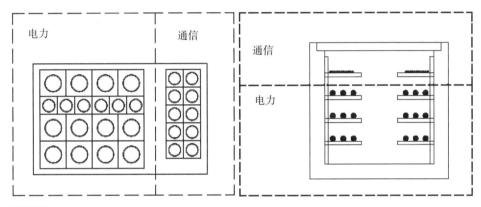

图5-6 缆线管廊断面示意图

1 干线管廊宜结合道路断面布置于机动车道或道路绿化带下。对于有较宽中央绿化带的主干道,可布置于中央绿化带下。

2 支线管廊宜结合道路断面布置于道路绿化带、人行道或非机动车道下。

3 缆线管廊宜布置在人行道下。

5.8.4 综合管廊与外部工程管线的最小水平净距应符合现行《城市工程管线综合规划规范》（GB50289）有关规定；与邻近建（构）筑物的间距应满足施工及基础安全间距要求。

5.8.5 综合管廊竖向控制应合理确定综合管廊的覆土深度、竖向间距和交叉避让控制要求。

1 覆土深度。应根据当地水文地质条件、地下设施竖向规划、行车荷载、绿化种植、冻土深度、管廊施工方式等因素综合确定。

2 竖向间距。规划综合管廊需考虑避让地下空间、规划河道、规划轨道交通及横向交叉管线。同时应符合现行《城市工程管线综合规划规范》（GB50289）有关要求。

3 交叉避让。与非重力流管线交叉,非重力流管线避让综合管廊。与重力流管线交叉,应根据实际情况,经过经济技术比较后确定解决方案。穿越河道时,综合管廊一般从河道下部穿越,对河床较深的地区可采取从河道上部跨越,经经济技术比较后确定解决方案。

5.9 重要节点控制

5.9.1　综合管廊建设规划应明确综合管廊与道路、轨道交通、地下通道、人民防空及其他设施之间的间距控制要求。提出综合管廊保护区域范围及基础性的保护要求。

5.9.2　综合管廊与道路交叉，应整体考虑工程规划建设方案，在规划有地下交通廊道的区域，综合管廊可与地下交通廊道相结合。

5.9.3　综合管廊与轨道交通交叉，应根据施工区域地质条件、施工工法、相邻设施性质及有关标准规范要求等，合理确定控制间距。与新建轨道交通车站、区间交叉时，宜优先结构共构或共享施工场地；与已运行的轨道交通车站、区间交叉时，须进行安全性评估等工作，以避免对既有轨道交通造成不利影响。

5.9.4　当综合管廊兼具人民防空功能要求时，应会同人民防空主管部门，明确功能定位、技术标准。因地制宜增设连通口，使综合管廊成为联系周边地块人民防空工程的联络通道。

5.9.5　综合管廊与地下综合体衔接，应分析相关规划中地下空间的功能定位、重点建设区域、地下分层功能设置要求等。与新建地下综合体衔接，宜采用共构或共用施工场地等实施；与已建地下综合体衔接，应评价地下空间结构安全要求，采取保护措施穿越或避让。

5.9.6　综合管廊与铁路交叉宜垂直穿越，受条件限制时可斜向穿越，最小交叉角不宜小于60度。综合管廊人员出入口、逃生口、吊装口、通风口及管线分支口等不宜设置在铁路安全保护区内。综合管廊与铁路基础之间的净距应符合现行《城市工程管线综合规划规范》（GB50289）、《公路与市政工程下穿高速铁路技术规程》（TB10182）等标准规范有关规定。

5.9.7　综合管廊与河道交叉宜垂直穿越，受条件限制时可斜向穿越，最小交叉角不宜小于60度。综合管廊顶部高程应符合现行《城市综合管廊工程技术规范》（GB50838）有关规定。

5.9.8　综合管廊与重力流管线交叉，应根据实际情况，经过经济技术比较后确定解决方案。如需综合管廊避让重力流管线，应对既有管线采取保护措施，并满足安全施工要求。

5.10　监控中心及各类口部

5.10.1　综合管廊建设规划应合理确定监控中心、吊装口、通风口、人员出入口等各类口部的规模、用地和建设标准。

5.10.2　监控中心及各类口部应与综合管廊主体构筑物同步规划，充分利用综合管廊主体构筑物周围地下空间，提高土地使用效率。

5.10.3　监控中心及各类口部应与临近地下空间、道路及景观相协调。

5.10.4　监控中心规划要点如下：

1　监控中心设置应满足综合管廊运行管理、城市管理、应急管理的需要。监控中心应设置在安全地带，并满足安全与防灾要求。

2　监控中心应结合综合管廊系统布局、分区域建设规划进行设置。当城市规划建设多区域综合管廊时，宜建立市级、组团级两级管理机制。

特大及以上规模城市可增设区级监控中心，形成市级、区级、组团级三级监控中心的管理模式。

3　按照建设时序，有近期综合管廊建设项目的片区，监控中心应在近期建设，并应预留发展空间，满足本区域远期的监控要求。

4 监控中心宜与临近公共建筑合用。

5.10.5 各类口部规划要点如下：

1 综合管廊每个舱室均应规划建设人员出入口、逃生口、吊装口、通风口等口部。

2 各类出地面口部宜集中复合设置，以便管理和减少对环境景观的影响。

3 各类出地面口部的设置应符合《城市综合管廊工程技术规范》（GB50838）有关规定。

4 逃生口应布置在绿化带或人行道范围内，其他孔口应布置在绿化带、人行道或非机动车道内。各类口部露出地面部分应与环境景观协调，同时不得影响交通通行。

5 综合管廊分支口布局应结合管线入廊需求、各地块管线接入需求、道路布局等统筹设置。

5.11 附属设施

5.11.1 综合管廊建设规划应明确消防、通风、供电、照明、监控和报警、排水、标识等相关附属设施的配置原则和要求。

5.11.2 附属设施配置应注重近远期结合，结合已建、在建综合管廊附属设施设置情况，保证近期建设综合管廊的使用以及远期综合管廊附属系统的完整性。

5.11.3 附属设施配置应符合现行《城市综合管廊工程技术规范》（GB50838）有关规定。

5.11.4 消防设施规划要点如下：

1 综合管廊主体结构、各舱室分隔墙、内装修材料、防火分隔应符合《城市综合管廊工程技术规范》（GB50838）有关规定。

2 综合管廊舱室内含有两类及以上管线时，舱室火灾危险性类别应按火灾危险性较大的管线确定。

3 热力管道舱、容纳电力电缆舱及燃气管道舱人员逃生口及消防措施设置，应结合城市景观、施工工法、安全影响等确定，对于较长距离区间应进行可行性论证。

5.11.5 通风设施规划要点如下：

1 综合管廊通风方式及通风系统设置应根据综合管廊建设规模、平面位置及周边环境关系，经过经济技术比较后确定。

2 通风区间应考虑城市景观、施工工法、周边环境、投资及运行维护经济性要求，经综合比较后确定。

3 通风设备、风量计算与通风系统控制及运行模式应符合现行《城市综合管廊工程技术规范》（GB50838）有关规定。

5.11.6 供电设施规划要点如下：

1 供电设施规划主要包括预测用电负荷，确定变配电所位置等。

2 综合管廊供配电系统方案、电源供电电压、供电点、供电回路数、容量等应依据综合管廊建设规模、周边电源情况、综合管廊运行管理模式，经经济技术比较后确定。

3 连片布局或长距离综合管廊宜按供电服务半径不超过1000米划分10（20）/0.4kV供电分区，并在负荷中心设置变电所。

4 综合管廊分区变电所可根据当地供电部门规定采用集中供电模式或多点就地供电模式。

5 当采用集中供电模式时，综合管廊中压配电所向分区变电所配电，10（20）kV供电服务半径不宜超过8（10）公里。

6 综合管廊变配电所宜结合综合管廊主体结构设置，并应有通道连通。地面街道用地紧张、景观要求高、易受台风侵袭等地区，综合管廊变配电所宜考虑与周边景观协调，并应做好防洪措施。

5.11.7 照明设施规划要点如下：

1 综合管廊内的照度、灯具、导线等应符合《城市综合管廊工程技术规范》（GB50838）有关规定。

2 综合管廊内应设正常照明和应急照明。

5.11.8 监控和报警设施规划要点如下：

1 综合管廊监控与报警系统应设置环境与设备监控系统、安全防范系统、通信系统、预警与报警系统和统一管理平台。预警与报警系统应根据所纳入管线的种类设置火灾自动报警系统、可燃气体探测报警系统。

2 监控与报警系统的架构、系统配置应根据综合管廊的建设规模、纳入管线的种类、综合管廊运行维护管理模式等确定。

3 监控与报警系统应根据综合管廊运行管理需求，预留与各专业管线配套检测设备、控制执行机构或专业管线监控系统联通的信号传输接口。

5.11.9 排水设施规划要点如下：

1 综合管廊内宜设置清扫冲洗水系统及自动排水系统。每个排水分区至少设置1处冲洗水点。

2 综合管廊内废水主要包括综合管廊清扫冲洗水、消防排水、结构渗透水、管道维护的放空水、各出入口溅入的雨水等，宜经沉淀等初步处理后排入城市排水系统。

3 综合管廊的排水分区不宜跨越防火分区。确需跨越，应提出有效的阻火防烟措施。燃气管道舱不应与其他舱室合并设置排水系统，排水系统压力释放井也应单独设置。

5.11.10 标识规划要点如下：

1 标识类型应包括导向标识、功能管理标识、专业管道标识、警示禁止标识、设备提示标识等。

2 应明确各类标识设置原则、安装位置等规划要求，保证综合管廊功能使用要求。

5.12 安全防灾

5.12.1 应根据城市抗震设防等级、防洪排涝要求、安全防恐等级、人民防空等级等要求，结合自然灾害因素分析提出综合管廊抗震、消防、防洪排涝、安全防恐、人民防空等安全防灾的原则、标准和基本措施，并考虑紧急情况下的应急响应措施。

5.12.2 抗震方面应根据地区地震动峰值加速度明确结构抗震等级要求。地震时可能发生滑坡、崩塌、地陷、地裂、泥石流等地段及发育断层带上可能发生地表错位的部位严禁建设综合管廊。

5.12.3 消防方面应明确综合管廊火灾防控的安全管理体系，特别是火灾应急处置体系建立要求及重点措施。

5.12.4　防洪排涝方面应确定综合管廊的人员出入口、进风口、吊装口等露出地面的构筑物的防洪排涝标准。露出地面的构筑物应避免设置在地形低洼凹陷区，构筑物周边应根据地形考虑截水设施。应考虑综合管廊的出入口、通风口、吊装口高程同区域地形高程关系，防止区域低点的综合管廊相关口部被雨水淹没。

5.12.5　安全防恐方面应结合城市安全防恐风险评估体系和安全规划，明确防恐设防对象、设防等级等技术标准。

5.12.6　人民防空方面应结合当地实际，对综合管廊兼顾人民防空需求进行规划分析。综合管廊需兼顾人民防空需求的，应明确设防对象、设防等级等技术标准。

5.13　建设时序

5.13.1　应根据城市发展需要，合理安排综合管廊建设的近、中、远期时序。

5.13.2　应综合考虑城市市政基础设施存在问题、现状实施条件和城市建设计划等因素，确定近期建设项目，一般以5年为宜。明确近期建设项目的年份、位置、长度、断面形式、建设标准等，达到可以指导工程实施的深度要求。

5.13.3　应根据城市中远期发展和建设计划，确定中远期建设综合管廊项目的位置、长度等。

5.14　投资估算

5.14.1　投资估算应明确规划期内综合管廊建设资金总规模及分期规划综合管廊建设资金规模，近期规划综合管廊项目需按路段明确投资规模。

5.14.2　应具体说明投资估算编制所依据的标准规范、有关文件，以及使用的定额和各项费用取定的依据及编制方法等。

5.14.3　可参照《市政工程投资估算编制办法》（建标〔2007〕164号）、《城市地下综合管廊工程投资估算指标》（ZYA1-12（11））测算规划综合管廊项目工程所需建设资金。

5.15　保障措施

5.15.1　保障措施应提出组织、制度、资金、管理、技术等方面措施和建议，以保障规划有效实施。

5.15.2　组织保障应提出保障综合管廊工程实施的组织领导、管理体制、工作机制等措施建议。

5.15.3　制度保障应提出保障综合管廊规划建设管理的地方法规、规章制度、政策文件、标准规范等措施建议。

5.15.4　资金保障应依据规划期内综合管廊投资估算，结合城市经济总量、运营管理基础条件等特征，以科学合理的收费机制为前提，提出建议选择的综合管廊投融资模式，形成与收费机制相协调的、多元化的融资格局。

5.15.5　管理保障应提出保障综合管廊运营维护和安全管理需要的管理模式、标准、安全运营制度等措施建议。

5.15.6　技术保障应依据规划综合管廊系统布局，结合规划范围实际情况，提出推荐采取的综合管廊施工工艺和技术。

6 编制成果

综合管廊建设规划编制成果由文本、图纸与附件组成。成果形式包含纸质成果和电子文件。

6.1 文本

6.1.1 文本应以条文方式表述规划结论，内容明确简练，具有指导性和可操作性。

6.1.2 文本应包括以下内容：

1 总则

2 规划可行性分析

3 规划目标和规模

4 建设区域

5 规划统筹

6 系统布局

7 管线入廊分析

8 综合管廊断面选型

9 三维控制线划定

10 重要节点控制

11 监控中心及各类口部

12 附属设施

13 安全防灾

14 建设时序

15 投资估算

16 保障措施

6.1.3 特大及以上城市的市级综合管廊建设规划文本，可根据规划重点内容，适当简化8至12部分内容。

6.2 图纸

6.2.1 图纸应能清晰、规范表达相关规划内容。

6.2.2 主要应绘制以下图纸：

1 综合管廊建设区域范围图，应表达规划范围、四至边界、内部分区范围。

2 综合管廊建设区域现状图，应表达与国土空间规划保持一致的土地利用现状及现状综合管廊位置、类型等。

3 管线综合规划图，应以规划道路为基础，表达各类主干管线的敷设路由。

4 综合管廊系统规划图，应表达干线、支线管廊及缆线管廊的位置、市政能源站点的位置、综合管廊监控中心的位置及规模等。

5 综合管廊断面示意图，应表达综合管廊标准断面布置，尤其是近期建设项目标准断面设计方案。标注所在的路段名称及范围，内部管线规格、数量，预留管线布置等。

6 三维控制线划定图，应表达规划的综合管廊所在道路、周边直埋管线、综合管廊的水平和竖向断面图，并标注所在的路段名称及范围。

随道路建设综合管廊，图纸应表达道路横断面详细布置及尺寸；综合管廊在道路横断面的位置及控制深度；未入廊管线在横断面布置及控制深度；道路两侧重要规划或既有设施位置关系。

与轨道交通统筹建设综合管廊，图纸应表达轨道交通断面布置；综合管廊与轨道交通位置关系。

与地下空间开发统筹建设综合管廊，图纸应表达地下空间的断面布置；综合管廊与地下空间设施的空间位置关系等。

7 重要节点竖向控制及三维示意图，应表达重要的综合管廊之间、综合管廊与地下空间、综合管廊与轨道交通、综合管廊与河道等设施的穿越节点的关系。

8 综合管廊分期建设规划图，应表达综合管廊的近远期的建设范围、位置以及相关附属设施布置。

6.2.3 图纸还可包含分析图和背景图，以增加规划成果的全面性和实用性。

6.2.4 特大及以上城市的市级综合管廊建设规划，可根据重点内容，适当精简综合管廊断面、三维控制线、重要节点等图纸。

6.3 附件

附件包括规划说明书、专题研究报告、基础资料汇编等。

6.3.1 规划说明书应与文本条文相对应，对文本做出详细说明。

6.3.2 专题研究报告应结合城市特点，体现针对性，增强规划的科学性和可操作性。

6.3.3 基础资料汇编应包括规划涉及的相关基础资料、参考资料及文件。

附录　本导则引用的主要法律法规、政策文件及标准规范

1《中华人民共和国城乡规划法》

2《中共中央　国务院关于进一步加强城市规划建设管理工作的若干意见》

3《国务院办公厅关于加强城市地下管线建设管理的指导意见》（国办发〔2014〕27号）

4《国务院办公厅关于推进城市地下综合管廊建设的指导意见》（国办发〔2015〕61号）

5《城市综合管廊工程技术规范》（GB50838）

6《城市工程管线综合规划规范》（GB50289）

7《室外给水设计规范》（GB50013）

8《室外排水设计规范》（GB50014）

9《城镇燃气设计规范》（GB50028）

10《城镇供热管网设计规范》（CJJ34）

11《电力工程电缆设计规范》（GB50217）

12《综合布线系统工程设计规范》（GB50311）

13《城镇综合管廊监控与报警系统工程技术标准》（GB/T51274）

14《市政工程投资估算编制办法》（建标〔2007〕164号）

15《城市地下综合管廊工程投资估算指标》（ZYA1–12（11））

16《城市抗震防灾规划标准》（GB50413）

17《城市消防规划规范》（GB51080）

18《城市防洪规划规范》（GB51079）

19《城市居住区人民防空工程规划规范》（GB50808）

20《城乡建设用地竖向规划规范》（CJJ83）

21《公路与市政工程下穿高速铁路技术规程》（TB10182）

2. 国家发展改革委　住房和城乡建设部关于
城市地下综合管廊实行有偿使用制度的指导意见

发改价格〔2015〕2754号

各省、自治区、直辖市发展改革委、物价局、住房城乡建设厅（城乡建委、规划委、局、市政市容委），新疆生产建设兵团发展改革委、建设局：

为贯彻落实《国务院办公厅关于推进城市地下综合管廊建设的指导意见》（国办发〔2015〕61号），使市场在资源配置中起决定性作用和更好发挥政府作用，形成合理收费机制，调动社会资本投入积极性，促进城市地下综合管廊建设发展，提高新型城镇化发展质量，现就城市地下综合管廊实行有偿使用制度提出以下意见：

一、建立主要由市场形成价格的机制

（一）城市地下综合管廊各入廊管线单位应向管廊建设运营单位支付管廊有偿使用费用。各地应按照既有利于吸引社会资本参与管廊建设和运营管理，又有利于调动管线单位入廊积极性的要求，建立健全城市地下综合管廊有偿使用制度。

（二）城市地下综合管廊有偿使用费标准原则上应由管廊建设运营单位与入廊管线单位协商确定。凡具备协商定价条件的城市地下综合管廊，均应由供需双方按照市场化原则平等协商，签订协议，确定管廊有偿使用费标准及付费方式、计费周期等有关事项。

城市地下综合管廊本体及附属设施建设、运营管理，由管廊建设运营单位负责；入廊管线的维护及日常管理由各管线所属单位负责。城市地下综合管廊建设运营单位与入廊管线单位应在签订的协议中明确双方对管廊本体及附属设施、入廊管线维护及日常管理的具体责任、权利等，并约定滞纳金计缴等相关事项，确保管廊及入廊管线正常运行。

供需双方签订协议、确定城市地下综合管廊有偿使用费标准时，应同时建立费用标准定期调整机制，确定调整周期，根据实际情况变化按期协商调整管廊有偿使用费标准。供需双方可委托第三方机构对城市地下综合管廊建设、运营服务质量、资金使用效率等情况进行综合评估，评估结果作为协商调整有偿使用费标准的参考依据。

城市地下综合管廊建设运营单位与入廊管线单位协商确定有偿使用费标准，不能取得一致意见时，由所在城市人民政府组织价格、住房城乡建设主管部门等进行协调，通过开展成本调查、专家论证、委托第三方机构评估等形式，为供需双方协商确定有偿使用费标准提供参考依据。

（三）对暂不具备供需双方协商定价条件的城市地下综合管廊，有偿使用费标准可实行政府定价或政府指导价。实行政府定价或政府指导价的管廊有偿使用费应列入地方定价目录，明确价格管理形式、定价部门。有关地方可根据实际情况，由省级价格主管部门会同住房城乡建设主管部门或省人民政府授权城市人民政府，依法制定有偿使用费标准或政府指导价的基准价、浮动幅度，并规定付费方式、计费周期、定期调整机制等有关事项。

列入地方定价目录的，制定、调整城市地下综合管廊有偿使用费标准，应依法履行成本监审、成本调查、专家论证、信息公开等程序，保证定调价工作程序规范、公开、透明，自觉接受社会监督。

制定、调整城市地下综合管廊有偿使用费标准，应根据本指导意见关于管廊有偿使用费构成因素的规定，认真做好管廊建设运营成本监审及入廊管线单独敷设成本调查、测算等工作，统筹考虑建设和运营、成本和收益的关系，合理制定管廊有偿使用费标准。

二、关于费用构成

（一）城市地下综合管廊有偿使用费包括入廊费和日常维护费。入廊费主要用于弥补管廊建设成本，由入廊管线单位向管廊建设运营单位一次性支付或分期支付。日常维护费主要用于弥补管廊日常维护、管理支出，由入廊管线单位按确定的计费周期向管廊运营单位逐期支付。

（二）费用构成因素。

1. 入廊费。可考虑以下因素：

（1）城市地下综合管廊本体及附属设施的合理建设投资；

（2）城市地下综合管廊本体及附属设施建设投资合理回报，原则上参考金融机构长期贷款利率确定（政府财政资金投入形成的资产不计算投资回报）；

（3）各入廊管线占用管廊空间的比例；

（4）各管线在不进入管廊情况下的单独敷设成本（含道路占用挖掘费，不含管材购置及安装费用，下同）；

（5）管廊设计寿命周期内，各管线在不进入管廊情况下所需的重复单独敷设成本；

（6）管廊设计寿命周期内，各入廊管线与不进入管廊的情况相比，因管线破损率以及水、热、气等漏损率降低而节省的管线维护和生产经营成本；

（7）其他影响因素。

2. 日常维护费。可考虑以下因素：

（1）城市地下综合管廊本体及附属设施运行、维护、更新改造等正常成本；

（2）城市地下综合管廊运营单位正常管理支出；

（3）城市地下综合管廊运营单位合理经营利润，原则上参考当地市政公用行业平均利润率确定；

（4）各入廊管线占用管廊空间的比例；

（5）各入廊管线对管廊附属设施的使用强度；

（6）其他影响因素。

三、完善保障措施

（一）扶持公益事业。企业及各类社会资本参与投资建设和运营管理的城市地下综合管廊，对城市市政路灯系统、公共安防监控通信系统等公益性管线入廊，可采取政府购买服务方式。对公益性文化企业的有线电视网入廊，有偿使用费标准可实行适当优惠，并由政府予以适当补偿。

（二）完善支持政策。城市地下综合管廊运营不能通过收费弥补成本的，由地方人民政府按照国办发〔2015〕61号文件规定，视情给予必要的财政补贴。各地可根据当地实际情况，灵活采取多种政府与社会资本合作（PPP）模式推动社会资本参与城市地下综合管廊建设和运营管理，依法依规为管廊建设运营项目配置土地、物业等经营资源，统筹运用价格补偿、财政补贴、政府购买服务等多种渠道筹集资金，引导社会资本合作方形成合理回报预期，调动社会资本投入积极性。

（三）提高管理水平。在PPP项目中，政府有关部门应通过招标、竞争性谈判等竞争方式选择社会资本合作方，合理控制城市地下综合管廊建设、运营成本。城市地下综合管廊建设运营单位应加强管理，积极采用先进技术，从严控制管廊建设和运营管理成本水平，为降低有偿使用费标准，减少入廊管线单位支出创造条件。

各省、自治区、直辖市价格主管部门应会同住房城乡建设主管部门，根据本意见和当地实际情况制定具体实施办法，建立健全本地区管廊有偿使用制度，形成合理的收费机制，促进城市地下综合管廊建设发展。

国家发展改革委

住房和城乡建设部

2015年11月26日

3. 住房城乡建设部　国家能源局关于推进电力管线纳入城市地下综合管廊的意见

建城〔2016〕98号

各省、自治区住房城乡建设厅、发展改革委（能源局），北京市市政市容管理委员会、规划委员会、住房和城乡建设委员会、发展改革委，上海市住房和城乡建设管理委员会、规划和国土资源管理局、发展改革委，天津、重庆市城乡建设委员会、规划局、发展改革委，新疆生产建设兵团建设局、发展改革委，国家电网公司、南方电网公司、内蒙古电力公司：

为贯彻落实中央城市工作会议精神和《中共中央　国务院关于进一步加强城市规划建设管理

的若干意见》（中发〔2016〕6号）要求，按照《国务院办公厅关于推进城市地下综合管廊建设的指导意见》（国办发〔2015〕61号，以下简称《指导意见》）有关部署，鼓励电网企业参与投资建设运营城市地下综合管廊，共同做好电力管线入廊工作，现提出以下意见：

一、充分认识电力管线入廊的重要意义。建设城市地下综合管廊（以下简称管廊），是新型城镇化发展的必然要求，是补齐城市地下基础设施建设"短板"、打造经济发展新动力的一项重大民生工程，也是解决"马路拉链"问题的有效途径。各地住房城乡建设、能源主管部门和各电网企业，要充分认识电力等管线纳入管廊是城市管线建设发展方式的重大转变，有利于提高电力等管线运行的可靠性、安全性和使用寿命；对节约利用城市地面土地和地下空间，提高城市综合承载能力起到关键性作用，对促进管廊建设可持续发展具有重要意义。要加强统筹协调、协商合作，认真做好电力管线入廊等相关工作，积极稳妥推进管廊建设。

二、统筹管廊电网规划及年度建设计划。城市编制管廊专项规划，要充分了解电力管线入廊需求，事先征求电网企业意见，合理确定管廊布局、建设时序、断面选型等。各级能源主管部门和电网企业编制电网规划，要充分考虑与相关城市管廊专项规划衔接，将管廊专项规划确定入廊的电力管线建设规模、时序等同步纳入电网规划。

城市组织编制管廊年度建设计划，要提前告知当地电网企业，协调开展相关工作。已经纳入电网规划的电力管线，电网企业要结合管廊年度建设计划，将入廊部分的电力管线纳入电网年度建设计划，与管廊建设计划同步实施。

三、明确工程标准。电力管线在管廊中敷设，应遵循《城市综合管廊工程技术规范》GB 50838—2015、《电力工程电缆设计规范》GB 50217—2007等相关标准的规定，按照确保安全、节约利用空间资源的原则，结合各地实际情况实施。对敷设方式有争议的，应由城市人民政府组织论证，并经能源主管部门、电网企业和相关管线单位同意后实施。

四、加强入廊管理。电网企业要主动与管廊建设运营单位协作，积极配合城市人民政府推进电力管线入廊。城市内已建设管廊的区域，同一规划路由的电力管线均应在管廊内敷设。新建电力管线和电力架空线入地工程，应根据本区域管廊专项规划和年度建设，同步入廊敷设；既有电力管线应结合线路改造升级等逐步有序迁移至管廊。

五、实行有偿使用。管廊实行有偿使用，入廊管线单位应向管廊建设运营单位交纳入廊费和日常维护费。鼓励电网企业与管廊建设运营单位共同协商确定有偿使用费标准或共同委托第三方评估机构提供参考收费标准；协商不能取得一致意见或暂不具备协商条件的，有偿使用费标准可按照《国家发展改革委住房和城乡建设部关于城市地下综合管廊实行有偿使用制度的指导意见》（发改价格〔2015〕2754号）要求，实行政府定价或政府指导价。各城市可考虑电力架空线入地置换出的土地出让增值收益因素，给予电力管线入廊合理补偿。

六、落实保障措施。城市人民政府要切实落实管廊规划建设管理主体责任，组织住房城乡建设部门、能源主管部门等有关部门及电网企业，加强沟通，共同建立有利于电网企业参与投资建设运营管廊的工作协调机制。住房城乡建设主管部门要完善标准规范，抓好工程质量安全，不断提高服务水平。能源主管部门要加强协调，督促指导电网企业积极配合地方管廊建设工作总体部署，推进电力管线入廊。电网企业要做好电力管线入廊的规划、设计、施工、验收、交费及运维等工作。国家电网公司、南方电网公司要发挥示范带头作用，组织各分公司贯彻落实文件要求，出台具体的实施措施，积极参与管廊投资建设。住房城乡建设部、国家能源局将建立工作协商机制，组织电网企业共同研究推进电力管线纳入管廊的政策措施，协调解决有关重大问题。

中华人民共和国住房和城乡建设部

国家能源局

2016年5月26日

4.　住房城乡建设部关于提高城市排水防涝能力推进城市地下综合管廊建设的通知

建城〔2016〕174号

各省、自治区住房城乡建设厅，直辖市建委（城市管理委、市政管委、水务局），海南省水务厅：

受强厄尔尼诺影响，今年我国降雨范围大、强度高、持续时间长，多地发生严重的洪涝灾害。党中央、国务院对此高度重视，习近平总书记、李克强总理多次对加快城市地下综合管廊建设、补齐城市防洪排涝能力不足短板作出重要指示。为贯彻落实习近平总书记、李克强总理重要指示要求，现将有关事项通知如下：

一、尊重规律，统筹规划

各地要做好城市排水防涝设施建设规划、城市地下综合管廊工程规划、城市工程管线综合规划等的相互衔接，切实提高各类规划的科学性、系统性和可实施性，实现地下空间的统筹协调利用，合理安排城市地下综合管廊和排水防涝设施，科学确定近期建设工程。严格按照国家标准《室外排水设计规范》确定的内涝防治标准，将城市排水防涝与城市地下综合管廊、海绵城市建设协同推进，坚持自然与人工相结合、地上与地下相结合，发挥"渗、滞、蓄、净、用、排"的作用，构建以"源头减排系统、排水管渠系统、排涝除险系统、超标应急系统"为主要内容的城市排水防涝工程体系，并与城市防洪规划做好衔接。已编制完成相关规划的城市，要进一步梳理规划内容，加强协调衔接，及时修订调整；尚未编制完成相关规划的城市，要按照新要求抓紧编制。

二、因地制宜，科学建设

各地要结合本地实际情况，有序推进城市地下综合管廊和排水防涝设施建设，科学合理利用地下空间，充分发挥管廊对降雨的收排、适度调蓄功能，做到尊重科学、保障安全。依据城市地下综合管廊工程规划确定的管廊建设区域，结合地形坡度、管线路由等实际情况，因地制宜确定雨水管道入廊的敷设方式。依据城市排水防涝设施建设规划需要建设大口径雨水箱涵、管道的区域，可充分考虑该片区未来发展需求，在不影响排水通畅和保障管线安全的前提下，利用其上部空间敷设适当的管线。

三、创新模式，完善机制

各地要放宽市场准入，鼓励支持社会资本参与城市地下综合管廊和排水防涝设施建设。严格落实管线入廊制度，已建成城市地下综合管廊的主次干路，规划管线必须入廊，不得再开挖敷设管线。严格实施城市地下综合管廊有偿使用制度，建立合理的收费机制。鼓励社会资本积极创新模式，通过雨水资源化利用等方式获取额外收益，弥补社会资本的合理回报。

中华人民共和国住房和城乡建设部

2016年8月16日

5. 住房城乡建设部　国家开发银行关于推进开发性金融支持城市地下综合管廊建设的通知

建城〔2015〕165号

各省、自治区住房城乡建设厅，北京市规划委、市政市容委，天津市规划局、建委，上海市建委、规划和国土资源管理局，重庆市建委、规划局，新疆生产建设兵团建设局，国家开发银行各分行：

为贯彻落实《国务院办公厅关于推进城市地下综合管廊建设的指导意见》（国办发〔2015〕61号），落实《住房城乡建设部和国家开发银行共同推进城市地下综合管廊建设战略合作框架协议》的工作部署，充分发挥开发性金融对地下综合管廊建设的支持作用，现就有关工作通知如下：

一、充分认识开发性金融支持地下综合管廊建设的重大意义

城市地下综合管廊建设是国务院近期启动的一项重大民生工程，是今后一段时期我国城市建设的重点工作。推进城市地下综合管廊建设有利于转变城市建设发展方式，解决反复开挖路面、架空线网密集、管线事故频发、地下基础设施滞后等问题；有利于增加公共产品有效投资、拉动社会资本投入、打造经济发展新动力。按照国办发〔2015〕61号文件要求，到2020年，要建成一批具有国际先进水平的地下综合管廊并投入运营，任务艰巨，资金需求量大，迫切需要综合运用财政和金融政策，引导银行业金融机构加大对地下综合管廊建设的支持。

国家开发银行将充分发挥在重点领域、薄弱环节、关键时期的开发性金融支持作用，把地下综合管廊建设作为信贷支持的重点领域，服务国家战略。各级住房城乡建设部门要把国家开

发银行作为重点合作银行，加强合作，增强地下综合管廊建设项目资金保障，用好用足信贷资金，推进地下综合管廊建设。

二、建立健全建设地下综合管廊项目储备制度

（一）编制专项规划。各城市要按照《城市地下综合管廊工程规划编制指引》，抓紧组织编制城市地下综合管廊建设专项规划，合理确定城市地下综合管廊建设目标、建设布局、管线种类、断面形式、平面位置、竖向控制等，明确建设规模和时序。专项规划要综合考虑城市发展远景，预留和控制有关地下空间。

（二）建立项目库。各城市要在城市地下综合管廊建设专项规划的基础上，尽快建立地下综合管廊建设项目库，并明确五年项目滚动规划和年度建设计划。五年项目滚动规划要明确五年期的地下综合管廊建设项目及建设区域、建设规模、建设时序、投资总额等。年度建设计划要确定当年建设项目的建设期限、建设内容、建设长度、断面面积、舱室数量、入廊管线种类、投资计划、建设主体、融资方式等。纳入项目库的建设项目要符合城市总体规划、控制性详细规划等相关规划，符合《城市综合管廊工程技术规范》GB 50838—2015等相关标准规范。

（三）及时上报信息。2015年11月底前，各城市要完成2016～2020年五年项目滚动规划和2016年度建设计划编制，并将项目信息通过"住房城乡建设部城市地下综合管廊建设项目信息系统"报住房城乡建设部。今后各年度建设计划确定的项目信息要在上一年10月底前报送。

（四）做好备选项目。在各地上报项目信息基础上，住房城乡建设部将建立全国地下综合管廊项目储备库（以下简称储备库），并组织有关专家对各地上报的项目进行审查。对于完成项目可研等前期准备工作，确定了项目投资建设主体，明确了项目投融资和建设运营模式的项目，将作为国家开发银行支持备选项目。

（五）落实省级责任。各省（区）要加强对本地区各城市地下综合管廊建设专项规划编制和项目储备制度建设的指导。组织好本地区的项目信息上报工作并对所报项目进行审核，做好与国家开发银行各分行的项目对接工作。

三、加大开发性金融对地下综合管廊建设信贷支持力度

（一）做好融资规划。根据城市地下综合管廊五年项目滚动规划，做好融资安排，针对具体项目的融资需求，统筹安排融资方式和融资总量，编制相应的系统性融资规划，从源头上促进资金和其他资源的合理配置。

（二）创新融资模式。根据项目情况采用政府和社会资本合作（PPP）、政府购买服务、机制评审等模式，推动项目落地；支持社会资本、中央企业参与建设城市地下综合管廊，打造大型专业化管廊建设和运营管理主体；在风险可控、商业可持续的前提下，积极开展特许经营权、收费权和购买服务协议预期收益等担保类贷款业务；将符合条件的城市地下综合管廊项目纳入专项金融债支持范围。

（三）加强信贷支持。国家开发银行各分行会同各地住房城乡建设部门，合理确定拟入库项目的投资建设主体、融资方案等内容，共同做好入库项目的前期准备工作；对纳入储备库中的项目，在符合贷款条件的情况下给予贷款规模倾斜，优先提供中长期信贷支持。

（四）完善金融服务。积极协助城市地下综合管廊项目实施主体发行可续期项目收益债券和项目收益票据，为项目实施提供财务顾问服务，发挥"投、贷、债、租、证"的协同作用，努力拓宽地下综合管廊项目的融资渠道。

四、建立高效顺畅的工作协调机制

（一）加强部行合作。住房城乡建设部和国家开发银行根据签署的战略合作框架协议，建立部行工作会商制度，积极开展合作。发挥各自优势，共同开展地下综合管廊建设运营相关研究，共同培育孵化大型专业化的建设运营主体，共同打造具有国际先进水平的城市地下综合管廊建设示范项目。

（二）建立协调机制。各地住房城乡建设部门、国家开发银行各分行要建立协调工作机制，加强沟通、密切合作，及时共享地下综合管廊项目信息及调度情况，协调解决项目融资、建设中存在的问题和困难；及时将各地地下综合管廊项目进展情况、存在问题及有关建议分别报送至住房城乡建设部及国家开发银行总行。

住房城乡建设部

国家开发银行

2015年10月19日

6. 住房城乡建设部 中国农业发展银行关于推进政策性金融支持城市地下综合管廊建设的通知

建城〔2015〕157号

各省、自治区住房城乡建设厅，北京市规划委、市政市容委，天津市规划局、建委，上海市建委、规划和国土资源管理局，重庆市建委、规划局，新疆生产建设兵团建设局，中国农业发展银行各省、自治区、直辖市分行，总行营业部：

为贯彻落实《国务院办公厅关于推进城市地下综合管廊建设的指导意见》（国办发〔2015〕61号），鼓励金融机构加大对地下综合管廊建设的支持力度，现就有关工作通知如下：

一、地方各级住房城乡建设部门要高度重视推进政策性金融支持地下综合管廊建设工作，要把中国农业发展银行（以下简称农发行）作为重点合作银行，加强合作。积极与农发行各分行对接，沟通协商好政策性金融贷款的申请和使用，最大限度发挥政策性金融的支持作用，切实增强信贷资金对地下综合管廊建设的支撑保障能力。

二、地方各级住房城乡建设部门要尽快建立健全地下综合管廊项目储备制度，完善项目库建设，落实承贷主体；组织承贷主体积极向农发行分支机构提供地下综合管廊建设项目情况及资金需求情况，推荐符合条件的建设项目。

三、农发行各分行要把地下综合管廊建设作为信贷支持的重点领域，积极统筹调配信贷规模，在符合贷款条件的情况下，优先给予贷款支持，贷款期限最长可达30年，贷款利率可适当优惠。在风险可控、商业可持续的前提下，地下综合管廊建设项目的特许经营权、收费权和购买服务协议预期收益等可作为农发行贷款的质押担保。

四、农发行各分行要积极创新运用政府购买、政府和社会资本合作（PPP）等融资模式，为地下综合管廊建设提供综合性金融服务，并联合其他银行、保险公司等金融机构以银团贷款、委托贷款等方式，努力拓宽地下综合管廊建设的融资渠道。对符合条件的地下综合管廊建设实施主体提供专项基金，用于补充项目资本金不足部分。

五、地方各级住房城乡建设部门、农发行各分行要建立沟通协调机制，及时共享地下综合管廊项目信息及调度情况，协调解决项目融资、建设中存在的问题和困难；及时将各地地下综合管廊项目进展情况、存在问题及有关建议分别报送至住房城乡建设部及农发行总行。

住房城乡建设部

中国农业发展银行

2015年10月9日

7. 住房城乡建设部等部门关于进一步鼓励和引导民间资本进入城市供水、燃气、供热、污水和垃圾处理行业的意见

建城〔2016〕208号

各省、自治区、直辖市、新疆生产建设兵团住房城乡建设厅（建委、建设局）、发展改革委、财政厅（局）、国土资源主管部门，北京市城管委、水务局，天津市市容园林委、水务局，上海市绿化和市容管理局、水务局，重庆市市政委，海南省水务厅，中国人民银行上海总部、各分行、营业管理部，各省会（首府）城市中心支行，各副省级城市中心支行：

为进一步贯彻落实《国务院关于创新重点领域投融资机制鼓励社会投资的指导意见》（国发〔2014〕60号），鼓励和引导民间资本进入城市供水、燃气、供热、污水和垃圾处理等市政公用行业，按照《国务院办公厅关于进一步做好民间投资有关工作的通知》（国办发明电〔2016〕12号）要求，现提出以下意见：

一、进一步认识民间资本进入市政公用行业的重要意义

党中央、国务院高度重视促进非公有制经济和民间投资健康发展。近年来，国务院有关部门陆续出台了多项政策措施，积极推进市政公用行业向民间资本开放。民间资本的进入，对促进市政基

础设施建设、提高市政公用行业服务和供应保障水平发挥了重要作用。但当前民间资本进入城市供水、燃气、供热、污水和垃圾处理等市政公用行业，仍不同程度地存在一些壁垒和体制机制障碍。

鼓励和引导民间资本进入市政公用行业既利当前又惠长远，对稳增长、保就业具有重要意义，也是推进供给侧结构性改革的重要内容。各地要进一步提高认识，采取有效措施，破除民间资本进入市政公用行业的各种显性和隐性壁垒，完善促进民间投资的各项政策，深化投融资体制改革，促进市政公用行业健康发展。

二、拓宽民间资本投资渠道

（一）规范直接投资。民间资本可以采取独资、合资等方式直接投资城镇燃气、供热、垃圾处理设施建设和运营。可以采取合作、参股等方式参与供水、污水处理设施建设和经营。具备条件的民营企业可作为专业运营商，受托运营供水、燃气、供热、污水和垃圾处理设施。鼓励民间资本通过政府和社会资本合作（PPP）模式参与市政公用设施建设运营。

（二）鼓励间接投资。鼓励民间资本通过依法合规投资产业投资基金等方式，参与城市供水、燃气、供热、污水和垃圾处理设施建设和运营。鼓励民间资本通过参与国有企业改制重组、股权认购等进入市政公用行业，政府可根据行业特点和不同地区实际，采取控股或委派公益董事等方法，保持必要的调控能力。

（三）提高产业集中度。鼓励市县、乡镇和村级污水收集处理、垃圾处理项目"打包"投资和运营，实施统一招标、建设和运行，探索市政公用设施建设运营以城带乡模式。鼓励大型、专业化城市供水、燃气、供热、污水和垃圾处理企业，通过资产兼并、企业重组，打破区域和行业等限制，形成专业化、规模化的大型企业集团，解决企业"小""散""弱"等问题。鼓励有实力、有规模的专业化民营供热企业参与改造、兼并不符合环境要求的小锅炉，扩大集中供热面积。鼓励优先使用工业余热提供供热服务。鼓励地方政府、热用户通过合同能源管理模式委托专业化供热公司负责锅炉运行、维护。鼓励燃气供应商参加天然气市场交易、竞价供气，为更多民营企业参与燃气供应提供更大的空间。

三、改善民间资本投资环境

（一）落实土地供应政策。在遵守相关规划的前提下，对符合《划拨用地目录》的供水、燃气、供热、污水和垃圾处理项目用地，经依法批准可以划拨方式供应。支持实行土地有偿使用，土地出让底价按照国家有关土地政策的规定执行；不符合《划拨用地目录》且只有一个意向投资者的，可依法以协议方式供应土地，有两个以上意向投资者、需要通过竞争方式确定项目投资者的，可在市、县人民政府土地管理部门拟订土地出让方案的基础上，将竞争确定投资者的环节和竞争确定用地者的环节合并进行。

（二）完善行业用电政策。完善峰谷分时电价政策和两部制电价用户基本电价执行方式，支持供水、燃气、供热、排水、污水和垃圾处理企业参与电力直接交易，降低企业用电成本。

（三）完善金融服务政策。充分发挥开发性、政策性金融机构作用，加大对城市供水、燃气、供热、污水和垃圾处理等市政公用行业的信贷支持力度。鼓励银行业金融机构在风险可控、商业可持续的前提下，加快创新金融产品和服务方式，积极开展特许经营权、购买服务协议预期收益、地下管廊有偿使用收费权等担保创新类贷款业务，做好在市政公用行业推广PPP模式的配套金融服务。支持相关企业和项目发行短期融资券、中期票据、资产支持票据、项目收益票据等非金融企业债务融资工具及可续期债券、项目收益债券，拓宽市场化资金来源。

（四）加快推进社会诚信建设。按照《国务院关于建立完善守信联合激励和失信联合惩戒制度加快推进社会诚信建设的指导意见》（国发〔2016〕33号）要求，建立健全全国范围的城市供水、燃气、供热、污水和垃圾处理行业信用信息归集共享和使用机制，将有关信息纳入全国信用信息共享平台，并对相关主体实行守信联合激励和失信联合惩戒。积极引导中央、地方媒体、互联网等加强垃圾处理行业的正面宣传，客观认识垃圾处理问题。

四、完善价费财税政策

（一）完善价格政策。加快改进城市供水、燃气、供热价格形成、调整和补偿机制，稳定民间投资合理收益预期。价格调整不到位时，地方政府可根据实际情况对企业运营进行合理补偿。推进天然气价格市场化改革，建立完善天然气价格上下游联动机制，完善居民阶梯气价制度，鼓励推行非居民用气季节性差价政策。督促各地贯彻落实煤热价格联动机制，推动供热项目市场化运作和供热企业良性发展。

（二）完善收费制度。严格落实《污水处理费征收使用管理办法》（财税〔2014〕151号）、《关于制定和调整污水处理收费标准等有关问题的通知》（发改价格〔2015〕119号）的相关要求，没有建立收费制度的要尽快建立，收费标准调整不到位的要尽快调整到位。完善垃圾处理收费办法，按照补偿垃圾收集、运输、处理成本和合理盈利的原则，加强收费工作，提高收缴率。污水和垃圾处理费要纳入政府预算管理，按照政府购买服务合同约定的期限及时、足额拨付。供水、燃气、供热等企业运营管线进入城市地下综合管廊的，可根据实际成本变化情况，适时适当调整供水、燃气、供热等价格。

（三）完善财税政策。落实对供水、燃气、污水和垃圾处理、污泥处置及再生水利用等市政公用行业的财税支持政策，对民间资本给予公平待遇。对北方采暖地区供热企业增值税、房产税、城镇土地使用税继续执行减免税收优惠政策。

（四）确保政府必要投入。发挥政府资金引导作用，加强政府对城镇供水、燃气、供热、污水处理管网等设施建设改造的投入。政府资金投入形成的资产可以通过特许经营等PPP模式引入民间资本经营。

五、加强组织领导

住房城乡建设部负责鼓励和引导民间资本进入城市供水、燃气、供热、污水和垃圾处理等市政公用行业的指导、协调和监督。住房城乡建设部、国家发展改革委、财政部、国土资源部、中国人民银行等部门负责完善相关配套措施，进一步稳定市场预期，充分调动民间投资的积极性，切实发挥好民间投资对经济增长的拉动作用。各省、自治区、直辖市有关主管部门负责本行政区域内相关工作的指导和监管。各城市人民政府及其有关管理部门应依据有关法律法规，加强对民间资本进入市政公用行业的管理，抓好有关扶持政策的落实。

中华人民共和国住房和城乡建设部

中华人民共和国国家发展和改革委员会

中华人民共和国财政部

中华人民共和国国土资源部

中国人民银行

2016年9月22日

8. 住房和城乡建设部　工业和信息化部
国家广播电视总局　国家能源局
关于进一步加强城市地下管线建设管理有关工作的通知

建城〔2019〕100号

各省、自治区住房和城乡建设厅、通信管理局、广播电视局，直辖市住房和城乡建设（管）委、通信管理局、广播电视局，北京市城市管理委、交通委、水务局，上海市交通委、水务局，天津市城市管理委、水务局，重庆市城市管理局、文化和旅游发展委，海南省水务厅，新疆生产建设兵团住房和城乡建设局、文化体育广电和旅游局；各省、自治区、直辖市及新疆生产建设兵团发展改革委（能源局）、经信委（工信委、工信厅），国家能源局各派出监管机构：

党的十八大以来，各地认真贯彻中央城市工作会议精神，深入落实党中央、国务院关于加强城市地下管线建设管理、推进地下综合管廊建设的决策部署，针对"马路拉链"、管线事故频发等问题，加大统筹治理力度，取得积极进展。但地下管线建设管理统筹协调机制不健全、管线信息共享不到位、管线建设与道路建设不同步等问题依然存在。为进一步加强城市地下管线建设管理，保障城市地下管线运营安全，改善城市人居环境，推进城市地下管线集约高效建设和使用，促进城市绿色发展，现将有关事项通知如下：

一、健全城市地下管线综合管理协调机制

（一）加强部门联动配合。各地有关部门要严格按照《中共中央 国务院关于进一步加强城市规划建设管理工作的若干意见》《国务院办公厅关于加强城市地下管线建设管理的指导意见》（国办发〔2014〕27号）和《国务院办公厅关于推进城市地下综合管廊建设的指导意见》（国办发〔2015〕61号）要求，共同研究建立健全以城市道路为核心、地上和地下统筹协调的城市地下管线综合管理协调机制。管线综合管理牵头部门要加强与有关部门和单位的联动协调，形成权责清晰、分工明确、高效有力的工作机制。结合实际情况研究制定地下管线综合管理办法，进一步强化城市基础设施建设的整体性、系统性，努力提高城市综合治理水平。中央直属企业、省属企业要按照当地政府的统一部署，积极配合做好所属管线的普查、入地入廊和安全维护等建设管理工作。

（二）统筹协调落实年度建设计划。城市道路是城市交通系统、通信设施系统、广播电视传输设施系统、能源供应系统、给排水系统、环境系统和防灾系统等城市基础设施的共同载体。凡依附城市道路建设的各类管线及附属建筑物、构筑物，应与城市道路同步规划、同步设计、同步建设、同步验收，鼓励有条件的地区以综合管廊方式建设。各地管线综合管理牵头部门要协调城市道路建设改造计划与各专业管线年度建设改造计划，统筹安排各专业管线工程建设，力争一次敷设到位，并适当预留管线位置，路口应预留管线过路通道。城市道路建设单位要及时将道路年度建设计划告知相关管线单位，牵头组织开展道路方案设计、初步设计等阶段的管线综合相关工作。

二、推进城市地下管线普查

（三）加强城市地下管线普查。各地管线行业主管部门要落实国务院有关文件要求，制定工作方案，完善工作机制和相关规范，组织好地下管线普查，摸清底数，找准短板。管线单位是管线普查的责任主体，要加快实现城市地下管线普查的全覆盖、周期化、规范化，全面查清城市范围内地下管线现状，准确掌握地下管线的基础信息，并对所属管线信息的准确性、完整性和时效性负责。管线行业主管部门要督促、指导管线单位认真履行主体责任，积极做好所属管线普查摸底工作，全面深入摸排管线存在的安全隐患和危险源，对发现的安全隐患要及时采取措施予以消除，积极配合做好管线普查信息共享工作。

（四）建设管线综合管理信息系统。各地管线行业主管部门和管线单位要在管线普查基础上，建立完善专业管线信息系统。管线综合管理牵头部门要推进地下管线综合管理信息系统建设，在管线建设计划安排、管线运行维护、隐患排查、应急抢险及安全防范等方面全面应用地下管线信息集成数据，提高管线综合管理信息化、科学化水平。积极探索建立地下管线综合管理信息系统与专业管线信息系统共享数据同步更新机制，加强地下管线信息数据标准化建设，在各类管线信息数据共享、动态更新上取得新突破，确保科学有效地实现管线信息共享和利用。

三、规范城市地下管线建设和维护

（五）规范优化管线工程审批。各地有关部门要按照国务院"放管服"改革要求，进一步优化城市地下管线工程建设审批服务流程，将城市供水、排水、供热、燃气、电力、通信、广播电视等各类管线工程建设项目纳入工程建设项目审批管理系统，实施统一高效管理。推行城市道路占用挖掘联合审批，研究建立管线应急抢险快速审批机制，实施严格的施工掘路总量控制，从源头上减少挖掘城市道路行为。严格落实施工图设计文件审查、施工许可、工程质量安全监督、工程监理、竣工验收以及档案移交等规定。严肃查处未经审批挖掘城市道路和以管线应急抢修为由随意挖掘城市道路的行为，逐步将未经审批或未按规定补办批准手续的掘路行为纳入管线单位和施工单位信用档案，并对情节严重或社会影响较大的予以联合惩戒。加强执法联动和审后监管，完善信息共享、案件移送制度，提高执法效能。

（六）强化管线工程建设和维护。建设单位要严格执行城市地下管线建设、维护、管理信息化相关工程建设规范和标准，提升管线建设管理水平。按标准确定管线使用年限，结合运行环境要求科学合理选择管线材料，加强施工质量安全管理，实行质量安全追溯制度，确保投入使用的管线工程达到管线设计使用年限要求。加强管线建设、迁移、改造前的技术方案论证和评估，以及实施过程中的沟通协调。鼓励有利于缩短工期、减少开挖量、降低环境影响、提高管线安全的新技术和新材料在地下管线建设维护中的应用。加强地下管线工程覆土前质量管理，在管线铺设和窨井砌筑前，严格检查验收沟槽和基坑，对不符合要求的限期整改，整改合格后方可进行后续施工；在管线工程覆土前，对管线高程和管位是否符合规划和设计要求进行检查，并及时报送相关资料记录，更新管线信息。管线单位要加强对管线的日常巡查和维护，定期进行检测维修，对管线运行状况进行监控预警，使管线始终处于安全受控状态。

（七）推动管线建设管理方式创新。各地有关部门要把集约、共享、安全等理念贯穿于地下管线建设管理全过程，创新建设管理方式，推动地下管线高质量发展。加快推进老旧管网和架空线入地改造，消除管线事故隐患，提升服务效率和运行保障能力，推进地上地下集约建设。有序推进综合管廊系统建设，结合城市发展阶段和城市建设实际需要，科学编制综合管廊建设规划，合理布局干线、支线和缆线管廊有机衔接的管廊系统，因地制宜确定管廊断面类型、建设规模和建设时序，统筹各类管线敷设。中小城市和老城区要重点加强布局紧凑、经济合理的缆线管廊建设。鼓励应用物联网、云计算、5G网络、大数据等技术，积极推进地下管线系统智能化改造，为工程规划、建设施工、运营维护、应急防灾、公共服务提供基础支撑，构建安全可靠、智能高效的地下管线管理平台。

各地有关部门要系统总结近年来在城市地下管线综合管理和综合管廊建设方面的经验，从系统治理、源头治理、依法治理、科学治理等方面统筹发力，统筹运用各项政策措施加强地下管线建设管理，大力推进"马路拉链"治理，建立健全占道挖掘审批和计划管理、地下综合管廊有偿使用等相关配套政策，强化监督引导，确保各项政策措施落到实处。

中华人民共和国住房和城乡建设部

中华人民共和国工业和信息化部

国家广播电视总局

国家能源局

2019年11月25日

9. 住房和城乡建设部
关于加强城市地下市政基础设施建设的指导意见

建城〔2020〕111号

各省、自治区、直辖市人民政府，新疆生产建设兵团，国务院有关部门和单位：

城市地下市政基础设施建设是城市安全有序运行的重要基础，是城市高质量发展的重要内容。当前，城市地下市政基础设施建设总体平稳，基本满足城市快速发展需要，但城市地下管线、地下通道、地下公共停车场、人防等市政基础设施仍存在底数不清、统筹协调不够、运行管理不到位等问题，城市道路塌陷等事故时有发生。为进一步加强城市地下市政基础设施建设，经国务院同意，现提出以下意见。

一、总体要求

（一）指导思想。以习近平新时代中国特色社会主义思想为指导，全面贯彻党的十九大和十九届二中、三中、四中、五中全会精神，按照党中央、国务院决策部署，坚持以人民为中心，坚持新发展理念，落实高质量发展要求，统筹发展和安全，加强城市地下市政基础设施体系化建设，加快完善管理制度规范，补齐规划建设和安全管理短板，推动城市治理体系和治理能力现代化，提高城市安全水平和综合承载能力，满足人民群众日益增长的美好生活需要。

（二）工作原则。

坚持系统治理。将城市作为有机生命体，加强城市地下空间利用和市政基础设施建设的统筹，实现地下设施与地面设施协同建设，地下设施之间竖向分层布局、横向紧密衔接。

坚持精准施策。因地制宜开展以地下设施为主、包括相关地面设施的城市市政基础设施普查（以下称设施普查），在此基础上建立和完善城市市政基础设施综合管理信息平台（以下称综合管理信息平台），排查治理安全隐患，健全风险防控机制。

坚持依法推进。严格依照法律法规及有关规定落实城市地下市政基础设施相关各方责任，加强协同、形成合力，推动工作落实，不断完善长效管理机制。

坚持创新方法。运用信息化、智能化等技术推动城市地下市政基础设施管理手段、模式、理念创新，提升运行管理效率和事故监测预警能力。

（三）目标任务。到2023年底前，基本完成设施普查，摸清底数，掌握存在的隐患风险点并限期消除，地级及以上城市建立和完善综合管理信息平台。到2025年底前，基本实现综合管理信息平台全覆盖，城市地下市政基础设施建设协调机制更加健全，城市地下市政基础设施建设效率明显提高，安全隐患及事故明显减少，城市安全韧性显著提升。

二、开展普查，掌握设施实情

（四）组织设施普查。各城市人民政府负责组织开展设施普查，从当地实际出发，制定总体方案，明确相关部门职责分工，健全工作机制，摸清设施种类、构成、规模等情况。充分运用前期已开展的地下管线普查等工作成果，梳理设施产权归属、建设年代、结构形式等基本情况，积极运用调查、探测等手段摸清设施功能属性、位置关系、运行安全状况等信息，掌握设施周边水文、地质等外部环境，建立设施危险源及风险隐患管理台账。设施普查要遵循相关技术规程，普查成果按规定集中统一管理。

（五）建立和完善综合管理信息平台。在设施普查基础上，城市人民政府同步建立和完善综合管理信息平台，实现设施信息的共建共享，满足设施规划建设、运行服务、应急防灾等工作需要。推动综合管理信息平台采用统一数据标准，消除信息孤岛，促进城市"生命线"高效协同管理。充分发挥综合管理信息平台作用，将城市地下市政基础设施日常管理工作逐步纳入平台，建立平台信息动态更新机制，提高信息完整性、真实性和准确性。有条件的地区要将综合管理信息平台与城市信息模型（CIM）基础平台深度融合，与国土空间基础信息平台充分衔接，扩展完善实时监控、模拟仿真、事故预警等功能，逐步实现管理精细化、智能化、科学化。

三、加强统筹，完善协调机制

（六）统筹城市地下空间和市政基础设施建设。各地要根据地下空间实际状况和城市未来发展需要，立足于城市地下市政基础设施高效安全运行和空间集约利用，合理部署各类设施的空间和规模。推广地下空间分层使用，提高地下空间使用效率。城市地下管线（管廊）、地下通道、地下公共停车场、人防等专项规划的编制和实施要有效衔接。明确房屋建筑附属地下工程对地下空间利用的底线要求，严禁违规占用城市地下市政基础设施建设空间。

（七）建立健全设施建设协调机制。各城市人民政府要建立完善城市地下市政基础设施建设协调机制，推动相关部门沟通共享建设计划、工程实施、运行维护等方面信息，切实加强工程质量管理。地下管线工程应按照先深后浅的原则，合理安排施工顺序和工期，施工中严格做好对已有设施的保护措施，严禁分散无序施工。地铁等大型地下工程施工要全面排查周边环境，做好施工区域内管线监测和防护，避免施工扰动等对管线造成破坏。科学制定城市地下市政基础设施的年度建设计划，强化工程质量安全要求，争取地下管线工程与地面道路工程同步实施，力争各类地下管线工程一次敷设到位。

四、补齐短板，提升安全韧性

（八）消除设施安全隐患。各地要将消除城市地下市政基础设施安全隐患作为基础设施补短板的重要任务，明确质量安全要求，加大项目和资金保障力度，优化消除隐患工程施工审批流程。各城市人民政府对普查发现的安全隐患，明确整改责任单位，制定限期整改计划；对已废弃或"无主"的设施及时进行处置。严格落实设施权属单位隐患排查治理责任，确保设施安全。

（九）加大老旧设施改造力度。各地要扭转"重地上轻地下""重建设轻管理"观念，切实加强城市老旧地下市政基础设施更新改造工作力度。建立健全相关工作机制，科学制定年度计划，逐步对超过设计使用年限、材质落后的老旧地下市政基础设施进行更新改造。供水、排水、燃气、热力等设施权属单位要从保障稳定供应、提升服务质量、满足用户需求方面进一步加大设施更新改造力度。

（十）加强设施体系化建设。各地要统筹推进市政基础设施体系化建设，提升设施效率和服务水平。增强城市防洪排涝能力，建设海绵城市、韧性城市，补齐排水防涝设施短板，因地制宜推进雨污分流管网改造和建设，综合治理城市水环境。合理布局干线、支线和缆线管廊有机衔接的管廊系统，有序推进综合管廊系统建设。加强城市轨道交通规划建设管理，引导优化城市空间结构布局，缓解城市交通拥堵。完善城市管道燃气、集中供热、供水等管网建设，降低城市公共供水管网漏损率，促进能源和水资源节约集约利用，减少环境污染。

（十一）推动数字化、智能化建设。运用第五代移动通信技术、物联网、人工智能、大数据、云计算等技术，提升城市地下市政基础设施数字化、智能化水平。有条件的城市可以搭建供水、排水、燃气、热力等设施感知网络，建设地面塌陷隐患监测感知系统，实时掌握设施运行状况，实现对地下市政基础设施的安全监测与预警。充分挖掘利用数据资源，提高设施运行效率和服务水平，辅助优化设施规划建设管理。

五、压实责任，加强设施养护

（十二）落实设施安全管理要求。严格落实城市地下市政基础设施建设管理中的权属单位主体责任和政府属地责任、有关行业部门监管责任，建立健全责任考核和责任追究制度。设施权属单位要加强设施运行维护管理，不断完善管理制度，落实人员、资金等保障措施，严格执行设施运行安全相关技术规程，确保设施安全稳定运行。

（十三）完善设施运营养护制度。加强城市地下市政基础设施运营养护制度建设，规范设施权属单位的运营养护工作。建立完善设施运营养护资金投入机制，合理制定供水、供热等公用事业价格，保障设施运营正常资金。定期开展检查、巡查、检测、维护，对发现的安全隐患及时进行处理，防止设施带病运行。健全设施运营应急抢险制度，迅速高效依规处置突发事件，确保作业人员安全。

六、完善保障措施

（十四）加强组织领导。各省级人民政府要健全牵头部门抓总、相关部门协同配合的工作机制，督促指导本地区城市人民政府扎实推进城市地下市政基础设施建设各项工作，完善项目资金、政策制度等保障措施。住房和城乡建设部会同有关部门对设施普查和综合管理信息平台建设工作进行指导和支持。

（十五）开展效率评估。各地要结合城市体检，组织开展城市地下市政基础设施运行效率评估，找准并切实解决突出问题和短板，保障设施安全运行。住房和城乡建设部会同相关部门进行监督指导，推动效率评估各项任务措施落地见效。

（十六）做好宣传引导。各地要加大对城市地下市政基础设施建设工作的宣传，推广可借鉴案例，推介可复制经验，引导市场主体积极参与，发动社会公众进行监督，增强全社会安全意识，营造良好舆论氛围。

住房和城乡建设部

2020年12月30日

10. 住房和城乡建设部　国家发展改革委
关于印发"十四五"全国城市基础设施建设规划的通知

建城〔2022〕57号

各省、自治区、直辖市人民政府，新疆生产建设兵团，国务院有关部门：

《"十四五"全国城市基础设施建设规划》已经国务院同意，现印发给你们，请结合实际认真贯彻落实。

住房和城乡建设部

国家发展改革委

2022年7月7日

"十四五"全国城市基础设施建设规划

城市基础设施是保障城市正常运行和健康发展的物质基础，也是实现经济转型的重要支撑、改善民生的重要抓手、防范安全风险的重要保障。构建系统完备、高效实用、智能绿色、安全可靠的现代化基础设施体系，对更好地推进以人为核心的城镇化、畅通国内大循环、促进国内国际双循环，扩大内需，推动高质量发展具有重大意义，是确保"十四五"时期城市社会经济全面、协调、可持续发展开好局起好步的重要基础。

根据《中华人民共和国国民经济和社会发展第十四个五年规划和2035年远景目标纲要》有关要求，按照党中央、国务院决策部署，住房和城乡建设部、国家发展改革委会同相关部门编制了《"十四五"全国城市基础设施建设规划》（以下简称《规划》），规划范围为全国城市。《规划》提出了"十四五"时期城市基础设施建设的主要目标、重点任务、重大行动和保障措施，以指导各地城市基础设施健康有序发展。

一、发展环境

"十三五"期间，我国城市基础设施投入力度持续加大。城市基础设施建设与改造工作稳步推进，设施能力与服务水平不断提高，城市综合承载能力逐渐增强，城市人居环境显著改善，人民生活品质不断提升。同时，城市基础设施领域发展不平衡、不充分问题仍然突出，体系化水平、设施运行效率和效益有待提高，安全韧性不足，这些问题已成为制约城市基础设施高质量发展的瓶颈。

"十四五"时期，以建设高质量城市基础设施体系为目标，以整体优化、协同融合为导向，从增量建设为主转向存量提质增效与增量结构调整并重，响应碳达峰、碳中和目标要求，统筹系统与局部、存量与增量、建设与管理、灰色与绿色、传统与新型城市基础设施协调发展，推进城市基础设施体系化建设；推动区域重大基础设施互联互通，促进城乡基础设施一体化发

表1 "十三五"全国城市基础设施建设主要进展①

类别	指标名称	2015年	2020年	增长幅度
道路交通	人均城市道路面积（平方米）	15.6	18.0	15.4%
	道路长度（万公里）	36.5	49.3	35.1%
	城市轨道交通运营里程（公里）	3000	6600	120.0%
供水排水	用水普及率（%）	98.1	99.0	0.9个百分点
	城市污水处理率（%）	91.9	97.5	5.6个百分点
	污水集中处理能力（亿立方米/日）	1.4	1.9	35.7%
燃气供热	城市燃气普及率（%）	95.3	97.9	2.6个百分点
	城市集中供热面积（亿平方米）	67.2	98.8	47.0%
垃圾处理	生活垃圾无害化处理率（%）	94.1	99.7	5.6个百分点
	生活垃圾焚烧处理能力占比（%）	38.0	58.9	20.9个百分点
园林绿化	建成区绿地面积（万公顷）	190.8	239.8	25.7%
	建成区绿地率（%）	36.36	38.24	1.9个百分点
	人均公园绿地面积（平方米/人）	13.35	14.78	10.7%
信息通信	固定宽带家庭普及率（%）	50	91	41个百分点
	光纤用户占比（%）	34	93	59个百分点
	4G用户数（亿户）	3.8	12	215.8%

展；完善社区配套基础设施，打通城市建设管理"最后一公里"，保障居民享有完善的基础设施配套服务体系。

二、总体要求

（一）指导思想。以习近平新时代中国特色社会主义思想为指导，认真落实党中央、国务院决策部署，坚持以人民为中心的发展思想，坚持问题导向、目标导向，统筹发展和安全，系统谋划、整体协同，以解决人民群众最关心、最直接、最现实的利益问题为立足点，以高效、便利、智能、安全为导向，着力补短板、强弱项、提品质、增效益，调动全社会力量，构建系统完备、高效实用、智能绿色、安全可靠的现代化基础设施体系，实现经济效益、社会效益、生态效益、安全效益相统一，全面提高城市基础设施运行效率，完善城市基础设施全生命周期管理机制，持续推进城市基础设施高质量发展。

（二）工作原则。

——绿色低碳，安全韧性。全面落实新发展理念，推动新时期城市基础设施的绿色低碳发展新模式、新路径，集中力量解决城市基础设施建设的薄弱环节，提高基础设施安全运行和抵抗风险的水平，加强重大风险预测预警能力，保障城市运行安全。

——民生优先，智能高效。坚持以人民为中心，系统谋划城市基础设施建设重点任务，因地制宜、因城施策，提升城市基础设施建设运营智能化管控水平，提高基础设施供给质量和运

---

① 表号为通知原文表号，下同。

行效率，打造高品质生活空间，满足人民群众美好生活需要。

——科学统筹，补足短板。加强城市基础设施建设规划的统筹引领作用，科学确定目标指标，着力实现城市基础设施全领域系统推进和关键领域关键环节突破相结合，量力而行、尽力而为，加快推进设施建设补短板，不断增强城市承载能力。

——系统协调，开放共享。统筹做好城市基础设施建设系统协调工作，科学确定各类基础设施的规模和布局，针对不同城市资源禀赋，因地制宜推进城市基础设施建设，加强区域之间、城市群之间、城乡之间基础设施共建共享，提高设施使用效率。

（三）规划目标。"十四五"时期，城市基础设施发展坚持目标导向和问题导向相结合，对标2035年基本实现社会主义现代化的战略目标，围绕基础设施的体系化、品质化、绿色化、低碳化、智慧化发展，适度超前布局有利于引领产业发展和维护国家安全的基础设施，同时把握好超前建设的度，研究推出一批重大行动和改革举措，靠前安排、加快形成实物工作量，推动建设宜居、绿色、韧性、智慧、人文城市。

到2025年，城市建设方式和生产生活方式绿色转型成效显著，基础设施体系化水平、运行效率和防风险能力显著提升，超大特大城市"城市病"得到有效缓解，基础设施运行更加高效，大中城市基础设施质量明显提升，中小城市基础设施短板加快补齐。

到2035年，全面建成系统完备、高效实用、智能绿色、安全可靠的现代化城市基础设施体系，建设方式基本实现绿色转型，设施整体质量、运行效率和服务管理水平达到国际先进水平。

表2 "十四五"城市基础设施主要发展指标

类别	序号	发展指标	2020年现状	2025年目标
综合类	1	城市基础设施建设投资占全社会固定资产投资比重（％）	6.65	≥8
	2	城市地下管网普查归档率（％）	—	100
	3	绿色社区建设比例（％）	—	≥60
交通系统	4	城市建成区路网密度（公里/平方公里）	7.07	≥8（见注③）
	5	轨道站点800米半径覆盖通勤比例（％）	超大城市26 特大城市17 大城市8	超大城市≥30 特大城市≥20 大城市≥10
水系统	6	城市公共供水管网漏损率（％）	10	≤9
	7	城市生活污水集中收集率（％）	64.8	≥70
	8	缺水城市再生水利用率（％）	20左右	地级及以上缺水城市≥25，京津冀地区≥35，黄河流域中下游≥30
	9	城市污泥无害化处置率（％）	地级及以上城市90左右	≥90，其中地级及以上城市≥95

续表

类别	序号	发展指标	2020年现状	2025年目标
能源系统	10	城市供热管网热损失率（%）	平均20	较2020年降低2.5个百分点
	11	城镇管道燃气普及率（%）	75.7*	大城市及以上规模城市≥85 中等城市≥75 小城市≥60
环卫系统	12	城市生活垃圾回收利用率（%）	—	≥35
	13	城市生活垃圾焚烧处理能力占比（%）	58.9	≥65（西部地区≥40）
	14	城市生活垃圾资源化利用率（%）	51.2*	≥60
	15	城市建筑垃圾综合利用率（%）	—	≥50
园林绿化系统	16	城市绿地率（%）	38.24	≥40
	17	城市万人拥有绿道长度（公里）	—	≥1.0
	18	城市公园绿化活动场地服务半径覆盖率（%）	—	≥85
信息通信系统	19	市政管网管线智能化监测管理率（%）	—	直辖市、省会城市和计划单列市≥30 地级以上城市≥15
	20	5G用户普及率（%）	小于1*	≥56
	21	城市千兆光纤宽带用户占比（%）	0.16*	≥10

注：①城市规划分标准依据《国务院关于调整城市规模划分标准的通知》（国发〔2014〕51号）。城区常住人口50万人以下的城市为小城市，城区常住人口50万人以上100万人以下的城市为中等城市，城区常住人口100万人以上500万人以下的城市为大城市，城区常住人口500万人以上1000万人以下的城市为特大城市，城区常住人口1000万人以上的城市为超大城市。

②根据《中共中央 国务院关于新时代推进西部大开发形成新格局的指导意见》，西部省（自治区、直辖市）包括：内蒙古、广西、重庆、四川、贵州、云南、西藏、陕西、甘肃、青海、宁夏和新疆。

③路网密度统计范围包括居住区内主要道路。

④带*的为2019年数据。

⑤上述指标2025年目标值均为预期性。

三、重点任务

（一）推进城市基础设施体系化建设，增强城市安全韧性能力。

1. 统筹实施城市基础设施建设规划。系统编制涵盖城市交通、水、能源、环境卫生、园林绿化、信息通信、广播电视等系统的城市基础设施建设规划，统筹布局、集约建设，有序引导项目实施，科学指导城市基础设施各子系统规划编制，健全规划衔接协调机制。科学制定城市基础设施近期建设计划，项目实施中，依法履行城乡规划建设相关程序，做好环境影响评价，合理有序安排各类城市基础设施建设项目，落实责任主体和资金安排。

2. 系统提升城市基础设施供给能力。从人民群众实际生活需求出发，针对城市基础设施存在的突出短板问题，系统提升城市基础设施供给能力和服务质量。完善城市交通基础设施，科学规划建设城市综合交通系统，加快发展快速干线交通、生活性集散交通、绿色慢行交通，实现顺畅衔接，提高居民出行效率和城市运转保障能力。持续提升供水安全保障能力、提高城镇管道燃气普及率、集中供热能力和服务面积。适度超前建设城市配电网，满足城市电力负荷增长需求。加快新一代信息通信基础设施建设。健全无障碍设施体系。完善城市物流配送体系。

3. 持续增强城市基础设施安全韧性能力。全面提升城市各类基础设施的防灾、减灾、抗灾、应急救灾能力和极端条件下城市重要基础设施快速恢复能力、关键部位综合防护能力。推进城市市政基础设施普查，摸清底数，找准短板。新城区结合组团式城市布局，推进分布式水、电、气、热等城市基础设施建设。健全地下基础设施统筹规划、建设和管理机制，逐步对老旧基础设施进行更新改造，及时排查和消除安全隐患。提升关键交通基础设施安全防护能力，强化设施养护和运行监测检测，提高城市交通设施耐久性和可靠性。因地制宜推进地下综合管廊系统建设，提高管线建设体系化水平和安全运行保障能力，在城市老旧管网改造等工作中协同推进综合管廊建设。鼓励使用新技术、新工艺、新材料，提高基础设施抗震能力。加强城市内涝治理，建设源头减排、管网排放、蓄排并举、超标应急的城市排水防涝工程体系，增强城市防洪排涝能力。推动城市储气调峰能力建设，完善天然气调峰、应急和安全保障机制。鼓励城市内热网联通、热源相互支持，保障供热安全，开展城市配电网升级改造，切实提高供应保障能力。对城市安全风险进行源头管控、过程监测、预报预警、应急处置和综合治理。

4. 全面提高城市基础设施运行效率。提升交通衔接便捷性和轨道覆盖通勤出行比例；提高城市道路网密度，提高道路网整体运行效率；完善城镇老旧小区停车设施，改善道路交通动静态匹配关系。降低城市供水管网漏损，推进城市排水管网建设改造，巩固地级及以上城市黑臭水体治理成效，推进县级市黑臭水体治理。加快垃圾分类及处置设施建设。降低供热管网热损失率和单位建筑面积集中供热能耗，提升清洁取暖率。

5. 推进城市基础设施协同建设。落实"全生命周期管理"理念，构建城市基础设施规划、建设、运行维护、更新等各环节的统筹建设发展机制，促进提升城市的整体性、系统性、生长性。在统一规划的前提下，提升城市基础设施建设的协同性。整体安排地上地下设施建设，以轨道交通、城市道路为中心推进城市线性空间一体化发展。加强各类地下工程的统筹建设与有效衔接，科学实施地下空间分层管控。

（二）推动城市基础设施共建共享，促进形成区域与城乡协调发展新格局。

1. 强化区域基础设施互联互通。以京津冀协同发展、长江经济带发展、粤港澳大湾区建设、长三角一体化发展、黄河流域生态保护和高质量发展等区域重大战略为引领，加快基础设施跨区域共建共享、协调互动，加强中心城市辐射带动周边地区协同发展。建立区域基础设施建设重大事项、重大项目共商机制。强化区域性突发事件的应急救援处置。

2. 推动城市群都市圈基础设施一体化发展。统筹规划建设区域交通、水、能源、环卫、园林、信息等重大基础设施布局，协同建设区域生态网络和绿道体系，促进基础设施互联互通、共建共享。支持超大、特大城市为中心的重点都市圈织密以城市轨道交通和市域（郊）铁路为骨干的轨道交通网络，促进中心城市与周边城市（镇）一体化发展。

3. 统筹城乡基础设施建设。构建覆盖城乡的基础设施体系以及生态网络体系，促进城乡基础设施的衔接配套建设，提高一体化监管能力。推动联接城市中心区、县城、镇之间公路完善升级，城市燃气管网延伸布局，农村电网基础设施升级，农宅清洁取暖改造，城乡垃圾集中处置等，鼓励有条件的地区推行城乡统筹区域供水。推进以县城为重要载体的城镇化建设，有条件的地区按照小城市标准建设县城，加快县城基础设施补短板强弱项。

（三）完善城市生态基础设施体系，推动城市绿色低碳发展。

1. 构建连续完整的城市生态基础设施体系。加强城市自然生境保护，提高自然生态系统健康活力，建设蓝绿交织、灰绿相融、连续完整的城市生态基础设施体系。采用自然解决方案，合理确定城市生态基础设施规模、结构和布局，提高蓝绿空间总量和生态廊道网络化水平，使城市内外的生态环境有机连接，形成与资源环境承载力相匹配的山水城理想空间格局。

2. 统筹推进城市水系统建设。统筹区域流域生态环境治理和城市建设，实施城市生态修复。统筹城市水资源利用和防灾减灾，积极推进海绵城市建设。统筹城市防洪和内涝治理，提高城市防洪排涝的整体性、系统性。提高城市水资源涵养、蓄积、净化能力。以水而定、量水而行，构建城市健康水循环。强化污水再生利用。依法划定河湖管理范围，统筹利用和保护。

3. 推进城市绿地系统建设。保护城市自然山水格局，合理布局绿心、绿楔、绿环、绿廊，多途径增加绿化空间。加强城市生物多样性保护，提升城市生态系统质量和稳定性。以园林城市创建为抓手，完善城市公园体系和绿道网络建设，合理设置多元化、人性化活动空间和防灾避险空间，为居民提供更安全、健康、友好的绿色生态产品。

4. 促进城市生产生活方式绿色转型。优先发展城市公共交通，完善非机动车道、人行道等慢行网络，不断提升绿色出行水平。深入开展节水型城市建设，提高城市用水效率。推进城市能源系统高效化、清洁化、低碳化发展，增强电网分布式清洁能源接纳和储存能力，以及对清洁供暖等新型终端用电的保障能力。积极发展绿色照明，加快城市照明节能改造，防治城市光污染。推行垃圾分类和减量化、资源化。

（四）加快新型城市基础设施建设，推进城市智慧化转型发展。

1. 推动城市基础设施智能化建设与改造。加快推进城市交通、水、能源、环卫、园林绿化等系统传统基础设施数字化、网络化、智能化建设与改造，加强泛在感知、终端联网、智能调度体系构建。在有条件的地方推进城市基础设施智能化管理，逐步实现城市基础设施建设数字化、监测感知网络化、运营管理智能化，对接城市运行管理服务平台，支撑城市运行"一网统管"。推动智慧城市基础设施与智能网联汽车协同发展。推进城市通信网、车联网、位置网、能源网等新型网络设施建设。

2. 构建信息通信网络基础设施系统。建设高速泛在、天地一体、集成互联、安全高效的信息基础设施，增强数据感知、传输、存储和运算能力，助力智慧城市建设。推进第五代移动通信技术（5G）网络设施规模化部署，推广升级千兆光纤网络设施。推进骨干网互联节点设施扩容建设。科学合理布局各类通信基础设施，促进其他类型基础设施与信息通信基础设施融合部署。推进面向城市应用、全面覆盖的通信、导航、遥感空间基础设施建设运行和共享。

四、重大行动

（一）城市交通设施体系化与绿色化提升行动。

1. 开展城市道路体系化人性化补短板。提升城市道路网密度。落实"窄马路、密路网"

的城市道路规划布局理念，建设快速路、主干路和次干路、支路级配合理、适宜绿色出行的城市道路网络。加强次干路、支路、街巷路建设改造，完善城镇老旧小区道路，打通各类断头路和应急救援"生命通道"，提高道路网络密度和通达性。

精细化设计建设道路空间。提高公共交通、步行和非机动车等绿色交通路权比例，提升街道环境品质和公共空间氛围。对于适宜骑行城市，新建、改造道路红线内人行道和非机动车道空间所占比例不宜低于30%。

开展道路设施人性化建设与改造。规范设置道路交通安全设施和交通管理设施，提高出行安全性。合理设计道路断面，集约设置各类杆体、箱体、地下管线等设施，拆除或归并闲置、废弃的设施，妥善处理各类设施布置与慢行空间、道路绿化美化的关系，提高土地利用率和慢行空间舒适性，提升景观效果。推进现有道路无障碍设施改造，改善交通基础设施无障碍出行条件，提升无障碍出行水平。

2. 推进轨道交通与地面公交系统化建设。强化重点区域轨道交通建设与多网衔接。以京津冀、长三角、粤港澳大湾区等地区为重点，科学有序发展城际铁路，构建城市群轨道交通网络。统筹考虑重点都市圈轨道交通网络布局，构建以轨道交通为骨干的1小时通勤圈。统筹做好城市轨道交通与干线铁路、城际铁路、市域（郊）铁路等多种轨道交通制式及地面公交、城市慢行交通系统的衔接融合，探索都市圈中心城市轨道交通以合理制式适当向周边城市（镇）延伸。

分类推进城市轨道交通建设。优化超大、特大城市轨道交通功能层次，合理布局城市轨道交通快线，统筹建设市域（郊）铁路并做好设施互联互通，提高服务效率；支持中心城区网络适度加密，提高网络覆盖水平。Ⅰ型大城市应结合实际推进轨道交通主骨架网络建设，并研究利用中低运量轨道交通系统适度加强网络覆盖，尽快形成网络化运营效益；符合条件的Ⅱ型大城市结合城市交通需求，因地制宜推动中低运量轨道交通系统规划建设。

加强轨道交通与城市功能协同布局建设。构建轨道交通引导的城市功能结构与空间发展开发模式，建立站点综合开发实施机制，实行站城一体化开发模式，不断提高轨道交通覆盖通勤出行比例。优化轨道交通线路走向和站点设置，提高与沿线用地储备和开发潜力的匹配性，加强与城市景观、空间环境的有机协调。合理确定轨道交通建设时序，实现轨道交通建设与旧城更新、新区建设和城市品质提升相协调。

提升轨道交通换乘衔接效率。提高轨道交通与机场、高铁站等重大交通枢纽的衔接服务能力，推动优化铁路、民航、城市轨道交通等交通运输方式间安检流程。依托城市轨道交通建设线路优化调整地面公交网络，推动一体化公共交通体系建设。完善轨道站点周边支路网系统和周边建筑连廊、地下通道等配套接驳设施，引导绿色出行。

全面提升地面公交服务品质。结合城市实际构建多样化地面公交服务体系。加快推进通勤主导方向上的公共交通服务供给。加快推进城市公交枢纽、首末站等基础设施建设。优化调整城市公交线网和站点布局，提高公交服务效率。加大公交专用道建设力度，优先在城市中心城区及交通密集区域形成连续、成网的公交专用道。积极推行公交信号优先，全面推进公交智能化系统建设。优化地面公交站点设置，提高港湾式公交停靠站设置比例。

3. 提升绿色交通出行品质。推进人行道净化行动。完善人行道网络，拓宽过窄人行道，清理占道行为，科学设置人行过街设施和立体步行系统，确保人行道连续畅通。及时排查和消除人行道设施破损、路面坑洼、井盖缺失沉陷等安全隐患，确保人行道通行安全。加强城市道路沿线照明和沿路绿化，建设林荫路，形成舒适的人行道通行环境。

统筹建设非机动车专用道。全面开展非机动车专用道专项规划和建设，结合城市道路建设和改造计划，成片、成网统筹建设非机动车专用道。保障非机动车专用道有效通行宽度。完善非机动车专用道的标识、监控系统，限制机动车进入非机动车专用道，保障人力自行车、电动自行车等非机动车路权。

4. 强化停车设施建设改造。完善城市停车供给体系。根据城市发展需要，区分基本停车需求和出行停车需求，按照"有效保障基本停车需求，合理满足出行停车需求"的原则，采用差别化的停车供给策略，统筹布局城市停车设施，优化停车供给结构，因地制宜制定修订城市建筑物停车泊位配建标准，组织编制停车设施专项规划，推动停车设施合理布局，构建以配建停车设施为主体、路外公共停车设施为辅助、路内停车为补充的城市停车系统。

开展非机动车停车设施补短板。老旧城区在城市更新中应合理保障停车设施用地空间。推动适宜骑行城市新建居住区和公共建筑配建非机动车停车场，并以地面停车为主。鼓励发展非机动车驻车换乘，轨道交通车站、公共交通换乘枢纽应设置非机动车停车设施。强化非机动车停放管理，建设非机动车停车棚、停放架等设施。

增加城镇老旧小区停车泊位供给。结合城镇老旧小区改造规划、计划等，制订停车设施改善专项行动方案，通过扩建新建停车设施和内部挖潜增效、规范管理等手段，有效增加停车设施规模，提升泊位使用效率，逐步提升城市居住区停车泊位与小汽车拥有量的比例。鼓励建设停车楼、地下停车场、机械式立体停车库等集约化的停车设施。具备条件的居住区，建设电动自行车集中停放和充电场所，并做好消防安全管理。

加强停车场配套设施建设。新建停车位充分预留充电设施建设安装条件，针对停车位不足、增容困难的老旧居民区，鼓励在社区建设公共停车区充电桩。

专栏1：城市交通设施体系化与绿色化提升工程

1. 城市轨道交通扩容与增效。根据城市规模分类推进城市轨道交通建设，新增城市轨道交通建成通车里程0.3万公里。

2. 城市道路和桥梁建设改造。以增加有效供给、优化级配结构为重点，新建和改造道路里程11.75万公里，新增和改造城市桥梁1.45万座。

3. 人行道净化和非机动车专用道建设。新增实施人行道净化道路里程4.8万公里，建设非机动车专用道0.59万公里。

注：本《规划》各项重大行动专栏中提出的"十四五"期间拟开展完成的相关工程量，均为参照"十三五"期间完成的工程量情况，预计测算出"十四五"期间可能完成的工程量情况。"十四五"期间，城市基础设施建设工程量情况由各地结合本地实际，提出具体的工程建设内容、工程量规模和投资估算情况。

（二）城市水系统体系化建设行动。

1. 因地制宜积极推进海绵城市建设。城市新区坚持目标导向，因地制宜合理选用"渗、滞、蓄、净、用、排"等措施，把海绵城市建设理念落实到城市规划建设管理全过程。老旧城区结合城市更新、城市河湖生态治理、城镇老旧小区改造、地下基础设施改造建设、城市防洪排涝设施建设等，以城区内涝积水治理、黑臭水体治理、雨水收集利用等为突破口，推进区域整体治理。

2. 加强城市供水安全保障。推进全流程供水设施升级改造。加快对水厂、管网和加压调蓄设施的更新改造，保障用户龙头水水质安全。有条件的地区要设置水量、水质、水压等指标在线监测，加强供水安全风险管理。

强化城市节水工作。实施国家节水行动，推进节水型城市建设。实施供水管网漏损治理工程，推进老旧管网改造，开展供水管网分区计量管理，控制管网漏损。推进节水型单位、企业和小区建设，推动建筑节水，推广普及节水器具。加快推动城市生活污水资源化利用，鼓励将再生水优先用于生态补水、工业生产、市政杂用等方面，强化再生水的多元利用、梯级利用和安全利用，促进再生水成为缺水城市的"第二水源"。

提高城市应急供水救援能力建设。构建城市多水源供水格局，加强供水应急能力建设，提高水源突发污染和其他灾害发生时城市供水系统的应对水平。加强国家供水应急救援基地设施运行维护资金保障，提高城市供水应急救援能力。

3. 实施城市内涝系统治理。用统筹的方式、系统的方法提升城市内涝防治水平，基本形成符合要求的城市排水防涝工程体系。实施雨水源头减排工程，落实海绵城市建设理念，因地制宜使用透水铺装，增加下沉式绿地、植草沟、人工湿地等软性透水地面，提高硬化地面中可渗透面积比例，源头削减雨水径流。实施排水管网工程，新建排水管网原则上应尽可能达到国家建设标准的上限要求，改造易造成积水内涝问题排水管网，修复破损和功能失效的排水防涝设施。实施排涝通道工程，开展城市建成区河道、排洪沟等整治工程，以及"卡脖子"排涝通道治理工程，提高行洪排涝能力，确保与城市排水管网系统排水能力相匹配。实施雨水调蓄工程，严查违法违规占用河湖、水库、山塘、蓄滞洪空间和排涝通道等的建筑物、构筑物，加快恢复并增加城市水空间，扩展城市及周边自然调蓄空间，保证足够的调蓄容积和功能。因地制宜、集散结合建设雨水调蓄设施，发挥削峰错峰作用。

完善应急管理体系。完善城市防洪与内涝防范相关应急预案，明确预警等级内涵与处置措施，加强排水应急队伍建设和物资储备，提升城市应急处置能力。加快推进城市防洪、排水防涝信息化建设，建立健全城区水系、排水管网与周边江河湖海、水库等"联排联调"运行管理模式，提升城市防洪预报、预警、预演、预案能力。

4. 推进城市污水处理提质增效。推进城镇污水管网全覆盖。加快老旧城区、城中村和城乡结合部的生活污水收集处理设施建设，消除空白区。城市污水处理厂进水生化需氧量（BOD）浓度低于100mg/L的，围绕服务片区管网开展"一厂一策"系统化整治，实施清污分流，避免河水、山泉水等混入管网，全面提升现有污水收集处理设施效能。因地制宜采取溢流口改造、截流井改造、破损修补、管材更换、增设调蓄设施、雨污分流改造、快速净化等措施，降低合流制溢流污染。优先采用优质管材，推行混凝土现浇或成品检查井，提升管网建设质量。

推动污水处理能力提升。按照因地制宜、查漏补缺、有序建设、适度超前的原则，统筹考虑城市人口容量、分布和迁徙趋势，坚持集中与分散相结合，科学确定城镇污水处理厂的布局、规模及服务范围。京津冀、粤港澳大湾区、黄河干流沿线城市和长江经济带城市和县城实现生活污水集中处理设施能力全覆盖。缺水地区、水环境敏感区域，要根据水资源禀赋、水环境保护目标和技术经济条件，开展污水处理厂提升改造，积极推动污水资源化利用，选择缺水城市开展污水资源化利用试点示范。

提升污泥无害化处置和资源化利用水平。限制未经脱水处理达标的污泥在垃圾填埋场填埋。鼓励采用厌氧消化、好氧发酵等方式处理污泥，经无害化处理满足相关标准后，用于土地改良、荒地造林、苗木抚育、园林绿化和农业利用。在土地资源紧缺的大中型城市鼓励采用"生物质利用+焚烧"处置模式，将垃圾焚烧发电厂、燃煤电厂、水泥窑等协同处置方式作为污泥处置的补充，推广将生活污泥焚烧灰渣作为建材原料加以利用。

专栏2：城市水系统体系化建设工程

1. 城市供水安全保障。预计新建改造供水厂规模0.65亿立方米/日，预计新建改造供水管网10.4万公里，对不符合技术、卫生和安全防范要求的加压调蓄设施进行改造。

2. 城市供水管网漏损治理。开展管网智能化改造、老旧管网更新改造、管网分区计量和供水压力优化调控，进一步降低管网漏损。

3. 城市排水防涝。实施河湖水系和生态空间治理与修复、管网和泵站建设与改造、排涝通道建设、雨水源头减排、防洪提升等工程。

4. 污水处理提质增效。预计新建改造污水管网8万公里，预计新改、扩建污水处理设施能力2000万立方米/日。

5. 开展国家海绵城市建设示范。选取50个左右城市开展示范，力争通过3年集中建设，示范城市防洪排涝能力明显提升，生态环境显著改善，海绵城市理念得到全面、有效落实。

（三）城市能源系统安全保障和绿色化提升行动。

1. 开展城市韧性电网和智慧电网建设。结合城市更新、新能源汽车充电设施建设，开展城市配电网扩容和升级改造，推进城市电力电缆通道建设和具备条件地区架空线入地，实现设备状态环境全面监测、故障主动研判自愈，提高电网韧性。建设以城市为单元的应急备用和调峰电源。推进分布式可再生能源和建筑一体化利用，有序推进主动配电网、微电网、交直流混合电网应用，提高分布式电源与配电网协调能力。因地制宜推动城市分布式光伏发展。发展能源互联网，深度融合先进能源技术、信息通信技术和控制技术，支撑能源电力清洁低碳转型、能源综合利用效率优化和多元主体灵活便捷接入。

2. 增强城镇燃气安全供应保障能力。结合城市更新等工作，加快推进城镇燃气管网等设施建设改造与服务延伸，提升城镇管道燃气普及率。因地制宜拓展天然气在发电调峰、工业锅炉窑炉、清洁取暖、分布式能源和交通运输等领域的应用。在有条件的城市群，提高燃气设施的区域一体化和管网互联互通程度。强化城镇燃气安全监管，加快用户端本质安全设施推广，开展城镇燃气特许经营实施评估与检查工作，整治瓶装液化石油气行业违法经营等行为，规范液化石油气市场环境，加强燃气管网第三方破坏等安全风险整治和消除用户使用环节安全隐患，落实餐饮等行业生产经营单位使用燃气应安装可燃气体报警装置并保障其正常使用的要求。

3. 开展城市集中供热系统清洁化建设和改造。加强清洁热源和配套供热管网建设和改造，发展新能源、可再生能源等低碳能源。大力发展热电联产，因地制宜推进工业余热、天然气、电力和可再生能源供暖，实施小散燃煤热源替代，推进燃煤热源清洁化改造，支撑城镇供热低碳转型。积极推进实现北方地区冬季清洁取暖规划目标，开展清洁取暖绩效评价，加强城市清洁取暖试点经验推广。支持城市实施热网连通工程，开展多热源联供试点建设，提升城市供热系统安全水平。

4. 开展城市照明盲点暗区整治和节能改造。开展城市照明"有路无灯、有灯不亮"专项整治，消除城市照明的盲点暗区，照明照（亮）度、均匀度不达标的城市道路或公共场所增设或更换路灯。持续开展城市照明节能改造，针对能耗高、眩光严重、无控光措施的路灯，通过LED等绿色节能光源替换、加装单灯控制器，实现精细化按需照明。重点针对居住区、学校、医院和办公区开展光污染专项整治。风光资源丰富的城市，因地制宜采用太阳能路灯、风光互补路灯，推广清洁能源在城市照明中的应用。

专栏3：城市能源系统安全保障和绿色化提升工程

1. 城市燃气输配设施建设与改造。新建和改造燃气管网24.7万公里，推进天然气门站和加气站等输配设施建设，完善城市燃气供应系统。按照国家有关工作部署要求，遵循省级人民政府统筹原则，推进地方各级人民政府和城镇燃气企业储气能力建设。

2. 城市清洁供热系统建设与改造。开展清洁热源建设和改造，新建清洁热源和实施集中热源清洁化改造共计14.2万兆瓦。结合城市建设和城市更新，新建和改造集中供热管网9.4万公里，推进市政一次网、二次网和热力站改造。

3. 城市韧性电网和智慧电网建设。开展城市配电网扩容和升级，重点城市中心城区供电可靠率高于99.99%。

4. 城市照明提升改善。结合新建和改扩建道路，开展照明盲点暗区整治；实施城市照明节能改造。结合城市实际和需求，适当建设和提升城市重要片区夜景照明品质。

（四）城市环境卫生提升行动。

1. 建立生活垃圾分类管理系统。建立分类投放、分类收集、分类运输、分类处理的生活垃圾管理系统。坚持源头减量，推动形成绿色发展方式和生活方式。因地制宜设置简便易行的生活垃圾分类投放装置，合理布局居住区、商业和办公场所的生活垃圾分类收集容器、箱房、桶站等设施设备。推动开展定时定点分类投放生活垃圾，逐步提升生活垃圾分类质量；确保有害垃圾单独投放，提高废玻璃等低值可回收物收集比例，实现厨余垃圾、其他垃圾有效分开。完善城市生活垃圾分类收集运输体系，建立健全与生活垃圾分类收集相衔接的运输网络，加强与物业单位、生活垃圾清运单位之间的有序衔接，防止生活垃圾"先分后混、混装混运"。按适度超前原则加快推进生活垃圾焚烧处理设施建设，科学有序推进适应中小城市垃圾焚烧处理的技术和设施，统筹规划建设应急填埋处理设施，加快补齐厨余垃圾和有害垃圾处理设施短板。鼓励生活垃圾处理产业园区建设，优化技术工艺，统筹不同类别生活垃圾处理和资源化利用。

2. 完善城市生活垃圾资源回收利用体系。统筹推进生活垃圾分类网点与废旧物资回收网点"两网融合"，推动回收利用行业转型升级，针对不同类别，合理布局、规范建设回收网络体系，推动废玻璃等低值可回收物的回收和再生利用。加快探索适合我国厨余垃圾特性的处理技术路线，积极探索厨余垃圾与园林绿化垃圾协同处理技术，鼓励各地因地制宜选用厨余垃圾处理工艺，着力解决好堆肥工艺中沼液、沼渣等产品在农业、林业生产中应用的"梗阻"问题。加快生物质能源回收利用工作，提高用于生活垃圾焚烧发电和填埋气体发电的利用规模。"十四五"期末，地级及以上城市基本建立因地制宜的生活垃圾分类投放、分类收集、分类运输、分类处理系统，居民普遍形成生活垃圾分类习惯。

3. 建立健全建筑垃圾治理和综合利用体系。建立建筑垃圾分类全过程管理制度，加强建筑垃圾产生、转运、调配、消纳处置以及资源化利用全过程管理，实现工程渣土（弃土）、工程泥浆、工程垃圾、拆除垃圾、装修垃圾等不同类别的建筑垃圾分类收集、分类运输、分类处理与资源化利用。加强建筑垃圾源头管控，落实减量化主体责任。加快建筑垃圾处理设施建设，把建筑垃圾处理与资源化利用设施作为城市基础设施建设的重要组成部分，合理确定建筑垃圾转运调配、填埋处理、资源化利用设施布局和规模。健全建筑垃圾再生建材产品应用体系，不断提升再生建材产品质量，促进再生建材行业生产和应用技术进步。培育一批建筑垃圾资源化利用骨干企业，提升建筑垃圾资源化利用水平。"十四五"期末，地级及以上城市初步建立全过程管理的建筑垃圾综合治理体系，基本形成建筑垃圾减量化、无害化、资源化利用和产业发展体系。

> 专栏4：城市环境卫生提升工程
>
> 1. 城市生活垃圾分类处理体系建设。"十四五"期间，全国城市新增生活垃圾分类收运能力20万吨/日、生活垃圾焚烧处理能力20万吨/日、生活垃圾资源化处理能力3000万吨/年，改造存量生活垃圾处理设施500个。
>
> 2. 城市建筑垃圾治理体系建设。"十四五"期间，全国城市新增建筑垃圾消纳能力4亿吨/年，建筑垃圾资源化利用能力2.5亿吨/年。

（五）城市园林绿化提升行动。

1. 完善城市绿地系统。建设城市与自然和谐共生的绿色空间格局。完善城市结构性绿地布局，形成连续完整的网络系统和安全屏障，控制城市无序蔓延，优化城市形态结构，让城市融入自然。

完善城市公园体系。丰富城市公园类型，形成以郊野公园、综合公园、专类公园、社区公园、街头游园为主，大中小级配合理、特色鲜明、分布均衡的城市公园体系，提高城市公园绿化活动场地服务半径覆盖率，推动实现"300米见绿、500米见园"。不断完善城市公园服务功能，满足城市居民休闲游憩、健身、安全等多功能综合需求，提升城市宜居品质。

2. 增强城市绿化碳汇能力。持续推进城市生态修复，科学复绿、补绿、增绿，修复城市受损山体、水体和废弃地，使城市适宜绿化的地方都绿起来。推进近自然绿地建设，恢复植被群落，重建自然生态。加强科技创新，提高建筑物立体绿化水平，建设生态屋顶、立体花园、绿化墙体等，减少建筑能耗，提高城市绿化覆盖率，改善城市小气候。

加强城市生物多样性保护。持续推进城市生物物种资源普查，推进城市生物资源库建设，加强野生动植物迁地保护，实施生物栖息地生境修复，完善城市生物栖息地网络体系。加强乡土植物种植资源保育繁殖基地（苗圃）建设，提高乡土植物苗木自给率，降低外来入侵物种传播风险。

促进城市蓝绿空间融合。保护城市天然水系和现有绿地生态系统，加强滨水空间绿化，扩展城市周边河湖水系、湿地等自然调蓄空间，形成功能复合、管理协同的城市公共空间，提高城市安全韧性。

倡导节约型低碳型园林绿化。保护现有绿地和树木，推广生态绿化方式，提高乡土树种应用比例，适地适树，营造以乔木为骨干，乔灌草合理搭配的复层植物群落，提升绿地固碳效益。园林绿化建设和管理养护过程中要控制碳排放、降低能源损耗，探索低成本养护技术，调整碳平衡。加强技术创新，推广节水型绿化技术，做到资源循环使用、高效利用。

3. 优化以人民为中心的绿色共享空间。建设友好型公园绿地系统。合理设置多元化、人性化活动空间，完善公园绿地服务设施，加强无障碍设计，突出健身康体、休闲娱乐、科普教育、防灾避险等功能，满足全年龄段城市居民安全使用。创新公园治理模式，加强专业化、精细化管理，实现精准高效服务。

推进社区公园建设。结合十五分钟生活圈建设，以"微更新"方式，有效利用城市中的零碎空地、边角空间等见缝插绿、拆违建绿、留白增绿，因地制宜建设各类社区公园、街头游园、小微绿地、口袋公园，促进邻里交往，增强社区凝聚力。鼓励在距离居住人群较近、健身设施供需矛盾突出的地区，布局建设体育公园。

贯通城乡绿道网络。建设连通区域、城市、社区的城乡绿道体系，串联公园绿地、山体、江海、河湖水系、文化遗产和其他城市公共空间，促进文化保护、乡村旅游和运动健身。结合城市更新和功能完善，提高中心城区、老旧城区的绿道服务半径覆盖率，完善绿道服务设施，合理配备户外健身场地与设施，完善标识系统，根据需求设置服务驿站，提升绿道服务居民能力。

塑造城市园林绿化特色。突出园林绿化文化内涵，发挥公园文化宣传、科普教育平台作用，开展公园自然课堂、公园文化节等活动，引导社区居民绿色健康生活。持续办好高质量园林博览会，充分利用新理念、新方式、新技术，鼓励通过生态修复、城市更新等方式建设园博园，注重展后可持续利用。传承弘扬中国园林文化。

专栏5：城市园林绿化提升工程

1. **城市公园体系完善与品质提升。** 分级分类健全公园体系，完善公园服务设施，提升公园绿地品质。"十四五"期间，预计全国新增和改造城市公园绿地面积约10万公顷，逐步形成覆盖面广、类型多样、特色鲜明、普惠性强的公园体系。

2. **城乡绿道网络贯通。** 分级分类建设区域、城市、社区等不同级别，城市型、郊野型等不同类型的城乡绿道。"十四五"期间，预计全国新增和改造绿道长度约2万公里。

3. 建设一批具有示范效应的国家生态园林城市。

（六）城市基础设施智能化建设行动。

1. 开展智能化城市基础设施建设和更新改造。开展传统城市基础设施智能化建设和改造。加快推进基于数字化、网络化、智能化的新型城市基础设施建设和改造。因地制宜有序推动建立全面感知、可靠传输、智能处理、精准决策的城市基础设施智能化管理与监管体系。加强智慧水务、园林绿化、燃气热力等专业领域管理监测、养护系统、公众服务系统研发和应用示范，推进各行业规划、设计、施工、管养全生命过程的智慧支撑技术体系建设。推动供电服务向"供电+能效服务"延伸拓展，积极拓展综合能源服务、大数据运营等新业务领域，探索能源互联网新业态、新模式。推动智慧地下管线综合运营维护信息化升级，逐步实现地下管线各项运维参数信息的采集、实时监测、自动预警和智能处置。推进城市应急广播体系建设，构建新型城市基础设施智能化建设标准体系。

建设智慧道路交通基础设施系统。分类别、分功能、分阶段、分区域推进泛在先进的智慧道路基础设施建设。加快推进道路交通设施、视频监测设施、环卫设施、照明设施等面向车城协同的路内基础设施数字化、智能化建设和改造，实现道路交通设施的智能互联、数字化采集、管理与应用。建设完善智能停车设施。加强新能源汽车充换电、加气、加氢等设施建设，加快形成快充为主的城市新能源汽车公共充电网络。开展新能源汽车充换电基础设施信息服务，完善充换电、加气、加氢基础设施信息互联互通网络。重点推进城市公交枢纽、公共停车场充电设施设备的规划与建设。

开展智慧多功能灯杆系统建设。依托城市道路照明系统，推进可综合承载多种设备和传感器的城市感知底座建设。促进杆塔资源的共建共享，采用"多杆合一、多牌合一、多管合一、多井合一、多箱合一"的技术手段，对城市道路空间内各类系统的场外设施进行系统性整合，并预留扩展空间和接口。同步加强智慧多功能灯杆信息管理。

2. 推进新一代信息通信基础设施建设。稳步推进5G网络建设。加强5G网络规划布局，做好5G基础设施与市政等基础设施规划衔接，推动建筑物配套建设移动通信、应急通信设施或预留建设空间，加快开放共享电力、交通、市政等基础设施和社会站址资源，支持5G建设。采用高中低频混合组网、宏微结合、室内外协同的方式，加快推进城区连续覆盖，加强商务楼宇、交通枢纽、地下空间等重点地区室内深度覆盖。结合行业应用，做好产业园区、高速公路和高铁沿线等应用场景5G网络覆盖。构建移动物联网网络体系，实现交通路网、城市管网、工业园区、现代农业示范区等场景移动物联网深度覆盖。统筹推进城市泛在感知基础设施建设，打造支持固移融合、宽窄结合的物联接入能力，提升城市智能感知水平。

加快建设"千兆城市"。严格落实新建住宅、商务楼宇及公共建筑配套建设光纤等通信设施的标准要求，促进城市光纤网络全覆盖。加速光纤网络扩容提速，积极推进光纤接入技术演进，建设高速信息通信网络，全面开展家庭千兆接入和企业万兆接入升级改造，推动实现光纤到桌面、光纤进车间。持续扩展骨干网络承载能力，积极推广部署软件定义、分段路由等技术，加快提升端到端差异化承载和快速服务提供能力。

加快建设智慧广电网络。发展智慧广电网络，打造融媒体中心，建设新型媒体融合传播网、基础资源战略网、应急广播网等。加速有线电视网络改造升级，推动有线网络全程全网和互联互通。建立5G广播电视网络，实现广播电视人人通、终端通、移动通。实现广电网络超高清、云化、互联网协议化、智能化发展。加大社区和家庭信息基础设施建设投入力度，社区、住宅实现广播电视光纤入户，强化广播电视服务覆盖。推进应急广播体系建设。

3. 开展车城协同综合场景示范应用。推进面向车城协同的道路交通等智能感知设施系统建设，构建基于5G的车城协同应用场景和产业生态，开展特定区域以"车城协同"为核心的自动驾驶通勤出行、智能物流配送、智能环卫等场景的测试运行及示范应用，验证车—城环境交互感知准确率、智能基础设施定位精度、决策控制合理性、系统容错与故障处理能力、智能基础设施服务能力、"人—车—城（路）—云"系统协同性等。开展基于无人驾驶汽车的无人物流、移动零售、移动办公等新型服务业，满足多样化智能交通运输需求。推动有条件的地区开展城市级智能网联汽车大规模、综合性应用试点，探索重点区域"全息路网"，不断提升城市交通智能化管理水平和居民出行服务体验。建立完善智慧城市基础设施与智能网联汽车技术标准体系。

4. 加快推进智慧社区建设。深化新一代信息技术在社区建设管理中的应用，实现社区智能化管理。提供线上线下融合的社区生活服务、社区治理及公共服务、智能小区等服务。充分利用现有基础建设市级或区级智慧社区基础管理平台，对物业、环境、生活服务和政务服务等相关数据进行有效采集，为智慧社区建设提供数据基础和应用支撑。实施社区公共设施和基础设施数字化、网络化、智能化改造和管理，实现节能减排、智慧供给等高品质要求。推动"互联网+政务服务"向社区延伸，打通服务群众的"最后一公里"。鼓励社区建设智能停车、智能快递柜、智能充电桩、智能灯杆、智能垃圾箱、智慧安防等配套设施，提升智能化服务水平。开展广播电视服务与智慧社区的融合场景创新应用，推进应急通信保障服务向社区延伸。

专栏6：城市基础设施智能化建设工程

1. 智能化城市基础设施建设改造。预计建设智能化道路4000公里以上，建设智慧多功能灯杆13万基以上，建设新能源汽车充换电站600座以上，累计建成公共充电设施150万个。

2. 新一代信息通信基础设施体系建设。加快5G网络规模化部署，实现全国县级及以上城市城区5G网络连续覆盖，工业园区、交通枢纽等重点应用场景深度覆盖，基本完成全国县级及以上城市城区千兆光纤网络升级改造。加快广电网络转型升级，基本完成县级及以上城市有线电视网络数字化转型和光纤化、互联网协议化改造，开展城市应急广播体系建设。

3. 开展以车城协同为核心的综合场景应用示范工程建设。支持自动驾驶综合场景示范区建设，构建支持自动驾驶的车城协同环境，在物流、环卫等领域探索使用智能汽车替代传统车辆进行作业，探索智能网联汽车与智慧交通、智慧城市系统的深度融合路径。支持国家级车联网先导区建设，逐步扩大示范区域，形成可复制、可推广的模式。

（七）城市居住区市政配套基础设施补短板行动。

1. 实施居住区水电气热信路等设施更新改造。实施居住区、历史文化街区等排水防涝设施建设、雨污水管网混错接改造。灵活选取微地型、屋顶绿化等措施，建设可渗透路面、绿地及雨水收集利用设施，利用腾退土地、公共空间增加绿地等软性透水地面，推进海绵化改造。对破损严重、材质落后的供水管道和不符合技术、卫生和安全防范要求的加压调蓄供水设施、消防设施、应急设施等进行更新改造。对管线混杂、供电能力不足的电力基础设施进行改造。对达到使用年限、存在跑冒滴漏等安全隐患的燃气、供热管网实施维修改造。推进相邻居住区及周边地区统筹建设、联动改造，推动各类配套设施和公共活动空间共建共享。统筹考虑社区应急避难场所和疏散通道建设，确保符合应急防灾安全管控相关要求。

2. 推进无障碍环境建设。住宅和公共建筑出入口设置轮椅坡道和扶手，公共活动场地、道路等户外环境建设达到无障碍设计要求。具备条件的居住区，实施加装电梯等适老化改造。对有条件的服务设施，设置低位服务柜台、信息屏幕显示系统、盲文或有声提示标识和无障碍厕所（厕位）。持续开展无障碍环境创建工作。

3. 完善居住区环卫设施。完善居住区垃圾分类配套设施。在小区出入口附近或开敞地带等合理设置垃圾箱房、垃圾桶站等生活垃圾分类收集站点，方便机械化收运和作业。优先改造利用原有收集点，有条件的可设在架空层等公共空间内。确保生活垃圾分类收集容器功能完善、干净无味、标识清晰规范。

4. 优化"十五分钟生活圈"公共空间。建设全龄友好的完整社区。统筹配置社区公园、多功能运动场，结合边角地、废弃地、闲置地等改造建设小微绿地、口袋公园，完善公共游憩设施，确保在紧急情况下可转换为应急避难场所。建设联贯各类配套设施、公共活动空间与住宅的社区慢行系统，因地制宜选择道路铺装，完善夜间照明。结合全民健身，合理设置社区绿道。

专栏7：城市居住区市政配套基础设施补短板工程

"十四五"期间，加大力度改造城市建成年代较早、失养失修失管、市政配套设施不完善、社会服务设施不健全、居民改造意愿强烈的老旧住宅小区，基本完成2000年底前建成的21.9万个需改造城镇老旧小区改造任务。

（八）城市燃气管道等老化更新改造行动。在尽快全面摸清城市燃气管道老化更新改造底数的基础上，各地要督促省级和城市行业主管部门分别牵头组织编制本省份和本城市燃气管道老化更新改造方案，建立健全适应改造需要的工作机制，切实落实企业主体责任和地方政府属地责任。以材质落后、使用年限较长、存在安全隐患的燃气管道设施为重点，全面启动城市燃气管道老化更新改造工作，到"十四五"期末，基本完成城市燃气管道老化更新改造任务。对超过使用年限、材质落后或存在隐患的供水管道进行更新改造，降低漏损率，保障水质安全。实施排水管道更新改造、破损修复改造，改造易造成积水内涝问题和混错接的雨污水管网，因地制宜推进雨污分流改造，基本解决市政污水管网混错接问题，基本消除污水直排。加快推进城市老旧供热管网改造工作，对使用年限较长的老旧供热管道进行更新改造，对存在漏损和安全隐患、节能效果不佳的供热一级、二级管网和换热站等设施实施改造。

城市人民政府要切实落实城市各类地下管道建设改造等的总体责任，加强统筹协调，优化项目空间布局和建设时序安排，统筹加快推进城市燃气管道等老化更新改造，做好与城镇老旧小区改造、汛期防洪排涝等工作的衔接，推进相关消防设施设备补短板。在城市老旧管网改造等工作中协同推进城市地下综合管廊建设，在城市新区根据功能需求积极发展干、支线管廊，合理布局管廊系统，加强市政基础设施体系化建设，促进城市地下设施之间竖向分层布局、横向紧密衔接。

五、保障措施

（一）落实工作责任。地方各级人民政府要明确本地区目标任务，制定实施方案，统筹发展和安全两件大事，落实城市基础设施建设重点任务和重大工程，激发全社会参与规划实施的积极性，最大限度凝聚全社会共识和力量。城市人民政府是城市基础设施规划建设管理的责任主体，要建立住房和城乡建设、发展改革、财政、交通、水利、工信、民政、广电、能源等多部门统筹协调的工作机制，主动担责、积极作为，形成工作合力。省级人民政府要加大指导、组织、协调、支持和监督力度，并出台具体政策措施，推动区域、城市群、城乡基础设施共建共享。住房和城乡建设部、国家发展改革委等部门要加强统筹，做好顶层设计，加强对本规划实施的支持、协调和督导工作，建立健全实施评估等保障机制。

（二）加大政府投入力度。加大对城市基础设施在建项目和"十四五"时期重大项目建设的财政资金投入力度。通过中央预算内投资、地方政府债券、企业债券等方式，对符合条件的城市基础设施建设项目给予支持。各级人民政府按照量力而行、尽力而为的原则，加大对城市基础设施建设重点项目资金投入，加强资金绩效管理，完善"按效付费"等资金安排机制，切实提高资金使用效益。

（三）多渠道筹措资金。创新资金投入方式和运行机制，推进基础设施各类资金整合和统筹使用。鼓励各类金融机构在依法合规和风险可控前提下，加大对城市基础设施建设项目的信贷支持力度。区别相关建设项目的经营性与非经营性属性，建立政府与社会资本风险分担、收益共享的合作机制，采取多种形式，规范有序推进政府和社会资本合作（PPP）。推动基础设施领域不动产投资信托基金（REITs）健康发展，盘活城市基础设施存量资产。各级人民政府要结合本地实际，制定出台相关政策措施，鼓励社会资本参与基础设施建设、运营维护和服务。鼓励民间投资以城市基础设施等为重点，通过综合开发模式参与重点领域项目建设。

（四）建立城市基础设施普查归档和体检评估机制。以城市人民政府为实施主体，加快开展城市市政基础设施现状普查，摸清底数、排查风险、找准短板；建立城市基础设施地理信息系统（GIS），实现基础设施信息化、账册化、动态化管理。制定评价指标体系和评价标准，结合社会满意度调查开展常态化的基础设施体检评估工作，总结建设成效、质量现状、运行效率等，精确查找问题短板，提出有针对性的提升措施，纳入基础设施建设规划及实施计划，形成集预警、监测、评估、反馈为一体的联动工作机制。

（五）健全法规标准体系。加快推进城市基础设施建设领域立法研究工作。从加强统筹地下管线等基础设施规划、建设和管理，提高基础设施绿色化、整体性、系统性的要求出发，加快完善城市轨道交通、排水防涝、垃圾分类、海绵城市、综合管廊、生态基础设施、新型城市基础设施以及城市基础设施安全保障与灾害应急管理等重点领域的法规和标准规范。按照行政审批改革要求，及时调整不符合"放管服"要求的现有法规和标准规范，加快建立健全全方位、多层次、立体化监管体系，实现事前事中事后全链条全领域监管，提高监管效能。

（六）深化市政公用事业改革。加快推进市政公用事业竞争性环节市场化改革，进一步放开水、电、气、热经营服务市场准入限制。在城市基础设施领域要素获取、准入许可、经营运行、政府采购和招投标等方面，推动各类市场主体公平参与。推动向规模化、集约化、跨地区经营方向发展，促进行业提质增效。深化市政公用事业价格机制改革，加快完善价格形成机制。逐步建立健全城市水、电、气、热等领域上下游价格联动机制，建立健全价格动态调整机制。强化落实污水处理费动态调整机制，加快构建覆盖成本并合理盈利的城市固体废弃物处理收费机制。清晰界定政府、企业和用户的权利义务，建立健全公用事业和公益性服务财政投入与价格调整相协调机制，满足多元化发展需要。

（七）积极推进科技创新及应用。加强城市基础设施关键技术与设备研发力度，坚持创新驱动，推动重点装备产业化发展。推动海绵城市建设、新型城市基础设施建设、地下基础设施安全运行监测等相关技术及理论创新和重大科技成果应用，积极推广适用技术，加大技术成果转化和应用。建立完善城市基础设施企业主导的产业技术创新机制，激发企业创新内生动力；健全技术创新的市场导向机制和政府引导机制，加强产学研协同创新，引导各类创新要素向城市基础设施企业集聚，培育企业新的增长点，促进经济转型升级提质增效。加强城市基础设施规划、建设、投资、运营等方面专业技术管理人才培养力度。大力发展职业教育和专业技能培训，提高从业人员职业技能水平。

第二章
规划设计实践篇

CHAPTER 02

政策导读

➤ 《中共中央 国务院关于进一步加强城市规划建设管理工作的若干意见》（2016年2月6日）

———

"建设地下综合管廊。认真总结推广试点城市经验，逐步推开城市地下综合管廊建设，统筹各类管线敷设，综合利用地下空间资源，提高城市综合承载能力。城市新区、各类园区、成片开发区域新建道路必须同步建设地下综合管廊，老城区要结合地铁建设、河道治理、道路整治、旧城更新、棚户区改造等，逐步推进地下综合管廊建设。加快制定地下综合管廊建设标准和技术导则。凡建有地下综合管廊的区域，各类管线必须全部入廊，管廊以外区域不得新建管线。管廊实行有偿使用，建立合理的收费机制。鼓励社会资本投资和运营地下综合管廊。各城市要综合考虑城市发展远景，按照先规划、后建设的原则，编制地下综合管廊建设专项规划，在年度建设计划中优先安排，并预留和控制地下空间。完善管理制度，确保管廊正常运行。"

➤ 《国务院办公厅关于推进城市地下综合管廊建设的指导意见》（国办发〔2015〕61号）

———

"编制专项规划。各城市人民政府要按照'先规划、后建设'的原则，在地下管线普查的基础上，统筹各类管线实际发展需要，组织编制地下综合管廊建设规划，规划期限原则上应与城市总体规划相一致。结合地下空间开发利用、各类地下管线、道路交通等专项建设规划，合理确定地下综合管廊建设布局、管线种类、断面形式、平面位置、竖向控制等，明确建设规模和时序，综合考虑城市发展远景，预留和控制有关地下空间。建立建设项目储备制度，明确五年项目滚动规划和年度建设计划，积极、稳妥、有序推进地下综合管廊建设。"

"完善标准规范。根据城市发展需要抓紧制定和完善地下综合管廊建设和抗震防灾等方面的国家标准。地下综合管廊工程结构设计应考虑各类管线接入、引出支线的需求，满足抗震、人防和综合防灾等需要。地下综合管廊断面应满足所在区域所有管线入廊的需要，符合入廊管线敷设、增容、运行和维护检修的空间要求，并配建行车和行人检修通道，合理设置出入口，便于维修和更换管道。地下综合管廊应配套建设消防、供电、照明、通风、给排水、视频、标识、安全与报警、智能管理等附属设施，提高智能化监控管理水平，确保管廊安全运行。要满足各类管线独立运行维护和安全管理需要，避免产生相互干扰。"

➤ 《城市地下空间开发利用"十三五"规划》

———

"协调地下空间规划与有关规划的关系。涉及地下空间开发利用的地下管线、地下综合管廊、地下交通等规划，应当与城市地下空间开发利用规划相协调，鼓励城市地下空间开发利用规划与人防工程规划的整合。涉及地下空间内容的控制性详细规划在制定过程中应与其他有关专项规划充分衔接。"

➤ 《国务院办公厅关于加强城市地下管线建设管理的指导意见》（国办发〔2014〕27号）

"规划引领，统筹建设。坚持先地下、后地上，先规划、后建设，科学编制城市地下管线等规划，合理安排建设时序，提高城市基础设施建设的整体性、系统性。"

➤ 《国务院关于印发扎实稳住经济一揽子政策措施的通知》（国发〔2022〕12号）

"因地制宜继续推进城市地下综合管廊建设。指导各地在城市老旧管网改造等工作中协同推进管廊建设，在城市新区根据功能需求积极发展干、支线管廊，合理布局管廊系统，统筹各类管线敷设。"

第一节 规划编制案例

一、大城市和超大城市地下综合管廊规划编制案例

1 全面兼顾、层层聚焦的广州市地下综合管廊规划案例

案例特色：适应经济发达的超大城市市政建设实际需求，紧密围绕"宏观统筹、中观管控、微观指引"三个维度的总体规划思路，全面分析预测市政发展需求，系统合理布局地下综合管廊体系，制定"刚弹结合"的原则推动全管线入廊，因地制宜地布置综合管廊断面，促进规划稳步建设实施。

1 项目概况

1.1 区域概况

广州是国家中心城市之一，国家历史文化名城，广东省省会，我国重要的国际商贸中心、对外交往中心和综合交通枢纽，南方国际航运中心。

广州市域面积7434.4km²，包括越秀区、荔湾区、海珠区、天河区、白云区、黄埔区、番禺区、花都区、南沙新区、增城区、从化区共11个市辖区，全市常住人口超千万。

1.2 规划背景

2016年，广州市入选国家第二批地下综合管廊建设试点城市，力争在"十三五"期末建成一批具有示范性的综合管廊。目前，广州市正在推动管廊建设，但里程远不能满足超大城市管线需求，不能完全服务于城市大型市政管线，全市管廊布局缺乏系统性，管廊建设缺少计划性。

为在规划层次、规划深度、规划内容、建设规模、建设计划安排等方面满足"十三五"建设目标和作为国家综合管廊试点城市的建设要求，迫切需要编制《广州市综合管廊专项规划》，作为规划引领和决策依据，从城市全局角度进行综合管廊布局，协调城市各类市政管线入廊，统筹综合管廊近远期建设计划，指导即将开展的综合管廊建设和审批管理工作，巩固和强化广州作为国家中心城市地位的重要作用。

1.3 规划需求和可行性分析

广州市综合管廊建设始于2003年，已具备编制综合管廊专项规划和建设综合管廊所需的建设依据、地下空间条件和经济基础，积累了丰富的综合管廊建设经验和技术储备，有条件实施综合管廊的规划建设。

（1）政策需求。近两年，国家密集出台与综合管廊相关的政策文件，从政策、资金等各方面对综合管廊建设给予大力支持，为综合管廊的建设提供了政策依据，满足编制综合管廊专项规划的政策需求。

（2）管理需求。广州市政府已成立综合管廊建设管理领导协调机构，成员为各个相关单位和部门，共同为综合管廊建设出谋划策。

（3）规划需求。广州市一直秉承"规划先行"的建设理念，已编制完成的城市总体规划、市政管线专项规划、地下空间规划、道路交通规划等，迫切需要综合管廊专项规划对相关规划进行整合。

（4）建设需求。广州市政管线布置基本按照常规的单一横向直埋方式，随着管线数量的增多，管位紧张。通过建设综合管廊，有效提高地下空间的利用率。

（5）经济水平可行。广州市经济条件相对充裕，更有条件开发建设综合管廊，有必要对地下市政管线进行高标准建设或改造。

（6）经验技术可行。目前广州已建或在建的综合管廊共33km，是国内起步较早的城市，丰富的建设、管理经验为综合管廊实施奠定了基础。

（7）投融资模式可行。广州市确定了综合管廊建设和运营模式，制定包括操作流程、参与各方责权利以及交易结构方案，为综合管廊建设提供保障。

1.4 规划范围

《广州市综合管廊专项规划》规划范围为广州市域范围，包含全市十一个市辖区，总面积约为7434.4km²，其中建设用地面积为1772km²。

1.5 规划期限

依据广州市城市发展和区域建设时序，与城市总体规划相协调，综合管廊专项规划期限分为近期：2016~2020年；远期：2021~2030年。

1.6 规划深度

专项规划内容严格按照《城市地下综合管廊工程规划编制指引》编制。规划成果达到控制性详细规划深度，能指导后续综合管廊建设实施。

2 规划构思

2.1 规划目标

广州市综合管廊建设符合"将城市规划、建筑、社会与经济发展、城市景观、技术、基础设施、道路交通等全方面尽早地、有效地统一起来"原则和目标。

广州市综合管廊的建设以城市道路地下空间综合利用为核心，围绕城市市政管线布局，对综合管廊进行合理布局和优化配置，构筑覆盖全市域的层次化、骨架化、系统化的综合管廊体系，推动广州市综合管廊建设的进程，逐步建成与城市规划相协调，城市道路地下空间得到合理、有效利用，具有超前性、综合性、合理性、实用性的国际先进、国内一流的综合管廊系统（表2-1-1）。

广州市综合管廊阶段发展目标　　　　　表2-1-1

	2016~2020年	2021~2030年
发展阶段	骨架化	系统化
综合管廊发展目标	结合新建、改建、扩建道路、轨道交通、电力管廊等建设项目建成一批干线、支线综合管廊	结合新区全面建设，完善支线综合管廊和缆线综合管沟的建设
综合管廊总体布局形态	轴向延伸	整体完善

2.2 规划思路

规划范围涵盖广州市域7434.4km^{2}的面积，若硬性按照《综合管廊工程规划编制指引》的要求编制，则由于资料深度不一，规划编制的进度和精度较难把握，缺乏弹性协调的空间；若脱离大纲要求，仅按照宏观战略发展的思路编制，则缺乏对于后续综合管廊设计建设实施层面的指引。

规划需要对编制深度进行重新把握，既能为广州市综合管廊的发展提供决策依据，又能契合《综合管廊工程规划编制指引》要求，起到国家试点城市的示范作用。

为此规划确定了涵盖"宏观-中观-微观"的规划思路，从三个层次和维度入手层层递进、逐层聚焦（图2-1-1）。

（1）在宏观层面分析广州市综合管廊的建设条件，制定建设策略导向，甄别筛选管廊规划建设区域、布局综合管廊总体方案；

（2）在中观层面以行政区划为依据分解建设任务、落实综合管廊选址、并与区域控规相协调，预留管廊配套及附属设施用地，达到控制效果；

（3）在微观层面针对近期实施计划的项目深化综合管廊节点导则、提出相应的规划控制原则与标准、协调各类市政管线。

规划在三个不同的层面落实专项规划的编制要素，尤其在中观、微观的层次增补专项规划

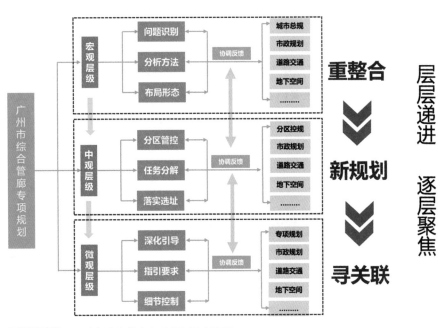

图2-1-1 广州市综合管廊专项规划编制思路

的内容，比如综合管廊在建设中存在与城市用地规划矛盾的地方，给予弹性管控原则和指引；相关附属设施用地标准；节点设计导则等方面。

在此基础上，编制广州市综合管廊建设投融资方案，结合当地实际情况提出管廊运营—管理—维护建议。

2.3 规划建设策略导向

广州市综合管廊建设针对不同区域，采用不同的建设策略导向：（1）重点发展区结合道路、轨道交通、功能区、旧城改造等全面开展综合管廊建设；（2）一般建设区结合市政工程建设有选择地进行综合管廊建设；（3）谨慎建设区一般不安排综合管廊的建设项目。

广州市综合管廊建设重点：新建及改建主、次干道路；土地一级开发项目；城市重点功能区，结合地下空间利用建设综合管廊；结合轨道交通项目；结合旧城改造（图2-1-2）。

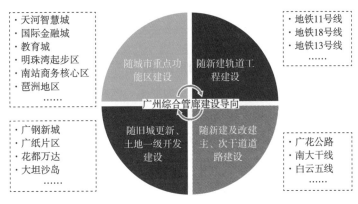

图2-1-2 广州市综合管廊建设策略导向

2.4　规划内容框架

围绕规划思路，梳理规划各层级对应解决的规划内容框架（图2-1-3）。按照《城市地下综合管廊工程规划编制指引》，主要内容框架包括：规划可行性分析、综合管廊建设区域划定、综合管廊系统总体布局、综合管廊分区规划方案、管线入廊分析、综合管廊断面方案、综合管廊三维控制线划定、综合管廊重要节点控制规划、配套及附属设施规划、近远期建设时序及投资估算、运管维机制及保障措施、规划衔接建议等。

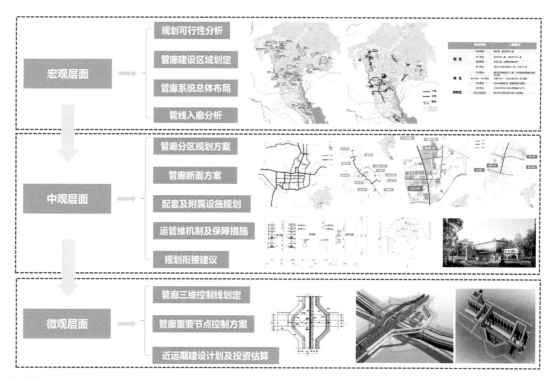

图2-1-3　广州市综合管廊专项规划内容框架

3　主要规划内容

3.1　管廊建设区域划定

本规划进行综合管廊建设区域评估影响因素分析。首先，综合考虑广州市自然地质条件如地质灾害、地形地貌、区域地质构造、岩溶与地面塌陷、活动断层与断裂带、地表水、地下水及岩土体条件，划分出地质条件建设适宜性等级分区。

其次，分析城市建设影响因素，如专业管线路由、交通繁忙的商业区域、新建城区、旧城改造、道路交通、地下空间等因素。

最后，根据地质适宜性和城市建设影响条件，对广州综合管廊建设的片区和路由进行划定，并确定综合管廊的建设规模。

广州市综合管廊的建设共涉及29个城市重点开发建设片区，包括旧城改造、新开发区域、城市主次干道、轨道交通线路等多种不同的类型。

3.2 管廊规模与布局

到2030年规划期末，广州市除了现状综合管廊33km外，将规划新建综合管廊530.89km，其中干线综合管廊246.74km、支线综合管廊132.45km、缆线管廊151.7km。

在综合管廊中观布局层面，规划运用综合管廊选址评估模型（图2-1-4）。评估模型将包含综合用地、道路交通、市政管线、水文地质、地下空间等5类一级指标、20个二级指标综合考虑，建立数学评估模型，进行片区综合管廊布局（图2-1-5）。

在综合管廊宏观布局层面，以行政区及全市为角度，借助城市发展战略平台、旧城改造、交通主次干道、轨道线网、市政管线等载体，从综合管廊建设距离、地区开发强度、市政管线及道路交通需求、工程可行性等方面探讨各片区综合管廊的关联性，逐步将全市综合管廊连接"成环、成网、成系统"。

结合各综合管廊建设区域的情况和工程实施条件，按照上述方法逐层递进分析推导，确定广州市综合管廊总体布局结构如下：

（1）环射结合、纵横相交。

环线、干线、支线综合管廊纵横相交，干线综合管廊构成系统。

（2）分散集中，相互关联。

综合管廊分片、分区布局，集中与分散相结合。部分综合管廊跨区关联发挥干线集成功能，部分综合管廊相对分散独立服务于各个建设片区。

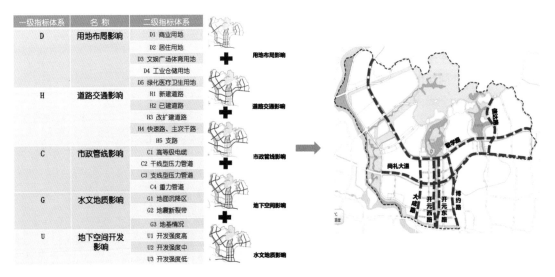

图2-1-4 广州市综合管廊中观层面布局方法

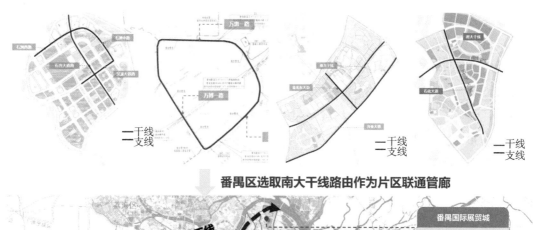

图2-1-5 广州市综合管廊宏观层面布局方法（关联性研究）

3.3 入廊管线及时序建议

3.3.1 管线入廊原则

广州城市建设用地面积较大，管线敷设问题复杂多样，秉承"建设综合管廊的区域所有管线必须入廊"原则，有序逐步推进各类市政管线入廊，管线入廊分为刚性、弹性、鼓励性三种方式。对于不同类型管线入廊提出精准要求和规定，结合广州北高南低的竖向特点，弹性地提出了污水、燃气等管线入廊方案，逐步推进市政管线全线入廊。

（1）刚性入廊

给水管线：输水管入廊。

电力管线：高压电缆、低压电力管线均入廊。

通信管线：全线入廊，通信运营商共建共享。

（2）弹性入廊

燃气管线：高压及次高压暂缓入廊，其余入廊。

污水管线：合流制地区改造后入廊，分流制地区有条件的入廊。

集中供冷、热管线：有集中供冷、供热区域可纳入综合管廊。

雨水管线：结合海绵城市，可利用结构本体或采用管道排水方式入廊。

中水管线：有中水回用区域，管廊预留中水管位。

（3）鼓励性入廊

气力垃圾管道：部分条件成熟地区可纳入垃圾管道。

3.3.2 管线入廊时序

综合考虑技术经济因素，广州市综合管廊管线入廊时序如下：新建区域管线根据入廊管线规划同步实施；改、扩建道路建设综合管廊相应区域的管线根据入廊管线规划同步实施；现状道路建设综合管廊相应区域的管线有条件一次入廊或分批次入廊。

3.4 管廊断面

3.4.1 断面分舱原则

广州市综合管廊断面分舱方案，考虑到综合管廊的施工方法及纳入的管线种类，遵循如下原则：

（1）断面分舱以管线自身敷设环境要求为基础，在满足管线功能要求的条件下可根据规划管线数量、管径等条件合理同舱。

（2）天然气管道独立舱室敷设。

（3）电力与通信管线可共舱，但考虑避免电磁感应干扰的问题。

（4）供水管线与污水管线可共舱，供水管线一般设置在污水管线上方。

（5）通信管线可与供水、排水管线同设一个舱室。

3.4.2 断面选型规划

综合管廊的断面根据各管线入管廊后所需的空间、维护及管理通道、作业空间以及照明、通风、排水等设施所需空间，考虑各特殊部位结构形式、分支走向等配置，广州当地地质状况、综合管廊沿线状况、交通等施工条件，以及地铁、排水管道等其他地下构筑物以及周围建设物等条件，综合研究后来决定经济合理的断面形式（图2-1-6）。

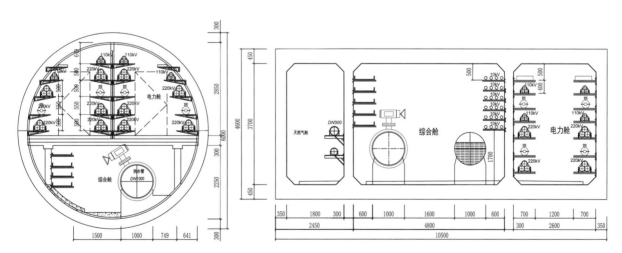

图2-1-6 广州市综合管廊典型断面

广州市综合管廊的断面组合形式多样，结合不同的施工技术选择综合管廊断面类型，基本分为圆形断面和矩形断面，同时鼓励综合管廊进行预制拼装，预制拼装化率不低于50%。

（1）采用明挖现浇施工时采用矩形断面。

根据国内外相关工程来看，通常采用矩形断面。采用这种断面的优点在于施工方便，综合管廊的内部空间得以充分利用。

（2）采用明挖预制装配施工时采用矩形断面或圆形断面。

明挖预制拼装法是一种较为先进的施工法，在发达国家较为常用，对于敷设于老城区现状道路上的综合管廊施工，可以考虑采用预制拼装法。

（3）采用非开挖技术施工（如盾构法）时采用圆形断面。

穿越铁路等需采用非开挖方式避开障碍时，或综合管廊的埋设深度较深，也有采用盾构或顶管的施工方法。

针对广州"水浸"频发特点，在某些特定的区域，规划提出了"海绵型"综合管廊断面方案以缓解排水防涝压力（图2-1-7）。规划断面方案中含有雨水管线的部分，以海绵城市的"滞、蓄、排"为理念，充分利用综合管廊本体布置雨水舱，并校核雨水舱的竖向位置，做好与河涌水系的衔接。

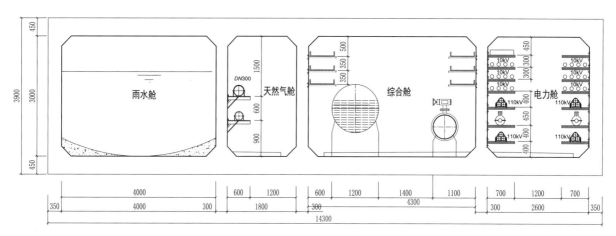

图2-1-7 广州市海绵型综合管廊断面示意图

3.5 三维控制线划定

3.5.1 平面位置控制

广州市综合管廊平面位置控制原则如下（图2-1-8）：

（1）干线综合管廊应设置在机动车道、道路绿化带、机非隔离带下；支线综合管廊应设置在道路绿化带、人行道或机动车道下；缆线管廊设置在人行道下。

（2）现状道路敷设的综合管廊，平面位置应综合考虑现状管线布置和道路断面形式，尽量减少施工期间的管线迁改和交通影响。

（3）综合管廊平面线形宜与所在道路平面线形一致，考虑与建筑物的桩、柱、基础设施的平面位置相协调。

（4）综合管廊与外部工程管线之间的最小水平距离应符合《城市工程管线综合规划规范》

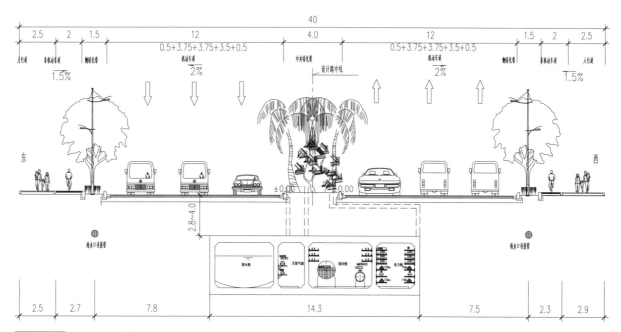

图2-1-8 广州市综合管廊三维定线示例

的规定。

（5）天然气管道舱室与周边建（构）筑物间距应符合现行《城镇燃气设计规范》的有关规定。

（6）综合管廊与地下构筑物最小净距应根据地质条件和相邻构筑性质确定。广州市与地铁合建的综合管廊，最小防护距离不得小于6m。

（7）综合管廊应尽量布置在道路两侧地块对市政管线需求量较大的一侧。

3.5.2 竖向位置控制

综合管廊的覆土厚度应根据管廊敷设位置、行车荷载和管廊的结构强度、结构抗浮要求、排水等管道与其发生交叉穿越要求、吊装逃生通风夹层、道路施工、投资等情况综合考虑。

广州干线、支线综合管廊顶最小覆土建议采用2.5～3.0m，缆线管廊则多采用盖板形式敷设。

3.5.3 交叉避让原则

应对各类管线、河涌、构筑物等与综合管廊的交叉，综合管廊采用如下避让原则：

（1）综合管廊与非重力流管道交叉时：非重力流管道避让综合管廊。

（2）综合管廊与重力流管道交叉时：应根据实际情况，经经济技术比较后确定解决方案。

（3）综合管廊穿越河道：一般从河道下部穿越。

（4）综合管廊穿越地下人行通道：一般从人行通道下部穿越。

（5）综合管廊之间交叉：将管廊布置为上下两层，解决管线的交叉处理；或将管廊在平面展开，从一个层面实现交叉。

3.6 重要节点控制规划

综合管廊重要节点一般包含四类：穿越道路、轨道节点；与地下空间、人防工程的衔接节点；穿越河涌水系节点；综合管廊的交叉与接出节点等（图2-1-9）。

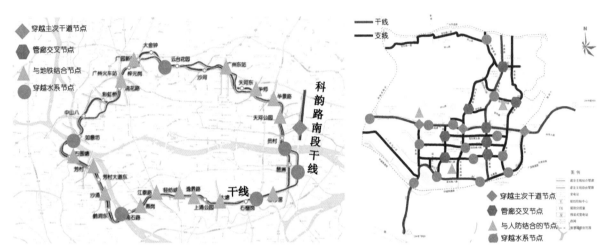

图2-1-9 广州市综合管廊重要节点控制规划示例

广州市综合管廊节点涵盖各种不同类型，不同节点控制原则如下：

（1）综合管廊穿越城市快速路、主干路、铁路、公路时，宜垂直穿越，若受条件限制时，最小交叉角不宜小于60度。

（2）考虑到安全因素，建议在综合管廊与人防设施交叉处，将综合管廊布置在人防设施上部，预留与人防工程的接驳口。

（3）对于一般可以开挖的或新开挖河道，综合管廊可采用倒虹的方式从河底穿越，综合管廊拟位于规划河床底标高1m以下（图2-1-10）。

（4）在综合管廊与地铁站体段交叉时，应重点考虑与横向雨水、污水管线的位置关系，在站体设计时预留雨水、污水管线横穿的空间。

（5）当地下空间覆土厚度较厚时，综合管廊与地下空间共板设置；地下空间覆土较浅，应考虑将综合管廊与地下空间结合设置（图2-1-11）。

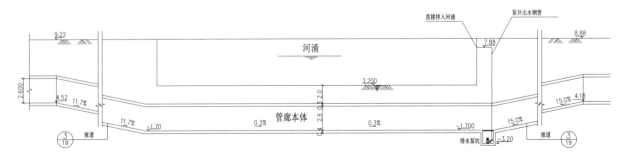

图2-1-10 广州市综合管廊穿越河涌微观节点示例

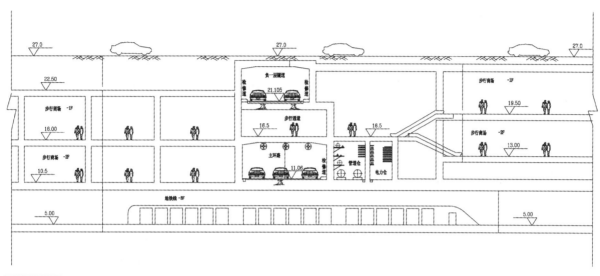

图2-1-11　广州市综合管廊与地下空间合建微观节点示例

3.7　配套设施规划

规划确定综合管廊控制中心、变电设施、吊装口、通风口、人员出入口等配套设施规模、用地指标和建设标准，并与相应的控规相协调（图2-1-12）。

（1）控制中心：单独建设时建筑面积不小于800m²、合建时建筑面积不小于500m²，建议控制中心多采用合建形式，也可作为用地出让条件。

（2）变电设施：根据负荷预测，变电设施按照800～1000m规划新建1座，建议采用全地下集约型变电设施。

（3）吊装口：吊装口的最大间距不宜超过400m，但可根据实际情况调整间距。当设置于

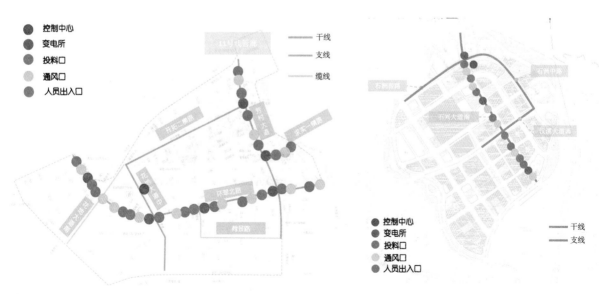

图2-1-12　广州市综合管廊配套设施规划示例

人行道、绿化带内时伸出地面不宜超过1m；当设置于机动车道下时，低于路面不宜小于30cm。

（4）通风口：结合综合管廊防火分区进行设计，配备自然进风、强制排风结合的通风系统。

（5）人员出入口：按800～1000m间距，宜设置于综合管廊中段，减少其末段人员出入口设置。

3.8 建设时序

结合新建、改建、扩建道路，轨道交通以及市政管线等，建立近、远期广州市综合管廊建设项目库。

在"分批、分片"建设原则的指导下，近远期分别新建综合管廊340.39km和190.5km。近期建设以干线综合管廊为主，远期逐步完善支线、缆线综合管廊系统。此外结合广州市正在开展电缆下地工程，在有条件的地区随电缆建设缆线管廊，提高全市综合管廊的弹性和韧性。

3.9 运管维措施建议

结合广州市综合管廊建设、运营、管理经验，建议采用"EPCO+PPP"的混合建设模式推进项目投资和运营工作。政府选择确定项目承接方，由项目承接方组建成立综合管廊项目公司，在有效控制投资成本的同时，缓解政府一次性投入的财政压力。

4 规划协调与实施

4.1 规划协调

4.1.1 与城市用地协调

综合管廊附属设施用地与城市用地规划进行反复的协调反馈（图2-1-13），比如按照控制中心建设形式的不同，独立建设时将控制中心用地在控规阶段予以预留，合建时则将其作为用地出让条件。

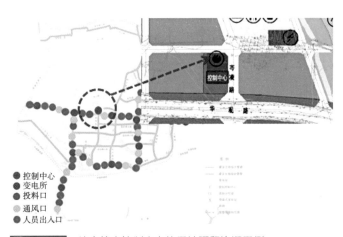

图2-1-13 综合管廊控制中心的用地预留协调示例

4.1.2 与轨道交通协调

综合管廊应做好与轨道交通线路在平面、竖向位置关系上的协调。在地铁区间段建设时，应尽量将管线纳入综合管廊，避免后期站体施工时产生的迁改并重新复核区间段抗浮等技术要求，同时要处理好与地铁建设时序的关系（表2-1-2）。

广州市综合管廊与地铁建设时序关联建议 表2-1-2

管廊所在地区	需衔接的地铁线路	规划建议
中心六区综合管廊	地铁11号线	与11号线一同设计，兼顾考虑
琶洲：海州路、双塔路综合管廊	地铁19号线	先于地铁建设，考虑安全防护措施
增城：挂绿新城综合管廊	地铁21号线	先于地铁建设，考虑安全防护措施
南沙：凤凰大道缆线综合管廊	地铁22号线、地铁15号线、地铁4号线南延段	先于地铁建设，考虑安全防护措施、也可根据需求，结合地铁共同施工

4.1.3 与市政专项规划协调

规划与市政管线专项规划、管线综合规划、排水防涝规划等进行协调，在建设综合管廊后，对于部分地区的市政管线及管线综合方案提出归并整合建议，确保综合管廊的路由能发挥最大管线收纳作用，对于不在同一路由的市政主干线尽可能调整（图2-1-14）。

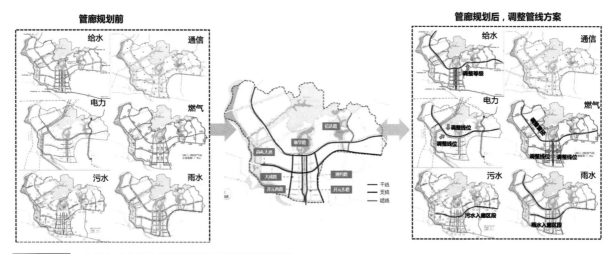

图2-1-14 广州市综合管廊规划反馈市政管线调整示例

4.2 规划实施

目前，规划成果已纳入广州市城市规划管理平台。在综合管廊的设计、建设方面，本规划确定的综合管廊选址、管廊断面、三维控制线、节点控制原则等已经应用于部分综合管廊项目，如地铁十一号线、天河智慧城、国际金融城、广花公路等综合管廊（图2-1-15）。

图2-1-15 广州市正在实施的综合管廊

专家点评：

《广州市综合管廊专项规划》是按照《城市地下综合管廊工程规划编制指引》编制的具有鲜明特点的超大城市综合管廊专项规划。

该规划编制过程中充分体现了"规划引领"作用，以便于项目实施为最终目标，从宏观、中观、微观三个维度详细阐述综合管廊建设在广州市市政基础设施建设中的引领和提升作用。综合管廊系统的分层布局、体系搭建中数学模型等科学手段、因地制宜的海绵型综合管廊断面等创新理念和思路都将会在后续建设中得到践行。详细的工程论证将保障综合管廊后续顺利建设实施；"刚弹结合"的全线入廊原则增强了规划的弹性和适用性；与各类规划充分的协调确保了规划的适应性和指导性。

该规划可指引广州市综合管廊后续实施建设，规划成果同时被纳入了广州市规划建设管理平台，彰显出广州作为国家中心城市的城市管理水平和实力，在同类规划中起到很好的示范和推广作用。

规划管理部门：广州市规划和自然资源局

规划编制单位：上海市政工程设计研究总院（集团）有限公司

案例编写人员：陈红缨　雷洪犇　郭昊羽　于正丰　崔维华　黎　沛　陆俊宇

2 "大系统，小集中"构建纵横贯通管廊系统的郑州市地下综合管廊规划案例

案例特色：切合中部地区大城市城镇化快速发展的实际情况，运用"六个结合"的全方位统筹协调、多因素组合叠加的分析方法，与相关规划紧密衔接，创造性地建立"大系统+小集中"的综合管廊规划体系，为郑州市由外延扩张发展向内涵提升式转变提供基础支撑。

1 项目概况

1.1 区域概况

郑州是河南省省会，北临黄河，西依嵩山，东南为广阔的黄淮平原，处于东南沿海区域和西部大开发区域之间，位于陇海经济带和京广经济带交叉节点之上，是国家历史文化名城、"一带一路"倡议的核心节点城市。全市总人口957万人，总面积7446km²，市区面积1010km²，市区建成区面积413km²，城镇化率达到69%。

1.2 规划范围

规划范围的选定遵循统筹兼顾、近远结合的基本原则，突破行政区划限制，既要满足郑州市快速发展的长远需求，又能满足实际管理审批的现实要求。在市内五区的基础上，将四个开发区和发展速度较快的西部新城纳入规划范围内，总面积为1945km²，至2030年规划人口达到1006万人（图2-1-16）。

1.3 规划目标

按照"全面规划、统筹实施、干支结合、由点到面"的发展原则，采用"大系统+小集中"的布局模式，结合城市市政廊道、轨道交通线路构建综合管廊骨干网络；结合旧城改造、地下空间、重点项目建设划定综合管廊集中建设区域。由点到面、联结成网，全面推进城市综合管廊建设，完善市政基础设施体系，强化城市综合承载能力，提升城市品质。

图2-1-16 规划范围图

1.4 规划思路

以"大系统、小集中"为总体工作思路：通过构建综合管廊骨干网络，形成纵横贯通的能源输送网络结构；在综合管廊适建区域内根据输配能源网络，完善管廊微循环系统。

以"六个结合"为总体布局原则：结合综合交通规划、水资源和能源转输体系、地下空间开发、城市近期建设计划、商业敏感区域、海绵城市示范区等6项内容，确定综合管廊总体规划布局。

采用全方位统筹协调、多因素组合叠加的编制方法：坚持综合管廊规划与城市总体规划的发展战略、规划目标、城市结构与功能布局统筹协调，使综合管廊规划成为城市规划的有机组成部分。将地块开发、综合交通、市政专项、管线综合，地下空间的综合利用等多因素叠加，实现整体开发、区域共享、协同发展的理念。

建立分层级规划、分阶段实施的技术路线：针对特大城市框架大、覆盖面广、人口众多等实际情况，专项规划实事求是提出都市区层面管廊规划解决骨干网络，片区级层面管廊规划解决系统布局，区域级层面管廊进行整体设计的分层级规划、分阶段实施技术路线，有序推进管廊规划建设。

坚持近期"碎片化"，远期"系统化"的建设思路：立足郑州实际，确立"全面规划、统筹实施、干支结合、由点到面"的发展原则，坚持近期"碎片化"，远期"系统化"的基本建设思路。按照"遵循规划布局、兼顾新老城区、结合城市发展、注重创新示范"的原则，科学合理地选择近期建设项目（图2-1-17）。

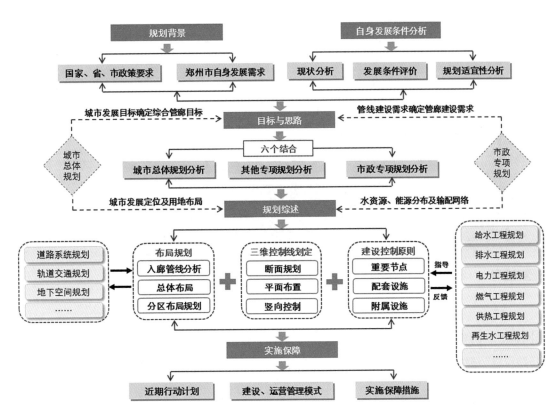

图2-1-17　技术路线图

2　规划条件解析

2.1　需求分析

2.1.1　积极响应国家号召的迫切需要

推进综合管廊建设作为加强城市基础设施建设的重要内容，是党中央、国务院的重大决策部署。2013年以来，习近平总书记、李克强总理等国家领导人多次就城市基础设施建设做出重要指示，并把综合管廊建设作为与棚户区改造、高铁、水利建设同等重要的工程来抓，建设综合管廊成为"大势所需"。

2.1.2　集约利用空间资源的迫切需要

综合管廊通过将各类管线集约化建设，可结合地下空间开发、轨道交通、人防工程、架空线路入地、旧城改造等一体化建设，形成功能完善、统一协调的空间开发系统，为城市发展节约宝贵的地下地上空间。以架空线路入地为例，郑州市四环内架空电力高压线长度约为570km，高压走廊占地面积达17km²，通过建设综合管廊将架空线入地改造，可有效释放稀缺的土地资源（图2-1-18）。

2.1.3　提高市政承载能力的迫切需要

郑州正处在城镇化快速发展时期，地下基础设施建设相对滞后。地下管线建设单位众多，受建设计划、建设资金、建设时序等因素制约，往往造成道路反复开挖、管线敷设杂乱、架空

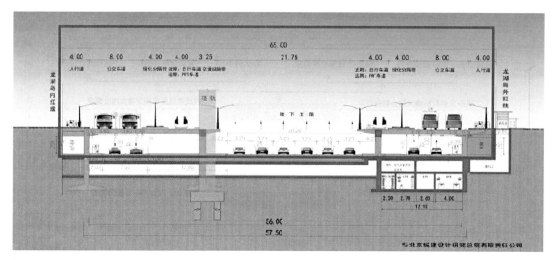

图2-1-18 综合管廊与地下空间有机结合

线网林立、防灾能力较弱等突出问题。通过综合管廊建设，可有效减少城市道路开挖、消除"马路拉链"现象，提高安全防灾能力，提升基础设施承载能力和城市管理水平。

2.2 基础条件与优势

2.2.1 中央领导殷切期盼

2000年，时任河南省省长的李克强同志亲自主导规划建设郑东新区，前瞻性地在CBD副中心规划综合管廊，并要求"一张蓝图绘到底、一任接着一任干"，目前该综合管廊主体工程已经完工。2015年9月，李克强总理视察郑州时指出："要加快建设机场、铁路等重大基础设施，降低流通成本，推动产业升级。"这些对郑州各项工作包括完善城市基础设施既是关爱，也是鞭策，更是机遇。

2.2.2 城市地位稳步提升

郑州作为新亚欧大陆桥经济走廊的主要节点城市和支撑中部地区崛起的核心增长极，无论是对带动中原乃至中部地区的发展，还是国家实施"一带一路"战略规划，都发挥着重要的作用，在未来国家发展总体格局中将会具有更加重要的地位。此时，加大基础设施特别是综合管廊建设力度，正当其时、正顺其势。

2.2.3 经济实力显著增强

2015年郑州市生产总值7315亿元，位列27个省会城市第7位；一般公共预算收入942.9亿元，位列27个省会城市第6位。在全省的首位度持续提升，区域竞争力显著增强，为开展综合管廊建设提供了强劲的经济支撑。

2.2.4 先行先试经验丰富

2010年已出台技术规定积极推广使用综合管廊。目前，郑东新区3.2km综合管廊主体已完工，经开区滨河国际新城一期2.2km已建设完成，二期工程已开工，并正在试验预制装配技术，同时积极探索管廊建设运营管理新模式。郑州市民公共文化服务区北区2km地下环廊结合高压

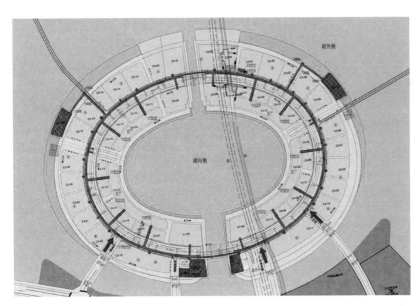

图2-1-19　郑东新区CBD副中心综合管廊布局规划图

电力入地通道，采用综合管廊+交通环廊+地下空间开发三位一体模式，正在进行建设，最大断面达245m²（图2-1-19）。

2.3　相关规划分析

近年来，郑州城乡面貌发生质的飞跃，市域范围内逐步形成以主城区为核心，组团环绕、多中心、网络化的空间结构。

在都市区总体规划和郑州市总体规划的基础上，综合管廊专项规划对全域空间进行分区划定并进行分析。通过分区层面的内容分解，进一步梳理规划范围内新区建设、旧城改造规划，对其区域功能、产业结构、开发强度、主干路网、轨道交通、市政管网情况进一步深化总结，为合理确定综合管廊建设区域及干支廊布局提供坚实依据。

2.4　市政专项规划分析

为完善城市功能，提高综合承载力，郑州市相继开展了一系列市政基础设施的规划编制工作，并完成了23761km的地下管线探测、数据处理、数据建库，以及三维地下管线信息系统的开发和建设工作。

通过对市政专项规划进行分析，确定电力、燃气、热力等能源规划突出体现为传输性，例如西电东送、南电北送、西气东输以及热源外迁，能源站基本分布在各功能组团中心区外围，通过市政管道向城区负荷中心输送。水资源突出体现为输配性，随着南水北调总干渠的建成通水，郑州市饮用水水源由以黄河水为主，调整为以南水北调水为主，统筹各水源地，跨区域调水，实现水资源平衡。

总体来看，郑州市市政输配系统呈现"区域成系统，组团相连通"的总体布局，即组团内部以干管为基础形成独立输配系统，组团之间通过干管连通，互为备用，实现市政设施共建共享（图2-1-20、图2-1-21）。

图2-1-20 组团布局图

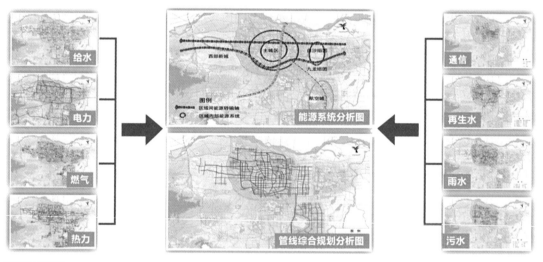

图2-1-21 郑州市能源规划分析图

3 规划方案

3.1 综合管廊总体布局

通过对相关要素的分析整合，最终确立了大系统、小集中的综合管廊布局方案，以主干管廊为骨架，以建设区域为主体，以重要节点为补充。大系统方面，结合轨道交通线路和主干道路形成城市重要干线管廊骨架网络；小集中方面，根据城市功能区、建设用地布局，在城市新区、旧城改造区域确定综合管廊建设区域；在穿南水北调、铁路等重要基础设施的节点处预留集中穿越的综合管廊。

3.2 干线管廊系统——大系统

3.2.1 结合主干道路

都市核心区快速路布局为"两环三十一射"，对外交通联络主要是从主城区延伸至新城区的城市主干路（图2-1-22）。

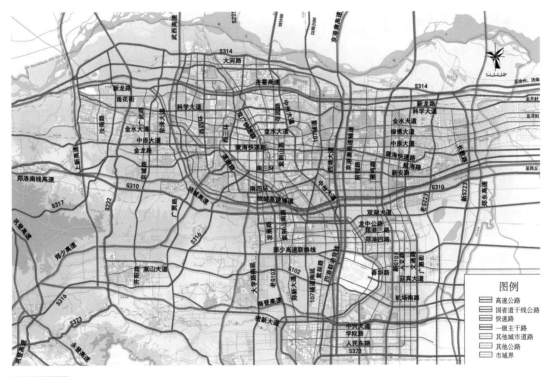

图2-1-22 郑州都市核心区交通规划图

为保证市政基础设施逐步实现全覆盖，加强组团之间互联互通，优先选择区域连通性、辐射性最强的城市快速路、主干路，建设主干综合管廊。综合分析后确定沿三环或四环路形成环状，服务主城区，同时规划放射线保证组团之间连接。

3.2.2 结合轨道交通规划

轨道交通线路通常覆盖城市核心区、商业密集区、重要广场道路等城市重点区域，综合管廊结合轨道交通线路建设可实现城市大型服务中心的串联，将商业、行政办公等公共地下空间有机整合，在郑州市形成多条地下空间整体开发的市政主干廊道。

通过对轨道交通线路规划总体布局和建设情况分析，选择能够纵横贯通郑州市城区的线路，以提高综合管廊干线系统辐射范围，增强干线管廊的功能性。同时，与轨道交通的结合还能解决综合管廊在老城区单独建设时，所面临的开挖困难、交通阻碍等问题。

在此基础上，规划综合管廊结合轨道交通实现主城区东西、南北向的联通功能，并与西部新城区各组团中心衔接。使管廊穿过城市重要功能区，便于构建远期骨干网架，形成综合管廊建设的重要廊道。

3.2.3 结合水资源、能源转输系统规划

综合管廊规划应结合城市地下管线现状，在各市政专项规划以及地下管线综合规划的基础上，确定综合管廊布局。

根据城市和资源分布情况，市政管网建设伴随着城市发展轴，各类市政干管主要沿高负荷中心集中敷设。郑州市三环路沿线给水、再生水、高压电力、热力主干管网已随着三环快速化工程基本实施到位，规划期限内可以满足周边水资源输配和能源转输需求，而四环路沿线市政管网需求还尚未得到满足（图2-1-23）。

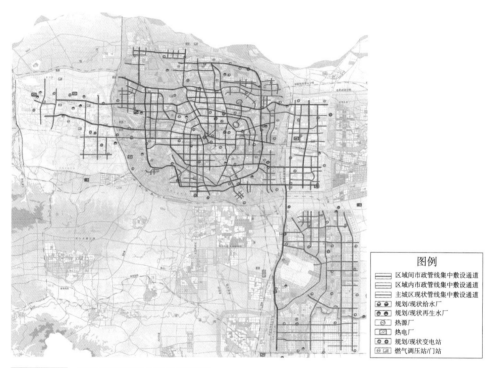

图例
▤ 区域间市政管线集中敷设通道
▤ 区域内市政管线集中敷设通道
▤ 主城区现状市政管线集中敷设通道
⊙ 规划/现状给水厂
⊙ 规划/现状再生水厂
⊡ 热源厂
⊡ 热电厂
⊙ 规划/现状变电站
⊡ 燃气调压站/门站

图2-1-23 市政主干管集中敷设通道图

针对市政管线的建设需求，规划主城区干线管廊形成环路结构，并与组团相连通。

环路结构：结合变电站布局规划，现状高压线入地改造和电缆排管、隧道建设需求，规划在四环沿线结合电力隧道建设主干管廊。同时满足给水、再生水、热力等环城干线建设需求。

区域间连通：在组团间的主干连接路上建设干线综合管廊，实现主城区与外围区域的给水、热力等干管连通。

3.2.4 综合管廊骨干网络规划

通过以上分析，综合考虑城市远期发展，确定形成十字形骨干网架，环状水资源、能源输配网，组成"十字+环"、组团相连通的干线管廊骨架网络（图2-1-24）。

图例
▭▭ 干线综合管廊

图2-1-24　干线综合管廊系统规划图

3.3　建设区域划定——小集中

3.3.1　城市功能区与开发强度分析

功能区分析：郑州都市区规划形成"区域级—城市级—组团级—片区级—社区级"的五级都市区公共中心体系。产业布局形成"第三产业集中于主城区—第二产业集中在都市核心区—第一产业位于都市区外围"的圈层式产业布局结构（图2-1-25～图2-1-27）。

开发强度分析：将规划范围内建设用地分为高强度开发区、中高强度开发区、中等强度开发区、中低强度开发区和低强度开发区五个等级，并形成郑州市建设强度分区图（图2-1-28）。

综合管廊适建区域分析：通过以上城市重要中心区、商业服务区、公共服务区和高强度开发区的规划分析，确定规划范围内适宜综合管廊发展区域38处。

3.3.2　结合城市新区规划

郑州市城市发展以"拉大框架，组团发展，构建都市区空间雏形为目标，优化调整城市空间布局和功能分区，进一步提高公共服务设施和交通市政基础设施的承载能力，构建千万级人口城市"为目标。

综合管廊规划结合重要新区建设，根据区域路网结构和用户需求，规划支线管网服务周边地块。

3.3.3　结合旧城更新改造计划

在城市重要功能区升级、城中村改造、合村并城等旧城区功能提升过程中，随着城市建设沿道路或区域地下空间开发同步配套综合管廊，管线按照更新次序逐步入廊，持续提升区域市政承载能力。

图2-1-25 都市核心区公共服务设施布局规划图

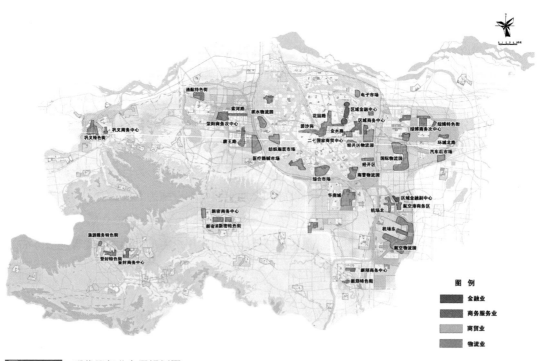

图2-1-26 现代服务业布局规划图

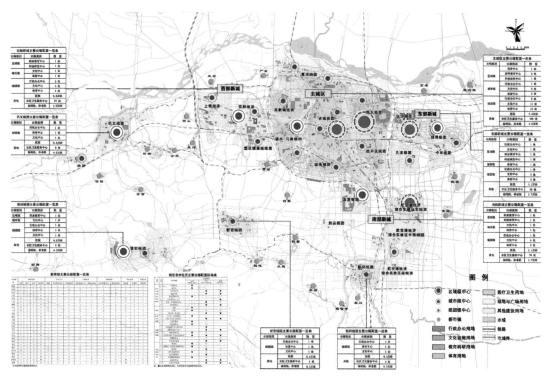

图2-1-27 公共服务设施体系分布图

图2-1-28 建设强度分析图

3.3.4 结合地下空间规划

综合管廊是城市地下空间开发利用的重要内容，并对地下空间的集约利用有着重要的影响。结合郑州市地下空间规划分析综合管廊同步建设的可行性，随着地下空间网络系统的逐步建成，同步实现市政基础设施网络化、系统化。

3.3.5 结合道路及管线改造计划

为了避免道路重复开挖、资源浪费，综合管廊应尽量选择在新建道路或需改扩建道路下，根据远期管线规划需求布置，一次性建设综合管廊本体，分期实施管线，做到资源的合理配置。

结合道路建设计划，在新建道路前，首先研究综合管廊建设的必要性和可行性，预留综合管廊，便于后期管线敷设和更换。

老城区改、扩建道路，或管网老化、扩容时，开挖或盾构施工综合管廊，将新建或改造的管线纳入，并预留其他管线敷设的空间，后期可将其他已有管线逐步迁移入廊。

3.3.6 建设区域规划

通过对城市功能分区、空间布局、土地使用、开发建设强度等分析，确定综合管廊适建区域47处。在此基础上，根据用地布局现状、规划建设情况和城市建设计划等实施条件，最终确定综合管廊优先建设区域25处。其中，结合新区重要功能区、核心区、各类园区建设区域19处，结合新建道路建设区域3处，结合旧城改造建设区域3处（图2-1-29）。

图2-1-29 综合管廊优先建设区域图

3.4 综合管廊总体布局

3.4.1 干线成系统

形成十字形骨干网架和环状水资源、能源输配网，组成"十字+环"的城市重要干线综合管廊骨架网络（图2-1-30）。

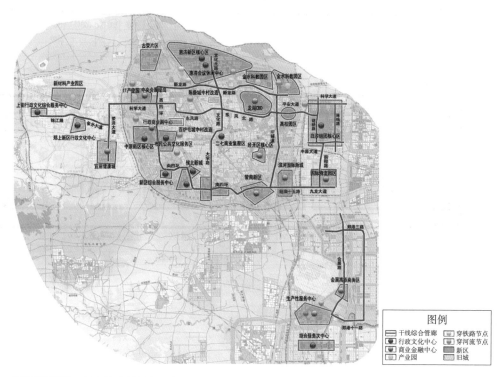

图2-1-30 综合管廊总体布局图

3.4.2 组团相连通

在主城区与组团之间规划综合管廊相互连通，保障重要市政资源的输送安全。

3.4.3 区域内循环

建设区域内部，根据道路结构和市政管网系统进行综合管廊布局，形成干、支线分层次的相结合的枝状、网络状管廊结构，服务周边地块。

3.4.4 节点有预留

结合轨道交通站点、地下空间开发节点、穿越铁路、河流、渠道处预留30处集中穿越的综合管廊。其中穿越铁路处预留11处，穿越南水北调总干渠预留13处，穿越其他河流、渠道处预留6处。

3.5 管廊断面

综合管廊的断面形式应根据纳入管线的种类及规模、建设方式、预留空间等确定，应满足管线安装、检修、维护作业所需要的空间要求，因地制宜地将雨污水管道纳入管廊。污水采用管道方式敷设，雨水可利用结构本体（图2-1-31）。

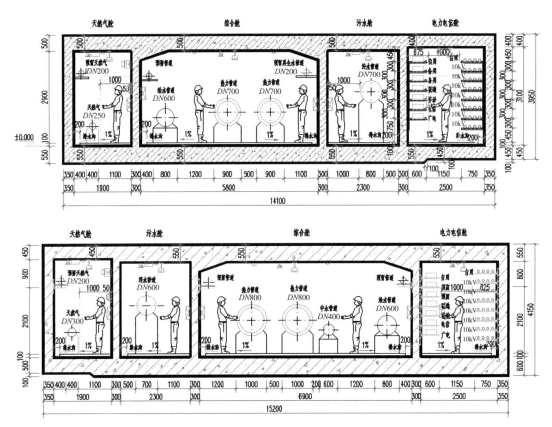

图2-1-31 典型管廊断面

3.6 三维控制线划定

3.6.1 平面布置

干线综合管廊容纳管线较多，占用道路下方空间较大，一般不直接服务于周边地块，且管道更换、增设的可能性较小，设置在主干、次干道路的机动车道、中央绿化带、机非隔离带下。

支线综合管廊负责向周边地块直接供应市政资源，一般设置在道路两侧绿化带、人行道或非机动车道下，通过支廊与地块连接；

缆线管廊只负责收纳电力、通信线缆，使用频率较高，一般设置于道路人行道下方，便于日常检修及维护。

布置有综合管廊的道路在规划设计时，也应考虑管廊的设计需求，适当调整道路断面形式、绿化带及人行道宽度等条件，以便于综合管廊各种附属设施的设置（图2-1-32）。

3.6.2 竖向控制

干线型和支线型综合管廊的纵断线型应视其覆土深度而定，一般标准段保持2.5m以上，考虑因素主要有管廊上部绿化种植的覆土厚度要求，管廊与横穿道路的排水管线以及其他市政管线的交叉关系要求，管廊附属设施设置时人员操作及设备安装空间的要求，污水管线埋深和坡度需求，同时还要考虑抗浮，冻土深度等因素。

缆线管廊的纵向坡度应以配合人行道纵向坡度为原则。

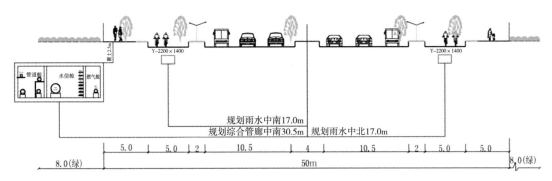

图2-1-32 规划综合管廊道路断面图

3.7 黄线控制

规划综合管廊防护线根据建设位置，进行黄线控制。在道路红线内建设的不再控制防护线；在道路红线外建设的以综合管廊结构边线两侧向外各控制5m作为防护线；管理用房、控制中心及变电所应尽量结合地下空间、公建设置，需单独占地的应根据需求纳入黄线控制；投料口、通风口、人员出入口、逃生孔等配套设施，应尽量结合人行道、道路绿化带设置，或结合地下空间设置，需单独占地的应根据需求纳入黄线控制。

3.8 管线入廊时序分析

新建道路下的管廊考虑管线全部即时入廊；现有地下管线与管廊建设有矛盾的，必须即时入廊；现有地下管线与管廊建设无矛盾的，且无管线改造需求的，可考虑管线近期不入廊，待管线达到使用年限后再入廊。建有综合管廊的道路下新增管线时，按需入廊。

3.9 实施计划

3.9.1 近期（2016～2020年）——设立试点、积极推进

发展目标：以国家发展战略为契机，大力推进综合管廊试点建设，结合新区建设及老旧城区改造，集中建设综合管廊，积极探索综合管廊建设、运营、管理机制。

重点区域：新区核心区及起步区，老旧城区改造区域，近期地下空间开发区域，重点道路改造路段。

结合新区建设、老旧城区改造、道路管线改造及各区建设规划，由点到面积极推进综合管廊建设，增强市政基础设施的承载能力。2016～2020年，郑州市计划建设综合管廊长度约200km（图2-1-33）。

3.9.2 远期（2020～2030年）——逐步实施、建立系统

发展目标：在试点的基础上，逐步扩大综合管廊建设规模；由点到面，在全市范围内建立综合管廊系统，提高市政基础设施承载能力。

重点区域：新区重点开发区域，老城区大型商业区，地下空间开发区域，轨道交通建设沿线，市政管线改造路段。

综合管廊建设计划

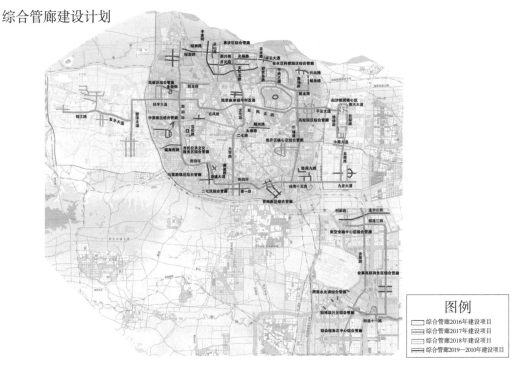

图例
□ 综合管廊2016年建设项目
□ 综合管廊2017年建设项目
□ 综合管廊2018年建设项目
▤ 综合管廊2019—2010年建设项目

图2-1-33 规划综合管廊建设计划图

至规划期末，规划建成综合管廊600余km。

3.9.3 远景（2030年以后）——系统完善、全面提升

发展目标：进一步完善综合管廊系统，提高综合管廊服务的精细化、智慧化，为城市建设提供强力支撑。

4 实施效果

4.1 推动形成综合管廊建设体系

郑州市结合专项规划编制了一系列计划文件，如《郑州市综合管廊规划技术导则》《郑州市地下综合管廊规划建设与运营管理办法》等，确立了相应的管理保障机制，为全市综合管廊建设建立了坚实的基础。

4.2 指导综合管廊规划建设实施

在《郑州市综合管廊专项规划》的指引下，各片区积极开展综合管廊的规划建设工作，编制完成了《郑州市郑东新区白沙组团综合管廊专项规划》等一系列片区规划，多个前期项目已基本完工，试点建设项目正在有序推进当中。

专家点评：

郑州市是一个快速发展中的城市，目标是到2030年全面建成国家中心城市。《郑州市地下

综合管廊专项规划》按照"全面规划、统筹实施、干支结合、由点到面"的发展原则，采用"大系统+小集中"的布局模式，结合城市市政廊道、轨道交通线路构建综合管廊骨干网络；结合旧城改造、地下空间、重点项目建设划定综合管廊集中建设区域。由点到面、联结成网，全面推进城市综合管廊建设，完善市政基础设施体系，强化城市综合承载能力，提升城市品质。该规划的编制，对我国其他快速化发展的城市开展综合管廊工程建设具有较好的借鉴作用。

规划管理部门：郑州市自然资源和规划局

规划编制单位：郑州市规划勘测设计研究院、河南省城乡规划设计研究总院股份有限公司、北京城建设计发展集团股份有限公司

案例编写人员：王小斌　袁聚平　牛建军　鲁国军　李　勇　贺　凯　关艳红　肖　燃
刘文波　段池清　杨　臻　翟端端　王雅男　唐彦杰　龚奇龙　李　妍
（郑州市城市照明灯饰管理处）

3 遵循务实规划理念，构建百年市政系统的深圳市地下综合管廊规划案例

案例特色：针对深圳特区特点，划分规划层次，深化和丰富规划编制内容。注重规划的可实施性，提出"因地、因时、因势"的规划原则，结合轨道交通建设等8类有利实施时机规划建设地下综合管廊，提高了规划的可实施性。运用GIS分析技术，将管廊的布局方案建立在大量数据分析的基础之上，建立完整的规划逻辑体系。

1 项目概况

1.1 区域概况

深圳地处珠江三角洲前沿，是连接中国香港和内地的纽带和桥梁，是华南沿海重要的交通枢纽，在中国高新技术产业、金融服务、外贸出口、海洋运输、创意文化等多方面占有重要地位。深圳在中国的制度创新、扩大开放等方面承担着试验和示范的重要使命。

深圳市共划分为10个行政区，分别为宝安区、龙岗区、南山区、福田区、罗湖区、盐田区、龙华区、坪山区、光明区和大鹏新区，市域总面积约为1997km²。从改革开放之初至2015年，随着城市发展和城市规模的扩大，深圳的城市建设用地规模已从不足3km²增长到975km²。与国内大城市相比，深圳的城市建设用地占城市面积的比例最高，达到49%。与国际大都市相比，深圳的建设用地占城市面积的比例仍然较高，超过我国香港地区、伦敦、巴黎等城市。可以看出，深圳整体城市建设用地规模较大、占比较高，各区建设用地规模存在较大差异，这种城市发展的实际情况和特点对综合管廊专项规划编制提出了新的要求。

1.2 规划范围

规划范围为深圳市全市域，面积约1997km²。

1.3 规划目标

进一步贯彻落实国家、省、市层面关于综合管廊的规划建设要求，推进深圳市城市地下综合管廊建设工作，在加强政府对地下空间资源开发利用和保护管理的基础上，构建城市地下综

合管廊布局，明确综合管廊及其附属设施的建设要求，提出综合管廊在建设、运营和管理方面的合理化建议，形成指导深圳市综合管廊建设管理的纲领性文件。

1.4　规划规模

综合管廊的分期建设目标为：近期（至2020年）全市力争建成综合管廊100km，开工建设综合管廊296.8km（含已建成规模）；远期（至2035年）全市力争建成综合管廊520.5km；远景（2031年以后）全市力争建成综合管廊890.1km。

1.5　思路与特色

（1）遵循"三因"原则

在综合管廊的规划建设中遵循"因地、因时、因势"的"三因"原则。"因时"是指建设时机的结合，综合管廊的建设时机尽量与地铁建设、道路建设、地下空间开发、旧城改造等大型项目的建设时间相整合；"因地"是指适宜在高密度区建设，鼓励在新区启动示范建设，对于非高密度区、地质条件不好等地区，应慎重建设；"因势"是指管廊建设的推进需要依靠当地政府在政策、经济和管理上的支持。

（2）划分规划层次

将深圳综合管廊专项规划划分为总体规划和详细规划两个层次进行编制（图2-1-34）。总体规划重点在市级层面考虑综合管廊的系统性和整体性，在整个市级行政辖区范围内进行干、支线综合管廊整体布局和系统构建，重点对管廊建设必要性和可行性、管廊建设总目标和规模、管廊建设区域、入廊管线分析、管廊系统布局及建设管理模式等内容进行系统研究，是指导全市综合管廊建设和管理的纲领性文件。详细规划一般在区（或街道）级行政区、城市重点地区或特殊要求地区编制，在较小的尺度内对各类综合管廊（包括缆线管廊）的建设路由、纳入管线、断面设计、配套设施、附属设施、三维控制线及重要节点控制等内容进行详细研究，是综合管廊设计的直接依据。

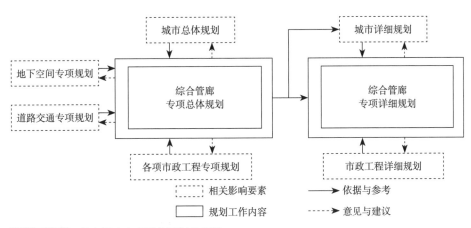

图2-1-34　综合管廊专项规划编制体系图

（3）注重实施时机

为保障规划成果的有效实施，本次规划对综合管廊的建设时机开展了专门研究。结合深圳市的基础设施建设实际情况，得出新建综合管廊应当依托的建设时机主要有8类，包括：轨道交通建设、电缆隧道建设、道路新建、城市更新、道路改造、地下空间建设、市政干管建设和市政旧管改造。其中重点结合的时机有3类，分别为：轨道交通建设、电缆隧道建设和道路新建。同时，将是否具备合适的建设时机作为设计综合管廊布局方案的影响因子之一。全市规划管廊建设时机的汇总情况如图2-1-35所示。

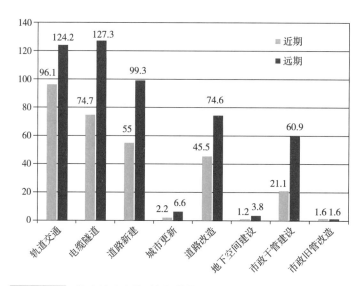

图2-1-35 综合管廊建设时机汇总图

（4）应用量化分析

在规划中广泛应用基于空间数据的量化分析技术，构建以数据和逻辑为核心的技术分析方法，减少对经验和主观判断的依赖。综合管廊的规划决策中涉及的一些重要指标包括：区域适宜性、管廊路由设计、技术经济合理性等，都取决于大量复杂影响因素。项目组首先对影响综合管廊建设的自然资源、城市发展和社会环境等各方面相关基础数据进行量化分析，如：现状管线分布、老旧管线分布、规划管线分布、地下空间利用、新建道路长度、人均GDP、建设用地密度、地质条件等，然后利用GIS工具叠加空间位置信息，再用层次分析法构建评估体系，最后按照合理的分析逻辑得出评估结果。

量化分析的显著优势在于：第一，提高分析质量，避免了经验法或人工搜索法存在的局限；第二，改善规划决策，用数据分析提高决策的可靠性；第三，拓展数据价值，全面整合相关数据和参数，为综合管廊未来的建设、管理与运营奠定基础。

（5）创新规划成果

在住房城乡建设部《城市地下综合管廊工程规划编制指引》要求的基础上，结合深圳市实际需要，对规划成果内容进行了深化和创新。新增的内容包括：缆线管廊适用性分析、对相关专项规划的调整建议、监控中心选址以及近期建设规划等。将规划图纸分为成果图、分析图、背景图三部分，并增加了近期建设规划图、施工方法选择示意图、结合排水防涝设施建设综合管廊示意图、对市政专项规划调整建议图等规划图纸。

2 规划方案

2.1 技术路线

以国家规划编制指引的要求为基础，将地下综合管廊工程规划的主要编制内容概括为"一面、两线、三点"，其中"一面"是指管廊建设区域分析，"两线"包括管线入廊和管廊线路系统布局研究，"三点"包括重要空间节点、建设时间节点和管理政策要点。

结合国家有关文件精神，在检讨上版规划、分析必要性和可行性，以及借鉴国内外经验的基础上，开展管廊建设区位分析、入廊管线分析、管廊断面选型等方面的规划研究，形成管廊的线路布局、分期建设计划和保障措施等内容，最终构成指导实施的综合管廊总体规划（图2-1-36）。

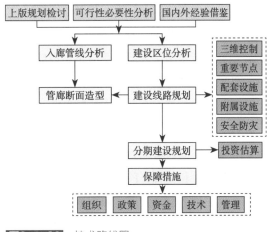

图2-1-36 技术路线图

2.2 建设区位划分

综合考虑城市建设开发密度、资源条件、管线需求等相关因素对综合管廊建设区域条件进行评估，将深圳市规划建设用地划分为优先建设区、宜建区和慎建区。其中优先建设区总面积为128.2km²，宜建区总面积为629.3km²，慎建区总面积为260.7km²（其中，地质条件慎建区38.4km²，城市条件慎建区222.3km²）。优先建设区和宜建区面积分别占城市建设用地的14.5%、70.7%。

优先建设区共15个，包括：一个自贸区、两个基地、三个重要更新区、四个中心区和五个新城。一个自贸区是指前海–蛇口自贸区，两个基地指包括平湖金融与现代服务业基地和深圳湾总部基地，三个重要更新区包括福田保税区、车公庙片区和八卦岭–笋岗片区，四个中心区包括宝安中心区、坪山中心区、福田中心区和北站商务中心区，五个新城包括空港新城、光明凤凰城、坂雪岗科技城、阿波罗未来产业园–大运新城和国际低碳城。

2.3 系统布局

对全市综合管廊的近期、远期和远景建设目标进行规划布局。近期规划以试点示范为主，在新区和重点建设区域开展分散建设。

远期规划在深圳市重点区域及周边集中布置综合管廊，形成"大系统小集中"格局。

远景规划基本沿新建主要市政道路和远景规划轨道布置，并考虑城市总体规划格局和修补更新，形成由六大系统构成的"手掌式"向外伸展的"大系统大网络"格局，六大系统包括：南山（前海）—福田—罗湖系统，宝安至光明系统，南山至光明系统，福田至龙华系统，罗湖至龙岗西系统，罗湖至坪山系统。

2.4 管线入廊分析

按照国家政策要求，遵循科学合理、因地制宜的入廊原则，除特殊行业管线、国家规范规定不能入廊的管线以及管廊与外部连接管线外，包含燃气和污水在内的市政管线均应入廊。

在燃气入廊方面，压力等级小于等于1.6MPa的中压和次高压天然气管道可以纳入综合管廊。依据规范要求，天然气管应单独设舱进入综合管廊，相关附属设施按提高一个压力等级设计，并采取有效的防护措施，以保证纳入天然气管道的综合管廊的安全性。建议纳入次高压天然气管道的综合管廊在项目实施阶段前，应进行项目安全评价。

在重力流管线入廊方面，本次规划鼓励雨水重力流管线在竖向匹配的情况下，因地制宜纳入综合管廊，同时考虑到重力流雨水管道对综合管廊竖向布置的影响，纳入综合管廊的雨水主干管线不宜过长，宜分段排入综合管廊外的下游干线或水体。局部区域的雨水压力管可根据实际需要优先纳入综合管廊。依据城市排水防涝设施建设规划需要建设大口径雨水箱涵、管道的区域，可充分考虑该片区未来发展需求，在不影响排水通畅和保障管线安全的前提下，利用其上部空间敷设适当的管线。

在管线入廊时序方面，道路下的各市政管线应根据实际情况灵活选择管线入廊时序，主要有以下几种情况：

（1）新建道路下的管廊考虑管线全部即时入廊；

（2）现有地下管线与管廊建设有矛盾的，必须即时入廊；

（3）现有地下管线与管廊建设无矛盾的，且无管线改造需求的，可考虑近期不纳入管廊，等管线到使用年限时再后续入廊；

（4）建有综合管廊的道路下新增管线时，需按要求入廊。

2.5 断面选型及三维控制

根据入廊管线种类及规模、建设方式、预留空间等，确定管廊分舱、断面形式及控制尺寸；根据综合管廊类型，确定综合管廊平面、竖向设置原则，提出控制要求；明确综合管廊与道路、轨道交通、地下通道、人防工程等设施的间距控制要求。

本次规划共制定11种矩形干、支线综合管廊标准断面。其中，单舱断面1种、双舱断面4种、三舱断面3种、四舱断面3种。单舱断面主要纳入给水、污水、再生水、10kV/20kV电缆、通信管及预留管；双舱结构断面为在单舱结构基础上纳入110kV/220kV电缆、天然气管道中的一种；三舱结构断面为在单舱结构基础上同时纳入110kV/220kV电缆、天然气管道、污水管道中的两种；四舱断面结构为在单舱结构基础上同时纳入110kV/220kV电缆、天然气管道和污水管道（图2-1-37）。

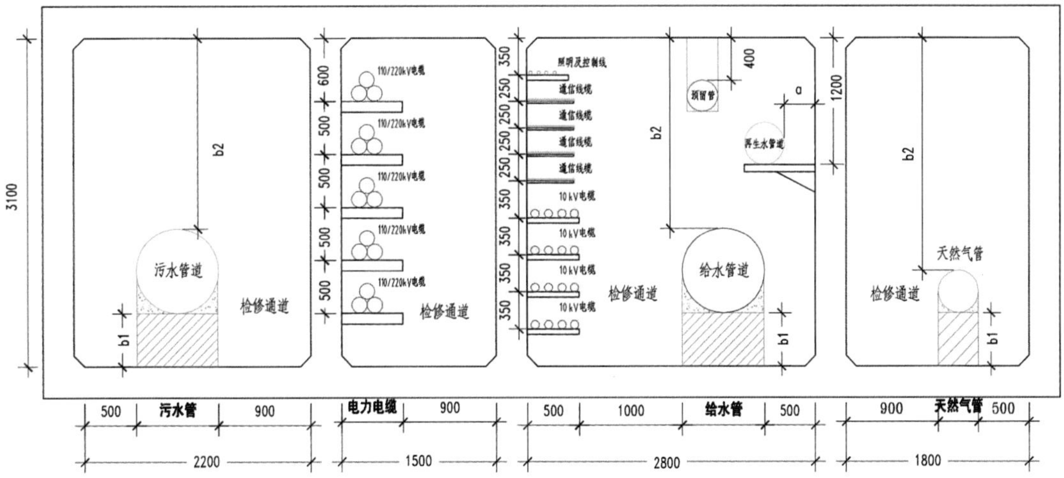

图2-1-37　综合管廊典型断面图

本次规划共制定3种圆形综合管廊标准断面，分为单舱和多舱结构。单舱管廊主要纳入给水、再生水、电力、通信等管线；多舱管廊主要纳入给水、污水、雨水、燃气、电力、通信等管线。

2.6　三维控制线划定

在平面布置设计要求方面，提出干线综合管廊宜设置在机动车道、道路绿化带下；支线综合管廊宜设置在道路绿化带、人行道或非机动车道下；缆线管廊宜设置在人行道下。要求综合管廊布局应与城市规划分区、建设用地布局和道路网规划相适应。

在纵断面设计要求方面，提出综合管廊的覆土深度应根据地下设施竖向规划、行车荷载、绿化种植及设计冻深等因素综合确定。为保证管廊上方过路管的敷设要求，尽量避免重力管线与管廊的竖向冲突，并充分考虑造价因素，建议综合管廊覆土厚度应不小于2.5m。综合管廊纵断设计应充分遵循“满足需要、经济适用”的原则（图2-1-38）。

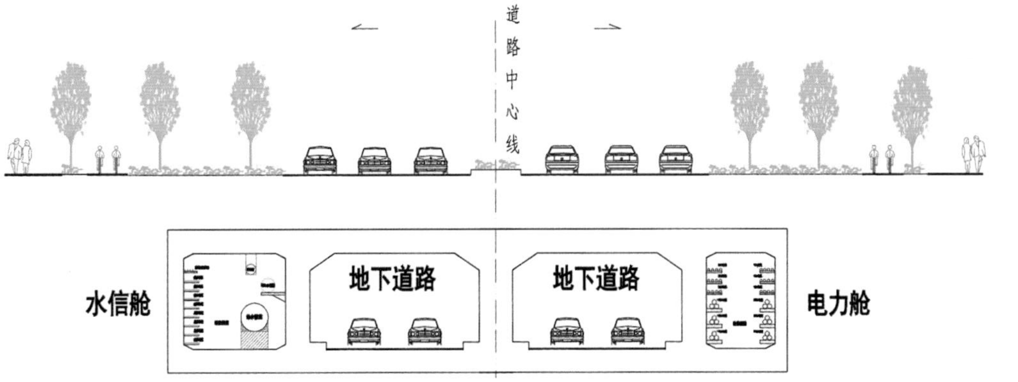

图2-1-38　综合管廊与地下道路竖向控制图

2.7 配套及附属设施

在配套设施方面，合理确定综合管廊监控中心、变电所、投料口、通风口、人员出入口等设施的规模、用地和建设标准。在附属设施方面，明确消防、通风、供电、照明、监控和报警、排水、标识等相关设施的配置原则和要求。

本次规划采用分级设置监控中心的方式，共设置1座监控总中心和13座分中心。附建式综合管廊监控总中心建筑面积建议不低于2000m²，宜采用地下或半地下式的建设形式。附建式综合管廊监控分中心建筑面积建议不低于200m²，独立占地式综合管廊监控分中心占地面积建议不低于600m²。

2.8 近期建设规划

近期建设综合管廊区域主要分布在深圳湾超级总部基地、前海中心区、坂雪岗科技城、八卦岭–笋岗片区、阿波罗未来产业园–大运新城、坪地国际低碳城、坪山中心区、宝安中心区、大空港新城、光明新城和北站商务中心区等重点区域。至2020年，规划开工建设综合管廊296.8km（含已建成综合管廊长度），全市力争建成综合管廊100km。

2.9 投资匡算

本次规划综合管廊主体工程（不含管线费用）近期总投资为410.0亿元，远期总投资为703.2亿元，远景总投资为1219.1亿元。

2.10 保障措施

在科学合理分析综合管廊基本属性的基础上，重点从组织保障、政策保障、投资保障、管理保障、技术保障等五个方面，对综合管廊项目实施中的保障机制进行研究，提出一系列适宜深圳特点的合理化建议。具体包括：成立市级地下综合管廊建设领导小组统筹协调、监督全市综合管廊建设及运营管理；编制市级综合管廊管理办法、技术规程、使用费和维护费暂行办法、补贴标准、安全管理制度等，以建立完善的法律法规体系，规范全市综合管廊建设运营管理过程；近期建设资金以政府财政投入为主，引入社会资本为辅，建立健全地下综合管廊有偿使用制度，构建"决策监管主体—平台—项目实施主体"三级管理架构；采用"管养分离"模式，委托专业公司进行维护管理；广泛应用GIS、BIM等先进技术，推广预制装配技术，打造智慧、绿色的综合管廊。

3 实施效果

3.1 形成指导全市综合管廊建设管理的纲领性文件

本次规划为全市综合管廊总体规划，在其指引下，深圳市各区（重点地区）已各自开展综合管廊的分区详细规划编制工作。目前已经完成和正在开展的详细规划数量达9项。同时，结合本次规划方案，深圳市已编制一系列建设计划文件，如《深圳市地下综合管廊建设"十三五"实施方案》《关于加快地下综合管廊规划建设工作的通知》《深圳市综合管廊五年项目滚动规划和2017年度建设计划》等，有效推动了综合管廊建设进程。

3.2 促进相关配套政策出台

在本次规划的指引下，深圳市在相关政策配套、技术指引和协作机制等方面进行创新，相继形成了一系列保障措施和管理机制，如《深圳市地下综合管廊管理办法》《深圳市地下综合管廊有偿使用收费参考标准》《深圳市地下综合管廊工程技术规程》等，推动了综合管廊建设与管理的规范化、标准化和制度化。

3.3 指导建设工程实施

在本次规划的指引下，至2021年12月，深圳在建综合管廊超200km，已建成廊体约120km。其中代表性项目有空港新城启动区综合管廊（16.9km），深圳阿波罗未来产业城启动区综合管廊（2.2km），光明区光侨路、华夏路、观光路综合管廊（13.1km），南山区白石路综合管廊等。

专家点评：

深圳市原特区内建设开发强度基本居全国首位，但原特区外还有大量待开发建设用地，是属于旧城与新区并存，城中村与CBD分布明显的一座年轻城市。同时深圳市整个城市路网结构、市政基础设施规划合理，城市用地控制严格，各级规划齐全，整个城市基础设施建设把控较好，但特区建设也暴露出了诸多城市病。诸多因素导致深圳市城市基础设施建设需要综合管廊，也具备大规模建设综合管廊的条件，因此深圳市地下综合管廊规划编制是及时的。

本次规划在思路上总体比较务实和理性，有如下亮点：一是注重规划的可实施性，提出抓住轨道交通建设等8类有利的实施时机来开展综合管廊的建设，不失为一种在高强度建设区域实施管廊建设的有效方法；二是构建了符合深圳实际情况的管理架构和投资模式，有利于保障全市地下综合管廊的投资、建设、统一运管；三是将管廊的布局方案建立在大量数据分析的基础之上，提高了结论的科学性和可靠性；四是规划成果在国家规范指引的基础上进行了创新和深化。

整体来看，深圳市地下综合管廊规划思路清晰、目标明确、内容完整，是一个因地制宜、系统性强的综合管廊规划，规划应用的技术标准、指引、数据分析等全面准确，分区规划和重点实施的策略符合深圳特点，可有效指导深圳市综合管廊建设。

规划管理部门：深圳市规划和自然资源局
规划编制单位：深圳市城市规划设计研究院
案例编写人员：刘应明　朱安邦　梁　骞

4 与海绵城市结合、实现雨水收集利用的西宁市地下综合管廊规划案例

案例特色：管廊系统布局层次分明，建立干线、支线管廊和缆线管沟相结合的管廊系统；利用西宁市区地形优势，创新性地采用雨、污水组合箱涵形式实现雨、污水全入廊；同时将管廊规划设计与海绵城市理念结合，合理利用降水资源。

1 规划概况

1.1 区域概况

西宁是青海省的政治、经济、文化和服务中心，是青藏高原的东方门户，古"丝绸之路"南路和"唐蕃古道"的必经之地。西宁市地处青藏高原和黄土高原的交界处，辖城东区、城中区、城西区、城北区四区和大通、湟中、湟源三县。市域总面积为7649km²，主城区面积380km²。

1.2 规划范围和期限

规划范围为西宁市中心城区、多巴新城、甘河工业园区，湟中县、大通县和湟源县城区（图2-1-39）。规划基准年为2015年，近期为2015～2020年、远期2020～2030年。

1.3 规划目标

研究西宁市综合管廊规划建设可行性，规划确定综合管廊的建设区域、入廊管线种类、管廊的断面及三维控制线、重要节点的控制原则，并提出相关的配套设施等要求，指导后续综合管廊的规划设计及建设工作。

图2-1-39 综合管廊规划研究范围

1.4 规划思路

统一规划，统筹推进；一次规划，分区分期实施；新城区管廊成片成网；老城区结合改造，干线优先。

1.5 管廊系统布局

中心城区管廊系统布局，首先充分考虑其地理特点，在东西向和南北向主干路网上布置大十字形干线综合管廊；在此基础上按片区功能和管线需求布置支线综合管廊；再结合具体道路情况布置缆线管沟，最终形成干线—支线—缆线层级分明的管廊体系（图2-1-40）。

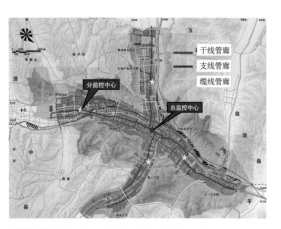

图2-1-40 中心城区综合管廊规划方案

1.6 规划规模

规划范围内总计规划干线综合管廊132.5km，支线综合管廊153.1km，缆线管沟339.1km，共624.7km。

2 结合雨水舱设置，创新性实现综合管廊与海绵城市相结合

2.1 综合管廊与海绵城市相结合的思考与理念

综合管廊在设置雨水舱后，具备与海绵城市相结合的条件。管廊的建设、实施可与海绵城市六字方针"渗、滞、蓄、净、用、排"相结合，其思考与理念如图2-1-41所示。

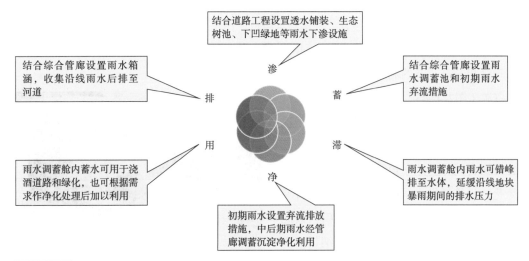

图2-1-41 综合管廊与海绵城市相结合的理念

综合管廊雨水舱在建设实施过程中，能够实现"渗"与"排"的基本功能，但对于"蓄、滞、净、用"方面，应结合地域特点进行不同的需求分析。

对于南方多雨区域，其重点在于"蓄、滞、净"，利用雨水舱的容量实现暴雨错峰排放，主要解决城市内涝问题，同时采取初期雨水弃流排放来消除面源污染，提高城市环境质量；但西宁是干旱少雨的西北地区，其海绵城市的结合应突出"蓄"和"用"的理念，将雨水舱内蓄水用于浇洒道路与绿化，有效利用宝贵的水资源。

2.2 综合管廊与海绵城市相结合的设计方式

以西宁政北路综合管廊为例，利用雨水舱实现"蓄""用"的功能。雨水调蓄最高水位为管廊顶板下0.4m，雨水最低调蓄水位为管廊底部上0.5m，可利用调蓄断面面积为3.76m²，通过计算，该管廊雨水舱可调蓄利用有效容积达到约2700m³/km，如图2-1-42所示。

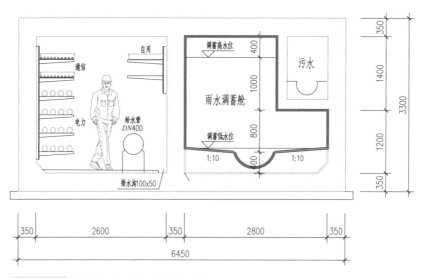

图2-1-42 管廊雨水调蓄舱的容积计算

另外设置与附近河道的联通管，利用雨水舱取用河水作为补充水，平时无降雨时期也可以较好的利用管廊的存储调蓄空间，净化利用河道水补充城市浇洒道路和绿化用水，充分与海绵城市理念相结合，节约利用西部地区有限的降水资源（图2-1-43）。

在具体雨水舱设计中，设置泵房用于提升取用雨水，每座泵房内设两台100m³/h水泵，可两台同开，用于给绿化浇洒车用水或者绿化浇洒管道供水。在城东路附近设置一根DN800引水管，将西纳川河河水引入政北路管廊雨水舱，结合湟水河流域西纳川河道生态综合治理工程，在西纳川设置拦水低坝，

图2-1-43 西宁管廊雨水舱调蓄翻转堰板示意图

在河水水质较好时，可放水至雨水管廊，通过管廊内调蓄、沉淀，对西纳川河河水资源化利用，在非降雨时期，也可以充分发挥雨水管廊的价值。在管廊中设置水泵或抽真空装置，将雨水适当提升后对污水舱进行冲洗。

3 结合西宁地势特点，创新性实现雨污水全面入廊

3.1 雨污水入廊的形式

西宁市综合管廊的规划方案设计始于2014年4月，当时的综合管廊相关技术规范对雨、污水入廊尚没有明确的规定。而西宁市为川谷型城市，西高东低，南北高、中间低，具有独特的"地势"优势，即开始进行了雨污水入廊的研究与设计工作。

雨污水管设计坡度为1‰～3‰，小于道路纵坡，重力流雨污水入廊不增加管廊埋深，具有可行性和经济性，如图2-1-44所示。

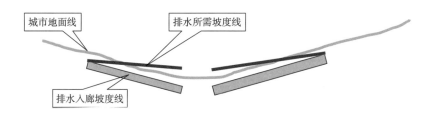

图2-1-44 西宁市管廊排水坡度示意图

同时，考虑到西宁市已有大型污水箱涵的设计、建设和运营管理经验。因此，本规划将雨污水结合"地势"入廊，且采用组合箱涵形式，如图2-1-45所示。

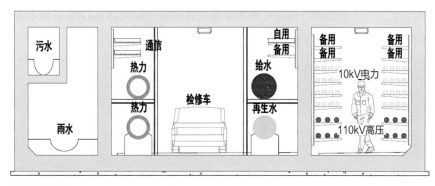

图2-1-45 西宁市雨污水入廊典型断面图

3.2 雨污水入廊后的工程措施

为保证雨、污水舱的运行安全性和混凝土结构的耐久性，设计中采取了一系列针对性措施，主要有：

（1）雨污水采用组合箱涵设计，污水独立成舱且与综合舱、电力舱均完全分开，接缝处也采用了多道防水、气措施，无论是漏水或漏气，都不会对管廊主舱室产生影响，安全性可以保证（图2-1-46）。

（2）污水舱设计在满足水量的前提下，空间上宽度不小于0.8m，高度不小于1.2m，保证污水舱内人员进入的基本条件，在后期运营过程中，可保证能够及时对舱室进行维修和保养。

（3）结合污水舱内设置流槽的需求，直接设置素混凝土内衬（与钢筋混凝土板同步浇筑），使钢筋混凝土结构板不会直接接触污水（图2-1-47）。

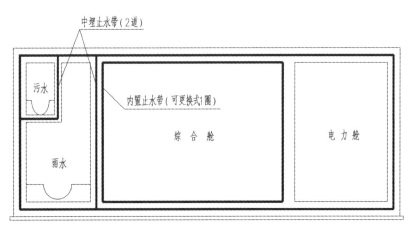

图2-1-46 西宁市管廊雨污水入廊布置及防水气措施图

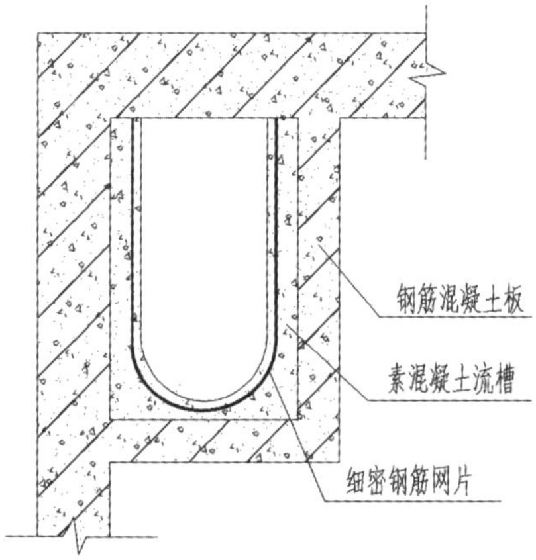

图2-1-47 西宁管廊污水舱素混凝土流槽图

（4）另外采取了混凝土结构防腐蚀的具体措施：

1）混凝土材料采用高标号C40混凝土，并以高炉矿渣置换部分水泥，提高混凝土本身的耐酸性，在pH值大于3的污水环境中，耐久性可以保证。

2）隔离层上，污水舱采用1.5mm水泥基渗透结晶型防水涂料+5.0mm聚合物水泥防水灰浆+无溶剂型环氧涂料600μm的多道重度防腐涂层。

3）混凝土保护层采用50mm，裂缝宽度计算按0.1mm严格控制。

4 规划实施情况

4.1 实施计划

综合考虑西宁市城市发展重心，道路建设时序，各类管线实施顺序等因素，将西宁市地下综合管廊建设时序分为2015年，近期2020年和远期2030年三个阶段，各阶段建设管廊规模如下（表2-1-3）。

规划的实施主要结合西宁市道路建设计划，与道路新建及大修整治计划相匹配。在新建道路建设时，坚持先地下后地上的实施原则，先进行配套的综合管廊施工，后进行道路路基施工。

西宁市综合管廊规划建设规模及时序　　　　　　表2-1-3

年份	干线综合管廊	支线综合管廊	缆线管廊
2015	29.0km	8.0km	
2016~2020	56.3km	35.1km	37.1km
2021~2030	47.2km	110.0km	302.0km
总长度	132.5km	153.1km	339.1km

在老城区的既有道路中，合理确定入廊管线的种类，结合道路的大修整治进行综合管廊的建设，尽量减少对既有道路交通的不利影响。

4.2　实施效果

依据《西宁市城市地下综合管廊工程规划》，由西宁城辉建设投资有限公司作为建设单位，于2015年9月完成西宁市综合管廊一期工程的设计招标，设计范围包括师大新校区片区、西川新城片区、多巴片区、小桥片区等7个片区，共19条道路下的综合管廊，管廊总长度约45km，总投资约38亿元。并于2016年1月完成施工招标工作，2016年3月正式启动开工建设（图2-1-48、图2-1-49）。

截至2017年11月，已经完成管廊主体结构约26km，部分路段内管廊入廊管线已经安装完毕，师大新校区片区、小桥片区5条道路下管廊雨、污水舱已于2016年9月开始正式投入运行，目前运行情况良好。

西宁市综合管廊二期工程，总长约43km，总投资约36亿元，目前已经完成全部路段的初步设计及部分路段下管廊的施工图设计工作。

图2-1-48　西宁管廊一期工程施工现场

图2-1-49　西宁管廊一期工程学院路电力舱

专家点评：

本规划确立了明确的思路：统一规划，统筹推进；一次规划，分区分期实施；新城区管廊成片成网；老城区结合改造，干线优先。规划管廊类型层次分明，结合地方条件，根据不同的区域和道路对管廊的需求，分别采用干线、支线、缆线管廊，增强了规划的经济合理性和可实施性。利用西宁市区独特地形坡度优势，将雨、污水全面入廊，并与海绵城市相结合，利用雨水舱实现海绵城市"蓄""用"的功能，充分利用了西部地区有限的降水资源。

规划方案雨、污水入廊采用雨、污水组合箱涵形式，污水舱污水直接入廊突破了现行规范要求，后续工程设计及实施阶段应采取有效措施，以保证污水舱的耐久性和运行维护条件。

规划管理部门：西宁市城乡规划和建设局

规划编制单位：上海市政工程设计研究总院（集团）有限公司

案例编写人员：许大鹏　郑国兴　韩建珍　范玉柱　高　宇　马本青　任永青　洪　玲

二、中小城市地下综合管廊规划编制案例

5 市政基础设施"多规合一"实践下的威海市地下综合管廊规划案例

案例特色：针对东部沿海中等城市特点，积极践行市政基础设施"多规合一"理念，采用定性规划、定量验证的方式，通过构建建设区域量化评价体系，结合独特的山海格局，构筑合理、高效的地下综合管廊系统，科学确定综合管廊断面。

1 规划概况

1.1 区域概况

威海市位于山东半岛东端，北、东、南三面濒临黄海，中、南部由里口山、正棋山等山脉将市区分割，沿海环山的带状用地布局及独特地形成为威海市经济发展和城市扩张的瓶颈，导致城市建设用地紧张、道路交通拥挤、基础设施不足等各种城市发展问题。

威海市第十四次党代会确定了"中心崛起、两轴支撑、环海发展、一体化布局"的市域城市空间发展新格局，做出重点开发建设东部滨海新城、双岛湾科技城等六大重点区域的重要部署，是综合管廊规划建设的良好契机。

1.2 规划范围

本次规划范围包含中心城区及近期重点开发的东部滨海新城、双岛湾科技城等区域，总面积为777km²。

1.3 规划目标

通过系统规划综合管廊，统筹威海市城市地下管线建设，减少"马路拉链"发生，增强地下管线防灾能力；结合架空线入地，杜绝"城市蜘蛛网"现象；提高城市基础设施承载能力，提升城市发展品质。

规划综合管廊95.87km，主要集中于东部滨海新城、中心城区和双岛湾科技城，其中干线综合管廊30.17km，支线综合管廊48.7km，结合中心城区架空线路入地规划缆线管廊约17km。

1.4 规划思路

以总体规划为基础，针对背山面海、带状布局、生态宜居等中等新型城市特点，坚持走内涵式发展道路，以城市道路下部空间综合利用为核心，结合城市经济发展状况和发展战略，从宏观、中观、微观三个层面分析可行性，在市政基础设施领域坚持"多规合一"，围绕市政公用管线布局，采用定性规划、定量验证的方式构建科学合理的综合管廊系统（图2-1-50）。

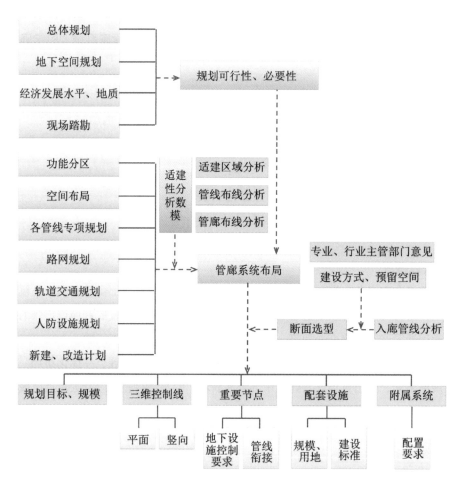

图2-1-50 技术路线图

2 规划必要性及可行性分析

2.1 必要性分析

（1）符合新型城镇化发展需求

威海市是国家新型城镇化综合试点城市，在推进城镇化建设进程中统筹地上、地下建设，进一步提高城市综合承载力。综合管廊可以集约利用地下空间，释放地上空间，有效增加建设用地供给，符合新型城镇化发展的需求。

（2）符合空间发展布局的要求

威海市主要沿滨海一线狭长展开，纵深空间有限，只能采取向东、向西以及地下开发模式达到可持续发展的目标，空间发展布局决定了各工程管线的主要路由相对统一、固定，综合管廊的规划建设保障输送型市政干线的供给安全（图2-1-51）。

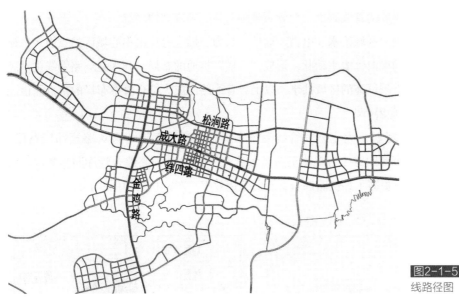

图2-1-51 市政主干管线路径图

2.2 可行性分析

（1）经济基础可支撑综合管廊建设

威海市2015年全市GDP超过3000亿元，人均超过1.7万美元，良好的财政收入和较低的债务率，可为综合管廊建设提供强有力的经济支撑。

（2）新城区开发为综合管廊建设提供契机

威海市正处于新城区大规模开发阶段。东部滨海新城和双岛湾科技城建设正在启动，综合管廊有条件结合新城建设同步实施，在规划阶段即可解决建设用地紧张、城市基础设施不足、"马路拉链"等各种城市发展问题。

3 规划方案

3.1 总体布局

结合总体规划、地下空间规划、各管线专项规划等，分析基础设施站点分布、管线布局及用地规划、城市发展格局等因素，确定在高密度建设区、交通量大的干道、新建城区、结合项目改造的老城区等规划综合管廊，并通过适建性数据模型将各规划提取指标定量衔接进行验证，最终形成"横向贯通、纵向延伸、环状闭合、网状分配"的规划布局。

3.1.1 市政基础设施"多规合一"

在规划编制过程中，积极践行市政基础设施"多规合一"，确保"多规"在地下空间开发、管线容量、综合管廊建设等重要空间参数一致，并在统一的空间信息平台上建立控制线体系，以实现优化空间布局、有效配置土地资源、提高政府空间管控水平和治理能力。

统筹考虑综合管廊规划与道路、管线、地下空间等规划的关系，从技术经济的角度，整合一致的规划布局，调整矛盾的管线路由，使管廊规划与各专项规划协调统一。

以东部滨海新城为例，区域给水、电力、通信、热力、燃气等均由中心城区站点引入，松涧路、成大路、纬四路的横向管线主动脉，形成"三横"贯通的布局；利用金鸡路管线主动脉的纵向分配功能，保证市政设施的区域共享。以上各管线路由成为综合管廊布局的重点路由。

（1）与燃气专项规划相协调

通过编制综合管廊规划，优化燃气管线系统布局，将逍遥大道（金鸡路至纬四路段）*DN*200燃气主管道调整至纬四路（金鸡路至逍遥大道段），结合纬四路综合管廊同步敷设，减少沿山体敷设长度，同时提高了纬四路综合管廊的使用效率（图2-1-52、图2-1-53）。

图2-1-52 原燃气专项规划图

图2-1-53 调整燃气专项规划图

（2）与污水专项规划相协调

根据污水专项规划，金鸡路及松涧路规划有*DN*600～*DN*800压力污水管道，污水自南向北、自西向东接入规划4号泵站，通过规划的4号泵站提升后接入污水处理厂。原规划压力污水管路由地势呈"M"形，上下起伏，通过泵站提升，浪费能源，且增加敷设长度。本次规划中结合地势情况，调整金鸡路、松涧路压力污水管线路由，沿逍遥河南岸敷设重力流污水管道，既可减少泵站能源消耗，又能减少管道敷设长度节省投资（图2-1-54、图2-1-55）。

（3）与城市地下空间规划相协调

《威海城市地下空间开发利用规划》对中心城区地下开发强度和综合管廊建设区域已有规划，本次规划与其相一致，结合开发时序，在青岛路、金线顶核心区、新威路等规划综合管廊。

（4）与轨道交通规划相统一

威海市目前未规划地铁线路，但东部滨海新城规划有轨电车线路，本次规划综合考虑综合

图2-1-54 原排水专项规划图

图2-1-55 调整排水专项规划图

管廊与有轨电车的相对关系。如，金鸡路为综合管廊干线路由，同时也是有轨电车主要路由。有轨电车规划在道路中央分隔带，综合管廊因地上构筑物等附属设施有用地需求予以避让，规划在东侧绿化带，同时控制竖向埋深不少于2.5m（图2-1-56）。

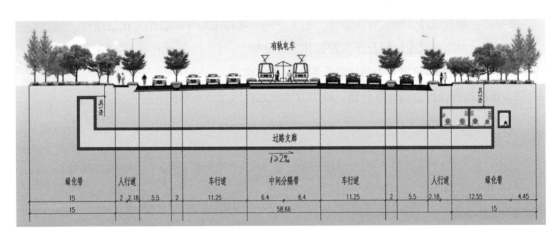

图2-1-56 金鸡路综合管廊与有轨电车节点控制图

（5）与地下管线综合规划相协调

威海市中心城区、东部滨海新城等地下管线综合规划已编制完成或在编，综合管廊规划编制中，在管线敷设方式、平面位置、竖向埋深和管廊所容纳管线容量等方面相统一，最终在节点控制中将三维控制落实到位。

3.1.2 建立量化评价体系，定量确定管廊系统布局

通过构建数据模型将综合管廊规划与各规划相关指标进行定量衔接。如评估体系中筛选道路交通、管线需求、地下空间、周边用地等因素作为评估准则层，再将各准则层分级赋予指数，实现综合管廊规划与道路交通规划、管线专项规划、地下空间开发规划、用地发展规划等统筹考虑、有效衔接（图2-1-57）。

图2-1-57 综合管廊建设区位量化评价体系

（1）评价体系构建

1）首先从技术、经济、社会环境等因素综合分析，利用层次分析法建立评价体系，层次结构为目标层、准则层和指标层。

目标层：综合管廊建设区位量化评价作为总目标。

准则层：筛选道路交通、管线需求、地下空间、周边用地等因素作为评估指标。

指标层：对准则层指标细分作为定性和定量分析。

2）其次体系的构建重点为指标的选取和权重的确定。

3）最后按照评价公式计算分值，得出管廊适建性区域和布线图。

$$U = \sum_{i=1,j=1}^{i=n,j=m} P_{ij} \times Q_{ij}$$

其中：P_{ij}为第i个准则层下第j个分指标值，Q_{ij}为第i个准则层下第j个分指标的权重。

（2）指标体系

1）道路交通

道路交通准则主要从道路等级及交通流量、路面是否适宜开挖、道路建设时序三个评估因子来考虑，赋予每个因子不同的分级情况下不同的指数（表2-1-4～表2-1-6）。

评估因子——道路等级及交通影响评估指数   表2-1-4

评估因子		指数分级				
道路等级	分级	快速路	主干路	次干路	支路	其他道路
	指数	100～80	80～60	60～40	40～20	20～0

评估因子——路面是否适宜开挖评估指数   表2-1-5

评估因子		指数分级				
路面是否适宜开挖	分级	十分适宜	适宜	可	不适宜	不可
	指数	100～80	80～60	60～40	40～20	20～0

评估因子——道路建设时序评估指数   表2-1-6

评估因子		指数分级				
道路建设时序	分级	2016~2017年	2018~2020年	2020~2025年	2025~2030年	2030年后
	指数	100~80	80~60	60~40	40~20	20~0

2）管线需求

从现状管线需求、规划管线建设规模、管线建设时序三个方面量化市政管线需求对综合管廊系统布局的影响（表2-1-7~表2-1-9）。

评估因子——现状管线情况评估指数   表2-1-7

评估因子		指数分级				
现状管线情况	分级	现状管线容量、使用寿命均不满足区域需求	4~6类现状管线容量、使用寿命均不满足区域需求	2~4类现状管线容量、使用寿命均不满足区域需求	1~2类现状管线容量、使用寿命均不满足区域需求	现状管线容量、使用寿命均满足区域需求
	指数	100~80	80~60	60~40	40~20	20~0

评估因子——规划管线种类及性质评估指数   表2-1-8

评估因子		指数分级				
规划管线种类及性质	分级	含"生命线"	含3~4种主干管	含2~3种主干管	含1~2种主干管	均为支管
	指数	100~80	80~60	60~40	40~20	20~0

评估因子——道路建设时序评估指数   表2-1-9

评估因子		指数分级				
建设时序	分级	2016~2017年	2018~2020年	2020~2025年	2025~2030年	2030年后
	指数	100~80	80~60	60~40	40~20	20~0

3）地下空间

地下综合管廊建设结合地下空间开发、商业综合体开发等相关工程同步建设可以减少区域开挖次数和施工投资，还可以减少对周边环境的影响，结合区域地下空间利用规划确定指数（表2-1-10）。

4）周边用地

周边用地主要包含区位因素、用地性质及开发强度、地块开发建设时序三个指标层（表2-1-11~表2-1-13）。

评估因子——地下空间开发条件评估指数   表2-1-10

评估因子		指数分级				
地下空间利用	分级	可结合地下空间、商业综合体开发同步实施	近期可结合地下空间开发、商业综合体计划建设	远期结合地下空间开发、商业综合体建设预留	无地下空间开发、商业综合体建设计划	已经完成地下空间、商业综合体开发
	指数	100~80	80~60	60~40	40~20	20~0

评估因子——区位因素评估指数   表2-1-11

评估因子		指数分级				
区位因素	分级	重点建设区域	新开发建设区域	老城区改造	远期开发建设区域	已建成区
	指数	100~80	80~60	60~40	40~20	20~0

评估因子——用地性质评估指数   表2-1-12

评估因子		指数分级				
用地性质	分类	保护性用地	商业用地	特殊工业用地	居住用地	其他用地
	指数	100~80	80~60	60~40	40~20	20~0

评估因子——地块开发建设时序评估指数   表2-1-13

评估因子		指数分级				
地块开发建设时序	分级	吻合	较为吻合	一般吻合	基本吻合	不吻合
	指数	100~80	80~60	60~40	40~20	20~0

（3）各指标权重的确定

结合总体规划、城市路网、管线专项规划，确定各项评价指标的权重（表2-1-14）。

（4）结论

1）区域适建性分析

依据综合管廊建设区位量化评价体系，对用地范围内各地块的综合管廊建设适建性进行分析评价，确定综合管廊的适建区域。

结合计算结果，将规划范围内地块开发建设综合管廊适建性分为优先建设区域、应建设区域、宜建设区域、可建设区域、不宜建设区域、山体及绿地区域六个等级，各等级建议建设时序依次降低。

威海市管廊建设区域为中心城区高密度建设区域，主要集中在青岛路、新威路两侧及金线顶片区，作为综合管廊规划建设的重点区域。双岛湾科技城高密度建设区域主要在以中央智慧岛为核心的区域。东部滨海新城高密度建设区域主要集中在金鸡路、成大路两侧和逍遥河、五渚河片区以及行政服务中心区域。

量化评价体系评价指标权重　　　　　　　　　　表2-1-14

目标层	准则层	准则权重	指标层	指标权重	最终权重
城市地下市政综合管廊建设区位量化评价体系	道路交通	0.3	道路等级及交通流量	0.3	0.09
			路面是否适宜开挖	0.3	0.09
			道路建设时序	0.4	0.12
	管线需求	0.2	现状管线需求分析	0.4	0.08
			规划管线建设规模	0.4	0.08
			管线建设时序	0.2	0.04
	地下空间	0.2	城市用地综合开发	0.4	0.08
			城市隧道开发	0.6	0.12
	周边用地	0.3	用地分区	0.3	0.09
			用地性质及开发强度	0.3	0.09
			地块开发建设时序	0.4	0.12

2）管廊布线分析

结合区域适建性分析结果和道路实施时序，结合评价分值优先实施城市地下综合管廊。

3.1.3　总体布局

通过定性分析、定量验证形成综合管廊系统布局，提供了精准的区域规划指引，将各区域管廊有机联系起来。

3.1.4　结合数据分析结果，合理控制综合管廊规模

从防灾减灾、土地集约利用、提高市政管线安全保障率等方面考虑，综合管廊的配建率越高越有利，但过高的配建率势必带来经济压力。如何用最少的投资来获得最优的综合管廊建设方案，这一问题对于像威海这样的中等城市来说是需要深入研究的。

结合东部滨海新城道路新建、中心城区道路改造规划建设干线综合管廊、支线综合管廊，结合架空线路入地规划缆线管廊。威海共规划95.87km综合管廊，管廊建设密度约为0.16公里/平方公里，介于国外管廊建设较完善城市的0.12～0.21水平。

到2020年，威海市规划建成综合管廊61.37km，综合管廊配建率约1.97%，与住房城乡建设部、国家发展改革委发布的《全国城市市政基础设施建设"十三五"规划》中2020年城市道路综合管廊综合配建率2%这一要求相契合。

3.2　其他规划内容

（1）入廊管线

目前，常规给水、电力、通信（含联通、移动、广播电视等）及热力管线兼容性好，入廊适应性较高，将上述管线纳入综合管廊。

燃气管线纳入综合管廊，其安全性得到了极大的提高，较直埋敷设所造成的总损失也得到了显著降低，因此将燃气管线单独设舱室入廊。

重力流雨、污水管道原则上按照具备入廊条件的均纳入综合管廊，实施时结合实际情况专题论证是否具备纳入条件。符合排水系统规划、高程能够与上下游管道衔接、满足管廊内敷设的空间要求是入廊的基本条件，一般来说，雨、污水管线最小覆土深度不宜小于3.9m。

（2）断面选型

综合管廊的断面根据容纳的管线种类、数量、施工方法综合确定。威海市总体地质条件良好，周边现状构筑物相对较少，具备明挖施工条件，干线综合管廊采用双舱、三舱断面，支线综合管廊采用双舱、单舱矩形断面。在受到河道、黑松林风貌保护的影响处，如松涧路过石家河及周边区域采用非开挖技术实施，采用圆形断面（图2-1-60）。

从经济性、实用性考虑，结合市政管线容量，仅将新建区域的干线综合管廊规划为三舱断面，其余以单舱、双舱断面及缆线管廊为主（图2-1-58、图2-1-59）。

（3）三维控制线划定

明确综合管廊在城市地下空间的平面、竖向位置，同时结合控规预留配套设施用地等，统一纳入城市黄线管理范畴（图2-1-61）。

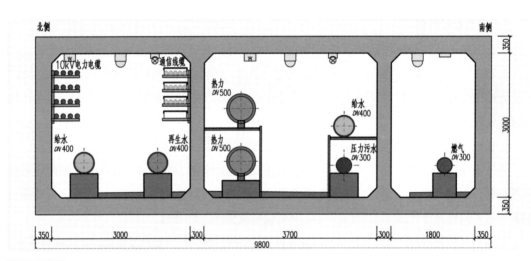

图2-1-58 典型三舱管廊断面

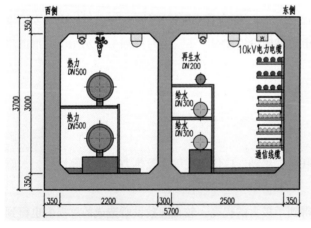

图2-1-59 典型双舱管廊断面

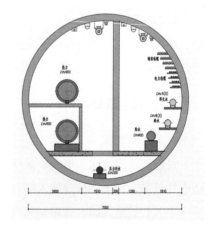

图2-1-60 非开挖管廊断面

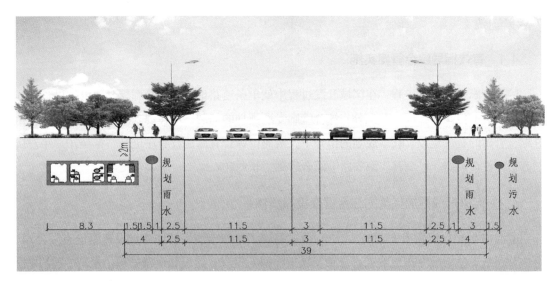

图2-1-61 综合管廊三维控制线图

平面位置优先选择人行道与绿化带，通风及吊装口结合分隔带或者绿化带实施。竖向最小覆土深度根据行车荷载、绿化种植及设计冻深等因素综合确定，控制在2.0m左右。

（4）重要节点控制

对于交叉路口、过河等管线衔接点控制平面位置和竖向高程，重要节点采用BIM技术进行三维模拟，确保平面、竖向留有充分的安全空间（图2-1-62、图2-1-63）。

（5）实施计划

结合威海市"十三五"重点项目建设情况和新区开发进度，确定综合管廊实施计划。

近期（2016～2020年）建设金鸡路、松涧路等综合管廊69.47km，搭建地下综合管廊骨架；与政府相关部门密切配合，制定管线入廊政策；结合已投入运营管廊，制定综合管廊维护和管理制度；探索PPP管廊建设、运营模式，对后续建设运营提供可持续的发展模式。远期（2021～2030年）建设26.4km综合管廊。

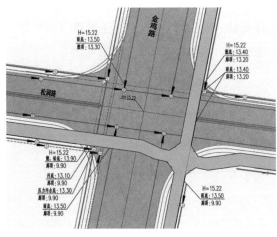

图2-1-62 金鸡路与松涧路交叉口三维控制线图

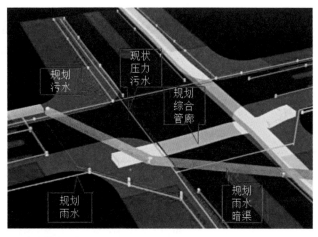

图2-1-63 金鸡路与成大路交叉口三维示意图

4 实施效果

4.1 有效指导综合管廊实施

综合管廊是系统性工程，在区域开发过程中就单条道路论证综合管廊配套建设的可行性和必要性缺乏上位指导，理由不充分。综合管廊专项规划的编制，可在规划层面解决该问题，指导综合管廊的有序建设。在本规划的指导下，威海市综合管廊建设有序进行。截至2017年7月，已开工建设金鸡路、松涧路、海安路等综合管廊，长约20km。

4.2 促进形成更加完善的综合管廊投融资体系

威海市在2014年底积极运作，以PPP模式筹建了威海市滨海新城建设投资股份有限公司，由该公司负责整个威海市地下综合管廊及轨道交通的投资、建设和运营管理。规划中将PPP投融资模式纳入资金保障措施中，为威海市公用设施建设开创了更优、更好的操作模式和方法，有利于项目的后续开发建设，也为地下综合管廊项目建设打下了良好的基础。

专家点评：

中小城市应该更加注重综合管廊的规划建设贴近实际需求，"好钢用在刀刃上"，规划过程应该基于全面系统的基础管线数据分析、基础设施规划分析、城市发展预测等制定规模合理、可实施性强的综合管廊系统。威海市综合管廊规划针对中等城市特点，坚持"多规合一"理念，开展了与管线专项规划、管线综合规划、地下空间开发利用规划等相关规划的统筹融合，尤其注重对相关市政专项规划的优化与调整互动。创新性地提出了建设区域量化评价体系，用数据模型验证规划区综合管廊"横向贯通、纵向延伸、环状闭合、网状分配"布局，对同类型其他中小城市编制管廊规划的技术路线提供了可借鉴的经验。

规划管理部门：威海市规划局

规划编制单位：青岛市市政工程设计研究院有限责任公司，威海市城乡规划编研中心有限公司

案例编写人员：徐海博　姜秀艳　张先贵　孙元慧　张江华　丛　芃　王德康
　　　　　　　李福宝　于　丹　邴　斌　张　涛　姚智文　李学良　郑佩卿

6 基于城市市政供给特点的平潭综合实验区地下综合管廊规划案例

案例特色：结合海岛城市市政岛外供给和城市离散组团开发特点，以岛内岛外联系市政主通道和组团之间市政联系主通道为骨架构建管廊系统，提高了市政供给可靠性；规划注重需求分析，按照基础设施融合、多规合一的原则实现各类规划统筹协调，力求达到管廊规划编制效益最大化。

1 项目概况

1.1 城市概况

平潭陆域面积392.92km^2，海域面积6064km^2，全区由126座岛屿组成，主岛海坛岛面积324.14km^2，为福建第一大岛、全国第五大岛。2011年12月，中央编办同意设立平潭综合实验区，2015年4月，中国（福建）自由贸易试验区平潭片区正式挂牌，平潭成为大陆唯一的"综合实验区+自贸试验区"。

2014年11月，习近平总书记上岛视察，强调平潭综合实验区是"闽台合作的窗口、国家对外开放的窗口"，提出要将平潭打造成"国际旅游岛"。"福建省国民经济和社会发展第十三个五年规划纲要"提出，要高标准推进平潭国际旅游岛建设，创建"生态示范城市""平潭智慧岛"，建设休闲度假旅游目的地。

1.2 规划范围

规划范围为平潭主岛海坛岛，包括潭城、苏澳、澳前、白青、平原、芦洋、中楼、流水、岚城、北厝、敖东等乡镇街道所辖陆地行政区域及拟围填海域，面积为324.14km^2。

1.3 规划目标

贯彻落实国家、省、市层面关于综合管廊的规划建设要求，推进平潭城市地下综合管廊建设工作，加强政府对地下空间资源开发利用和保护的管理，合理确定城市地下综合管廊布局及建设要求，对综合管廊投资、建设、运营和管理提出合理化建议，形成指导全区综合管廊建设管理的纲领性文件，探索全区管线建设新模式，加快实现国际旅游岛建设目标，促进全区经济社会可持续发展。

2 规划方案

2.1 规划建设综合管廊必要性

2.1.1 滨海盐雾环境中的管线防护需求

平潭属于海洋性气候，海水中含盐量较高，海浪拍击形成的细小雾滴在海风吹散下形成了平潭特殊的滨海盐雾环境。盐雾腐蚀是一种常见和有破坏性的大气腐蚀，长年海水、海盐及湿气的腐蚀比陆地气候年腐蚀率高3～4倍。同时，由于平潭岛地下大量海水入侵，吹填围海造地范围面积广，土壤中氯离子含量远超内陆土壤中的含量，直埋地下的市政管线容易被腐蚀。地下管线常常采用球墨铸铁、焊接钢管等金属材料，长期置于高盐分环境中腐蚀严重；同时各类管线井常会有地下水渗入，渗入水的含盐量较高，会加速阀门井中阀门及管件的腐蚀。

建设综合管廊，将架空线路、给水、通信等市政重要管线纳入综合管廊中，不仅能极大地降低管线被腐蚀的风险，减少管线维护成本，还增加了管线使用寿命，效益明显。

2.1.2 台风多发地区的管线稳定运行需求

平潭地处南亚热带海洋性季风气候区，主要气候灾害有大风、暴雨等，年台风频次为4次。每年台风登陆一般都会给人民财产和生产生活造成巨大的损失，并时常造成停水、停电、停气，影响居民生活。据估算，台风每年对平潭架空线造成的直接损失在300万元左右，间接损失更是难以估算。

台风等异常气候条件对城市保障提出了更高要求。日本与中国台湾等地区的建设及使用经验证明，综合管廊能有效地增强城市管线的安全性，即使受到强台风灾害，城市各种管线由于设置在综合管廊内，可有效避免由于电线杆（塔）折断、倾倒、断开而造成二次灾害，从而有效增强城市的防灾、抗灾能力。在平潭开展综合管廊建设，将各种管线置于管廊内敷设，可大幅提升平潭市政设施的防灾能力，确保在台风等自然灾害到来时，各类管线仍可稳定运行，保证人民生活不受影响。

2.1.3 城市地下空间集约开发利用的需求

平潭全岛人多地少，土地资源紧张，城市空间资源有限。建设地下综合管廊，统筹安排各类管线，可节约地上管线敷设所需要的城市地上空间。同时，将各类市政管线集约布置在综合管廊内，实现了管线的"立体式布置"，替代了传统的"平面错开式布置"，减少了地下管线对道路以下及两侧的占用面积，节约了城市用地。

另外，作为新建城市，平潭大部分片区用于商业与居民住宅开发，容积率较高，片区与地下空间利用要求高，管线入廊可整合周边片区各类地下设施，形成相互贯通的城市空间系统，减少空间资源浪费。

2.1.4 国际旅游岛绿色生态开发建设的需求

平潭旅游资源景观独特、类别丰富，有国家一级至四级景点128个，海坛八大景区还被评为国家重点风景名胜区，2006年被评为首批国家自然遗产。综合管廊建设是平潭城市建设的基本组成部分，是"国际旅游岛"建设的基本要求。建设综合管廊，可大幅降低因增设、维修各类管线造成的道路二次开挖频率，保持城市空间景观完整和美观，改善城市综合环境；也可减少城市架空和外挂管线，减少道路杆柱及各种管线的检查井（室）等，美化城市景观和城市环境。同时，综合管廊建设可腾出大量宝贵的城市地面空间，增加城市绿化面积和植被覆盖，改善城市生态环境，推动生态、智慧型"国际旅游岛"建设。

2.2　规划思路

规划从城市功能、道路交通和市政管线等影响综合管廊布局的重要因素入手，综合考虑土地利用现状、城市用地规划、地下空间开发、城市开发强度、道路和轨道交通规划、市政管线规划等情况，结合综合管廊建设的相关标准，分析规划区域内综合管廊布局，考虑到雨、污水管道属于重力流管道，规划不作为系统布局分析因素，仅在布局范围内有条件入廊时入廊处理。

2.2.1　构建全岛干线管廊网络

（1）岛内岛外联系市政主通道优先设置管廊

平潭属于海岛城市，岛内主要水、电、气均为岛外结合交通通道供应，市政供给特点凸显岛内岛外联系市政主通道重要性，在岛内岛外联系市政主通道上设置综合管廊，一方面在综合管廊内预留部分空间，远期进岛管线需增加时可直接敷设在管廊内；另一方面可实现管线集约化建设，最大化预留道路下地下空间，为将来不可预知的市政管线负荷增长预留敷设空间。同时在岛内岛外联系市政主通道设置综合管廊可提高全岛市政管道安全等级（图2-1-64）。

（2）岛内各开发组团市政联系主通道优先设置管廊

平潭各开发组团相对离散，市政供给相对独立，主要通过给水干管、高压电缆、天然气干管联系各组团，市政管网相对脆弱，规划结合平潭开发特点，在各开发组团市政联系主通道设置管廊，提高组团间市政联络通道可靠性，同时可作为市政供给区域调配主通道使用（图2-1-65）。

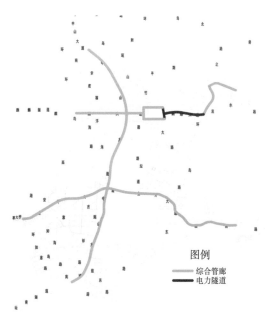

图2-1-64　岛内岛外联系市政主通道管廊系统　　图2-1-65　组团市政联系主通道综合管廊

2.2.2　统筹区域规划和地块需求，服务主要区域

居住用地、商业用地、工业用地等开发强度高的区域给水、排水、电力、通信等市政负荷需求较大，综合管廊优先在以上地块周边设置。

2.2.3　行政办公用地等社会影响较大的区域优先设置综合管廊

行政办公用地、会展用地、文物古迹用地等用地周边开挖施工管线造成社会影响较大，直接关系到城市形象，在以上区域周边建设综合管廊可有效减少道路反复开挖，减少管线施工对环境的影响，优先设置。

2.2.4　结合地下设施同步规划建设综合管廊

综合管廊属于地下空间的一种，与其他地下空间、地铁、地下道路、高架桥同期实施，可减少土方开挖及支护、结构成本，节约土地资源，优先设置。

2.2.5　交通流量较大道路沿线优先设置综合管廊

综合管廊为钢筋混凝土结构，新敷设管线可直接在管廊内施工，无须阻碍交通通行，在交通流量较大道路优先设置。

2.2.6　主干管线优先入廊

大管径给水干管、110kV及220kV以上等级高压电缆属于城市生命线，断水、断电将直接影响城市居民生活，造成大面积停水、停电等，综合管廊因其自身结构对管线优异的保护性能，可提高管线安全标准，主干管线沿线应优先设置。考虑到雨水、污水、燃气管道特殊性，本次规划这三类管线不作为综合管廊布局分析考虑因素，雨水管涵、污水重力流管道满足标高要求等条件时入廊敷设，燃气管道仅考虑在规划综合管廊路段入廊。

具体综合管廊布局思路见表2-1-15。

综合管廊布局思路表　　　　　　　　　　　表2-1-15

序号	综合管廊设置控制因素			是否考虑设置管廊	备注
1	管线规划	110kV及以上高压电力	3回及以上220kV电力电缆	优先考虑设置	设置电力隧道或综合管廊
			2回220kV+1回110kV及以上电力电缆		
			1回220kV+3回及以上电力电缆		
			5回及以上110kV电力电缆		
		10kV中压电缆	主干电力通道	优先考虑设置	
		给水	给水主干管及高压供水管	优先考虑设置	
2	岛内岛外联系市政主通道			优先考虑设置	
3	岛内各开发组团市政联系主通道			优先考虑设置	
4	市政负荷需求较大的地块周边道路			优先考虑设置	
5	社会影响较大的区域周边道路			优先考虑设置	
6	地下空间开发密集区域、地铁沿线、地下道路沿线、高架桥沿线			优先考虑设置	
7	交通流量较大道路			优先考虑设置	

2.3　入廊管线

规划综合管廊的路段，秉承"能入皆入，不入为例外"的原则，除雨水外的所有市政管线原则上全部入廊敷设，无法纳入综合管廊的管线进行详细分析及论证。

市政管道中重力流管道入廊分析从全岛雨水、污水系统综合考虑，重点分析规划管廊布局范围内（已建及在建管廊除外）的雨水、污水管道，结合雨水、污水规划、综合管廊布局和其他相关规划，综合考虑雨水、污水系统现状情况、道路地势坡度、现状和规划河道等因素，具体分析每条道路雨水、污水管道是否入廊。规划管廊路段雨水、污水管道为现状管道时不考虑入廊。重力流管道入廊后，综合管廊竖向埋深及平面布置应与城市道路、河道、地下空间开发等综合协调，从而保证排水安全及综合管廊技术经济的合理性。

规划污水入廊61.324km、雨水入廊3.686km、天然气入廊51.21km，近、远期需新建综合管廊100.71km，污水入廊占比60.89%、雨水入廊占比3.66%、天然气入廊占比50.85%，同时雨水、污水、天然气均入廊（所有管线入廊）综合管廊2.378km，占近、远期需新建综合管廊比例为2.36%。

2.4　管廊布局

至规划期末，规划干、支线综合管廊合计126.24km（现状25.53km），其中干线综合管廊72.98km（现状15.38km），支线综合管廊53.26km（现状9.53km），规划电力隧道30.86km（现状19.2km），规划四处监控中心（1处主控中心，3处分控中心）。最终形成两横（金井大道—澳前路、麒麟大道）、两纵（中山大道、环岛路）、四环（金井大道—中山大道南段—安海路、中山大道南段—环岛路—金井大道、中山大道—金井大道路—环岛路—麒麟大道、幸福洋路—龙凤西路—中山大道—南岛路）、成环结网，层次分明，辐射整个实验区的综合管廊体系（图2-1-66）。

2.5　管廊断面

规划综合管廊共分A、B、C、D四种类型断面，管廊断面1~4舱（图2-1-67~图2-1-70）。

2.6　统筹协调，多规合一

专项规划编制过程中，主要以城市土地规划结构布局为核心，围绕市政公用管线布局，对城区综合管廊进行合理布局和优化配置，构筑服务核心区的综合管廊系统。同时梳理用地布局规划、路网规划、管线综合规划、给排水规划、供电系统规划、通信系统规划、地下空间开发和轨道交通规划，根据管廊布局优化各专项规划并反馈给专项规划的编制单位并及时沟通调整，达到专项规划和管廊规划的统一。例如中原片区对电力规划调整如下：

《平潭综合实验区35kV及以上电力设施布局规划（2010—2030）》规划3~5回110kV以上高压电力电缆从长盛路通过，考虑到综合管廊对重大管线的保护，综合管廊专项规划修编将高压线路调整至瑶竹北路综合管廊。调整后线路走向基本与电力专项规划一致，不对原有高压系统造成影响（图2-1-71、图2-1-72）。

图2-1-66 管廊系统规划图

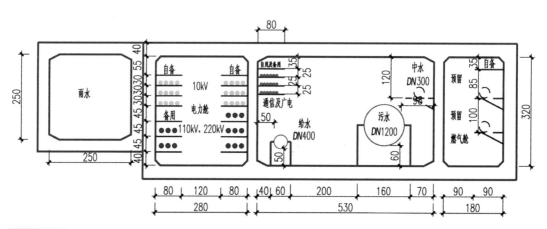

图2-1-67 A型综合管廊典型断面

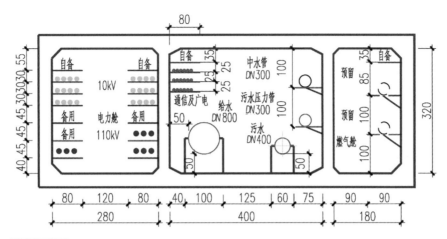

图2-1-68 B型综合管廊典型断面

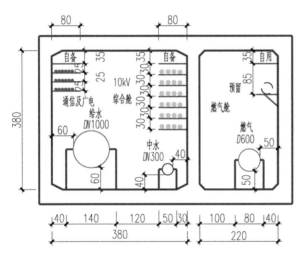

图2-1-69 C型综合管廊典型断面

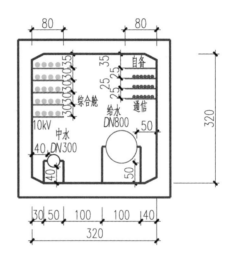

图2-1-70 D型综合管廊典型断面

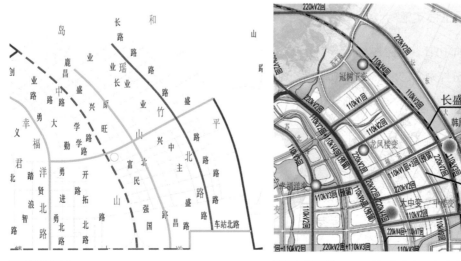

图2-1-71 瑶竹北路规划布置综合管廊

图2-1-72 原规划长盛路高压线路路径图

2.7 建设时序

综合管廊结合道路、重大管线、片区开发建设时序统筹考虑，近期建设综合管廊79.2km（其中干线综合管廊37.6km，支线综合管廊29.94km），电力隧道11.66km；远期建设综合管廊合计33.17公km，其中干线综合管廊20km，支线综合管廊13.17km。

2.8 建设管理及投融资专题研究

2.8.1 建设、运营管理模式研究

规划有针对性地开展了建设、运营管理模式研究，同步整合投融资模式，并据以评估修订《综合管廊建设、管理办法》《综合管廊建设、运营费用分摊办法》，指导平潭管廊的科学建设和合理运营，研究主要内容为：

（1）确立建设、运营及管理权责分工；

（2）平潭综合实验区城市综合管廊建设、管理等现行办法修订；

（3）研究开展综合管廊建设、施工、管理、维护人员管理机制；

（4）紧急应变处理机制。

2.8.2 投融资模式研究

开展投融资模式研究，提供多样化的管廊建设投资模式解决方案，减轻政府财政压力，促进地方管廊和基础设施建设，研究主要内容为：

（1）平潭综合实验区地下综合管廊规划成果汇整分析；

（2）PPP开发方式与条件；

（3）投资财务计划分析；

（4）PPP开发条件规划。

3 实施效果

3.1 指导工程实施

截至2022年10月，平潭环岛路、中山大道、东大路、滨湖路、环湖路约36km管廊及总控中心、环湖路分控中心已按照规划完成建设，目前正在依据规划开展君山路、进站南路、长兴路约3.5km管廊及金井湾分控中心前期研究。

3.2 促进完善政策法规

平潭已完成制定《综合管廊建设、管理办法》《综合管廊建设、运营费用分摊办法》，规划有针对性地开展了建设、运营管理模式研究，同步整合投融资模式，对《综合管廊建设、管理办法》《综合管廊建设、运营费用分摊办法》进行了评估，并计划开展相关修订工作。

专家点评：

　　平潭是典型海岛城市，发展定位高，该规划结合平潭特点，对需求和实施条件进行深入分析。规划编制过程中注重各类规划统筹协调和融合，实现管廊效益最大化。入廊管线选择秉承能入皆入原则，管廊断面设置合理，形成了主次分明，辐射整个实验区的综合管廊系统。规划编制同期开展了建设、运营管理模式及投融资模式研究，为城市综合管廊建设提供了支撑。整体来看该规划对国内同类型城市综合管廊规划编制有一定的借鉴意义。

　　规划管理部门：平潭综合实验区规划局
　　规划编制单位：深圳市市政设计研究院有限公司、中兴工程顾问股份有限公司
　　案例编写人员：杜永帮　徐　波　张健君　戴文涛　曹益宁　许　彪　符　斌
　　　　　　　　　刘月英　吴清泼

三、片区级地下综合管廊规划编制案例

7 结合新技术、新工艺应用的上海市松江南站大型居住社区地下综合管廊规划案例

案例特色：东南地区超大城市新建大型居住社区综合管廊规划案例，规划定位为指导工程实施为主的功能区综合管廊规划。该规划以多规融合为技术手段，实现了地下综合管廊规划与海绵城市理念的较好结合，并在地下空间综合利用方面进行了有益探索。

1 项目概况

1.1 区域概况

松江新城是上海市西南部重要的门户枢纽，松江南站大型居住社区位于松江新城南部高铁片区，是松江新城的重要组成部分，规划将建成以高端商务和生态居住为主导功能的宜居宜业的复合型城区。

松江南站大型居住社区规划定位和环境品质高，区域内管线设施承载力需求大，在基础设施建设时，需充分考虑城市发展对市政设施的负荷需求，增强区域内管线的承载能力，做好城市发展保障，基于前述分析，有必要对各种市政管线采用统一规划建设、统一管理维护的综合管廊建设方式，提升区域基础设施的现代化水平，为城区持续发展提供可靠管线保障。

1.2 规划范围

松江南站大型居住社区综合管廊规划范围为：东至北沕泾，南至规划申嘉湖高速公路（S32），西至毛竹港，北至老沪杭铁路—北松公路，总规划面积13.62km²（图2-1-73）。

1.3 规划目标

作为上海市综合管廊试点工程之一，松江南站大型居住社区综合管廊规划目标为：系统规划在管廊建设与直埋平衡的基础上，达到辐射最广、体系完善、功能齐全的目标；断面规划在安全与经济平衡的基础上，达到效率最大、运行安全的目标；纳入管线规划在整合优化各管线专项规划基础上，达到能入皆入、集约敷设、安全运行的目标。

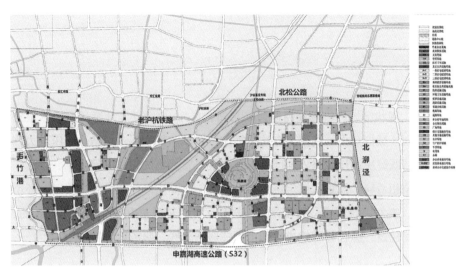

图2-1-73
规划范围用地规划图

1.4 规划思路

松江南站大型居住区综合管廊专项规划属于上海市综合管廊规划的第三层级（第一层级是以布局规划为主的上海市综合管廊规划、第二层级是以系统控制为主的行政区综合管廊规划、第三层级是以指导工程实施为主的功能区综合管廊规划），其主要任务是指导规划区内综合管廊工程建设。

松江南站大型居住区为城市新建区域，现状基本为农田与林地。综合管廊布局的影响因素主要是：城市用地规划、道路和轨道交通规划、区域开发定位、城市地下空间开发规划、各类市政管线规划等。综合管廊布局原则如下（图2-1-74）：

（1）市政负荷需求较大的地块周边优先设置综合管廊

规划区域商业用地主要分布在松江南站地区与华阳湖周边地区，开发强度高，给水、排水、电力、通信等市政管线负荷需求大，综合管廊应优先在商业地块周边设置，服务高强度开发地块需求。

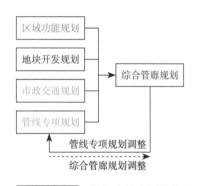

图2-1-74 松江南站大型居住区综合管廊专项规划编制思路

（2）结合各类市政管线规划，主干管线优先入廊

分析整合市政专项规划，保障大管径给水干管、110kV及220kV高压电缆等城市生命干线管道，在玉阳大道、旗亭路等路段，规划了干支线综合管廊，容纳高压电力和给水干管等管线。

（3）结合道路交通规划，形成综合管廊区域网络

为满足地下管线集约敷设、集中管理的需求，规划布置支线综合管廊，形成管廊区域网络，实现管廊系统服务区域最大化的目标。

基于前述分析，综合管廊系统由干支混合综合管廊和支线综合管廊组成，共计24.70km。

2 规划方案

2.1 技术路线

2.1.1 需求分析

（1）高压电缆入地：现状区域内申嘉湖高速公路北侧有110kV电力架空线穿过地块。根据电力管线专项规划，规划区域拟建多处高压变电站，需架设多回路架空线。拟结合高压电力线路入地，建设综合管廊，既解决高压线路入地问题，也实现了管线集约化建设问题；

（2）与区域功能定位相适应：规划区域定位为高端商务、高品质居住及科教文化区，环境品质和发展保障需求高，规划综合管廊，与南站大型居住区的长期发展和实际需求是一致的，随着区域内各类地块开发建设，综合管廊建成后即可发挥服务管线、服务地块的作用。

2.1.2 管线梳理

南站大型居住区作为超大城市的新建区域，各项市政管线规划较为完备。区域内较为重要的管线主要包括：110kV高压电缆、给水干管、天然气管线等。其中作为管线主要通道的道路有：东西向的金玉路、玉阳大道、旗亭路；南北向的富永路、谷水大道、百雀寺路、松卫北路、南乐路等（图2-1-75）。

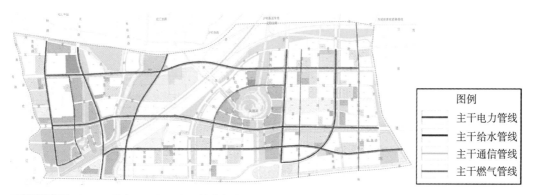

图2-1-75 松江南站大型居住区主干管线走向图

2.2 总体布局

2.2.1 道路及市政管线分析

（1）现状建设区域条件较好，大部分道路红线宽度为32m以上，且主干道两侧均设置绿地；

（2）区域内规划电力回数较多（均为20孔），且在主干道上均有敷设，旗亭路和玉阳大道是高压电力线路的主通道；

（3）区域临近松江新车墩水厂，部分主干道下规划2根DN1000输水管，主要分布在玉阳大道、南乐路以及松卫北路；

（4）区域内规划次高压及中压天然气管线管径为DN400，主要分布在玉阳大道。

2.2.2 综合管廊系统布局

（1）根据高压电力走向，在旗亭路（谷水大道—松卫北路）、玉阳大道（谷水大道—披云门路）、松卫北路（南乐路—香亭路）、南乐路（松卫北路—香亭路）、金玉路（富永路—望塔路）、富永路（玉阳大道—盐仓路）、谷水大道（玉阳大道—申嘉湖高速公路）布置综合管廊。

（2）根据给水干管规划，在玉阳大道（富永路—披云门路）、松卫北路（玉阳大道—香亭路）、金玉路（富永路—欣浪路）、南乐路（松卫北路—香亭路）、谷水大道（汤家宅路—申嘉湖高速公路）布置综合管廊。

（3）服务松江南站区块与华阳湖周边区块的高强度开发，在白粮路（申嘉湖高速公路—松卫北路）、富永路（汤家宅路—盐仓路）、谷水大道（汤家宅路—申嘉湖高速公路）布置综合管廊。

综合考虑地块开发、110kV电力电缆、给水干管、燃气管线等规划，形成以金玉路、富永路、玉阳大道、松卫北路等为主体的综合管廊干线框架网络，谷水大道、白粮路、旗亭路、南乐路等为支线的区域网络，服务各自片区，并与干线网络有机结合，构成松江南站大型居住社区的网络化、层次化综合管廊系统布局（图2-1-76）。

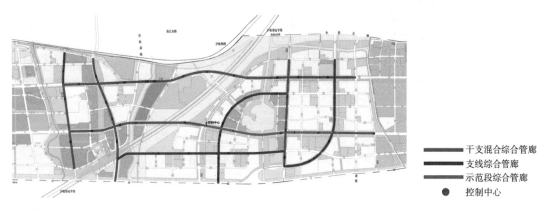

干支混合综合管廊
支线综合管廊
示范段综合管廊
● 控制中心

图2-1-76 松江南站大型居住区综合管廊系统规划图

规划综合管廊总长约24.70km，主要容纳电力、通信、给水、天然气、雨水、污水等管线。规划设置一处控制中心，位于百雀寺路东侧绿地中。

2.2.3 管线优化

在综合管廊系统布局研究过程中，对区域内电力电缆规划和给水管道规划提出了优化建议，实现了综合管廊规划与管线专项规划的高度融合，确保综合管廊发挥最大效益。同时，与沿线桥梁方案、道路断面规划、河道驳岸等进行充分协调，实现管廊工程与相关设施建设在时序和空间布置上的有序衔接，确保了综合管廊工程方案落地。

2.3 断面方案

为实现指导工程实施的目标，松江南站大型居住社区综合管廊专项规划结合分期建设时序，明确近期建设综合管廊为旗亭路、白粮路及玉阳大道综合管廊。

旗亭路综合管廊：纳入管线为110kV电力电缆、10kV电力电缆、信息管线及给水管线，断面为双舱形式（图2-1-77）。

白粮路综合管廊：纳入管线为10kV电力电缆、信息管线及给水管线，断面为单舱形式。（图2-1-78）。

玉阳大道综合管廊：标准段纳入管线为110kV电力电缆、10kV电力电缆、信息管线、给水管线、燃气管线，断面为三舱形式（图2-1-79）。示范段纳入管线为110kV电力电缆、10kV电力电缆、信息管线、给水管线、雨水管线、污水管线、燃气管线，断面为六舱形式（图2-1-80）。

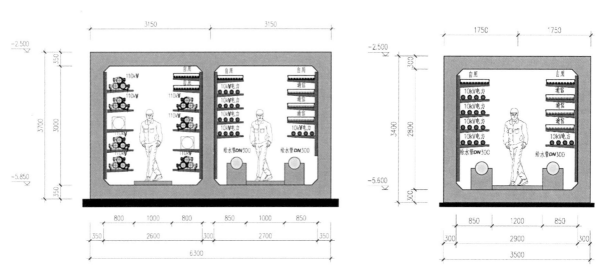

图2-1-77　旗亭路综合管廊标准断面布置图　　　　图2-1-78　白粮路综合管廊标准断面布置图

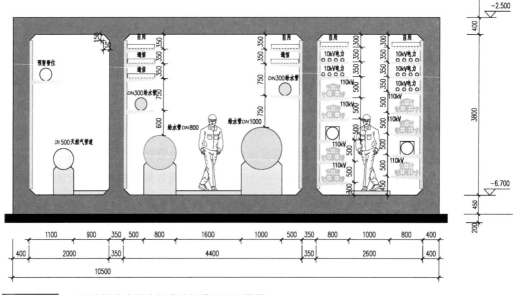

图2-1-79　玉阳大道综合管廊标准段标准断面布置图

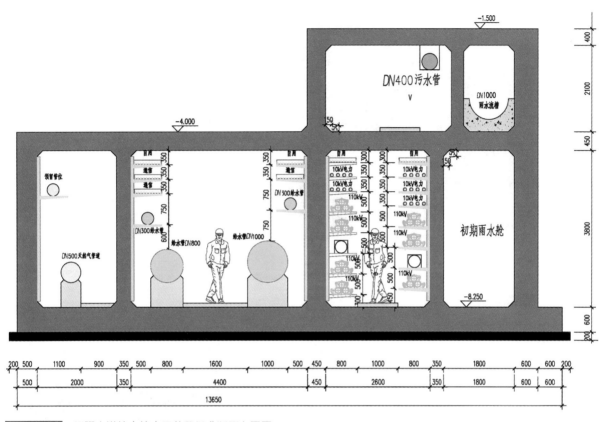

图2-1-80 玉阳大道综合管廊示范段标准断面布置图

在综合管廊断面设计过程中，综合考虑入廊管线种类及规模，结合新区的建设优势，应用了以下新技术与新工艺：

（1）多规划融合，实现全管线入廊

将全部管线纳入综合管廊是解决马路拉链、实现管线集约敷设与管理的重要措施，在专项规划编制过程中，通过合理优化各市政管线专项规划，将规划横穿大型居住区的高压架空线纳入旗亭路综合管廊，实现了土地资源的释放。并且因地制宜地在玉阳大道将电力、通信、给水、雨水、污水、天然气等管线全部纳入综合管廊，有效释放了道路下部空间，实现了管线集中建设集约管理的目标。由于管廊内纳入的污水管线为重力流，在设计中通过调整污水管标高使其与管廊纵断走向一致，支承采用吊架与支墩结合的形式，保证污水管线标高满足要求。

（2）结合海绵城市理念，考虑防洪排涝

在玉阳大道部分路段，将综合管廊与海绵城市理念结合，创建"海绵管廊"示范标准断面（图2-1-81）。根据片区排水规划，松江南站大型居住区玉阳大道综合管廊融入海绵城市技术，将初期降雨截留排入初期雨水舱，实现区域初期雨水最大程度截流，短时调蓄后错峰排至城市污水系统，以减少初期雨水中高浓度污染物直排至城市河网带来的面源污染，提升片区水环境。当城市遭遇强降雨时，可实现洪水季短时贮存雨水，待洪峰过后排至附近的河网，对洪水进行削峰调蓄，有效应对城市内涝风险。在初期雨水舱的设计中，设计重现期取5年，地面集水时间为10min，管廊雨水舱服务范围内道路径流系数取0.9，居民区综合径流系数取0.6，则管

图2-1-81 玉阳大道综合管廊结合海绵城市理念示意

右侧图例：
- 自用
- 通信
- 预留管位
- 10kV电力
- 110kV
- DN300给水管
- DN1000给水管
- DN800给水管
- DN400污水管
- DN500天然气管道

廊雨水设计流量约500m³/min，考虑开始降雨后15min的雨量为初雨弃流量，则弃流量约7500m³。初期雨水舱断面为3.8m×1.8m，有效长度2021m，设计有效水深1m，则初期雨水舱有效容积为7700m³，满足初雨弃流量的储存需求。初期雨水舱与电力舱之间采用钢板止水带与聚氨酯防水涂料双重防水，保证运营安全。

（3）与地下空间结合，重视地下空间综合利用

图2-1-82 玉阳大道综合管廊结合地下空间利用示意

在结合海绵城市理念和全部管线入廊的基础上，充分考虑北部华阳湖沿岸高品质开发的需求，将综合管廊与地下空间综合利用结合，实现了功能和经济的最佳平衡。根据所处地块的周边环境以及综合管廊的实际情况，综合考虑城市公共设施的需求，设计出与城市景观相融合，并能够更好地服务于居民的公共地下空间。地下空间功能可划分为地下存储空间（所存储物品燃烧性能为丁、戊类）、地下临时展示空间、地下服务、维修空间以及地下设备管理空间等城市公共功能空间（图2-1-82）。

3　实施情况

3.1　实施计划

根据道路建设时序，确定松江南站大型居住社区综合管廊工程分期建设规模如下（图2-1-83）：

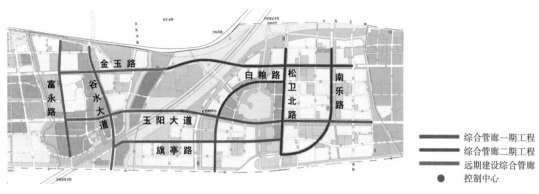

图2-1-83 松江南站大型居住社区综合管廊分期建设图

（1）旗亭路（松金公路—松卫北路）、白粮路（申嘉湖高速公路—玉阳大道）、玉阳大道（白苧路—披云门路）管廊为一期工程，2017年启动建设，共计约7.43km；

（2）金玉路（松金公路—欣浪路）、白粮路（玉阳大道—松卫北路）、松卫北路（南乐路—香亭路）、南乐路（松卫北路—香亭路）管廊结合道路同步建设，共计约8.78km；

（3）其余管廊为远期规划建设。

3.2 实施效果

松江南站大型居住社区综合管廊专项规划通过合理确定综合管廊建设布局、管线种类、断面形式等，明确建设时序，对松江南站大型居住社区综合管廊建设发挥重要指导作用。松江南站大型居住社区综合管廊一期工程已于2016年12月开工，包括旗亭路、白粮路及玉阳大道三条综合管廊，总长度约为7.43km，目前已基本竣工，并投入运行。二期工程包括松卫北路、南乐路及金玉路三条综合管廊，总长约为7.31km，目前正在建设中。

专家点评：

松江南站大型居住社区综合管廊规划坚持多规合一，通过需求与建设时序分析，构建了适合区域发展的综合管廊系统，因地制宜地实现了全管线入廊与架空线入地，创新性地在规划中结合海绵城市理念，探索地下空间综合利用，技术较为先进，落地性强，对功能区综合管廊建设发挥了重要的指导作用。

规划管线全部入廊，是很好的实践，在实施中应注意污水管线的竖向高程与管廊纵断竖向的结合；初期雨水舱的容量应根据初雨弃流量合理计算存储空间；雨水舱与电力舱间隔布置，应做好两舱之间的防水处理。

规划管理部门：上海松江区规划和土地管理局

规划编制单位：上海市政工程设计研究总院（集团）有限公司

案例编写人员：王恒栋 王 建 仇含笑

8 山地城市以架空线入地为导向的贵安新区直管区地下综合管廊规划案例

案例特色： 针对贵安新区典型喀斯特地貌和山地城市建设用地紧张等特点，基于高压电力线入地的需求，以高压电力规划为主导，并与其他市政专项规划相互融合，构建管廊系统布局，同时为智慧综合管廊建设提供实践探索经验。

1 项目概况

1.1 城市概况

贵安新区是国家级新区，位于贵阳市和安顺市结合部，其定位为西部地区重要的经济增长极、内陆开放型经济新高地和生态文明示范区。贵安新区直管区地处贵州高原中部，大部分地区海拔为1200~1300m，区域内高原山地居多，素有"八山一水一分田""地无三尺平"之说，建设用地相对匮乏，境内岩溶分布范围广泛，地域分布明显，新区属于典型的喀斯特地貌的山地城市。

1.2 规划范围

本规划的范围为贵安新区直管区，规划总面积470km²，其中建设用地面积约120km²，含中心区、马场科技新城、大学城等片区。

直管区是贵安新区核心职能聚集地区，承担新区商务总部、国际交往、会议论坛、科教研发、文化创意、电子信息、高端装备制造等高端职能。2015年直管区现状总人口26.7万人，至2030年，直管区规划常住人口106万人。

1.3 规划目标

本次综合管廊规划的目标是科学构建"网络畅达、干支结合、疏密有致"的综合管廊系统，实现贵安新区市政管线建设高端化、绿色化、集约化、智能化，基本消除"马路拉链"和"空中蛛网"。

2 规划方案

2.1 技术路线

2.1.1 总体梳理分析

对贵安新区已有的城市总体规划、控制性详细规划、专项规划等各类规划资料进行系统梳理分析，分析用地布局、重大设施、主干市政管网等与综合管廊建设密切相关的因素，重点分析电力系统相关规划和综合管廊建设密切相关的因素，以及喀斯特地貌地下岩溶对地下综合管廊建设的影响。

2.1.2 了解现状

摸清贵安新区直管区建设现状，重点清理道路建设情况、已建主干市政管网及市政场站情况；分析地质条件，初步掌握新区地下岩溶的分布情况。

2.1.3 借鉴国内外规划经验

对国内外综合管廊建设运行案例进行分析，借鉴其在建设区域、布局形态、综合管廊密度、入廊管线等方面的经验。

2.1.4 初步布局+调整优化

通过上述的分析整理，首先进行综合管廊初步方案布局，之后再结合新区喀斯特地貌、海绵城市、智慧城市和大数据中心的分析，对综合管廊初步方案进行调整优化，形成新区综合管廊方案布局，之后再完成综合管廊断面选型、入廊管线比选、节点控制、附属及配套设施等工作，并进行建设分期及投资估算，对投融资及建设运营模式提出合理建议，分析预期收益并提出保障措施。规划技术路线见图2-1-84。

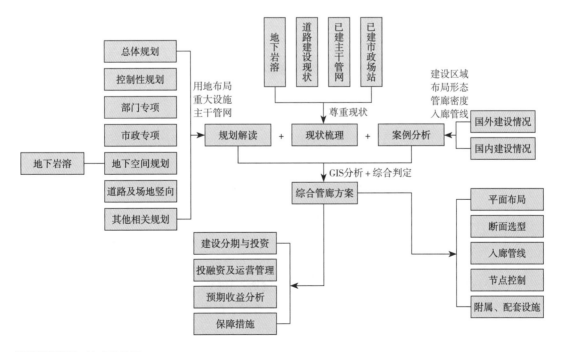

图2-1-84 技术路线图

2.2 适建性分析

2.2.1 评价体系

综合管廊建设区域的选取主要考虑城市功能分区及用地强度、市政管线及主干管线走廊、道路建设情况、地下空间利用、道路交通流量、主要景观道路等诸多因素，还应考虑地下岩溶的因素对综合管廊建设的影响。

为便于综合评价综合管廊选线因素，本次规划将贵安新区直管区内次干路及以上道路作为综合管廊建设的主要载体，通过文献综述法和专家打分法，对各单项因素进行分级打分，并通过ArcGIS软件，将各单项因素的分级评分结果赋予相应道路上，并采取加权叠加分析法建立综合管廊适建道路评价，最终通过叠加分析得出综合管廊适建区域，叠加分析模型如下式所示：

$$S = \sum_{i=1}^{n} W_i X_i (i = 1, 2, 3, \cdots, n) \qquad （式2-1-1）$$

式中　　S——综合管廊适建道路综合评价指数；

　　　　W_i——第i种评价因子的权重；

　　　　X_i——第i种评价因子的得分（无量纲）；

　　　　n——参与评价的因子数量（地下岩溶因子作为贵安新区评价体系中的特有因子）。

2.2.2 综合分析结果

评价结果共分为四个等次，分别为适宜建设、较适宜建设、可建设和不宜建设。

2.3 综合管廊总体布局

根据综合管廊评价体系的适建性分析结果，结合新区喀斯特地貌、大数据中心、智慧城市、海绵城市规划建设等综合判定，并考虑串联各类重大设施（如变电站、云计算中心、智慧城市运营中心、主要通信机楼等），构建架空电力线下地敷设主通道，打造城市电力系统、给水系统和燃气系统主动脉综合管廊，在中心区与马场片区共同形成"二横一纵多环多分支"的综合管廊系统，大学城片区形成"三横两纵两环多分支"的综合管廊系统，贵安新区直管区整体形成东西畅达、南北贯通的综合管廊格局，规划期内建设综合管廊87.3km，远景17.4km，共计104.7km。

新区原电力规划中大量架空线穿越直管区，切割占用城市用地并破坏景观；同时因凝冻地区的原因，新区的高压廊道较其他地区多占用2倍以上的土地；同时由于受机场净空限制，造成部分高压线走线困难。综合管廊建成后，新区控规建设用地内所有高压线（约233km架空高压线）进入综合管廊，节省了大量高压廊道下土地，为新区预留更多发展空间。

2.4 综合管廊断面类型

本次规划纳入综合管廊的市政管线类型主要包括：10kV、110kV和220kV电力电缆、通信线缆、给水管线、再生水管线、直饮水管线、排水管线、燃气管线和预留垃圾输送管线等。根据纳入管线种类及数量，综合管廊规划的断面类型主要分为三舱型、双舱型及单舱型，各综合管廊承担的功能不同又分为干支混合综合管廊、支线综合管廊和缆线管廊。

2.4.1　干支混合综合管廊

干支混合型综合管廊位于新区重要道路下方，为连接各个重要设施及介质输送的主要通道，兼顾服务周边地块功能，以三舱断面为主，局部路段为多舱，部分综合管廊因地制宜地考虑了雨水和污水入廊。干线综合管廊典型断面如下图所示（图2-1-85、图2-1-86）。

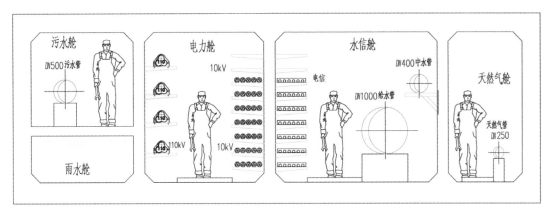

图2-1-85　干支混合综合管廊断面图A

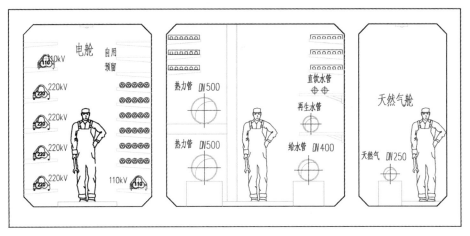

图2-1-86　干支混合综合管廊断面图B

2.4.2　支线综合管廊

支线型综合管廊位于新区开发强度较高的地段以及重要道路下方，以服务周边用地为主，不作为连接各个变电站的主要电力通道，主要为双舱或单舱断面。典型支线综合管廊断面如下图所示（图2-1-87、图2-1-88）。

2.4.3　缆线管廊

缆线管廊位于新区开发强度不高的地段以及部分已建成的重要道路下方，作为连接各个变电站的重要电力连接通道，主要为双舱断面和单舱断面，部分为三舱断面，容纳有220kV、110kV电力电缆和10kV电力电缆以及通讯电缆，不容纳其他市政管线。典型缆线管廊断面如下图所示（图2-1-89）。

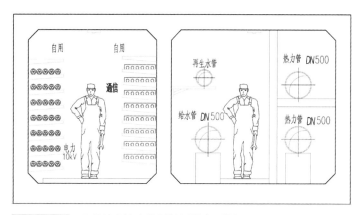

图2-1-87 支线综合管廊典型断面图（双舱）

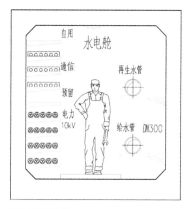

图2-1-88 支线综合管廊典型断面图（单舱）

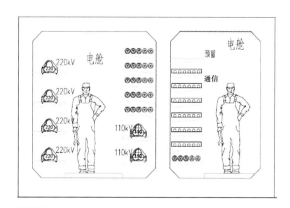

图2-1-89 缆线管廊典型断面图（双舱）

2.5 综合管廊竖向控制与三维控制线

干支混合和支线综合管廊宜设置在道路绿化带、人行道或非机动车道下。缆线管廊宜设置在人行道或绿化带下。贵安新区综合管廊断面分为干支混合型、支线型和缆线型3大类，根据不同道路下综合管廊容纳的不同管线种类、数量及尺寸，各类型综合管廊舱位数及断面尺寸又有一定的差异，几种典型的综合管廊位置控制横断面如下（图2-1-90、图2-1-91）。

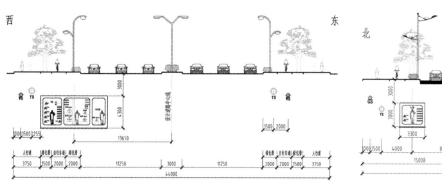

图2-1-90 综合管廊典型道路横断面图（干支混合综合管廊）

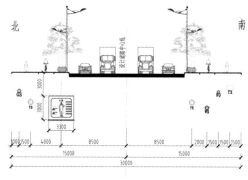

图2-1-91 综合管廊典型道路横断面图（缆线管廊）

本工程经与各项市政规划结合，综合考虑综合管廊本体、综合管廊节点所占据空间以及减少车辆荷载对综合管廊的影响，兼顾其他直埋市政管线从综合管廊顶部横穿的要求；同时还需满足综合管廊通风和投料节点的人员操作空间需求，因此规划综合管廊覆土按3m控制，个别地方竖向处理困难时，适当增大综合管廊覆土深度。

2.6 重要节点控制

本规划范围综合管廊重要节点包括：综合管廊与河流、地下通道、地铁车站、地下空间和地下岩溶等节点。

2.6.1 综合管廊与河流交叉节点

贵安新区范围内河道较多，如车田河、湖潮河、冷饭河及其支流等，综合管廊与区域内河流发生多处穿越关系，为了保证综合管廊的连贯，并便于管线安装及检修，综合管廊过河时，可采用倒虹形式结合桥梁设计从河底下穿越或采用与桥梁一体化设计形式从河面上跨越等方式，具体形式见下图（图2-1-92、图2-1-93）。

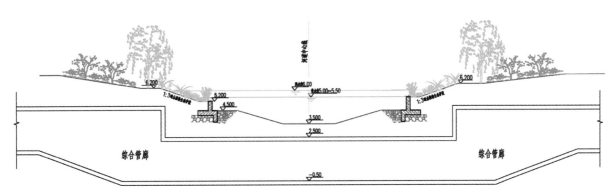

图2-1-92 综合管廊过河段形式之倒虹形式

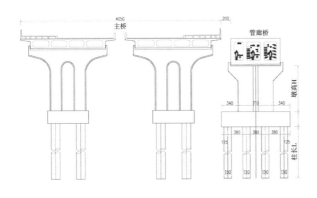

图2-1-93 综合管廊过河段形式之桥梁一体化形式

2.6.2 综合管廊与地下通道交叉节点

综合管廊与地下通道等地下构筑物发生交叉关系时，为了保证人员通行优先的原则，同时为了保证综合管廊的连贯，并便于管线安装及检修，综合管廊一般采用倒虹形式从地下通道下方穿越或结合具体情况进行设计。部分交叉路口由于地形地貌等原因，经过经济技术比较，可将地下通道布置在下层，综合管廊从地下通道上方通过。

2.6.3 综合管廊与地铁交叉的节点

根据轨道交通规划方案，贵安新区直管区段轨道线路与综合管廊存在多处交叉节点，多数节点为区间与综合管廊交叉节点，部分节点为车站与综合管廊交叉节点。

综合管廊在道路下的平面位置应与地铁等轨道交通的平面位置错开布置，并按照相关设计规范保留一定的净距；综合管廊与地铁区间交叉时，因地铁区间一般埋深较深（覆土均在8~10m），因此综合管廊多从地铁区间上方穿越；综合管廊与地铁车站交叉时，将综合管廊与车站主体错开布置，综合管廊平面布置与纵断面布置结合轨道交通统一设计。

2.6.4 综合管廊与地下空间交叉的节点

在处理综合管廊与地下空间的关系时，根据对新区地下空间开发采取预留与管控思路，考虑如下原则：根据开发时序，互为设计边界条件，总体考虑结合或预留；应充分考虑综合管廊和地下空间在功能上的区别，在满足综合管廊工艺设计的基础上，确定地下空间规划方案，尽量避免在结合的过程中产生新的矛盾；根据地下空间的规划方案，同时考虑施工时序，在确保技术合理、造价经济的前提下确定综合管廊与地下空间的结合方式、预留方式。

2.6.5 综合管廊与海绵城市结合

规划尝试实现综合管廊与海绵城市试点建设的协同，综合管廊建设主要利用道路下浅层地下空间，当综合管廊与道路上海绵相关设施在空间上发生冲突时，应进行相互协调。

由于综合管廊的投料口及通风口等对绿化带的分割，在地下有综合管廊的路段，雨水管应避开综合管廊通风口及投料口等设置，下凹式绿地的溢流口或渗管可通过支管与道路雨水管连接。具体方案需要结合综合管廊投料口、通风口进行优化设计。

2.6.6 综合管廊与地下岩溶

新区是典型的喀斯特地区，其地下岩溶对综合管廊的建设带来了诸多不便，发育不同的地下岩溶对综合管廊的建设也不尽相同。首先应在规划阶段避免在较大以上规模的地下岩溶地方规划建设综合管廊；其次在建设阶段，当综合管廊尤其是两个综合管廊的交叉节点遇到地下岩溶时，先分析判断地下岩溶的发育情况，再根据岩溶的发育情况对综合管廊地基采取换填、加固、桩基等方法进行处理；当综合管廊遇到大型岩溶时，根据溶洞埋深情况，结合综合管廊结构设计要求，在经济对比分析后可采取综合管廊改线、管线直埋或处理岩溶等方式进行处理。

2.7 控制中心规划

规划按照二级管理进行控制中心的布置，在中心区等三个片区分别布置一座一级控制中心，用地面积2000~3000m²左右，中心区综合管廊控制中心又是新区综合管廊总控制中心。按照3000m的服务半径分别在中心区等三个片区布置若干处二级控制中心，其中中心区3处，马场科技新城规划2处，大学城片区1处，二级控制中心控制用地面积550m²。

中心区综合管廊总控中心不但承担综合管廊管理功能，还借鉴法国巴黎下水道博物馆经验，承担综合管廊展示和教育功能，通过展示和教育让新区人民群众更好地了解综合管廊，认识综合管廊和爱护综合管廊。

2.8 综合管廊智慧管控系统

针对目前城市地下综合管廊建设运营中存在的问题，贵安新区综合管廊基于长期的综合管廊建设经验和国内外先进的智能化技术，建设全生命周期管控为目标的智慧综合管廊，将3D虚拟平台、综合智能监控系统、事故应急管控系统、人员安全保障系统、智慧分析和辅助决策系统等融为一体的智慧化管控平台，探索实践智慧城市的智慧运营。

综合管廊智慧管控系统具有一个平台，两个中心，多业务融合的特点。一个平台，指综合管廊智慧管控平台，统一平台能够避免信息孤岛，避免IT黑洞。两个中心指监控中心和数据中心，系统可以实现综合管廊内环境、设备监控、视频监控等，可实现远程监控，系统对环境、设备等的数据进行存储，并实现云计算和大数据技术的应用。多业务融合，系统融合了环境和设备监控、安防系统设施、火灾报警及自动灭火设施、通信系统、运维系统、电子标签系统、应急管理、分析决策系统、移动端信息展示等多个业务，业务之间互相协作，有机融合（图2-1-94）。

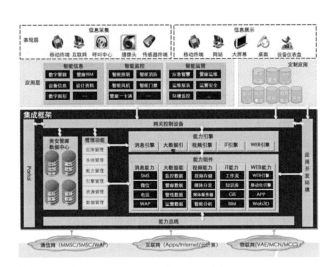

图2-1-94 直管区智慧综合管廊平台构架

2.9 投资估算

规划期内综合管廊建设总长87.3km，总投资72.3亿元。中心区建设综合管廊总长34.2km，投资31.3亿元；马场片区建设总长30.5km，总投资22.7亿元；大学城片区建设总长22.6km，投资18.3亿元。

3 规划实施情况

目前贵安新区三个片区的综合管廊项目均已全面启动，其中中心区和大学城片区的综合管廊项目启动较快，已经开始进入施工阶段。

中心区综合管廊建设自2015年开工建设，目前京安大道中段综合管廊项目已经建成，配套的总控制中心已同期完成建设（图2-1-95、图2-1-96）。同时新区玉衡路、寅贡路、欽民路、鎏金路等综合管廊正在建设过程中，预计2017年底将建成约15km的综合管廊。

图2-1-95 中心区综合管廊总控制中心（已建成）　　图2-1-96 京安大道综合管廊（已建成）

专家点评：

针对贵安新区典型喀斯特地形地貌和山地城市建设用地紧张等特点，新区直管区综合管廊规划结合新区山地城市地形地貌，以高压电力管线入地为主导，和市政专项规划特别是电力专项规划相互融合，同时建立了含有地下岩溶等因子分析的综合管廊评价体系。规划提出的智慧综合管廊的建设目标和技术方案将不仅仅实现对综合管廊自身的高效、安全的智能管控，也将为新区智能管网、智慧城市、大数据产业规划建设方面提供重要探索经验和实践支持。另外，贵安新区典型的、丰富的地下岩溶会对地下综合管廊的布局造成一定的影响，规划基于现状资料充分研究了对城市地质地貌的适应性，以确保专项规划的经济性和可实施性。规划同时提出在后期综合管廊设计、建设实施过程中，仍需要根据地勘资料因地制宜地对原有的综合管廊规划进行合理调整和修改的建议；采取了综合管廊与直埋敷设相结合的技术措施应对局部溶岩地质情况，总结形成了西南地区喀斯特地貌地区综合管廊的规划建设成果。

规划管理部门：贵州贵安新区管理委员会规划建设管理局

规划编制单位：中冶京诚工程技术有限公司、中国城市规划设计研究院

案例编写人员：刘文峰　李跃飞　阙良刚　宋　宁　吴　松　蔡　磊　刘园园　杨皓洁

9 采用协同规划模式的台州湾循环经济产业集聚区东部新区地下综合管廊规划案例

案例特色：充分考虑区域地质、水系、自然灾害等特点和填海围垦建设条件，基于协同规划的平台，无缝衔接各专业规划，形成直接面向规划建设实施的一张图式的综合管理规划平台，实现规划的多专业、纵向、平面协同。

1 项目概况

1.1 城市概况

台州地处浙江省中部沿海，三面环山，一面临海，山、江穿城而过，素有"七山一水二分田"之称。台州地属长江三角洲经济区的最南翼，作为中国黄金海岸线上新兴的组合式港口城市，是中国股份合作制经济的摇篮，还是中国重要工业生产出口基地。台州湾循环产业集聚区地处浙江省台州东部滨海地区，定位为国家级的循环经济产业示范区，将建设成为浙江省海洋经济发展的重要区域和我国东南沿海海洋经济新的增长极。

台州湾循环经济产业集聚区东部新区（以下简称东部新区）是产业集聚区的核心区块，定位为"产业集聚区、城市新组团、滨海生态城和休闲游憩地"。

东部新区红线范围内水面总面积约7.41km²，水面率达到12%，核心区范围内水面率高达14%，并纳入金清水系的北半部分。因此，密布的水网成为东部新区的核心特征，保护区域自然水文循环、维持水生态、保护水环境、塑造水景观是本地区重要的工作。

规划区内的主要自然灾害种类繁多：干旱、台风、暴雨与洪涝。沿海地带以伏旱和秋旱较为突出，属于台州市季节性的干旱地区。台风的影响以降水、暴风、涌浪为主要形式，对规划区的生产生活产生严重危害。台州是浙江沿海暴雨中心之一，暴雨强度大，出现频率高。

1.2 规划范围

依据《台州湾循环经济产业集聚区总体规划（2011—2020）》，本次规划范围为浙江省台州湾集聚区东部新区，规划范围总用地面积约为61.47km²，建设用地面积3797.33hm²，占全区面积61.78%。规划2030年区域总人口规模为35万人。

1.3 规划目标

遵循"因地制宜、远近结合、统一规划、统筹建设"的原则，合理确定综合管廊系统布局，统筹安排各类管线在综合管廊内部的空间位置，协调综合管廊与其他沿线地面、地上、地下工程的关系，并提出规划层次的避让原则和预留控制原则，以达到改善城市现状、促进城市发展并有效控制建设成本的目标，为综合管廊的建设提供依据。

1.4 规划期限

本次综合管廊规划与东部新区协同规划期限一致，新区近期建设时间段为2016~2020年，主要推进交通设施建设，构建内部交通主骨架结构；中远期建设时间段为2021~2030年，主要完成地块的开发建设。所以综合管廊系统布局随新区道路工程建设进度，集中在2020年前完成，从建设时序上均属于近期建设，远期规划原则上结合道路改扩建每5年修编一次。

2 规划方案

2.1 协同规划思路

本次规划采用协同规划模式，即充分考虑规划与建设系统的复杂性和多元性，以综合解决城市发展中的重大问题和建设需求为导向，构建一支高水平综合型技术团队，在同一平台、同一时间，围绕"共同目标+多维视角+同步编制+达成共识"的工作模式，以动态编制、多专业协同推进、多学科交叉专业合作、各部门联合审批、滚动推进（实施、反馈、修正）的全新工作方式，搭建一个无缝隙衔接各层次规划，直接面向建设需求的一张图式的规划建设管理平台和纲领性指导文件，从而保障高质量、高效率现实集聚区长远发展目标（图2-1-97）。

（1）共同目标、部门联审。构建一支涵盖城市规划、产业研究、水利工程、综合交通、市政工程、竖向工程、景观设计等相关领域综合团队，形成各专业协同互动、相互支撑，各部门联合审批、滚动推进的工作方式。

（2）同步编制、无缝衔接。以解决重大问题为导向，协调、组织各专业团队共同研究制定方案，无缝衔接各专业规划，形成直接面向规划建设实施的一张图式的综合管理规划平台，从而实现规划的多专业协同、纵向协同、平面协同。

（3）向下传导、面向实施。注重增强规划的可实施性。划分规划单元，将各专业团队的主要结论通过规划导控的方式落实，形成刚性与弹性相结合的综合管理一张图，增强规划的纵向传递作用，指导控制性详细规划及专项规划的编制。

2.2 技术路线

本次规划拟在总体规划、协同规划基础上，综合协调与其他相关规划的关系，从宏观、中观到微观，指导东部新区健康、有序地建设和发展，保障市政基础设施建设的科学、合理和系统性，具体技术线路如下图（图2-1-98）。

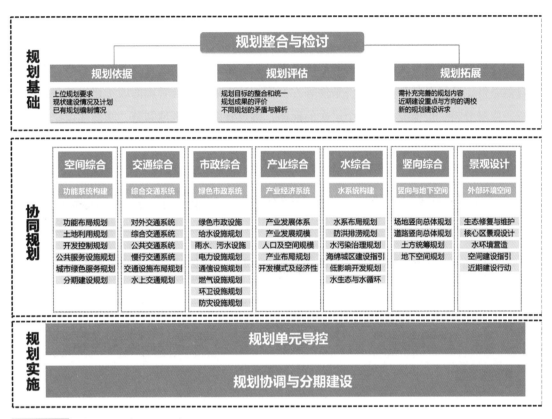

图2-1-97 协同规划流程图

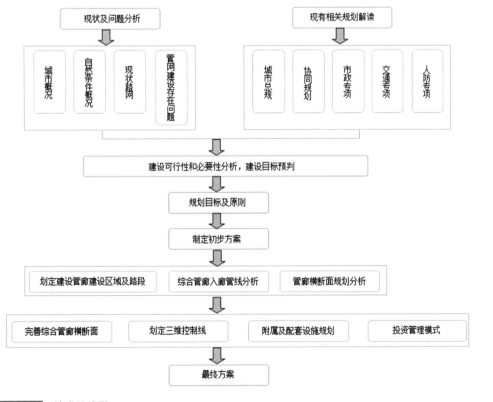

图2-1-98 技术路线图

2.3　适建性分析

浙江省台州湾集聚区东部新区属于填海围垦区，结合东部新区自身条件和特点，考虑选取自然条件、建设条件和社会经济条件等方面影响城市地下综合管廊的因子建立建设适宜性分析、需求分析、价值分析等三个层次的模型，确定管廊建设区域划分、管廊建设路段选线（图2-1-99）。

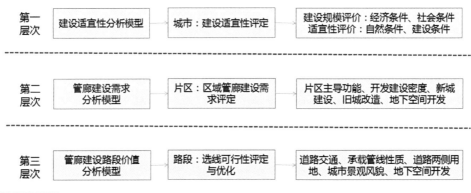

图2-1-99　综合管廊线路布置分析图

第一层次从自然条件、城市条件两方面入手，构建城市建设适宜性分析模型，采用最不利法综合确定综合管廊建设的优先建设区、适宜建设区、限制建设区三个分区。

第二层次从城市片区主导功能、开发建设密度、新城建设、地下空间开发、轨道交通等方面细化指标层次，构建管廊建设需求模型，采用多因子加权叠加分析法，综合考虑建设适宜性分区，合理确定综合管廊的重点建设区域、一般建设区域、有条件建设区域。

第三层次从城市道路等级、路段交通、市政管线密度、用地性质、城市景观风貌、道路建设时序等方面入手，通过ArcGIS软件，构建路段管廊建设价值评价模型，合理确定综合管廊建设路段（图2-1-100）。

2.4　综合管廊系统布局

东部新区为"方格网+梳子"式道路系统，路网基本呈棋盘式。在东部新区范围内选取管线种类多、等级高、优先建设的道路，沿线构建"一环多横"辐射全区的鱼骨状综合管廊体系（图2-1-101）。

2.5　综合管廊断面选型

东部新区地下综合管廊工程由12条综合管廊及管廊附属设施、监控中心组成。容纳给水管道、再生水管道、污水管道、110kV电缆、10kV电缆、通信线缆、天然气中压管道等多种管道（线），并考虑适当预留。

根据管线类型、性质以及规模综合考虑管廊的分舱，110kV高压电缆由于电压等级高，日常

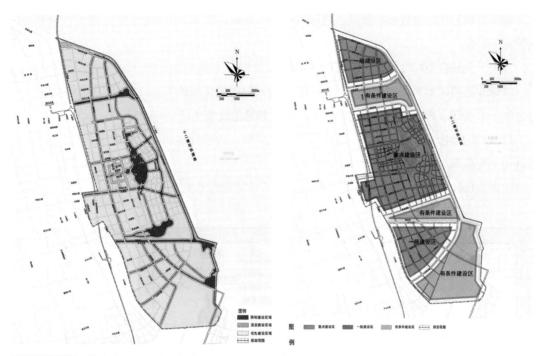

图2-1-100 管廊建设适宜性评价分析图

图2-1-101 管廊规划布局图

运行维护要求高，尽可能单独成舱；燃气管线容易受外界因素干扰和破坏造成泄露，引发安全事故，需要设置独立的通风系统和完善的燃气管线监控与检测设备，出于安全运行考虑单独成舱；给水管线、再生水管线等可同舱，同时给水管线可以和通信线缆、10kV电力电缆同舱布置。部分道路管廊有直饮水、垃圾输送管道，因为该类管道施工较晚，因此在上层空间予以预留。

根据东部新区综合管廊的特点，建议采用矩形断面，推荐采用明挖现浇法施工，局部采用顶管施工工法。

（1）干支混合型综合管廊（四舱）

以绿脉南路（十塘路—聚洋大道）为例，纳入管廊的管线种类有110kV高压电缆、10kV电力电缆、给水管、再生水管、污水管、天然气管和通信线缆（图2-1-102）。

110kV高压电缆单独成舱；天然气管道单独成舱；污水管道和再生水管道共舱；给水管、10kV电力电缆和通信线缆共用一舱。

优点是110kV高压电力电缆单独成舱，提高了平时检修维护的安全性。

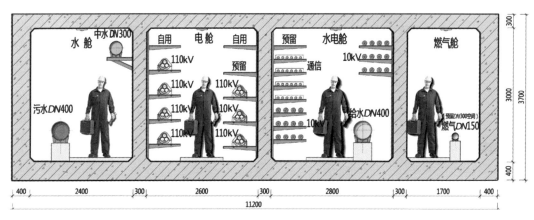

图2-1-102　绿脉南路（十塘路—聚洋大道）管廊横断面

（2）干支混合型综合管廊（三舱）

以海循路（聚洋大道–环湖东路）为例，纳入管廊的管线种类有110kV高压电缆、10kV电力电缆、给水管、再生水管、天然水管、天然气管和通信线缆（图2-1-103）。

污水、给水和再生水管道同舱布置；110kV高压电缆、10kV电力电缆和通信线缆同舱布置；天然气管道独立成舱。

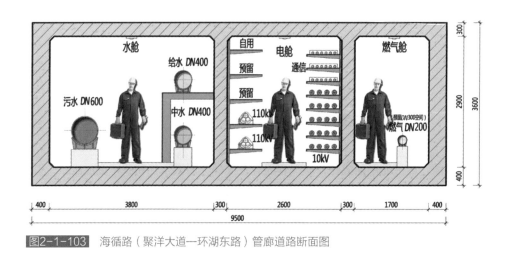

图2-1-103　海循路（聚洋大道—环湖东路）管廊道路断面图

优点是相同或者类似的介质同舱布置，便于以后管理和维护；电力电缆与水介质管线分隔，管廊运营、维护的安全性大大提高；同时预留两回110kV高压电缆桥架，为以后扩容留有空间。

2.6　综合管廊三维控制线划定

管廊位置方案比选原则：一是综合管廊位置应根据道路横断面、地下管线和地下空间利用情况等确定；二是干线综合管廊宜设置在机动车道、道路绿化带下；三是支线综合管廊宜设置在道路绿化带、人行道或非机动车道下；四是管廊布置应减少对现状道路、管线及道路周边建、构筑物的影响；五是管廊布置应减少支管廊、预埋管道的敷设距离，便于与地块、交叉口直埋管线的对接；六是管廊布置应便于与非入廊直埋管线的径向对接。

根据《台州循环经济产业集聚区东部新区协同规划》等规划，确定本项目中各条道路的分幅形式、市政管道的位置。根据规划道路的性质，结合综合管廊断面参数，道路管廊位置方案比选主要有以下几种形式：

（1）道路中央有绿化带

以海城路（聚海大道—聚洋大道）为例，道路红线宽度为50m，管廊位置布置在道路中间绿化带下。主要优点包括：一是对两侧管线的引出有利；二是道路两侧雨水管对管廊没有影响；三是中央绿化带较宽，管廊出地面设施不受影响（图2-1-104）。

（2）道路中央无绿化带

以绿脉南路（十塘路—聚洋大道）为例，道路红线宽度为36m，目前路基已经施工完成，管廊布置在道路南侧红线外雨水花园游步道下方，路面行车对管廊结构没有影响（图2-1-105）。

本工程经与各项市政规划结合，综合考虑综合管廊自身需求、管廊节点的处理需求以及减少车辆荷载对管廊的影响，兼顾其他市政管线（给水管、污水干支管、雨水干支管）从管廊顶部横穿的要求；同时还需满足通风口和吊装口操作空间需要（净空约2m），管廊覆土按3m控制，个别地方竖向处理困难时，适当提高覆土深度（图2-1-106）。

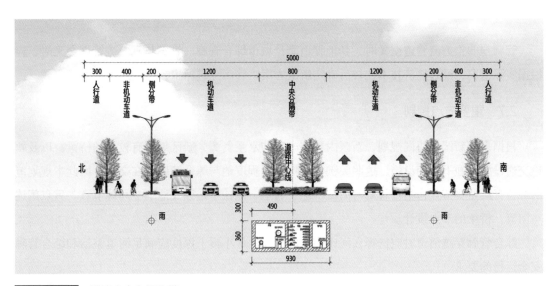

图2-1-104　道路中央有绿化带

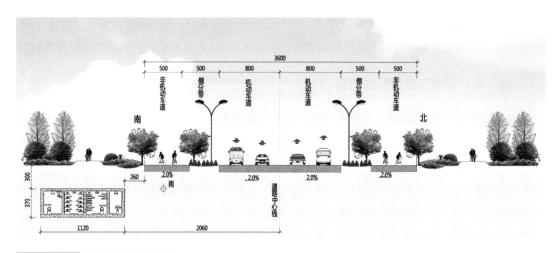

图2-1-105　道路中央无绿化带

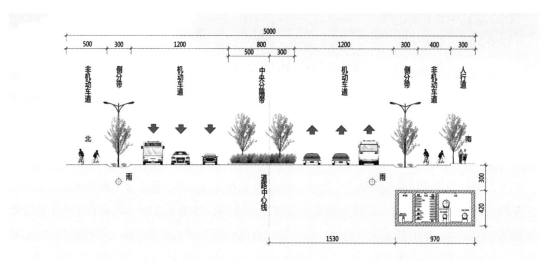

图2-1-106　综合管廊横断面图

　　管廊与非重力流管道交叉时，其他管道避让城市综合管廊。管廊与重力流管道交叉时，应根据实际情况，经过经济技术比较后确定解决方案。管廊穿越河道，一般从河道下部穿越。

2.7　重要节点控制

　　根据东部新区的协同规划，新区内具有丰富的水系资源，新区规划有较多的桥梁，以及轨道交通设施和地下空间设施，这些关键节点均不同程度地与综合管廊存在交集，因此本规划范围综合管廊重要节点包括：管廊与河流、地下通道、地铁车站以及地下空间等节点。重点阐述与河流，桥梁的节点设计。

　　综合管廊穿越河道时应选择在河床稳定的河段，最小覆土深度应满足河道整治和综合管廊安全运行的要求。

　　东部新区规划地下综合管廊与鲍浦河、长浦河、青龙浦河和月湖等多处河道相交，相交处道路高程在4.25～5.5m区间，规划河面标高一般在1.79～1.8m区间，规划河底标高一般在-1.55m至-1.25m区间。按照管廊平均覆土考虑，在不考虑管廊下穿河道的情况下，管廊顶板标高在-2.55m至-2.25m区间。按照地下综合管廊下穿Ⅶ级航道和管廊顶板相距航道底面1m考虑，聚洋大道、青龙浦路和环湖东路需下穿河道，管廊顶板覆土在6.75～8m区间。具体内容见表2-1-16。其中，环湖东路综合管廊涉及污水管线下穿月湖，需在此处增加倒虹吸设备，保证污水管线的正常使用（图2-1-107）。

综合管廊过河段的参数表　　　　　表2-1-16

序号	名称	位置	平均口宽（m）（水面宽）	相交处附近道路高程（m）	规划河面标高（m）	规划河底标高（m）	管廊顶板标高（m）	管廊顶板覆土（m）	功能
1	鲍浦河	与聚洋大道相交	60	5.25	1.8	-1.5	-2.5	7.75	行洪、排涝、游憩
2	月湖	与聚洋大道相交	60	5.5	1.8	-1.5	-2.5	8	行洪、水循环、排涝、游憩
3	长浦河	与聚洋大道相交	40（18）	5.42	1.8	-1.5	-2.5	7.92	行洪、排涝、游憩
4	青龙浦河	与聚洋大道相交	40-70	4.5	1.79	-1.55	-2.55	7.05	行洪、排涝、游憩
4	月湖	与青龙浦路相交	60	4.5	1.8	-1.25	-2.25	6.75	水循环、排涝、游憩
5	月湖	与环湖东路相交	40	4.25	1.8	-1.5	-2.5	6.75	水循环、排涝、游憩

图2-1-107　管廊过河段倒虹形式示意图

本工程管廊平面布置结合桥梁的下部结构型式，提出两种过桥方案：

方案一：管廊桥梁处绕行方案（图2-1-108）

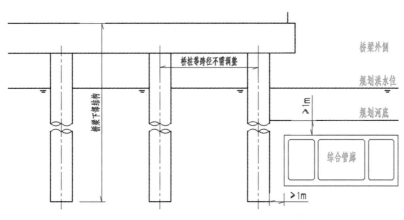

图2-1-108　管廊桥梁处绕行方案一示意图

方案二：管廊结合桥桩穿行方案（图2-1-109）

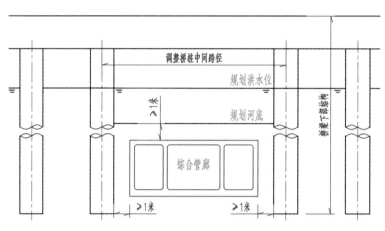

图2-1-109 管廊结合桥桩穿行方案二示意图

经两种方案优缺点比较，若桥梁与管廊不同期设计、施工，建议采用方案一；若桥梁与管廊同期设计、施工，建议采用方案二。本方案中由于聚洋大道的桥梁尚未完工，推荐方案一作为本项目管廊过桥方案。管廊三舱及三舱以上断面包含燃气管线，管廊设计时应注意采取消防、防爆措施（表2-1-17）。

绕桥方案对比表　　　　　　　　　　　表2-1-17

方案一	优点	（1）桥梁等跨径布置，桥梁受力均匀，桥梁安全度高； （2）管廊与桥梁施工相互影响较小； （3）管廊与桥梁可分步实施，不同期施工； （4）管廊三舱断面，管廊后期维护不受桥梁影响； （5）此方案距桥梁结构较远，管廊三舱断面若包含天然气管道，燃气发生事故时，对桥梁影响较小
	缺点	管廊超出道路红线，需要增加一部分征地面积
方案二	优点	管廊在道路红线内敷设，不需要增加征地面积
	缺点	（1）需要调整桥梁下部结构，桥梁需进行二次设计； （2）桥梁跨径不等宽，桥梁结构受力不均匀； （3）管廊与桥梁施工时需相互配合，施工组织较复杂； （4）过河段管廊后期维护受桥梁影响较大； （5）管廊三舱断面，管廊宜与桥梁同期施工，后期施工对结构安全影响较大； （6）此方案距桥梁结构较近，管廊三舱断面若包含天然气管道，燃气发生事故时，对桥梁影响较大

2.8 监控中心规划

规划设置1座监控中心，位于长浦绿廊与聚洋大道交叉路口西南侧地块内，建筑面积约2000～3000m^2（图2-1-110）。

图2-1-110　监控中心效果图

为方便维护人员及参观人员学习出入，在综合管廊监控中心适当位置设置地下通道联通地下综合管廊。维护人员及参观人员经地下通道可进入综合管廊内部。管廊与地面之间的夹层内设防火门和防火墙，出入口防火等级与管廊本体一致。出入口室外台阶应高于设计地面，防止雨水倒灌。参观段出入口应结合外界环境进行景观性设计，适当考虑遮雨棚，防止飘雨进入参观走廊。

2.9　管廊建设与工程地质条件的矛盾解决

参考《台州东部新区开发大道（聚海大道—聚洋大道）等十二条路的道路、桥梁、水闸项目》岩土工程勘察报告，地质条件如下：一是场地位于冲海相平原。场地勘探深度以浅地基土可划分为5个层次，19个地质（亚）层，其中浅部大层淤泥、淤泥质粉质黏土，性质差，是路基的主要压缩层。二是根据地下水和土层构成与分布特征及地区建筑经验，场地土对混凝土结构存在弱腐蚀性，对钢筋混凝土结构中的钢筋存在中等腐蚀性（图2-1-111）。

图2-1-111　场地现状

结合上述工程地质条件采用以下解决方法：

2.9.1　地基处理

东部新区综合管廊的地基处理拟定管廊采用PHC管桩基础，加钢筋阻锈剂。桩沿管廊方向等间距设置（管廊侧壁，内壁处均设）。建议以大层粉质黏土层或圆砾层作为桩基础持力层。

2.9.2 基坑支护

综合管廊的基坑支护考虑到台州管廊现场地质条件，可采用SMW工法桩进行支护设计。基坑开挖深度7m左右，基坑支护采用型钢水泥土搅拌墙（SMW工法桩支护）方式支护，内插H型钢，内设两道钢管支撑（图2-1-112）。

图2-1-112 轴搅拌桩机械

2.9.3 管廊结构防水设计

管廊防水以混凝土自防水为主，外防水为辅。综合管廊主体防渗的原则是："以防为主，防、排、截、堵相结合，刚柔相济，因地制宜，综合治理"。主要通过采用防水混凝土、合理的混凝土级配、优质的外加剂、合理的结构分缝、科学的细部设计来解决综合管廊钢筋混凝土主体的防渗。

2.10 投资估算

规划期内综合管廊建设总长27.8km，建设总投资33.11亿元，其中建安费投资28.05亿元。

3 实施效果

2016年9月底，东部新区综合管廊规划通过评审。按照"一次立项、分段实施、两年建成"的工作思路，台州市地下综合管廊一期工程集聚区东部新区段共计建设12.6km，包括：绿脉南路（十塘坝—聚洋大道）1.8km、聚洋大道（绿脉南路—东方大道）6.8km、海城路（聚海河—聚洋大道）0.9km、青龙浦路（聚海河—聚洋大道）1.0km、东方大道（聚洋大道—台州湾大道）2.1km。

专家点评：

　　台州湾循环经济产业集聚区东部新区综合管廊规划充分考虑区域地质、水系、自然灾害等特点，基于协同规划的平台，同城市规划、产业研究、水利工程、综合交通、市政工程、竖向工程、景观设计等协同互动、相互支撑，无缝衔接各专业规划，形成直接面向规划建设实施的一张图式的综合管理规划平台，实现规划的多专业协同、纵向协同、平面协同。

　　　　规划管理部门：台州市规划局集聚区规划管理处
　　　　规划编制单位：中冶京诚工程技术有限公司
　　　　案例编写人员：靳　薇　李跃飞　王　瑀　尹力文　盛　磊　程少南　蔡宝华　尹金丹
　　　　　　　　　　　张　晟

第二节　工程设计案例

一、结合轨道交通统筹建设的城市地下综合管廊设计案例

1 北京市轨道交通8号线三期（王府井）地下综合管廊设计案例

案例特色：该项目克服超大城市老城区商业核心区建设局限性，在交通流量较大、地下管线密集并具有轨道交通和地下综合体建设需求的地段，利用地铁降水导洞作为综合管廊主体结构，将综合管廊与地铁工程相结合，充分考虑沿线景观要求，进行综合管廊断面、节点及监控中心等设计，实现地下空间统筹集约建设。

1　建设背景

1.1　建设区域

王府井商业区是北京市级商业中心区之一，四至范围为南起东长安街，北至五四大街，东起东单北大街，西至南河沿大街，面积1.65km²。范围内总建筑规模约350万m²，其中商业商务设施总规模247万m²，含商业规模80万m²。目前，王府井商业街的年均客流量达8000万人次，年度商品零售额逾120亿元（图2-2-1、图2-2-2）。

经过20世纪末的整治改造，王府井商业区已初步实现由传统商业街向现代商业街区的转型。但当前也存在着部分市政设施陈旧、交通系统不完善、功能布局不合理、区域空间结构杂乱等问题。

重新激发王府井的活力，需要以地下空间开发为"催化剂"，联动地上地下的空间改造，以"城市客厅"的理念对王府井进行重塑，进而带动整个区域的转型升级。王府井地下空间开发主要位于王府井步行商业街及其周边地区的地下空间，分为三个部分：商业空间、综合管廊空间和地铁空间。开发层位于地铁上层，总高7.2m，净高5.7m，两侧距离道路红线8m给受条件制约未入廊的其他市政管线留出规划空间。

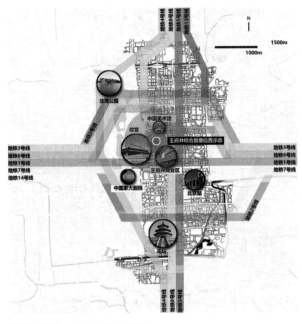

图2-2-1 项目地理位置图

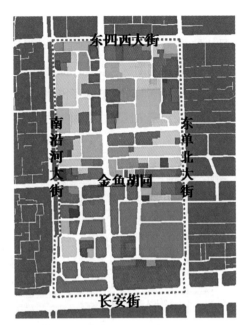

图2-2-2 王府井商业区范围

1.2 现状条件

开展王府井地下空间综合利用改造，首先不可对地面商业产生过多影响，但这不仅限于地面尽量保持完整，真正的掣肘是如何在不完全中断市政供应的情况下把现有市政管线的空间腾出来进行操作。因而在王府井大街建设综合管廊，将大部分现状市政管线收纳其中，既符合集约利用地下空间资源的规划要求，实现能源供应的衔接；又置换出浅层地下空间，为王府井大街的地下空间开发预留条件。有效避免由于敷设和维修地下管线频繁挖掘道路对步行街环境及客流造成影响和干扰，保持整个商业区域的完整和美观。

1.3 功能定位

轨道交通8号线三期（王府井）地下综合管廊（一期）工程（以下简称"王府井综合管廊"）的建设，实现王府井大街范围内轨道交通、市政管线输配及地下空间开发等各类地下设施统筹布局、集约建设（图2-2-3）。本工程为干支结合型综合管廊，主要为道路两侧各地块服务，不仅为王府井商业核心区提供安全可靠的能源供给，还为王府井地下商业互联互通创造有

图2-2-3 轨道交通8号线三期王府井北站及相邻区间平面位置图

利条件，促进王府井商圈产业结构优化升级。同时综合管廊与被称为"地下中轴线"的地铁8号线结合建设，尽可能与地铁主体及附属工程结合设计，实现标准统一、技术领先；还可以共用地铁的前期勘察、设计、征地拆迁、管线改移及园林绿化伐移的成果，减少前期工作，极大限度提高了临时结构、施工占地及永久占地的利用率，降低工程造价和工程风险，为在老城区、基础设施密集区域，管廊与地铁的随轨建设提供了样本（图2-2-4）。

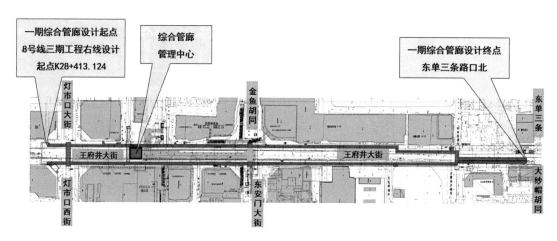

图2-2-4 王府井综合管廊平面布局图

2 总体设计

2.1 建设规模及标准

2.1.1 建设规模

王府井综合管廊位于北京市东城区王府井大街40m红线道路下方，最小覆土8m。北起地铁8号线三期工程右线设计起点，南至东单三条路口北，在约915m路段范围内，沿地铁王府井北站东、西两侧，利用地铁降水导洞作为主体结构，平行设置两条干支结合型综合管廊，干线综合管廊长度1853.55m（利用地铁降水导洞长度1569.386m），其中东线管廊长931.07m、西线管廊长922.48m，支线管廊长度36.60m，36处分支竖井，3处市政接驳竖井、6个地面安全出口（其中借用管廊监控中心人员出入口2处）、3个地面总吊装口、2个独立电力吊装口、进风风亭和排风风亭各2处（均分别与地铁金鱼胡同站进、排风亭贴建）；监控中心进、排风亭各1处（图2-2-5）。

电力舱防火分隔按长度不大于200m进行划分，全线共设计划分为12个防火分隔（东线管廊6个、西线管廊5个、支线管廊1个）。

管廊监控中心位于金鱼胡同站北端地下、车站主体延长线上，延长了3跨，18m，总建筑面积1506m²，共2层。在监控中心内设置综合控制室、变电所、小型备料间、值班室等功能，并分别与东、西两线综合管廊连通。

总投资约2.96亿元。

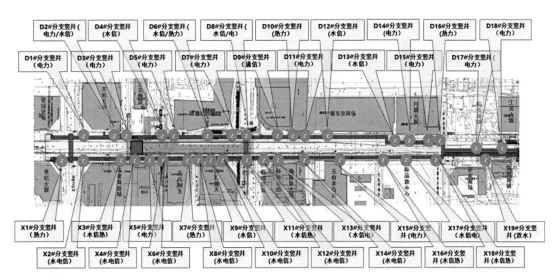

图2-2-5 王府井分支竖井平面布置图

2.1.2 主要技术标准

（1）设计使用年限为100年，相应结构可靠度理论的设计基准期均采用50年，并根据使用环境类别进行耐久性设计。

（2）按极限状态法进行承载能力计算时，结构构件的重要性系数$\gamma 0$，荷载效应的基本组合时取$\gamma 0=1.1$，荷载效应的偶然组合时取$\gamma 0=1.0$。

（3）按极限状态法进行正常使用极限状态验算时，按荷载效应准永久组合（或标准组合）并考虑长期作用影响。

（4）施工过程中控制设计的永久构件仅按进行荷载效应基本组合的极限承载能力计算，结构构件重要性系数取$\gamma 0=1.0$。

（5）地下结构的基坑支护及矿山法初期支护按临时构件进行设计，仅按荷载效应的基本组合进行极限承载能力计算，结构构件的重要性系数取$\gamma 0=1.0$，同时不考虑耐久性设计要求。

（6）结构的地震作用按8度设防。设计应根据场地条件、结构类型和埋深等因素选用能较好反映其地震工作性状的分析方法，并采取相应的抗震构造措施，提高结构的整体抗震性能。

（7）结构中主要构件的耐火等级为一级。

（8）防水等级为二级。

2.2 空间设计

王府井商业区是北京城市地下空间开发利用的重点区域。已建成的地下空间，基本是单体建筑的地下室建设，互不连通，使用效率低。并且王府井大街现状市政管线除电力隧道外均为直埋敷设，平面布局分散，高程一般在地面下-1.0～-6.0m（电力隧道最深处外底高程约地面下-12.0m），占用了王府井大街大部分浅层地下空间，给王府井大街的地下空间开发造成障碍。

当前需要在区域地下空间规划的指引下，实现地下空间的联通和统筹使用。王府井大街地下空间竖向分为3层建设：浅层空间（-8m以内）作为开发层；中间层（-15～-8m之间）作为综合管廊层；次深层空间（-25～-13m之间）作为地铁车站及区间层（图2-2-6）。

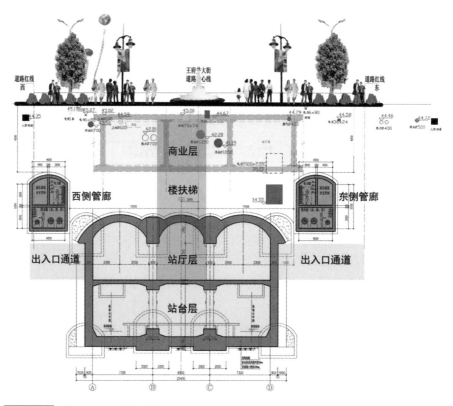

图2-2-6 地下空间竖向分层图

2.3 典型断面设计

轨道交通8号线金鱼胡同站采用PBA暗挖工法修建，地面无条件设置降水井，因此独立设置降水导洞进行降水施工。

降水导洞在地铁施工完毕后作填埋报废处理。综合管廊在此基础上，适当扩大降水导洞的断面，在地铁施工完毕后保留降水导洞用作综合管廊。

根据近期规划确定管线容量，远期规划留出管廊预留空间，确认管廊断面，同时考虑暗挖工法结构受力及经济匹配要求。东、西线主干综合管廊断面尺寸相同，由于受地铁王府井北站断面和两侧建筑物限制，车站段标准断面结构内部净尺寸（宽×直墙高）为4.05m×5.20m；区间段可适当放大，使入廊管线安装空间更加便捷，则标准断面结构内部净尺寸（宽×直墙高）为4.55m×5.40m（图2-2-7）。

东西两线综合管廊为暗挖结构，内部设置上、下层：上层为电力舱、紧急逃生通道（兼做分支、吊装、预留再生水管的空间），直墙高2.50（2.70）m，下层为综合舱，即水信+热力舱，结构净高2.50m。区间段：电力舱净宽2.00m、紧急逃生通道净宽2.30m、综合舱净宽4.55m；车站段：电力舱净宽2.00m、紧急逃生通道净宽1.80m、综合舱净宽4.05m（图2-2-8）。

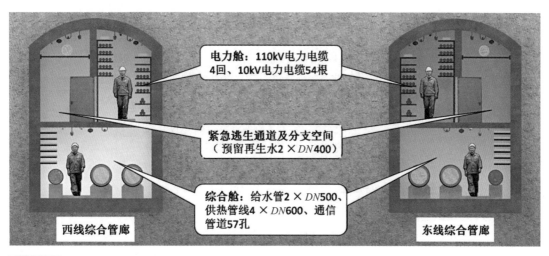

电力舱：110kV电力电缆 4回、10kV电力电缆54根

紧急逃生通道及分支空间 （预留再生水2×DN400）

综合舱：给水管2×DN500、 供热管线4×DN600、通信 管道57孔

西线综合管廊

东线综合管廊

图2-2-7 综合管廊标准段分舱布置图

远期预留地下 商业开发空间

远期预留地下 商业开发空间

综合管廊

地铁8号线3期

综合管廊

图2-2-8 综合管廊横 断面效果图

入廊管线涵盖给水管线DN500mm两根，110kV电力电缆4回（设计4排500mm的支架）、 10kV电力电缆54根（设计18排500mm的支架）、通信管道57孔（设计12排600mm的支架，预留 15孔）、供热管线DN600mm四根；预留再生水管线DN400mm两根。

综合管廊配置完备、智能的消防、供电、照明、通风、排水、标识、监控与报警等附属 设施。

2.4 节点设计

王府井综合管廊附属结构包括：人员出入口、逃生口、吊装口、进风口、排风口、管线分 支口等，其中管廊出地面附属结构，与地铁附属结构充分结合，集约设置出地面构筑物，并减 少其对周围环境风貌的影响（图2-2-9）。

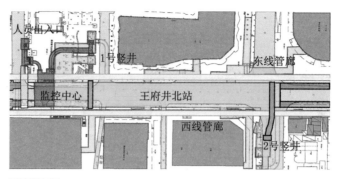

图2-2-9 综合管廊及地铁结构总平面图

2.4.1 人员出入口、吊装口及进、排风口

1号人员出入口与区间检修楼梯合建，并与区间活塞风亭贴建；地面总吊装口共3个，其中一处与地铁金鱼胡同站1号进风风亭贴建，另一处与地铁金鱼胡同站-王府井站区间段结构施工竖井及横通道合用；机械排风风亭，分别与金鱼胡同站1号、2号排风风亭贴建。

2.4.2 逃生口

本工程采用在东、西两线管廊的电力舱外侧均设置紧急逃生通道，通过在其内增加机械加压送风系统，紧急逃生通道为室内的安全区域，到达紧急逃生通道即认为安全（图2-2-10）。

逃生路径：电力舱经逃生口（甲级防火门）水平进入紧急逃生通道；综合舱经逃生口（防火盖板）垂直进入紧急逃生通道。再通过紧急逃生通道纵向通行至室外连接地面的安全出口。地面安全出口间距不大于500m，以钢楼梯形式，在地面处设逃生井盖。

电力舱逃生口为甲级防火门，尺寸（宽×高）为1.0m×1.5m；综合舱逃生口内径净尺寸为1m；安全出口竖井内净尺寸3.0m×2.0（1.8）m，地面安全出口内径净尺寸为1m。

电力舱逃生：在电力舱外侧设置紧急逃生通道，电力舱每个防火分区向该通道开2个门；综合舱逃生：在顶板设置逃生口，垂直向上进入紧急逃生通道。

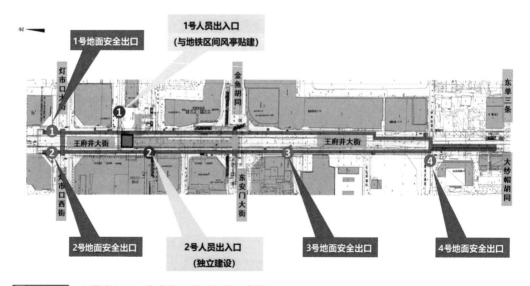

图2-2-10 人员出入口、安全出口平面布置示意图

2.5 监控中心设计

综合管廊监控中心为了节省王府井大街的地面商业用地，利用了地下的空间，与车站主体结合，利用金鱼胡同站主体向北的延伸空间，与车站主体同期建设，达到节地、节能、节材设计目标。地下监控中心总建筑面积约1480m²，设置综合控制室、变电所、小型备料间、机房、办公、值班室等功能用房，通过两侧的出入口通道实现地面、监控中心、综合管廊三者的互通（图2-2-11）。

图2-2-11 综合管廊监控中心及出入口与地铁结合效果图

2.6 智慧运维管理系统

运用基于云服务、物联网、BIM/GIS及大数据技术的综合管廊智慧运维管理系统，该系统针对综合管廊运维管理的需求，开发了综合管廊系统管理、实时监控系统、安防管理系统、通讯管理系统、应急管理系统、日常管理系统、资产管理系统、大数据智能分析决策系统等8个子系统。各个子系统之间、各子系统功能模块之间，基于统一数据库实现，满足数据共享的要求，同时系统各部分与管廊内相应的硬件设备具备联动控制功能（图2-2-12、图2-2-13）。

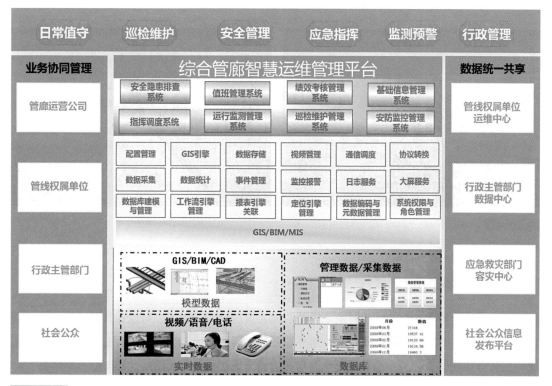

图2-2-12 综合管廊智能运维管理系统图

图2-2-13 3DGIS、事故预警、可视化等系统功能展示

综合管廊智慧运维管理系统利用综合数据云服务平台对外提供统一的数据服务，实现综合管廊各类数据、信息的集中存储、管理、分析与共享，为各类智慧应用提供完整的、有效的数据支撑，解决分散建设导致的数据不共享、不同步、更新难的弊端，避免"数据孤岛"问题的发生。

3 实施效果

3.1 建设周期

王府井综合管廊与轨道交通8号线三期同期建设。2015年12月底开工，2022年9月，综合管廊主体结构完成，计划2023年12月建成。

目前已形成廊体（降水导洞）约900m（图2-2-14）。

图2-2-14 综合管廊施工现场

3.2 与地铁共用施工竖井

王府井综合管廊利用地铁临时施工竖井及横通道进行暗挖施工，与地铁共享施工占地。首创全封闭工地，双层结构降噪防尘。工地外观设计与周边环境融为一体，一个身披仿古色调同肃穆的教堂珠联璧合，另一个采用金色调与旁边的商场相得益彰（图2-2-15、图2-2-16）。

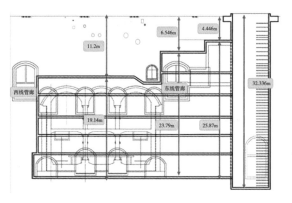
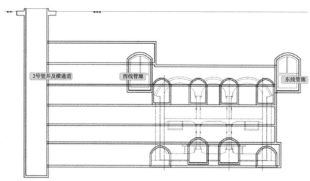

图2-2-15 地铁1号、2号施工竖井及横通道纵剖面图

图2-2-16 综合管廊与地铁共用施工场地

专家点评：

北京市轨道交通8号线三期（王府井）综合管廊工程，是一个典型的在老商业核心区随轨道交通建设的综合管廊项目，实现了轨道交通和综合管廊有机的结合，也积极贯彻落实了《中共中央 国务院关于进一步加强城市规划建设管理工作的若干意见》"老城区要结合地铁建设、河道治理、道路整治、旧城更新、棚户区改造等，逐步推进地下综合管廊建设"的精神要求。本案例最大的特点是结合地区沿线地铁暗挖工法的特点，利用在地铁施工完毕后作填埋报废处理的降水导洞，进行适当扩大、二次衬砌作为综合管廊空间使用，既满足地铁施工降水安全、经济的要求，又解决综合管廊空间、施工、占地等一系列问题，对采用浅埋暗挖法建造轨道交通的项目具有很好的借鉴作用。

项目管理单位：北京京投城市管廊投资有限公司

设计编制单位：北京城建设计发展集团股份有限公司

管廊建设单位：北京京投城市管廊投资有限公司

案例编写人员：肖　燃　刘文波　张　丽　梁文杰　冯　欣　范　涛　张一川　赵　欣
祝栋年　陈　康　袁佩贤　赵　越　卓　越

2 北京地铁7号线东延段万盛南街地下综合管廊设计案例

案例特色： 超大城市新建城区综合管廊设计及实施的案例。该项目结合轨道交通同步进行综合管廊规划、设计，满足主干路地下空间集约化利用。在轨道交通车站范围将综合管廊与地铁车站、地下空间共构设计，为综合管廊与轨道交通相结合积累宝贵经验。

1 建设背景

1.1 建设区域

北京通州文化旅游区位于通州新城南部地区，以环球影城主题公园为核心，将形成以主题游览、休闲度假、商业服务、文化创意为主的组合式产业。同时北京地铁7号线将东延至环球影城，穿越朝阳、通州两个区，构建中心城与新城联系走廊，成为中心城轨道交通网络在北京市东南部地区的放射线，以及环球影城与对外交通枢纽间的快速轨道交通联系。为落实国务院办公厅《关于推进城市地下综合管廊建设的指导意见》（国办发〔2015〕61号）的精神和北京市推进综合管廊建设的总体思路，北京京投城市管廊投资有限公司组织开展结合北京市在建、规划轨道交通同步建设综合管廊的研究，经论证和筛选确定启动地铁7号线东延等一批随轨建设综合管廊的项目（图2-2-17）。

图2-2-17 通州新城7号线东延段位置示意图

1.2 现状条件

地铁7号线东延沿万盛南街自西向东设有4座地铁站，并在通州文化旅游区东侧转向南接入环球影城站。万盛南街现状道路为四幅路形式，中间设有较宽的中央隔离带，红线宽60m，还需结合规划按照城市主干路进行改造。同时万盛南街道路北侧现状管线主要为：2000mm×1500mm雨水、$DN500mm$中压燃气、多孔通信；南侧现状管线包括：$DN600\sim800mm$给水、$DN400mm$次高压燃气、8φ150电力、多孔通信等管线。规划有雨水方沟、污水干线、电力隧道、再生水、给水干管、通信等管线。由于7号线地铁站在路中设置，采取明挖施工虽对现状管线影响较小，但考虑规划六条市政管线，直埋敷设的空间难以满足，且后期运行维护还会相互影响，需要集约利用地下空间。车站与道路、现况管线的关系如图所示（图2-2-18）。

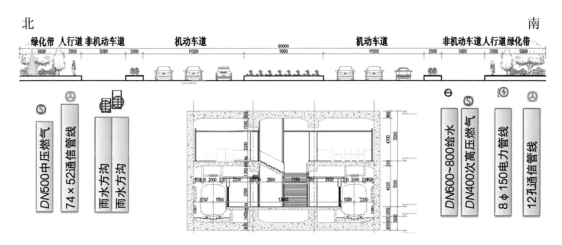

图2-2-18 新建地铁车站、管廊与现状管线关系图

1.3 管廊类型及功能定位

万盛南街是城市地面、轨道交通和市政管线的重要通道。建设综合管廊能方便各管线单位的统一管理和协调配合，有利于地铁范围内管线运营维护，保证管线安全和交通正常活动。万盛南街综合管廊纳入了110kV、220kV的高压输电线缆以及$DN1200$给水干线等重要干线，并把将区域地块分隔严重的高压架空线迁改入廊，因此其承担着市政干线管廊的功能。同时设置支线综合管廊向南与文化旅游区综合管廊系统衔接。另外万盛南街管廊内还容纳了再生水、通信等为区域服务的市政管线，远期需改移入廊的现况管线，均需为两侧地块预留分支口提供市政供给，也具有支线综合管廊的功能，因此该管廊定位为干支混合型综合管廊（图2-2-19）。

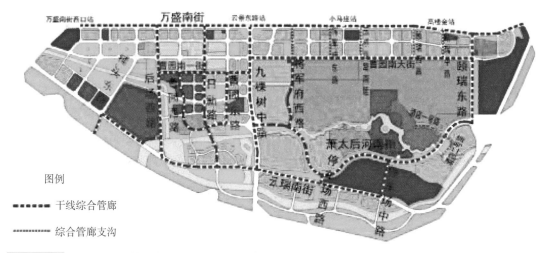

图2-2-19 通州文化旅游区综合管廊布局规划方案

2 总体设计

万盛南街综合管廊总长度约5400m，综合管廊标准段与地铁7号线东延区间顺行，位于地铁区间上方；在云景东路站、小马庄站和高楼金站处位于地铁车站主体上方，与车站主体共构。其中，在地铁区间隧道上方段长度约4270m，与主体共构段合计长度约1130m。相交路口预留支线管廊或管线分支口（图2-2-20）。

图2-2-20 北京地铁7号线东延综合管廊位置图

综合管廊与轨道交通结合建设，重点应解析地下空间内管廊与地铁的空间关系，确定各项工程的建设时序。在以车站为核心的地下空间开发区域对轨道站点、地下空间、市政管线、市政设施进行应一体化设计。万盛南街综合管廊与轨道交通结合设计方案充分考虑到轨道交通站点与周边一体化开发的需求，道路下现状管线、规划管线及设施的条件，经过多方案的分析比较，确定了综合管廊在轨道交通站点顶置设置条件。综合管廊设置在路中隔离带下，采取明挖施工。

2.1　入廊管线及断面设计

结合7号线东延及万盛南街规划市政需求，考虑纳入综合管廊的管线包括：两条 2600mm×2900mm电力隧道敷设高压电力电缆及10kV电力电缆、规划通信及现况改移的通信管线合计48孔、DN800mm和DN1200mm给水（云景东路以西）、DN400mm再生水等管道。

万盛南街雨水管规划采取两侧敷设，且新建的雨水干线规模较大，雨水管与综合管廊坡向、坡度难统一，从空间条件考虑不纳入综合管廊。万盛南街规划有ϕ700～ϕ1400mm污水管，自西向东排放，坡度为0.0007～0.0009且埋深由5.5m逐步加深为8.0m，如纳入综合管廊会增加管廊埋深，高程更无法与地铁车站结合，故本工程也不考虑将污水管线纳入综合管廊。

综合上述，将规划电力、通信、给水、再生水管线纳入万盛南街综合管廊。其中万盛南街西口～云景东路段管廊采用三舱形式，管廊断面为（宽×高）$W×H$=（2600+2600+5200）×3000mm。包括2个电力舱、1个水信舱（图2-2-21）。

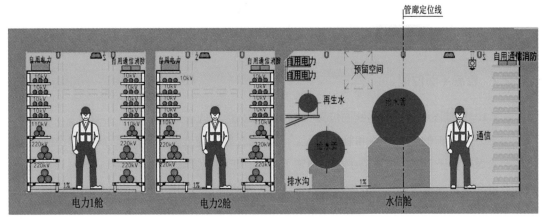

万盛南街综合管廊断面图（万盛南街西口—云景东路）

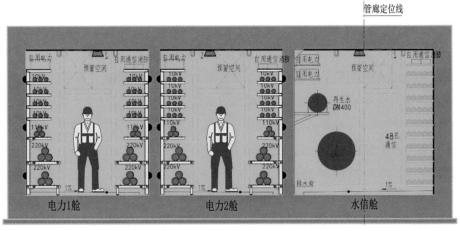

万盛南街综合管廊断面图（云景东路—颐瑞东路）

图2-2-21　万盛南街综合管廊断面图

万盛南街（云景东路—颐瑞东路）段管廊采用三舱形式，管廊断面为（宽×高）$W \times H=$（2600+2600+3000）×3000mm，包括2个电力舱、1个水信舱（图2-2-21）。

万盛南街（颐瑞东路～土桥中路）段管廊采用双舱型式，管廊断面为（宽×高）$W \times H=$（2600+3000）×3000mm，包括1个电力舱、1个水信舱（图2-2-22）。

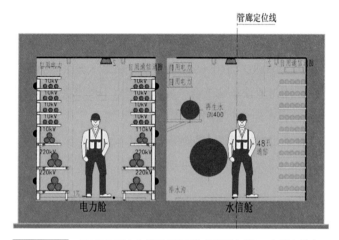

图2-2-22 万盛南街综合管廊断面图（颐瑞东路—土桥中路）

2.2 管廊平面位置

2.2.1 标准段综合管廊横断面位置

根据万盛南街的现况道路和管线情况，考虑综合管廊与地铁7号线东延同步建设的要求，将综合管廊布置于万盛南街道路中央隔离带下，以利于综合管廊通风、吊装、消防、逃生及出线等节点和附属设施的设置，并减少综合管廊施工对现况管线的影响。综合管廊横断面布置也考虑了雨水、污水管建设需要。

2.2.2 车站范围综合管廊的共构形式

综合管廊与地铁7号线车站采取顶置共构的形式，共用了施工场地、交通导改、管线改移等前期措施，也共用了施工围护结构，经济性较高。最重要的是满足地铁与南部一体化开发衔接的要求。综合管廊底板与车站顶板共板的设置也需要解决人防、变形缝、防水等问题。由于万盛南街段3座地铁车站均采用中置风亭，管廊在车站主体上方段需避让风亭，分置两侧设置。

在车站范围内同步考虑其他规划管线的敷设条件。万盛南街管线综合横断面布置图如图2-2-23所示。

（1）管廊与云景东路站共构的节点形式

云景东路车站跨越九棵树中路路口，并在四个象限设置四个出入口。因车站梁柱结构及上翻梁设置限制，空间条件非常紧张。为了满足相交九棵树中路上规划2条5400mm×2000mm雨水方沟的穿越，在九棵树中路路口范围管廊局部净高进行优化。云景东路站与综合管廊纵剖面图如图2-2-24所示。

同时为了满足南北向规划热力、给水、电力、通信和燃气等相交管线穿越景东路车站，在

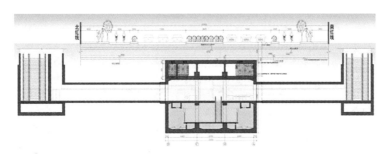

图2-2-23 车站共构段道路横断面图

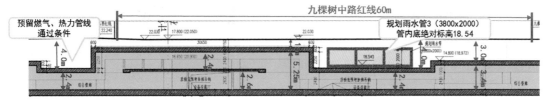

图2-2-24 车站共构段纵剖面图

车站顶部设置了南北向五舱综合管廊与万盛南街综合管廊的四通节点。结合车站梁柱体系深入节点设置以及路口综合管线优化，采用展开并分离各舱室节点的方式，以保证车站与管廊的交叉。

（2）高楼金站共构型式

高楼金站为双岛三线车站，车站较宽且设有配线，车站长约500m。综合管廊在车站顶部增加一层有较多的富裕空间。经过共构与管廊单建方案比选，两个方案造价相当，如果按照三层共建方案可增加开发面积约9100m²。为了使富裕空间更适合南侧地块的一体化开发需要，对管廊共建型式进行两点优化。

一是将综合管廊放置在车站地下一层的北侧，并考虑将万盛南街规划污水管 DN1400mm和多孔的雨水方沟也设置在车站北侧。具备地下一层与南侧地下空间的连接通道设置条件。见图2-2-25。

二是为了使预留空间更具有使用价值，将高楼金站地下一层的高度尽量增加，预留空间层高约为3.6～4.5m。由于车站深度受到站后出入段线的高程控制，为保证负一层高度，顶板按覆土大于1m控制，全车站覆土较浅。由于高楼金站主体长约500m，整个车站还将穿越2个规划相交路口，为满足管廊出支线和附属设施设置条件，在路口或间隔150m将局部层高缩至2.6m，顶板覆土约3.0m。高楼金站与综合管廊纵剖面图如图2-2-26所示。

2.3 主要附属设施和节点设置

综合管廊的节点包括管廊内各种管线的分支口、管廊交叉节点、材料吊装、电缆接头、管道补偿器、闸阀、集水坑等。地上风亭以及逃生口、吊装口均设置在中央隔离带或侧分带内。

综合管廊直通地面安全出口按不大于400m设置。综合管廊内设置爬梯直通位于隔离带的人孔进行逃生。

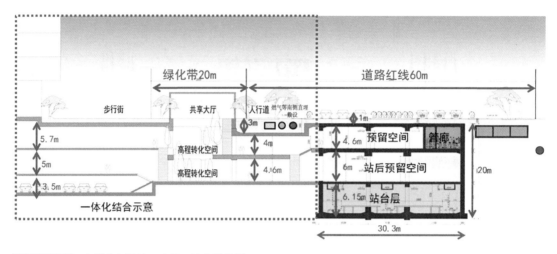

图2-2-25 高楼金车站地下空间一体化设想图

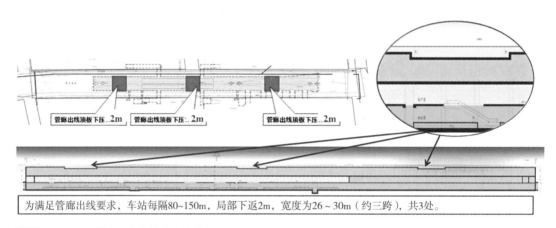

为满足管廊出线要求，车站每隔80~150m，局部下返2m，宽度为26~30m（约三跨），共3处。

图2-2-26 高楼金站共构管廊出支线和附属设置图

综合管廊电力舱两舱的缆放线口整合为1个兼做逃生口，设置间距按400m控制，水信舱不大于400m设置吊装口与缆放线口、逃生口合建。另设置逃生通道净高不小于1.5m的夹层，舱室在夹层互通，保证电力舱逃生间距不大于200m。所有口部均设置在隔离带下，以便大修时开启使用。电力舱线缆放线口25处，水信舱吊装口16处。

为满足日常巡检人员进出设置。除监控中心连接通道外，还设置了1处人员出入口，设置在南侧绿化带，采用步梯进入。口部高于地面并设置为盖板，不再设构筑物，跟周边城市绿地景观协调统一。

2.4 附属系统

综合管廊敷设系统设置有疏散逃生系统、消防系统、通风系统、供电系统、照明系统、防雷接地系统、火灾自动报警系统、视频监控及安防系统、有害气体及环境监测系统、电力监控系统、排水系统、标识系统。将通风区间设置及消防设置标准等比较突出的问题进行总结和提升。变电所共设置4处，每个电源点的供电半径按不大于800m设计，为满足城市景观采用地下变电所，减少了地上构筑物。通过对综合管廊附属系统进行优化，降低设备系统造价8% ~ 12%，实现了绿色节能的目的。

2.5 新技术应用

本工程立足于"绿色化、集约化、精细化、智慧化"四大原则，着力实现"三个优化"，即"规划、设计、标准"三方面的集约优化：第一方面着力优化管廊与地铁、道路、建筑的衔接方案，统筹利用地下空间资源，第二方面通过精细化设计优化舱室断面、优化各专业系统、附属结构及景观协同优化，提升基础设施景观，第三方面结合工程建设技术的发展水平和趋势以及工程建设标准化的发展要求，对标准体系架构进行调整，优化构建更加先进、适用、全面并符合当今及近期发展要求的标准体系，确保综合管廊"更集约、更安全、更高效、更经济"地建设和运行。本工程已被认定为住房和城乡建设部科技计划项目绿色建设示范工程。

管廊附属在逃生系统、通风系统、风亭形式、供配电系统及地下变电所形式、排水系统等方面进行标准优化研究，降低了设备系统造价。

拟将信息技术、互联网+、智能应用体系、数据融合、各种智能设备等智慧技术引入综合管廊，建立综合管廊的智能监控和管理系统。

采用BIM技术，能够在全生命周期服务于综合管廊的规划、设计、施工和运营等各个阶段。复杂节点先期引入BIM进行校核。

2.6 建设实施

管廊采用明挖法施工，为减小基坑开挖变形对临近道路、管线的影响，减小施工场地范围和对交通的影响，管廊施工采用钻孔灌注桩+钢管内支撑方案，且外部结构紧贴围护结构（图2-2-27）。

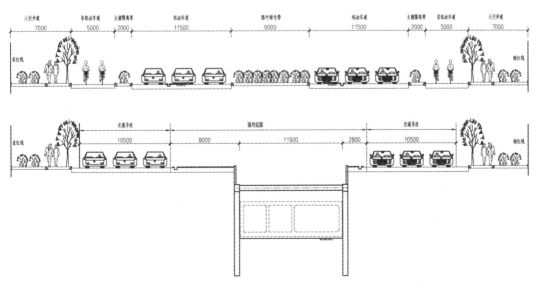

图2-2-27 管廊明挖施工支护与交通导改示意图

地铁区间范围内，管廊位于地铁隧道上方路中绿化隔离带下，地铁隧道主要采用盾构法施工，局部采用明挖法施工。局部隧道明挖基坑结合。协调管廊与地铁隧道实施时序，采取措施减少相互影响。出支线节点处管廊加深约3.5m会造成灌注桩距地铁区间隧道结构距离近。对管廊下部注浆加固（图2-2-28）。

车站范围内，管廊随地铁车站实施，工程筹划结合车站工筹考虑，在地铁车站施工期间完成管廊结构施工，不额外增加施工临时占地、工期。管廊建设时序与地铁密切结合。整体建设周期约36个月，为道路改造创造条件（图2-2-29）。

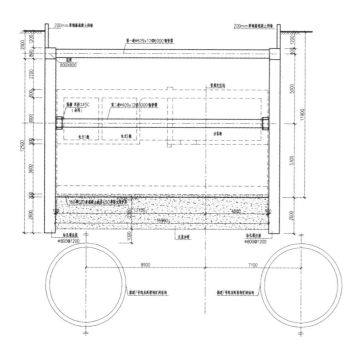

图2-2-28 节点与地铁隧道施工关系示意图

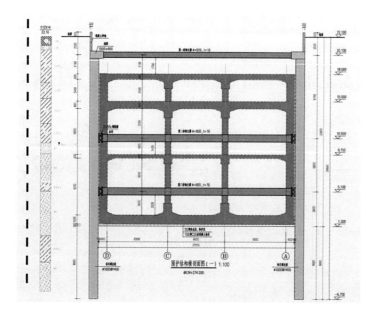

图2-2-29 管廊与车站共构明挖施工示意图

3　实施效果

　　万盛南街地下综合管廊是北京市首批随轨道交通同步建设的城市综合管廊项目。该工程于2016年底随地铁7号线东延的建设已进入了施工阶段。目前随着地铁施工，正在实施与车站共构段管廊的土建结构。预计管廊土建施工将在地铁隧道全线洞通后全面铺开，并计划于地铁建成通车前完成管廊土建结构（图2-2-30～图2-2-38）。

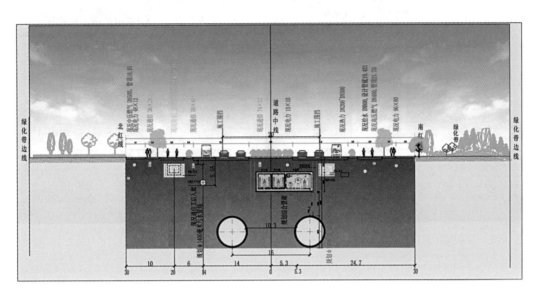

图2-2-30　地铁区间段道路横断面布置图

图2-2-31　地铁区间与管廊、道路关系效果图

图2-2-32　管廊与车站共构效果图

图2-2-33　管廊节点与云景东路站共构效果图

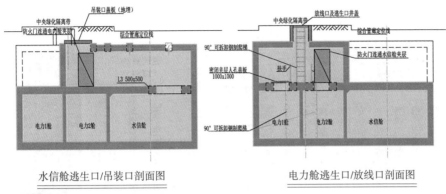

水信舱逃生口/吊装口剖面图　　　　　　电力舱逃生口/放线口剖面图

图2-2-34 水信舱吊装孔与电力舱放线口、逃生口结合节点剖面图

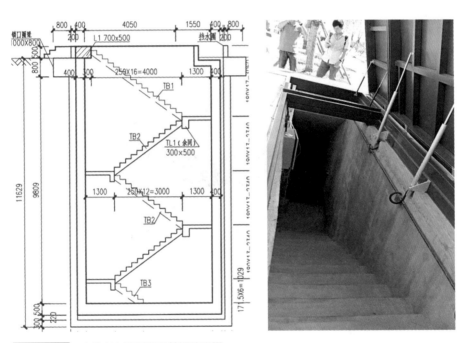

图2-2-35 人员出入口剖面及盖板效果图

图2-2-36 地下变电所实景效果

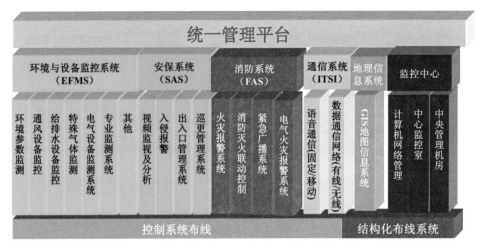

图2-2-37 统一管理平台构架图

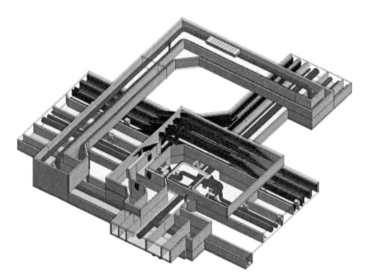

图2-2-38 云景东路车站共构综合管廊四通节点BIM设计校核图

专家点评:

本工程结合轨道交通同步开展综合管廊设计,统筹轨道交通、市政管线等空间需求。综合管廊工程与地铁同步实施,共享交通导行、临时占地、基坑围护等措施,有效节省工程费用,同时对管廊与地铁车站及地下空间开发等共构建设进行了有益探索,为结合轨道交通建设综合管廊积累了宝贵的经验。

项目管理单位:北京京投城市管廊投资有限公司

设计编制单位:北京市市政工程设计研究总院有限公司

管廊建设单位:北京京投城市管廊投资有限公司、北京市轨道交通建设管理有限公司

案例编写人员:李 浩 宋文波 侯良洁 李慧颖 温 健 刘 斌 张海霞 段 苒

刘 力 董 骥 于艳良 李维山 申 莉 丁玲玲 等

二、结合地下空间开发的地下综合管廊设计案例

3 与立体交通整合建设的郑东新区中央商务区龙湖金融岛地下综合管廊设计案例

案例特色：该项目整合综合管廊、道路、桥梁等市政基础设施，进行一体化设计。使综合管廊与地下交通功能有机结合，构建交通、能源高效供给系统，形成区域各能源站点与输配管线安全可靠连接通道。

1　建设背景

1.1　建设区域

龙湖地区是郑东新区规划的点睛之笔，定位为城市旅游休闲服务中心和以生态为特色的高档居住区，规划结构为"一心、一轴、两环、四片"，其中"一心"是指龙湖金融中心，位于郑东新区龙湖腹地，位置独特、环境优美，面积约1.07km²，总建筑用地面积约50万m²，总建筑面积352万m²，就业人口约15万，居住人口约2.5万，是郑东新区金融集聚核心功能区的核心区，也是中原经济区的金融中心，继北京金融街、上海陆家嘴、深圳前海之后的国家中部金融中枢，肩负着建设"一带一路金融中心"的伟大使命（图2-2-39）。

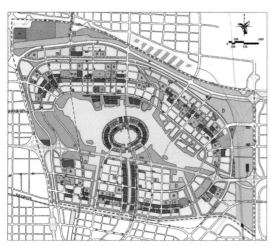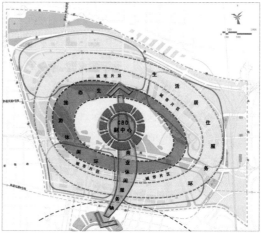

图2-2-39　项目地理位置图

龙湖金融岛土地使用高度集约化，设计有完善的配套交通市政设施，包括交通系统、道路桥梁系统、车库系统、给排水及消防系统、能源供给系统、垃圾处理系统和智能化社区系统等。因此，引入了综合管廊的敷设方式，保证包括地下管网在内的基础设施系统各项功能发挥；提高土地利用率，使区域发展与资源、环境容量相适应；构筑现代化基础设施、地下空间一体化开发体系（图2-2-40）。

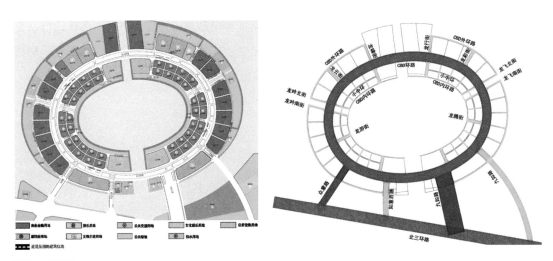

图2-2-40 龙湖金融岛土地利用规划图及路网规划图

1.2 功能定位

龙湖金融岛是河南省、郑州市共同着力打造的以国际城市形态风貌、国际化现代产业体系、国际化运营管理水平为支撑，服务于金融行业的国际化区域金融中心，位于郑东新区龙湖湖心岛，其中外环有20栋120m高的金融写字楼和高端酒店，内环有20栋60m高的金融写字楼，沿湖有20栋21m高的配套商业楼。区域内郑东新区中央商务区龙湖金融岛综合管廊工程（以下简称"龙湖金融岛综合管廊"）主要连接区域内能源站点并为各地块服务，为干支混合型综合管廊。本工程与其他基础设施项目的有机结合，构建成为整个区域的骨骼与神经，实现了地下空间与基础设施一体化建设，形成功能强大的市政基础设施供给系统，充分体现了"共生城市"、生态城市的现代化城市新理念，为龙湖金融岛成为郑州迈向国际化大都市的城市名片，引领城市未来发展奠定坚实的基础（图2-2-41）。

图2-2-41 龙湖金融岛全景鸟瞰图

2 总体设计

2.1 建设规模及标准

2.1.1 建设规模

龙湖金融岛综合管廊位于交通干线中环路外侧辅路下方、环状布置,全长3253.64m,采用与外侧辅路框架结构共构型式,两者功能连接成为一体,自上而下依次为地面道路层、地下道路层、综合管廊出线及设备夹层、综合管廊主舱室层,局部穿越地铁、河道、桥梁;支线管廊呈放射状布置,与中环路地下道路连接地块通道共构,穿越中环路14处、连接外侧地块22处,全长约1335.40m;与各市政用地用房连接的专属管廊8处(图2-2-42)。

综合管廊断面尺寸(宽×高)为13.40m×7.15m,内部净尺寸为12.10m×3.20m;为满足通风、电气设备安装及吊装口和出支线要求,设置夹层净高2.50m。综合管廊设计划分30个防火分区(干线18个,支线12个);设置23个进风井、11个排风井、19个地面吊装口、60个人员逃生口。

综合管廊管理中心结合区域市政管理用房规划在地块C1-05内,综合管廊独立变电所规划在地块C3-02的地下建筑内,分别设专用支线管廊与综合管廊连通。

本项目总投资约5.8亿元,其中工程建设费用约4.85亿元。

2.1.2 主要技术标准

(1)结构安全等级为二级,设计使用年限100年。

(2)混凝土抗侵蚀系数不得低于0.8。

(3)本地区结构抗震设防烈度为7度,综合管廊按提高一度即8度设防采取抗震措施。抗震设防乙类、抗震等级三级。

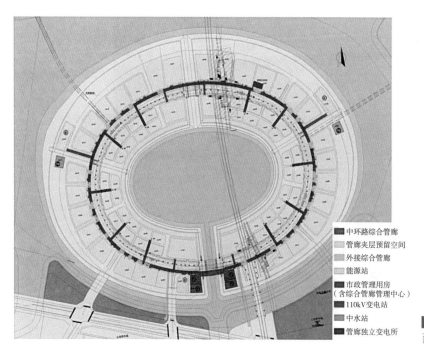

图例:
- 中环路综合管廊
- 管廊夹层预留空间
- 外接综合管廊
- 能源站
- 市政管理用房(含综合管廊管理中心)
- 110kV变电站
- 中水站
- 管廊独立变电所

图2-2-42 综合管廊平面布置图

（4）混凝土构件的裂缝宽度（迎土面）应不大于0.2mm，其余混凝土构件的裂缝宽度均应不大于0.3mm。

（5）结构耐火等级：一级。

（6）地基基础设计等级：乙级。

（7）地下结构防水等级：二级。

（8）露出地面构筑物防洪标准按50年设计、100年校核。

2.2　与道路交通一体化设计

龙湖金融中心交通体系为五层立体综合网络系统，自下而上依次为：第一层是南北向的龙源十三街隧道、龙翼四街隧道和与之平行的地铁四号线；第二层为东西向北三环东延线快速路下穿隧道；第三层为龙湖水上航运交通线路；第四层为北三环东延线的地面交通系统；第五层为南北向龙湖至CBD的高架轻轨交通系统。

龙湖金融岛土地使用高度集约化，城市设计将建筑主要布置在中环路两侧，使中环路不仅是区域交通主走廊，同时是市政管线的主通道。采用综合管廊与主干道路集聚体设计思路，与地下环形主干道路结构共构，上下布置，上层地下车道与各地块连接，下层综合管廊将各种能源管线与地块连接，构建交通、能源便捷运输通道，将两种功能有机结合，实现地下空间的综合利用，节约用地，丰富地下空间设计，提高土地利用率（图2-2-43、图2-2-44）。

龙湖金融中心内建设110kV变电站2处、集中能源站4处、市政管理用房（含综合管廊管理中心）1处，作为能源管线的核心进出通道，其特点管线多、管径大，特设专用管廊与综合管廊连通，便于地下管线的连通、敷设和维护。

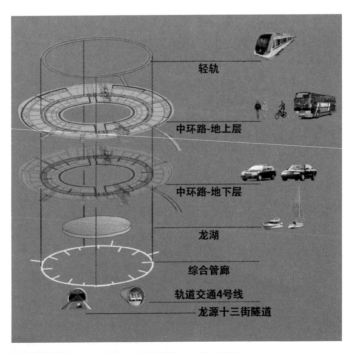

图2-2-43 综合管廊与交通体系一体化分层图

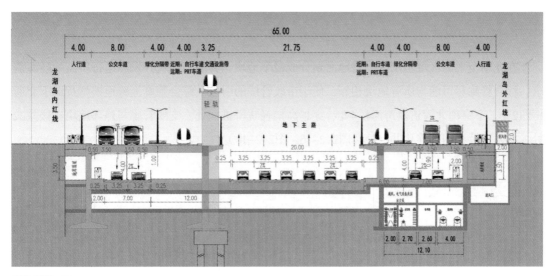

图2-2-44 综合管廊与地下道路横断面图

2.3 典型断面设计

综合管廊标准断面为两层箱形结构，设计结构断面尺寸为13.40m×7.15m。上层为通风、电气设备夹层及投料口、出支线空间，净高2.5m，下层为管廊主舱室层，净高3.2m。

主舱室层采用4舱通行断面，由内侧至外侧依次为：电力舱（净宽2.0m）、水信舱（净宽2.7m）、热力舱（净宽2.6m）、能源舱（净宽4.0m）。入廊管线涵盖110kV和10kV电力电缆、给水管道、通信管道、市政集中供热管道、区域集中供冷管道，且在水信舱和能源舱分别预留中水管位和温水管位，以满足远期的需求（图2-2-45）。

综合管廊配置完备、智能的消防、供电、照明、通风、排水、标识、监控与报警等附属设施。

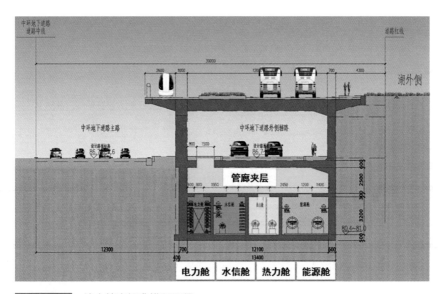

图2-2-45 综合管廊标准横断面图

2.4 节点设计

在龙湖金融岛区域范围内，将地面划分成72个地块，为满足地块开发和运行所需的能源需求，综合管廊尽可能与所有地块相邻，便于市政管线的引入。综合管廊上跨地铁站及地下交通枢纽2处、下穿南北河道及跨河桥4处、穿越高架轻轨桥桩14处。支线管廊与外环地块连接共22处，与内环及小内环连接共14处（图2-2-46～图2-2-48）。

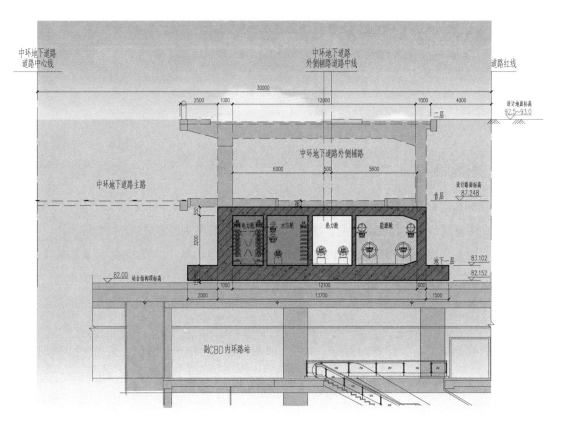

图2-2-46 综合管廊上跨地铁横断面图

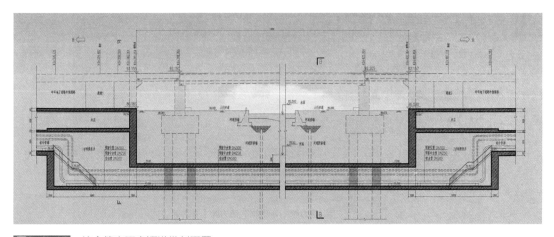

图2-2-47 综合管廊下穿河道纵剖面图

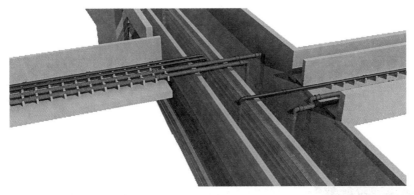

图2-2-48 综合管廊分支剖视图

2.5　智能化管理平台

综合管廊智能运维管理系统充分利用云计算、大数据、物联网、GIS、BIM、VR等高新技术，建设以"本质安全、智能运维、高效管理、应急指挥"为核心内容的智慧化管理平台，实现综合管廊的数字化、信息化和智能化管理（图2-2-49）。

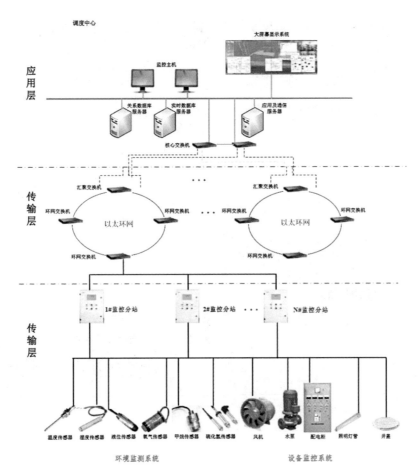

图2-2-49　综合管廊智能化管理结构图

3 实施情况

龙湖金融岛综合管廊已于2016年12月完成主干管廊和10条支管廊主体结构及防水施工，2017年8月完成管廊自身设备及线路安装调试（图2-2-50、图2-2-51）。

图2-2-50 综合管廊施工场地

图2-2-51 综合管廊节点图

专家点评：

　　龙湖金融岛综合管廊是在城市新区结合道路、桥梁、地下空间建设的综合管廊项目。在交通流量较大、规划地下管线密集的中环地下道路，建设与道路主路及与地块通道结构共构的综合管廊，管廊随地下车道实现与各地块建筑便捷的连接，集约地下空间，提高土地利用率。本管廊布局与道路布局一致，干线管廊呈环状布置，支线管廊呈放射状布置，并连接变电站、能源站及综合管廊管理中心。结合岛上地形情况，在中环路布置综合管廊，敷设给水、热力、能源、再生水管线；在外环、内环及放射路依地势敷设雨污水管线及天然气管线，层次分明。作为在城市高强度开发区、结合主要道路建设综合管廊的项目，本工程较好地解决了管廊上跨地铁站及地下交通枢纽、下穿南北河道及跨河桥、穿越高架轻轨桥等复杂节点布置难题，各口部节点的整合与布置，具有一定示范意义。

项目管理单位：河南东龙控股有限公司

设计编制单位：北京城建设计发展集团股份有限公司

管廊建设单位：河南东龙控股有限公司

案例编写人员：肖　燃　刘文波　丁向京　毛　丰　李　靖　郝　冰　魏乃永　赵　欣
　　　　　　　王勇利

4 与地下交通隧道集约建设的北京通州运河商务区核心区地下综合管廊设计案例

案例特色：该项目位于特大城市建设密集、地下空间高度开发区域。实现了地下综合管廊与地下交通隧道集约共构建设；除收纳常规市政管线外，还纳入气力垃圾输送管道；管廊监控中心与地下气力垃圾储运站、地下停车设施等集约建设，充分体现综合管廊集约利用地下空间的作用。

1 建设背景

1.1 建设区域

2012年，北京市第十一次党代会上明确提出"落实聚焦通州战略，打造功能完备的城市副中心，尽快发挥新城对区域经济社会发展的带动作用。"北京城市副中心要构建蓝绿交织、清新明亮、水城共融、多组团集约紧凑发展的生态城市布局，着力打造国际一流和谐宜居之都示范区、新型城镇化示范区、京津冀区域协同发展示范区。

北京通州运河核心区位于北京城市副中心商务中心区，东以北运河为界，西至新华南北路，南邻新华大街，规划范围呈"三角形"布置，规划总用地约298.01hm²，主要以多功能混合用地为主，属高密度商务开发区域。根据总体规划，运河核心区北区特定区域、特定时段，将贯彻"无车区"的规划新理念，其地面空间将仅提供给人行和非机动车等慢行交通系统，而机动车交通将在地下交通联系隧道（北环环隧）内安排，可保证各开发地块地下车库与周边交通干道系统便捷快速地衔接。

1.2 现状条件

根据运河商务区核心区北区市政工程规划，北环环隧道路内除将敷设雨污水、给水、再生水、电力、电信、热力等常规管线外，还将建设气力垃圾输送管道系统以实现区域垃圾密闭分类收集。北环环隧道路红线宽度较窄，如按常规市政管线直埋方式建设，无法满足全部管线敷设要求，同时今后管线增容检修也将非常困难。根据建筑总体规划，地块规划容积率与建筑密度较常规建设区域高，内部建筑外墙将与市政道路红线毗邻，其支户线与市政管线衔接空间紧张。此外该区域整体开发之初、各地块招商完成之前，地块内部准确的市政需求（容量、位置、高程等）无法提出，导致道路下的市政管线准确的建设规模、预留接口规模及位置等均无法确定，可能导致市政管线建设工期影响区域整体开发建设周期的现象发生（图2-2-52）。

综合分析上述市政工程建设存在的现实困难，对比国内外常规的市政管线分散直埋敷设方式与更集约化的城市地下综合管廊建设方式的特点，最终该项目采用了与地下交通环形隧道共构建设地下综合管廊的方式，不仅解决了实际存在的困难，同时还节约了核心区宝贵的地下空间资源，实现了地下一层商业的互通互联，带来了更大的商业开发价值，实现了区域土地的最大增值。

图2-2-52 北京通州运河商务区核心区位置图

1.3 功能定位

北环环隧综合管廊工程实现了核心区北区地下交通及市政管线输配系统最大程度的集约化，可为北区地块开发提供安全可靠的交通、市政供给条件。地下交通环隧可将各地块地下停车资源共通、共享，在地面道路实现步行、非机动车和公共交通形成的"绿色交通"体系，从而基本实现核心区北区内"无车区"重要的规划理念。而城市地下综合管廊的建设，不仅可以为核心区提供安全可靠的市政供给，还可以集约地下空间为地下商业互联互通、地下交通环隧建设创造有利条件，使该区域地下空间真正实现统筹、集约一体规划建设。该项目的实施大大促进了通州运河核心区的有序开发，彰显了城市地下综合管廊的技术优势，具有显著的社会效益、经济效益和行业示范作用（图2-2-53、图2-2-54）。

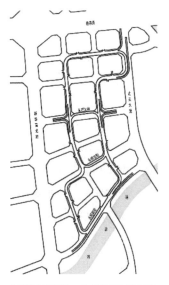

图2-2-53 北环环隧位置图

图2-2-54 综合管廊位置图

2 总体设计

2.1 建设规模及标准

北环环隧综合管廊基本与地下交通环形隧道共构结构，空间布局自地面由上至下依次分别为地面层、浅层管线（排水）层、地下商业连通层、机动车环形车道层、综合管廊出线及设备夹层、综合管廊层（图2-2-55）。

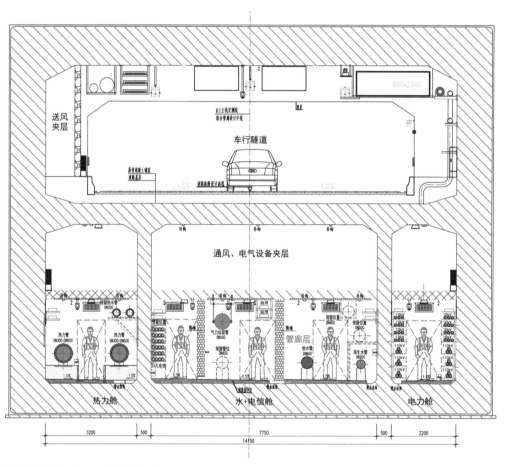

图2-2-55 北环环隧综合管廊工程断面图

其结构总宽16.55m，总高12.9m，主隧行车道净宽14.15m，车道净高4m，设备夹层净高2.2m，综合管廊净高2.8m。其中车行主隧道全长约为1.5km，进出口通道长1.2km，设置4对进出口（4处进口、4处出口）与地面道路相接，设置22处进出口与周边各地块地下车库相连；干线综合管廊全长1565.22m，监控中心位于北区东北侧的地块内地下综合服务中心内。综合管廊设有地下联络通道与综合服务中心相连。综合管廊全线划分为9个防火分区，共设置5个进风井、4个排风井、4个地面吊装口、23个出线分支口和1个人员出入口（由综合服务中心引出）。

北环环隧综合管廊为干支线混合型综合管廊，结构设计使用年限100年，采用现浇钢筋混凝土闭合框架结构，整体明挖现浇施工。

2.2 典型断面设计

北环环隧综合管廊标准断面采用3舱通行管廊结构，分别为电力舱、水+电信舱、热力舱，综合管廊设计内尺寸为14.15m宽、2.8m高。入廊市政管线涵盖110kV及10kV电力电缆、DN400mm给水管、DN300mm再生水管、24孔电信、4孔有线电视管道、2-DN500mm热力管和DN500mm气力垃圾输送管，并在水+电信舱及热力舱预留了一定管位，可满足远期进一步发展的需要（图2-2-56）。

图2-2-56 综合管廊各舱室内景

2.3 节点设计

综合管廊的人员出入口、逃生口、吊装口、通风井、出线分支等节点及设施，均结合综合管廊主体结构上部设置的出线及设备夹层设置。其中，出线分支与地块可在其地下三层直接实现支户线与市政干线的衔接，使地块的市政供给安全高效（图2-2-57）。

2.4 附属系统设计

北环环隧综合管廊工程附属系统设置完备，主要包括消防系统、疏散逃生系统、通风系统、供电系统、照明系统、防雷接地系统、火灾自动报警系统、视频监控及安防系统、有害气体及环境监测系统、井盖监控系统、有线语音电话系统、网络系统、门禁系统、监控中心、排

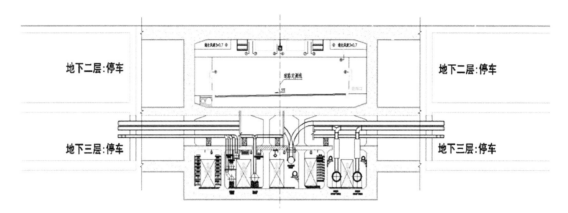

图2-2-57 综合管廊标准出线节点

水系统、标识系统。此外还建设了位于城市集中绿地下集综合管廊监控中心、气力垃圾系统中央收集站、地下自动停车库、人防等多功能于一体的地下综合服务中心。

3 实施情况

3.1 建设周期

本项目自2012年开始实施，经过三年的建设，至2015年基本完成全部建设项目，进入到开发地块内部施工阶段。由于全部地块周边交通、市政基础设施已具备全系统、无缝与二级地块对接的高标准条件，使地块开发建设非常顺利。全部二级地块出让迅速，均陆续开工，经济效益显著。目前，二级地块内建筑陆续封顶，进入设备安装阶段，为区域开发全面竣工打下良好基础（图2-2-58）。

图2-2-58 通州运河核心区规划鸟瞰图

3.2 建设情况（图2-2-59~图2-2-64）

图2-2-59 土方施工现场图

图2-2-60 支护施工现场图

图2-2-61 结构施工现场图

图2-2-62 防水施工现场图

图2-2-63 主体结构施工现场图

图2-2-64 附属结构施工现场图

4 项目特点

4.1 与周边地下空间充分集约统筹建设

通州运河核心区地下空间规划为集地下商业、地下机动车交通、市政管线敷设、停车设施及防灾等功能于一体的复合型公共地下空间。本项目充分考虑了周边地下商业空间开发建设要求及"绿色交通"理念的实现，较好地满足了周边市政交通的衔接需求（图2-2-65）。

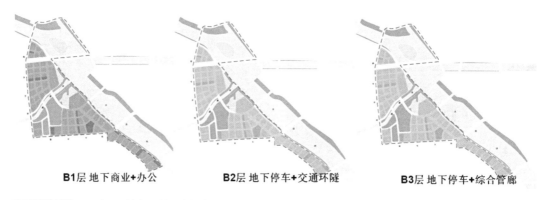

B1层 地下商业+办公   B2层 地下停车+交通环隧   B3层 地下停车+综合管廊

图2-2-65　通州运河核心区地下空间规划图

4.2　与地下交通环隧共构的多层综合管廊

结合地下交通环隧、市政管线进出线、综合管廊附属设施的需求，地下隧道结构设计为三层：地下一层为汽车交通联系通道的主通道，连接地面出入口与各地块出入口；地下二层为综合管廊夹层，可提供地块市政支线接入的空间条件，其次作为综合管廊逃生、吊装及通风电气设备的空间；地下三层为综合管廊的主管廊。三层布局统筹了隧道埋深与地面道路纵坡等高程的衔接关系，满足了市政管线与地面周边项目、二级开发商地块地下空间之间的顺畅连接，并为地块开发的地下空间预留了相互连通的可能，极大提高了土地利用率（图2-2-66）。

图2-2-66　北环环隧地下空间分层规划示意图

4.3　国内首例收纳气力垃圾输送管道的综合管廊项目

气力垃圾输送系统为利用负压气流通过管道系统，将从建筑室内、小区及市政等室外分类垃圾投放设施投入的垃圾，输送至中央收集站，经固、气分离后压缩集中存储外运处置，垃圾管道内气体经除尘过滤、除臭净化达标排放的垃圾收集输送系统。本项目结合气力垃圾输送管道的特点，在国内首次将其管道系统纳入综合管廊内，并将垃圾储运站设置在地下与综合管廊内气力垃圾管道直接连接，真正实现了区域生活垃圾的密闭、分类收集，大大提高了区域的环境品质，提升了区域内建筑的商业价值（图2-2-67、图2-2-68）。

图2-2-67　气力垃圾管道系统示意图

图2-2-68　气力垃圾管道入廊内景

4.4　地下综合服务中心集约高效

通州运河核心区是高端、高密度开发的商业中心区，区域内地下空间开发强度大，相关地下设施种类多、水平高，需要高标准的运行维护保证发挥各种设施最大的效益。结合综合管廊监控中心、气力垃圾储运站、北环环隧监控中心、公共空间停车及人防等多种需求，本项目在区域用地的东北角、规划城市绿地用地下，建设了地下城市综合服务中心，不但解决了综合管廊监控等多种需求，同时还没有占用更多的城市建设用地，使综合管廊监控运行管理设施也成为地下空间集约的典范（图2-2-69～图2-2-74）。

综合服务中心功能组成

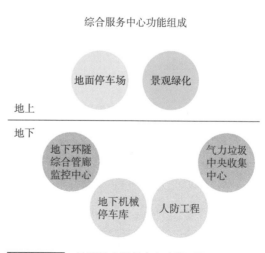

图2-2-69　地下综合服务中心功能一览

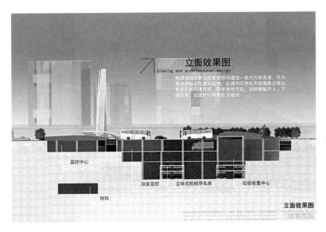

图2-2-70　地下综合服务中心立面效果图

图2-2-71　地下综合服务中心内景

图2-2-72　北环环隧综合管廊地下监控中心内景

图2-2-73　地下机械车库内景

图2-2-74　地下气力垃圾中央收集站内景

专家点评：

　　综合管廊应该统筹地上地下建设，实现地下空间资源的合理利用，并提高综合建设效益。本项目城市地下综合管廊采用与地下交通隧道集约、共构的一体开发建设模式，综合管廊监控中心地下化并实现了与地下气力垃圾储运站、地下停车设施等市政设施的集约建设，合理利用了地下空间资源，释放了地上土地资源，为建设区域土地开发的价值提升提供了保障条件。本案例为发达城市高密度地块开发区域高效集约建设综合管廊、探索气力输送垃圾管线入廊提供了可借鉴的经验。

项目管理单位：北京新奥通城房地产开发有限公司

设计编制单位：北京市市政工程设计研究总院有限公司

管廊建设单位：北京新奥通城房地产开发有限公司

案例编写人员：杨京生　罗　凯　吕志成　陈　瓯　孙宏涛　胡　鹏　历　莉　等

三、结合旧城更新和道路改造的综合管廊设计案例

5 城市建成区干线综合管廊工程实施探索的海口市椰海大道地下综合管廊设计案例

案例特色：针对城市建成区主干道路交通流量大、地块市政需求大、现状市政管线多而复杂等特点，充分考虑规划区域现状和未来管线需求，设计双层断面并采用敞口盾构预制拼装等技术，高效实施干线综合管廊，同时确保施工过程对周边环境的低影响性。

1　建设背景

1.1　建设区域

椰海大道位于海口市主城区南侧，西起疏港公路，东至江东大道，全长约31km，是海口市南侧联系美安科技新城、长流组团、中心组团和江东组团的东西向交通主干道，是海口市"四横七纵"快速路网之一，交通重要性强、流量大。

1.2　现状条件

椰海大道综合管廊工程范围为长天路至龙昆南路段，该路段位于城市中心组团，为已建城区，周边发展成熟，沿线分布有大量市政设施，主要包括两个220kV高压变电站、七个110kV高压变电站、两个天然气源厂、三个水厂、一个水库和一个加压泵站，现状道路下市政管线和架空高压线均为海口市东西向主干管线，基于现状和相关规划分析，椰海大道是海口东西向市政主干管线的重要通道。

椰海大道道路红线宽度60m，中央绿化带宽8m，红线外两侧绿化带宽20m（局部路段无绿化带）。两侧绿化带内有高压铁塔，局部路段临近绿化带尚有现状房屋，人行道和非机动车道下敷设有各种市政主干管线，因此将管廊布置在两侧绿化带的工程方案不具有落地性。为尽量减少对椰海大道交通影响，避免临时改迁现状主干市政管线，经过多轮方案比选，设计将管廊置于椰海大道8m宽的中央绿化带下方，并限制综合管廊断面宽度不超中央绿化带宽度，以确保将施工期间对道路交通、现状市政管网运行及周边环境的影响降至最低。由于规划管线需求较大，因此在管廊宽度限制条件下此段设计了双层四舱断面综合管廊，确保将沿线主要市政管

线均纳入综合管廊。图2-2-75~图2-2-77为椰海大道沿线的现状条件，图2-2-78为双层四舱段综合管廊道路下定位。

图2-2-75 绿化带内高压铁塔

图2-2-76 周边小区

图2-2-77 中央绿化带

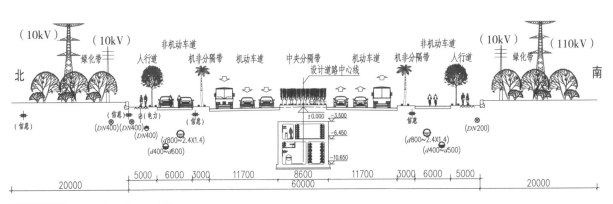

图2-2-78 综合管廊道路下定位

1.3 功能定位

根据海口市综合管廊专项规划，海口主城区总体上要形成"新老城区统筹发展"的综合管廊系统布局。椰海大道综合管廊是连接新老城区的重要干线综合管廊，是海口市综合管廊系统中的"大动脉"。向西通过规划的粤海大道和疏港公路综合管廊可以分别连接长流组团和美安科技新城综合管廊系统，向东过南渡江可以连接江东组团综合管廊系统，南北向可沿龙昆南路、丘海大道、长天路等规划综合管廊将市政管线接入海口市中心组团区域内。实施椰海大道综合管廊工程对构建海口市综合管廊干线系统具有重要意义。

2 总体设计

2.1 建设规模及标准

本次实施的椰海大道综合管廊工程全长约9.835km，其中双舱段2.744km（综合舱+高压电力舱）；双层四舱段7.091km（燃气舱+中压电力舱+给水及通信舱+高压电力舱）。椰海大道综合管廊沿线设有一座区域性综合管廊分控中心。

2.2 典型断面设计

结合各市政管线专项规划和电力、水务、燃气及电信部门相关需求，并考虑未来管线扩容需求，椰海大道综合管廊容纳管线如表2-2-1所示。

椰海大道综合管廊入廊管线　　　　　　　　　　　表2-2-1

断面形式	给水	110kV电力	220kV电力	10kV电力	燃气	通信
双层四舱	DN1000+ DN400×2	6回	4回	80回	DN400+ DN250（预留）	30孔
双舱	DN1000+ DN400	8回	4回	50回	新敷设完毕 不入廊	30孔

依据管线种类和规模需求，椰海大道综合管廊双层四舱段分设燃气舱（舱室净尺寸1900mm×2500mm）、中压电力舱（舱室净尺寸5000mm×2500mm）、给水及通信舱（舱室净尺寸4100mm×3700mm）及高压电力舱（舱室净尺寸2800mm×3700mm）。双层四舱断面及效果见图2-2-79和图2-2-80，管廊出地面的各类口部与城市绿化景观相协调（图2-2-81、图2-2-82）。

2.3 综合管廊节点设计

为保证综合管廊正常运行和服务周边地块，管廊沿线需要设置通风口、吊装口、管线分支口等功能性节点，本工程管廊底层给水及通信舱和高压舱的通风、吊装及管线分支口通过穿越上层舱室实现。特殊节点的设计不仅要满足管线吊装、进出等安装和日常维护的空间要求，还需要满足节点处上下层巡检维护等人员通行的需要（图2-2-83、图2-2-84）。

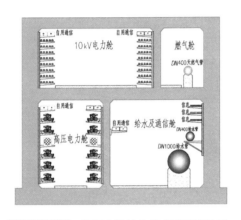

图2-2-79 椰海大道综合管廊双层四舱标准横断面设计图

图2-2-80 椰海大道综合管廊位置图

图2-2-81 风亭设计方案一

图2-2-82 风亭设计方案二

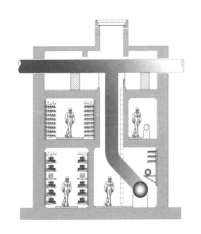

（a）给水引出处剖面

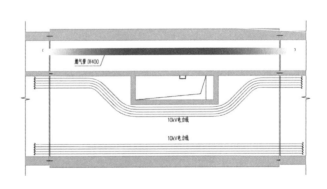

（b）给水引出处上层平面布置

图2-2-83 给水引出节点——剖面和平面布置

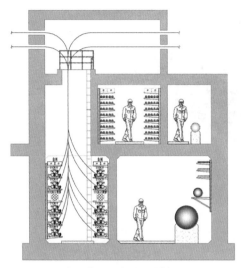

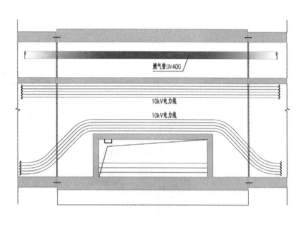

（a）高压电力引出处剖面　　　　　　　（b）高压电力引出处上层平面布置

图2-2-84 高压电力引出节点——剖面和平面布置

2.4 双舱断面管廊敞口盾构预制拼装法设计与施工

敞口盾构预制拼装法是目前一种较为先进的综合管廊施工方法，椰海大道双舱段管廊工程采用该方法进行设计和施工，目的在于探索在城市已建城区较大断面干线型综合管廊低影响性实施的设计和施工方法。通过采用敞口盾构，减少施工作业面，可进一步降低对道路交通影响。为配合此工法实施，对综合管廊标准段采用预制拼装方案。椰海大道管廊为干线型综合管廊，断面较大，采用整节段预制难以满足运输要求，因此设计首先将预制双舱断面分为上下两部分，由于重量减轻，运输和吊装均较为方便，对周边交通出行影响大为减小。图2-2-85为两舱标准断面预制设计示意，图2-2-86为敞口盾构的基本特点（施工过程）。

敞口盾构预制拼装法与传统明挖现浇法相比有如下优势：（1）不需要进行基坑围护，可以节约工期，减少扰民；（2）施工现场所需的工作面较小，可以减少对交通影响。

图2-2-85 预制管节（片）示意

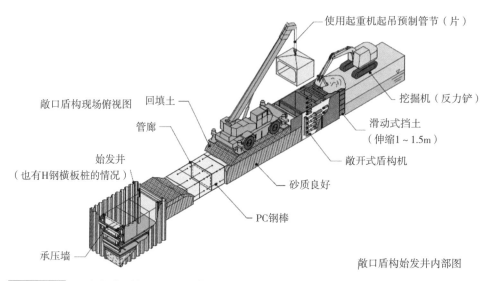

使用起重机起吊预制管节（片）

敞口盾构现场俯视图

回填土

管廊

始发井
（也有H钢横板桩的情况）

承压墙

PC钢棒

砂质良好

挖掘机（反力铲）

滑动式挡土
（伸缩1～1.5m）

敞开式盾构机

敞口盾构始发井内部图

图2-2-86 椰海大道双舱断面段综合管廊敞口盾构预制拼装法施工示意

3 实施情况

椰海大道综合管廊于2016年10月开工（图2-2-87和图2-2-88），工程已全部建成并投入使用。

图2-2-87 椰海大道双层四舱段综合管廊施工现场

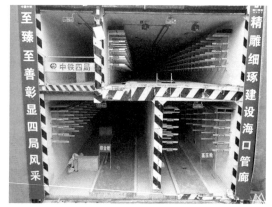

图2-2-88 椰海大道综合管廊标准段

专家点评：

椰海大道综合管廊是海口市综合管廊系统的重要组成部分，是连通长流组团、美安科技新城、中心组团和江东组团综合管廊系统的重要干线综合管廊。由于现状椰海大道车流量大，两侧分布有大量的高压铁塔，人行道和非机动车道下敷设有大量市政主干管线，综合管廊实施难度较大。在建设条件受限的情况下，设计方案充分考虑周边环境因素，因地制宜在部分路段采用双层四舱断面形式；部分路段采用了敞口盾构预制拼装法技术，不仅满足了区域规划管线规模需求，并将工程实施对交通和周边居民生活的影响降至最低，对城市中心区现状主干道路进行综合管廊建设具有一定借鉴意义。

项目管理单位：海口铁海管廊投资发展有限公司

设计编制单位：上海市政工程设计研究总院（集团）有限公司

管廊建设单位：海口市地下综合管廊投资管理有限公司

案例编写人员：王恒栋 王 建 康加华

6 结合棚户区改造并纳入大直径、超高温供热管道的包头市老北梁棚户区地下综合管廊设计案例

案例特色：该项目结合棚户区改造建设地下综合管廊，通过统筹各类管线规划，实现集约化敷设；综合管廊纳入大直径、超高温的供热管道，设计过程中结合供热管道的需求，针对供热管道固定支座、倒虹段等节点设计进行探索与创新。

1 建设背景

1.1 建设区域

东河北梁地区作为包头最悠久的历史文化发祥地，在包头城市发展史上具有重要地位，素有"包头文化根在东河、魂在北梁"之说。北梁棚户区占地13km²，范围北至110国道、南至东西门大街延线、西至二道沙河、东至环城路延伸段工业区东路，作为包头的老城区，存在众多问题：人居条件差，90%以上为超过50年的土木结构危旧房屋，人均住宅面积不足15m²；市政基础设施匮乏，95%以上道路狭窄弯曲、坑洼不平，环卫、供水、排污等基础设施滞后，供热、燃气等公用设施尚属空白，泄洪通道不畅，没有足够的消防设施和通道，人居环境极其恶劣，是包头市乃至内蒙古自治区面积最大、最具典型性的城市棚户区，老百姓思改造、盼改造的愿望十分强烈。

1.2 建设背景

2015年4月，包头市成功入选中央财政支持的地下综合管廊试点城市，按照国家相关文件要求，从实际情况出发，包头市结合老北梁棚户区的改造建设地下综合管廊，统筹各类管线敷设，综合利用地下空间资源，提高城市综合承载能力，进一步完善市政基础设施的建设，既是老北梁棚改的客观需求，也是推进包头新型城镇化建设、提升市政基础设施现代化水平的重要探索。

1.3 功能定位

根据包头市城市综合管廊专项规划（2016—2020）和包头市城建计划，近期拟在老北梁棚

户区内的青山路、外环路建设综合管廊。

青山路、外环路属城市主干道，沿线规划布置有高压电力走廊及供热、给水等主干管道，该段管廊属于干线综合管廊。在包头市综合管廊规划中，老北梁棚户区管廊起到重要的纽带作用，青山路管廊向西延伸与新都市区管廊系统联通，外环路管廊向南预留接口与远期巴彦塔拉大街的管廊系统连接，对包头市综合管廊系统的完整构建具有重要的意义。

2 总体设计

2.1 建设规模及标准

老北梁棚户区综合管廊布置于青山路与外环路，系统总长度约为6.7km，根据初步设计概算，总投资约4.89亿元，其中第一部分工程费用约4.06亿元（图2-2-90）。

青山路管廊西起芳草路，东至外环路，布置于道路的人行道与绿化带下方；外环路管廊西起青山路，东至东河村北路，布置于道路红线外的绿化带下方。

综合管廊控制中心布置于外环路近北梁七路，为地下一层、地上两层的结构形式（图2-2-91）。

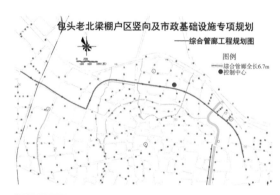

图2-2-90 包头市老北梁棚户区综合管廊系统图　　图2-2-91 控制中心效果图

2.2 典型断面设计

通过管线入廊的可行性与经济性分析，老北梁棚户区入廊管线为电力管线、通信管线、给水管道、供热管道及中水管道，入廊管线规模详见表2-2-2：

青山路综合管廊采用双舱断面，设有电力舱（舱室净尺寸2600mm×4600mm）与综合舱（舱室净尺寸4200mm×4600mm）（图2-2-92）。

外环路综合管廊采用双舱断面，根据管线规模不同有两种断面：

（1）外环路（青山路—东北外大街），电力舱（舱室净尺寸2600mm×4600mm）与综合舱（舱室净尺寸5000mm×4600mm）（图2-2-93）。

（2）外环路（东北外大街—东河村北路），电力舱（舱室净尺寸2600mm×4400mm）与综合舱（舱室净尺寸2300mm×4600mm）（图2-2-94）。

青山路、外环路入廊管线　　　　　　　　　　　　表2-2-2

	青山路	外环路（青山路-东北外大街）	外环路（东北外大街-东河村北路）
电力	8回110kV 21回10kV	7回110kV 24回10kV	6回110kV 27回10kV
通信	8孔110	8孔110	8孔110
给水	DN800	DN800+DN500	DN800+DN300
中水	DN400	DN200	DN200
供热	2×DN600	2×DN1000	无

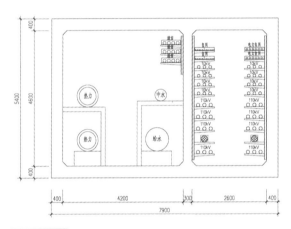

图2-2-92 青山路综合管廊标准横断面设计图

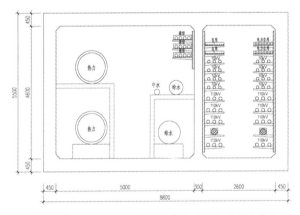

图2-2-93 外环路综合管廊（青山路—东北外大街）标准横断面设计图

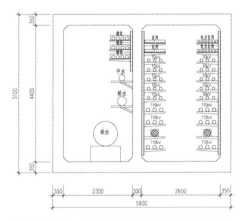

图2-2-94 外环路综合管廊（东北外大街—东河村北路）标准横断面设计图

2.3 项目设计特点

2.3.1 综合管廊系统布局

老北梁棚户区现状主要有以下特点：（1）房屋设计标准低，在结构安全性和消防方面存在巨大隐患；（2）现状道路狭窄，大多为土路；（3）市政配套设施极差。在现状道路下实施综合管廊，需要解决现状房屋的保护与管线搬迁两大问题，结合老北梁现状情况，可实施性不高。

结合老北梁棚户区道路系统规划，综合管廊从系统布局上重点考虑棚户区内的改造与新建道路，减小项目建设过程对道路交通、周边建筑及管线的影响，保证工程顺利实施（图2-2-95）。

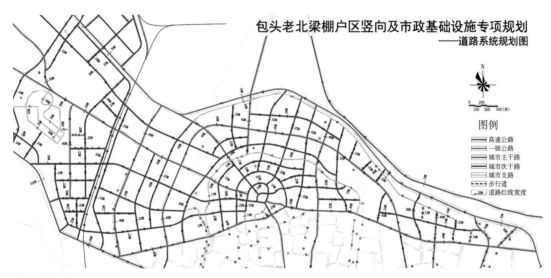

图2-2-95　道路系统规划图

2.3.2　统筹管线规划

结合综合管廊系统布置，对市政管线规划进行优化调整，实现管线集约化敷设与综合管廊效率最大化：

（1）根据给水工程规划，DN800给水干管原路径为中环路—北一街—北梁一街，调整后可纳入外环路管廊（图2-2-96）。

图2-2-96　给水工程规划图

（2）根据供电工程规划，老北梁棚户区内共有四座变电站，变电站之间的联系主要通过架空线布置于110国道以北（图2-2-97）。

图2-2-97 供电工程规划图

结合青山路与外环路综合管廊布置，对电力规划进行调整，实现高压电力通道与综合管廊的结合，不仅减少了架空线对景观的影响，还节约了棚户区内宝贵的规划用地（图2-2-98）。

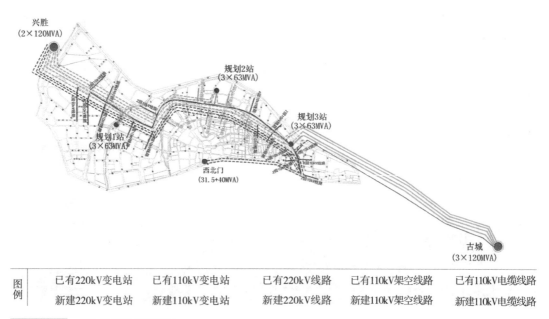

图2-2-98 供电工程规划调整图

2.3.3 综合管廊穿越铁路

青山路综合管廊沿线需穿越现状包环铁路线，为保证铁路线路的安全与通行，综合管廊采用矩形顶管法穿越。该施工工艺是将明挖法与顶管法相结合，在保证铁路运行的前提下，具有施工速度快、对上部扰动小等特点，同时保证了综合管廊标准断面的顺接，是一种绿色高效的施工方法（图2-2-99）。

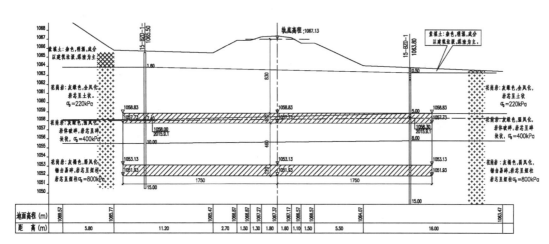

图2-2-99 综合管廊穿越铁路纵断面图

2.3.4 供热管道入廊设计

本工程外环路综合管廊纳入两根$DN1000$供热管道，管道设计最高温度达到130℃，类似的大直径、超高温供热管道入廊在国内较为罕见，设计过程中结合供热管道的需求，针对特殊节点的设计进行了探索与创新。

（1）供热管道固定支座

根据供热管道敷设的要求与计算，管道固定支座处需承受约1000kN的轴向推力与300kN的径向推力。由于荷载较大，常规的预埋钢板做法实施困难，且容易出现局部的应力集中，对主体结构不利。设计中在供热管道固定支座处采取加强的结构形式，将固定供热管道的立柱伸入支座坑内，并用素混凝土填实，在满足供热管道要求的前提下保证了管廊结构的安全（图2-2-100）。

（2）综合管廊倒虹

综合管廊在路口处与污水管道平面上发生交叉，标高上存在冲突，由于污水管道为重力流，综合管廊需倒虹从污水管道下方穿越；为实现管道的自然补偿，减小转折处应力集中，热力管道要求转弯处采用90°直角弯头。综合管廊倒虹采取特殊的结构形式，既满足供热管道的要求，同时保证人员的通行与其他管线的正常敷设（图2-2-101）。

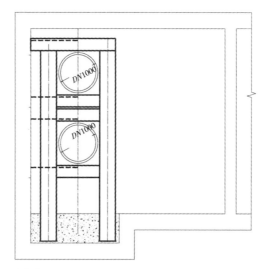

图2-2-100 供热管道固定支座布置图

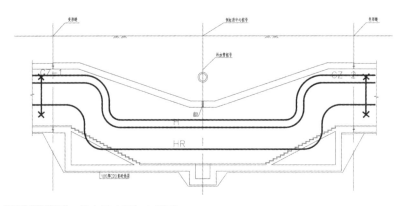

图2-2-101 综合管廊倒虹布置图

3 实施情况

老北梁棚户区综合管廊于2015年11月开工，工程已全部建成并投入运行。

专家点评：

该项目是包头市在推进地下综合管廊建设过程中，实现综合管廊与棚户区改造有机结合的典型案例。结合老北梁棚户区内道路狭窄，市政管线复杂的现状，综合管廊从系统布局上重点考虑棚户区内的改造与新建道路，减小项目建设过程对道路交通、周边建筑及管线的影响，保证工程的可实施性；结合综合管廊系统布置，统筹优化管线规划，将老北梁棚户区内的高压电力走廊、给水干管与管廊相结合，实现管线集约化敷设与综合管廊效率最大化。

综合管廊纳入大直径、高温供热管道，管道工艺设计应与管廊总体设计同步进行，供热管道固定支架的预留预埋构件，应与管廊主体结构同步实施。

项目管理单位：包头市城通综合管廊发展有限公司
设计编制单位：上海市政工程设计研究总院（集团）有限公司
管廊建设单位：包头市城乡建设发展集团有限公司
案例编写人员：王恒栋 曾 磊

7 中心城区复杂环境下采用盾构技术施工的沈阳市地下综合管廊设计案例

案例特色： 为解决东北地区大城市中心城区的管线更新改造问题，该项目在中心城区复杂环境下全线采用盾构工法进行综合管廊设计和施工，开展了盾构始发井、接收井及工艺节点井的选址，管线迁改及交通导改，各附属设施系统方案比选分析，各入廊管线同步设计对接等工作。

1 建设背景

1.1 建设区域

沈阳市中心城区综合管廊规划形成"一环、三纵"的布局结构，规划总长度88km。其中"一环"是指沿南运河、北运河、卫工明渠构成的环线，全长40km，容纳中水、给水、220kV电力、66kV电力、10kV电力、通信、供热、燃气等8种管线。南运河综合管廊为沈阳中心城区综合管廊规划"一环"中重要的一段，沿砂阳路、文艺路、东滨河路、小河沿路和长安路敷设，途经南湖公园、鲁迅儿童公园、青年公园、万柳塘公园和万泉公园（图2-2-102）。

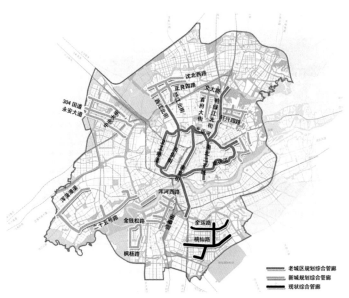

图2-2-102 沈阳市干线综合管廊规划图

1.2 现状条件

南运河综合管廊80%沿南运河绿地及河道敷设，20%沿道路下方（砂阳路、文艺路、东滨河路等）敷设。沿线河流、绿地和道路已实现规划，从现场踏勘情况看，道路较窄，交通流量较大，地下管线较多；河边绿化带宽为0～50m，树木较多；南运河宽度约20～35m，河底相比道路标高低约3m。本工程采用单圆盾构法施工，盾构井和下料、通风、逃生井附属结构采用明挖法施工。沿途分别需要盾构上跨2号线和10号线地铁区间，盾构下穿南北二干线公路隧道、中航黎明专用线铁路、东塔公园单层房屋，下穿、侧穿19座市政桥梁，下穿南运河（图2-2-103）。

图2-2-103 沈阳市地下综合管廊（南运河段）工程位置示意图

砂阳路现状道路宽约25m，为双向四机动车车道+二非机动车车道；文艺路现状道路宽约35m，为双向四机动车车道+二非机动车车道，机动车道与非机动车道之间有绿化隔离；东滨河路和小河沿路现状道路宽约15m，为双向二机动车车道+二非机动车车道；长安路现状道路宽约20m，为双向四机动车车道+二非机动车车道（图2-2-104）。

图2-2-104 沿线环境

1.3 功能定位

南运河综合管廊为沈阳中心城区干线综合管廊，沿线住宅小区和市政管线较密集，通过建设综合管廊可有效解决老城区的管线更新改造问题，同时提高老城区供水、供气、供暖等供应能力和运行安全。

2 总体设计

2.1 建设规模及标准

2.1.1 建设规模

南运河综合管廊起点位于南运河文体西路北侧绿化带内，终点位于和睦公园南侧。管廊全长约12.6km，工程总投资28.56亿元（不包含综合监控中心及入廊管线建设费）。

南运河管廊采用机械进风、机械排风的通风体系。工程利用节点井，将人员出入口、逃生口、吊装口、进风口、排风口及管线分支口进行有机整合，在井内统一实现。全线设29座节点井，包含20座工艺井、1座逃生井（单一功能）、1座出线井（单一功能）及7座盾构井。通过节点井将全线干线综合管廊分为26段，在每段两端节点井处分别布置排风口和进风口（图2-2-105）。本工程设置一座综合管理中心，位于和睦公园内；共设置3座地下主变电所，分别布置在J07、J17、J25节点井内。

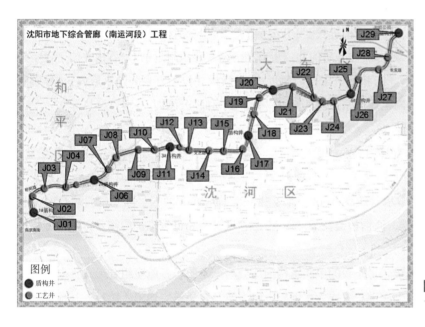

图2-2-105 南运河综合管廊节点井位置分布图

2.1.2 主要建设标准

（1）管廊结构的设计使用年限为100年，相应结构可靠度理论的设计基准期均采用50年。

（2）管廊主体结构按永久结构设计，安全等级为一级，相应的结构构件重要性系数γ0取1.1；在人防荷载或地震荷载组合下，相应的结构构件重要性系数γ0取1.0。

（3）管廊结构的地震作用应符合7度抗震设防烈度的要求，主体结构的抗震设防分类为乙类，结构框架的抗震等级为三级。

（4）结构中主要构件的耐火等级为一级。

（5）中隔板应按永久结构设计，并满足承载力和耐火设计要求，燃气舱中隔板和中隔墙同时应满足气体密闭性要求。

（6）盾构管廊与明挖节点井接头处应满足二级防水要求。

2.2 工法选择及典型断面设计

2.2.1 工法选择

本工程管廊隧道沿线经过的南湖公园、鲁迅儿童公园、青年公园、万柳塘公园和完全公园是沈阳市最重要的几个休闲、娱乐公园，对环境保护要求极高；沿线经过的南运河是横穿沈阳主城区的景观河流，河岸是沿线市民的重要休闲场所，对环境保护要求也非常高；同时南运河兼做排涝功能，除枯水期外不能大面积占用河道；沿线经过的砂阳路、文艺路和东滨河路、小河沿路和长安路，道路较窄、地下管线较多、交通流量较大。

本工程管廊隧道为管线服务，埋深较浅，沿南运河敷设，地下水较丰富，因此盾构法与矿山法相比风险较小；且明挖竖井数量较少，不用全线降水，对地面的影响较小；造价较低。因此，本工程推荐风险小、对地面影响小、造价较低的盾构法。考虑到单圆盾构沈阳地区经验丰富、有现成的设备、掘进速度较快、造价较低，本工程采用单圆，双线盾构，设备规模为D=5.4m单圆盾构机。

本工程全线约12.6km，按平均掘进长度2.1km考虑，设置7个盾构井，共6段盾构区间。1号盾构井位于文体西路北侧绿化内；2号盾构井位于南湖公园东北角附近；3号盾构井位于青年公园南门附近；4号盾构井位于万柳塘公园西门附近；5号盾构井位于万泉公园水域内；6号盾构井位于迎宾桥南侧的五人制足球场东北侧；7号盾构井位于和睦公园内。

2.2.2 典型断面设计

本工程在两个结构内直径为5.4m的盾构圆内，设置天然气舱、热力舱、电力舱和水信舱。入廊管线涵盖：10kV电力电缆24根（设计4排托架）、通信管道24孔（设计4排500mm的托架）、给水管线DN1000一根，中水管线DN1000一根、供热管线DN900两根、天然气管线DN600一根。预留电力电缆托架1排，通信管道托架2排。考虑管道安装和日常维护的需要，综合管廊按规范要求设置人员通行空间。

本项目包含左右两条线，每条线的单圆结构内均分为三个舱，各舱室组合形式：左线为热力舱、天然气舱及紧急逃生通道；右线为水信舱、电力舱及紧急逃生通道（图2-2-106）。

2.3 节点设计

本综合管廊设置在老（旧）城区，根据现场实地踏勘及地下构筑物风险分析确定的定线，很难满足地面开口（人员出入口、逃生口、吊装口、进风口、排风口、管线分支口）的要求，本综合管廊施工工法采用盾构工法，为避免在管片上频繁开口造成综合管廊的结构风险源，降低整个管廊的建设造价，每隔200～600m设置节点井（图2-2-107～图2-2-109）。

2.4 消防系统设计

根据《城市综合管廊工程技术规范》GB 50838—2015要求，天然气舱和电力舱逃生口设置间距不宜大于200m，本工程全长约12.6km，如果按现有规范要求设置逃生口，则出地面的口部较多。本工程沿线经过的砂阳路、文艺路和东滨河路、小河沿路和长安路，道路较窄、地下

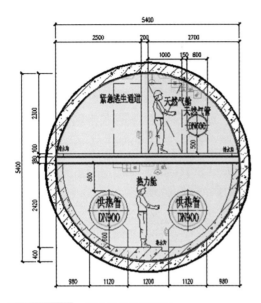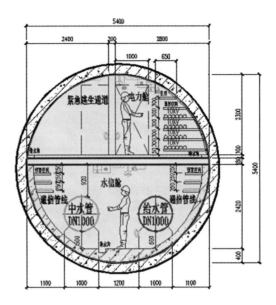

图2-2-106 标准段分舱布置图

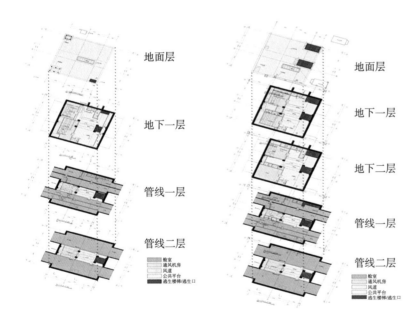

地面层

地下一层

管线一层

管线二层

地面层

地下一层

地下二层

管线一层

管线二层

图2-2-107 节点井平面示意图

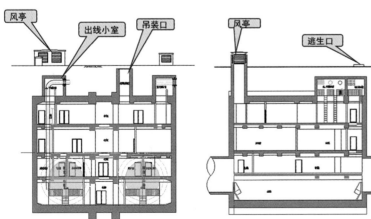

图2-2-108 节点井剖面示意图

图2-2-109 节点井效果图

管线较多、交通流量较大，地面频繁出口困难，且由于采用盾构法施工，根据断面受力特点，不宜在盾构结构管片上随意设置开口，需采取特殊的加强处理，风险较大，易降低其管廊结构的安全性及可靠性，造价高。

本工程通过在管廊内设置紧急逃生通道的方式，解决了逃生口频繁出地面的问题，并邀请全国知名消防专家，通过消防专项咨询论证会，确定出地面逃生设置间距不大于800m（图2-2-110、图2-2-111）。

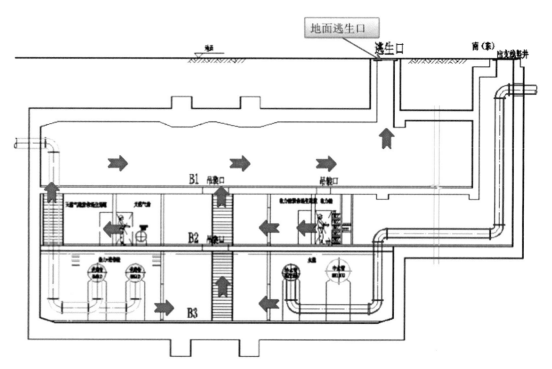

图2-2-110 综合管廊出地面逃生口节点剖面示意图

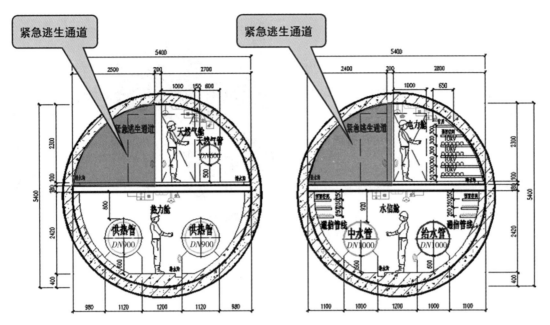

图2-2-111 综合管廊紧急逃生通道断面示意图

3 新技术新材料应用

3.1 智能巡检机器人系统

目前，巡检机器人已在多个领域中应用，但在国内外综合管廊领域内使用的智能巡检机器人没有先例。随着管廊建设的加速，多家机器人公司已经进行了相关领域的研究，研究速度加快，但没有任何一家生产出了能投入使用的巡检机器人产品。本工程考虑在管廊参观段采用智能巡检机器人系统，并在全线预留巡检机器人安装运行条件，具体设置方案尚在研究中，并已与机器人厂家达成初步共识，相关设备需经过有关部门批准后方可投入使用。智能巡检机器人系统在管廊中的应用有着如下的优点：

（1）智能巡检机器人系统是符合综合管廊技术发展，适合将来管廊巡检智能化、高效率、准确性要求的技术亮点。

（2）智能巡检机器人系统可以确保"管廊"内全方位监测、运行信息反馈不间断和低成本、高效率维护管理效果。

（3）在高强度、高温、潮湿、空气差等条件下，采用智能巡检机器人可以减轻巡检人员的劳动强度，保障人员安全，替代运行维护人员对部分设备管道完成巡检工作。

3.2 预埋槽道技术

目前管廊内设备及电缆支架常用的锚固方式是锚栓后锚固，混凝土施工完毕后，经放线钻孔后，将金属或者化学锚栓固定到混凝土里，一般是靠化学粘接、摩擦力和机械锁键力为主要受力模式，此施工方法需大量的钻孔振动施工，同时还存在一定的技术缺陷和安全隐患。而预埋槽道技术是将带锚杆且内部具有连续齿牙的C型钢预埋入混凝土结构内部，后期通过"T"

形螺栓快速安装管线设备，提供可靠紧固力的解决方案。本工程在电力舱及天然气舱采用了预埋槽道技术，槽钢提前预埋在盾构管片内，经盾构机现场组装管片后形成整体（图2-2-112）。

相比传统的预埋钢板或钻孔打锚栓的施工工艺，槽式预埋件的优势：

（1）全装配式安装，无须焊接、钻孔，对结构零损伤；

图2-2-112 预埋槽道案例

（2）齿牙咬合传力可靠、抗动载荷能力优异；设备管线稳固、安全隐患低；

（3）预埋槽采用先进防腐技术，提供优异的耐腐蚀性能，保证100年设计寿命；

（4）施工安装效率高，节省工期；

（5）设备管线调整、增减便捷，便于运营维修，管线扩容。

4 实施情况

本工程已于2016年8月22日开工，2017年6月22日盾构始发，截至2018年3月9日，盾构施工推进长度共计9850米，预计2018年9月30日全线洞通，2018年12月31日正式运营，总工期为28个月。管线安装和设备安装调试按5个月考虑（交叉工期3个月）（图2-2-113、图2-2-114）。

图2-2-113 现场实施照片（盾构井） **图2-2-114** 现场实施照片（盾构区段）

专家点评：

　　沈阳综合管廊工程沿主城区主要干道及南运河水系周边敷设，全线采用两个内径5.4m盾构方案，设置电力舱、热力+通信舱、水舱和天然气舱，是国家第一批综合管廊试点城市中唯一的全线采用盾构工法的项目。该工程进行了管线入廊分析、现状地下建构筑物调研、工法方案的比选、盾构工法始发井、接收井的选址以及后期的管线迁改及交通导改，各附属设施系统方案比选分析，各入廊管线工艺设计对接等工作。

　　项目因盾构工法不宜在管片上频繁开口，而间隔600m设置正压送风逃生通道，解决了人员逃生问题和逃生口频繁出地面的问题。为了保证天然气舱的安全问题，对天然气舱主动抑爆设备进行研究。同时，对消防方案进行了大量的研究和论证。工程利用节点井，将人员出入口、逃生口、吊装口、进风口、排风口及管线分支口进行有机整合，在井内统一实现；且在盾构井内设置变配电间、通风机房，集约利用了地下空间，美化了城市景观。本工程案例可为其他城市在老城区采用盾构工法建设综合管廊工程提供经验借鉴。

　　项目管理单位：沈阳中建管廊建设发展有限公司
　　设计编制单位：北京城建设计发展集团股份有限公司
　　管廊建设单位：沈阳中建管廊建设发展有限公司
　　案例编写人员：肖　燃　肖传德　陈　琪　龙袁虎　刘文波　方凯飞　魏乃永　徐轶男
　　　　　　　　　张金柱　张　农　韩　飞　马慧敏　郝　冰　焦丽丽　崔　阳　张高洁
　　　　　　　　　李媛莉　姚金阳

8 西部河谷地带因地就势建设管廊的海东市地下综合管廊设计案例

案例特色：该项目针对海东市狭长河谷地带特点，结合老城区河道整治和道路改造，利用地形灵活设计舱位，结合冲沟改造建设地下综合管廊，将泄洪与景观一体化设计，并与地下人行通道合并建设综合管廊。

1 建设背景

1.1 建设区域

海东是青海省下辖的地级市，主城区地处兰西经济区黄金腹地，是新丝绸之路的重要节点，自古就有"海藏咽喉"之称，也是青海省人口集聚区，在仅占全省1.8%的用地上集聚了全省33%的人口，人口密度118人/km²（图2-2-115）。

图2-2-115 海东市区域定位图

1.2 现状条件

海东市地处青藏高原向黄土高原过度的镶嵌地区，境内地形复杂，沟壑纵横，山峦起伏，属山川相间的河谷地带。整体地势西高东低，核心区海拔1850～2100m之间。

海东市核心区地处河谷地带，东西狭长，核心区内湟水河、国道、高速公路、高铁、铁路等穿境而过，增加了组团布局的难度。核心区内不同性质的组团建设与发展，只能以带状分布的形式，布置于"湟水河"的两侧。使得各市政能源的主干管线多以"串联"的形式将各组团连接起来。组团之间的市政连接点，形成了影响组团发展的"瓶颈"。

1.3 管廊建设需求

目前海东市正在优化产业布局、空间布局和城市功能，塑造城市新形象，构建城市发展新格局，对核心区进行综合管廊建设，将加快城区统一规划开发的建设步伐，提高城市综合开发的能力和标准。

综合管廊布局主要是位于乐都区的朝阳山片区、职教城片区、大地湾片区、三河六岸片区、医疗城片区、老城区、工业园安置区等七个功能片区之内，以及平安区的核心商务区、高铁新城、平东工业园区、老县城等四个功能片区之内。各个片区间的开发时序不同，开发方式不同，因此各个片区间的连接位置设置综合管廊可以避免新片区与老片区进行市政连接时出现二次破坏情况。

由于地理位置的因素，区域内湟水河、高速公路、铁路、国道、高铁等设置均东西方向将城区进行了分割，而管线穿过这些构筑物首先是施工比较复杂，而且后期的管理和维护也比较困难。且这些位置处的管线，也相对容易发生事故。在这些位置设置综合管廊，有利于实现管线互通，提升区域管线供给能力（图2-2-116、图2-2-117）。

图2-2-116 海东市地形地貌

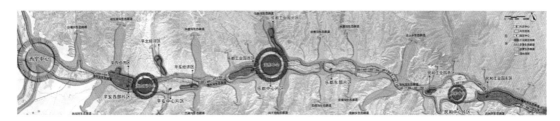

图2-2-117 海东市核心组团空间布局图

2 总体设计

2.1 建设规模及标准

海东市核心区由平安和乐都两个行政片区组成，在核心区范围内共规划管廊127.23km，其中56.42km纳入试点城市的建设范围，总投资约34.13亿元（图2-2-118、图2-2-119）。

2.2 典型断面设计

海东市综合管廊主要容纳的管线种类为给水、中水、电力、通信、热力、燃气及污水等管线。根据入廊管线种类，管廊断面有单舱、双舱、三舱等形式，各舱室一般为单层布置，特殊地形条件下采用双层布置。以平安老城区平安大道综合管廊为例，纳入综合管廊

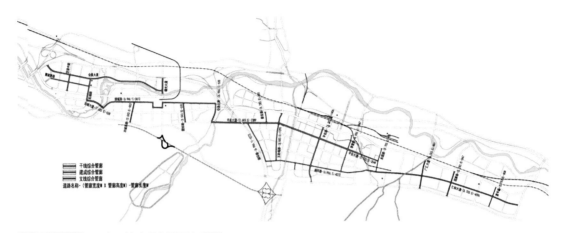

图2-2-118 平安区管廊规划平面布局图

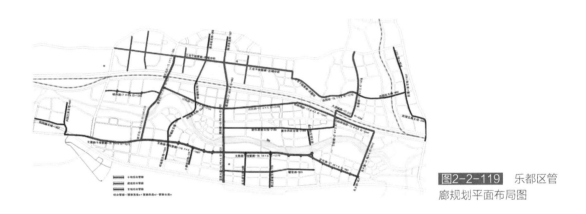

图2-2-119 乐都区管廊规划平面布局图

管线为：高压电力（5回路110kV）、给水（DN300）、再生水（预留）、电力（24孔）、通信（18+12孔）、天然气（中压DN500），管廊舱室为三舱设置，分为燃气舱、综合舱及高压电力舱（图2-2-120）。

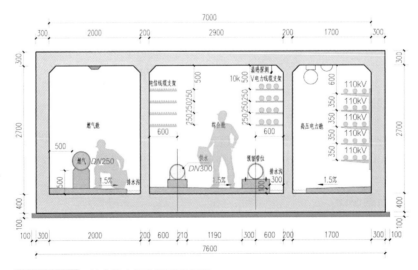

图2-2-120 综合管廊标准断面示意图

2.3 重要节点设计

2.3.1 过路管廊设计

海东市综合管廊类型主要以干支混合型管廊为主，市政管线除在原站（如自来水厂、输气门站、发电厂等）与场站间的连接外也要负责直接服务于沿线用户。因此，设置路段中的过路管廊，将用户所需管线由主管廊接入到过路管廊内集中过路，可避免后期道路重复开挖。为使市政管线在沟内衔接、交叉，便于今后实施管理，本次方案采用过路管廊方式穿过路面（图2-2-121）。

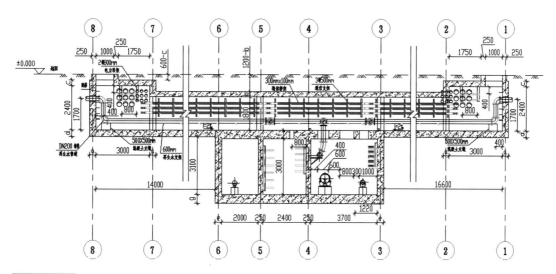

图2-2-121 过路管廊断面示意图

2.3.2 管廊通风口、逃生口、设备吊装口、现场配控站组合设计

平安大道管廊断面为三舱形式，分为综合舱、电力舱、燃气舱。由于管廊配套的附属设施节点种类及数量较多，在满足规范的前提下，各类节点应尽量优化组合。这样的设置能避免了各类节点过于分散，有利于管廊施工及维护管理。本次设计将综合舱、电力舱内的通风口、逃生口、设备投料口、现场控制站节点结合在一起成为组合节点（图2-2-122、图2-2-123）。同时根据《城市综合管廊工程技术规范》GB 50838—2015要求，燃气舱排风口与其他舱室口部距离不应小于10m，所以燃气舱的各类节点不能与其他舱室组合，将燃气舱的通风口、逃生口、设备投料口、现场控制站的节点进行单独组合。由于平安大道管廊敷设于道路车行道下，故可通过车行道的宽度达到规范燃气舱排风口与其他舱室口部距离不应小于10m的要求。所以上述两种组合节点可同桩号结合布置，间距控制在200m以内。节点组合后可将管廊出地面的口部尽量集中，改善了地面景观效果。

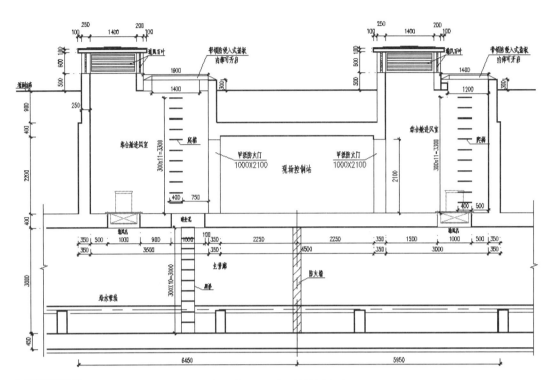

图2-2-122 管廊通风口、逃生口、设备吊装口、现场配控站剖面图

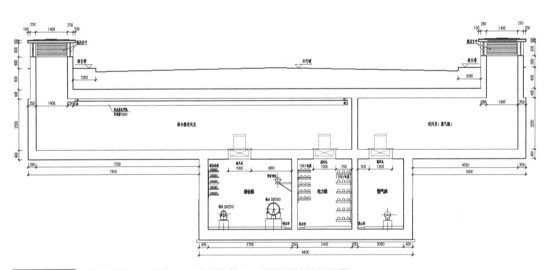

图2-2-123 管廊通风口、逃生口、设备吊装口、现场配控站断面图

2.4 结合特殊地形断面设计

2.4.1 利用地形灵活设计舱位，集约用地减少投资

海东市乐都区滨河北路位于湟水河的北岸，根据规划要打造成市民休闲的滨水景观带，同时该路又是乐都区北部片区能源输送的主要通道，根据管廊专项规划，一条与海绵城市结合带有雨水调蓄舱的双舱管廊从该路通过。

在与水利相关部门沟通确认后，利用现状挡墙和地势条件，将舱室竖向排列，节省了用地同时美化了河岸景观（图2-2-124～图2-2-127）。

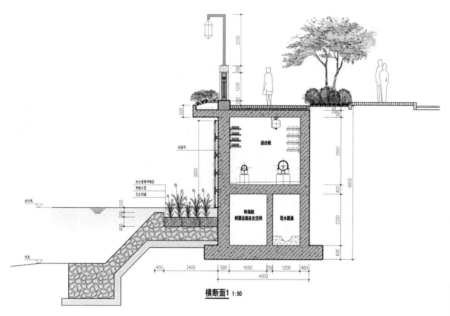

图2-2-124 竖向舱室布置断面图

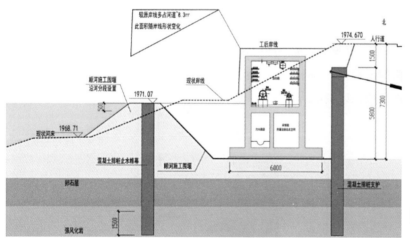

图2-2-125 滨河北路断面及实施方图

图2-2-126 滨河北路改造前现状

图2-2-127 滨河北路改造后效果

2.4.2 结合冲沟改造建设，泄洪与景观一体设计

海东市因地势和防洪影响，在城区内数条冲沟穿城而过，雨量大时兼做泄洪通道使用，景观效果极差。在改造冲沟的工程中，一并设置综合管廊，利用廊顶设置跌水达到蓄水与控制流速的作用，管廊增加泄洪舱保证城市防洪安全。此方案降低了管廊工程的成本和施工难度（图2-2-128、图2-2-129）。

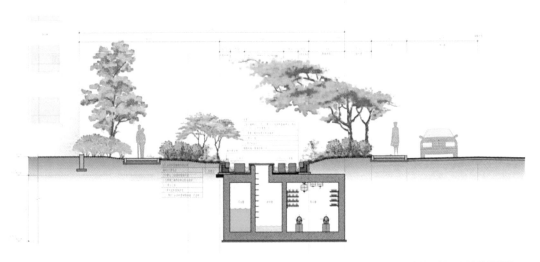

河道及管廊污水舱、泄洪舱检查井出地面断面 1:30

图2-2-128 西沙沟口部与景观的结合

图2-2-129　西沙沟利用管廊顶部设置跌水蓄水并控制流速

2.4.3　管廊与地下人行通道合并建设节省用地，降低成本

根据交通规划在海东市乐都区古城中街设置地下人行通道两座，同时古城中街规划有双舱管廊，为节省城市用地同时降低临近地下工程的建设成本，通过综合管廊与地下人行通道共同设计一体施工方案实现（图2-2-130）。

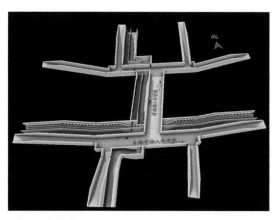

图2-2-130　综合管廊与地下人行通道并建效果图

3　BIM技术应用

舱数的增加（天然气舱与排水舱）给管廊间的交叉提升了设计与施工的难度。既要保证管线的连接，同时又要保障检修人员的正常通行与操作便利，同时由于在老城区实施对埋深与平面拓展均有客观因素的控制，提升了设计与施工的难度。采用原有的二维设计方法，既降低了工作效率，同时增加了错、漏、碰、缺的难度。因此，海东市采用了BIM技术在管廊设计、造价管控、施工模拟以及后期维护管理中全过程应用（图2-2-131、图2-2-132）。

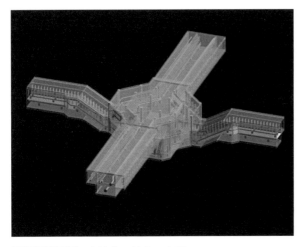

图2-2-131　多舱交叉节点示意图

图2-2-132　多舱交叉节点现场图

4　实施情况

海东市2014年即开始了综合管廊的建设工作，在《青海省海东市核心区综合管廊专项规划》指导下，海东市截至2015年完成了平安核心区中会展大道、机场路、曹家堡路、空港中路以及海东市中心城区古城中街、祥瑞街、南凉街、瞿昙路等八条道路上综合管廊的实施工作，完成长度16.79km。

2016年初，海东市被列为国家第二批综合管廊试点城市，试点期建设管廊将采用PPP模式，截至目前试点项目开工建设32.67km，建设总长度56.42km，与试点前已实施的16.79km管廊合计建设长度共计73.21km。至2018年底，海东市综合管廊将基本实现新、老城区的全覆盖，实现海东市建设管廊型城市的目标。

专家点评：

本工程针对海东市典型的西部河谷型狭长城市，地势高差大、变化快，沟壑纵横，建设用地紧张等特点，管廊建设秉持"规划先行、适度超前、因地制宜、统筹兼顾"的基本原则。在建设过程中，充分利用地势、结合景观，通过配合河道、沙沟的改造以及与地下人行通道合并建设等手段，达到集约用地，降低成本的目的。为西部缺水型中小城市综合管廊工程设计积累了经验。

项目管理单位：海东市综合管廊管理办公室

设计编制单位：中国市政工程华北设计研究总院有限公司

管廊建设单位：中建五局，中港建设集团，海东城市投资有限公司

案例编写人员：屈　凯　王长祥　王国林　张胜源　王　珑　封翠华

四、排水和燃气管线入廊的地下综合管廊设计案例

9 探索污水入廊的平潭综合实验区坛西大道南段地下综合管廊设计案例

案例特色：本项目将重力流污水管与其他管线共舱设置，并进行设计优化，实现入廊污水管线的上下游衔接，创新性设计了污水接入、引出节点构造；同时积极探索管廊过水库路段采用管廊桥横跨水库等方式。

1　建设背景

1.1　建设区域

坛西大道位于平潭综合实验区中西部，由南到北纵贯平潭综合实验区海坛岛，连接三区（科技文教区、综合服务区和港口经贸区）五组团（包括幸福洋组团、中原组团、竹屿组团、岚城组团和吉钓港组团），是平潭综合实验区"两纵一横"快速路网系统中的重要一纵。地形地貌属原始地貌为残坡积台地及海积平原。坛西大道以渔平立交为界，分为坛西大道北段和坛西大道南段，坛西北段辅道下有现状干线综合管廊。

1.2　现状条件

本项目为坛西大道南段工程，道路路线全长6.98km，道路红线宽度为73~80m，为城市快速路，主车道已建成通车。道路沿线局部路段已建有部分给水管、污水管道、电力管、通信管、雨水管，但均达不到规划要求。道路沿线有6处现状过水箱涵且横跨一处宽16m的规划水系和一处宽334m的水库。综合管廊建设于主车道以外的新建辅道及慢行系统下。

1.3　功能定位

坛西大道综合管廊建设需求大，定位为以通过性为主的干线综合管廊。主要承担以下功能：（1）与坛西大道北段联通，作为平潭综合实验区南北向市政管线主通道。（2）解决沿线高压电力主通道、变电站中压电力出线主通道功能。（3）作为金井湾片区与实验区其他组团之间市政联系主通道，兼顾电力、给水区域调配功能。（4）预留海峡三通道岛外管线进岛主通道。

2 总体设计

2.1 建设规模及标准

坛西大道南段综合管廊工程主线全长6.995km，其中4.912km断面为两舱（综合舱+电力舱），2.083km断面为三舱（综合舱+电力舱+燃气舱）。综合管廊设计起点与环岛路设计综合管廊衔接，设计终点接现状渔平立交高压电力隧道。本项目工程总投资约12亿元（其中综合管廊总投资7亿元）。

2.2 典型断面设计

本工程根据管线专项规划并结合地形分析，污水管道和燃气管道具备入廊条件。本次设计除了雨水管道未入廊外，其余规划的市政管线全部入廊。考虑到管廊施工时尽量减少对现状主车道和道路两侧现状高边坡的破坏，设计管廊断面宽度在满足各种管线安装和使用空间要求的前提下，将给水、中水、污水、通信共舱，中压、高压电缆共舱设置，以集约和节约利用地下空间（图2-2-133、图2-2-134）。舱室和舱室断面净尺寸以及收纳的管线规模如下（表2-2-3）：

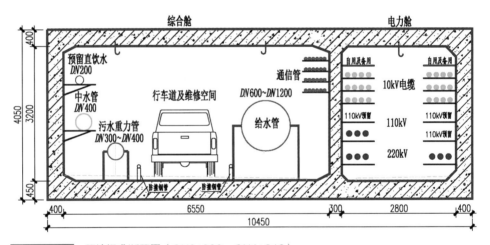

图2-2-133 两舱标准断面图（GK0+000～GK4+912）

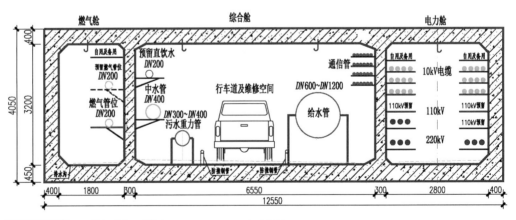

图2-2-134 三舱标准断面图（GK4+912～GK6+995）

入廊管线一览表   表2-2-3

舱室	断面净尺寸（m×m）	收纳管线
综合舱	B×H=6.55×3.20	1. 一根DN600～DN1200压力给水管； 2. 一根DN300～DN400重力流污水管； 3. 一根DN400压力中水管； 4. 21根通信及广播电视电缆； 5. 预留一根DN200直饮水安装空间
电力舱	B×H=2.80×3.20	1. 2回220kV高压电缆； 2. 2～4回110kV高压电缆； 3. 24回10kV中压电缆
燃气舱	B×H=1.80×3.20	一根DN200燃气管道，并预留一根DN200燃气管位

2.3 综合管廊路由设计

本工程综合管廊主要布置于道路西侧慢行系统下，局部段为避现状高边坡设于辅道下，附属构筑物凸出口设置于道路西侧绿化带下。设计起点（环岛路）桩号GK1+240段考虑到远期规划下穿隧道的竖向标高影响，将综合管廊设置于道路东侧慢行系统下（图2-2-135、图2-2-136）。

2.4 综合管廊纵断面设计

综合管廊纵断面设计主要受控于各种附属设备安装需求、廊外管线横穿、水系、绿化种植、重力流污水管道的坡度影响。本工程管廊设计最大纵坡为9.79%，最小纵坡为0.30%。

2.5 重要节点设计

2.5.1 污水入廊设计

本工程将污水管纳入综合管廊内，污水管线走向和管径主要根据《平潭综合实验区金井湾（含吉钓港）组团控制性详细规划》及《平潭综合实验区污水工程专项规划（整合）》确定，设计时结合地形、道路竖向设计标高以及两侧地块用地性质进行布设。综合管廊综合舱设置一条管径为DN300～DN400的污水重力管。方案确定前对污水独立设舱和与其余管道共舱进行了比选（表2-2-4、图2-2-137、图2-2-138）。

图2-2-135 综合管廊总平面图

图2-2-136 综合管廊位于道路标准横断面图

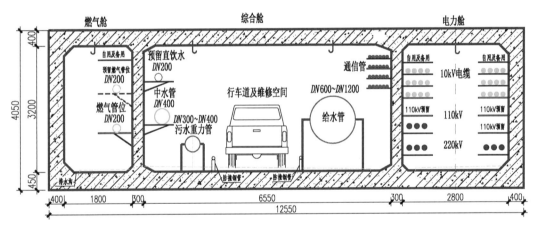

图2-2-137 方案一污水共舱管廊断面图

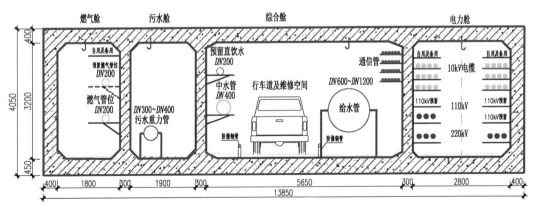

图2-2-138 方案二污水独舱管廊断面图

污水入廊断面比选　　　　　　　　　　　　　表2-2-4

方案	优点	缺点
方案一（推荐方案）：污水共舱	1. 减少污水舱室，管廊断面宽度减少1.3m，节约工程造价； 2. 管廊断面尺寸减小有利于施工时减少对现状主车路面的破坏	1. 污水管道产生的有害气体可能产生泄露，影响综合舱室人员巡检； 2. 污水渗漏可能会对给水管道产生影响
方案二（比选方案）：污水独舱	污水管独立设置于一个舱室，不对其他舱室管线及人员巡检造成影响	1. 管廊断面宽度需要扩宽1.3m，增加工程造价； 2. 管廊断面扩宽后施工时对现状主车道路面破坏较大

经过技术经济比选，本工程污水入廊采用方案一：将污水管道设置于综合舱室内。针对污水共舱的缺点和入廊后存在的问题，设计进行了相关优化，具体体现在以下5点：

（1）污水支管接入及变坡点处均设伸顶直筒井并设置通气孔，通气孔引至廊外绿化带下，同时要求综合舱室正常通风次数不应少于2次/h，并加密了气体检测点布置。

（2）廊顶污水伸顶井筒与顶板一同浇筑，伸顶井与廊体衔接处浇筑一圈混凝土流槽并设两道止水翼环，廊内井筒采用衬塑钢管，井筒底部采用法兰盲板焊死封堵，从筒体材料的选用到细节处理均考虑减少污水渗漏风险（图2-2-139）。

（3）污水入廊后为减少廊体顶开孔数量，设计120m左右设伸顶井，以便污水支管接入，并兼作检查井，同时廊内污水主管每隔40m左右设一处压盖用于清掏，压盖采用正三通加一个法兰配件组成（图2-2-140、图2-2-141）。

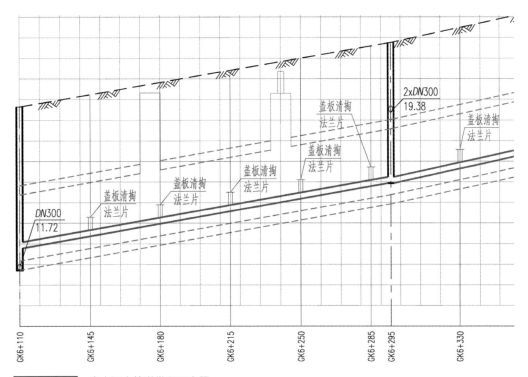

图2-2-139　廊内污水管道纵段示意图

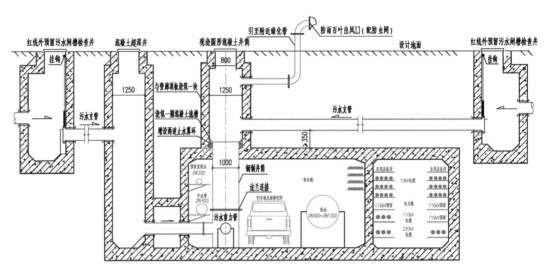

图2-2-140 污水支管入廊示意图

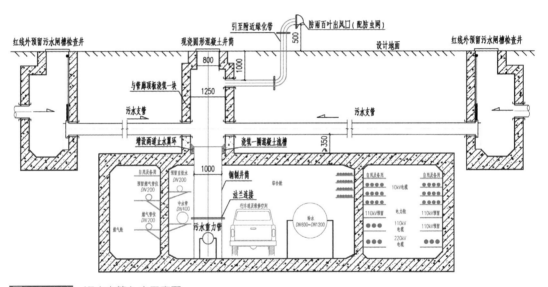

图2-2-141 污水支管入廊示意图

（4）污水管进出廊设有混凝土超深井，井底与管廊体同底板，以防止不均匀沉降（图2-2-142）。

（5）廊内污水主管一般段管材采用钢骨架聚乙烯塑料复合管（1.0MPa压力等级），电熔套筒对接。管廊纵坡较大，污水管道流速超过5m/s的路段，污水管材采用衬塑钢管。

污水入廊后管道整体埋深基本在道路下6.5m处，出廊管道埋深较深，下游的污水管道不具备直接排入条件时，在污水出廊处设一体化提升泵站，将出廊污水提升排入下游现状或设计污水管道中；排入的下游污水管道为规划管道且有条件调整下游管道标高时，同规划部门沟通协商后，采用重力流排出，反提优化污水专项规划（图2-2-143）。

2.5.2 管廊过六桥水库节点

坛西大道南段综合管廊需横穿六桥水库（该水库并非作为饮水水源），水库宽340m，设计时考虑三个管廊过水库方案如下（表2-2-5）：

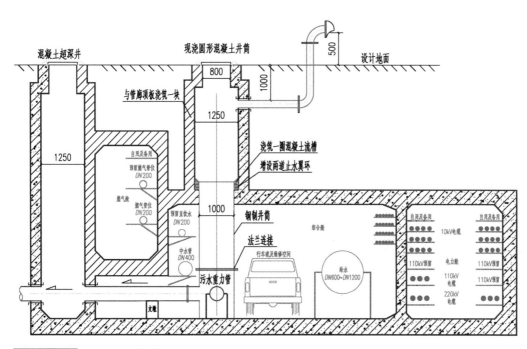

图2-2-142 污水出廊示意图

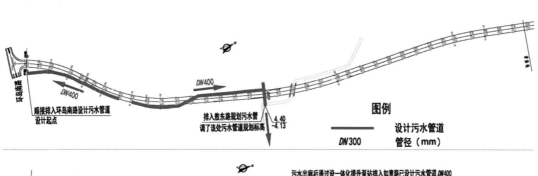

图2-2-143 设计污水管总平面图

管廊过水库方案比选

表2-2-5

方案	优点	难点
方案一（推荐方案）：管廊桥横跨水库	1. 施工方便，造价低； 2. 管廊桥面兼作过水库非机动车道及人行道； 3. 管廊和水库段无污水管段，不受标高控制	对景观造成一定影响
方案二（比选方案）：管廊下穿水库	管廊均埋地设置，隐蔽性较好	水库下方存在大块岩石，施工困难，造价较高
方案三（比选方案）：管廊绕行水库	避开水库，对水库无影响	1. 对周边居民影响较大，房屋拆迁量较多； 2. 绕行管廊路线需延长165m，增加了管廊造价

经综合比选后，本工程采用方案一：管廊桥横跨六桥水库（图2-2-144）。管廊桥起点桩号为GK2+766.150，终点桩号为GK3+110.450，全长344.3m，设计管廊桥与现状六桥水库大桥净距8～10m。全桥采用3联预应力混凝土连续箱梁，跨径布置为（35m+35m+30m）+4×30m+4×30m，其布跨与现状六桥水库大桥一一对应，上部主梁采用单箱双室。管廊桥主梁还布置3处安全孔和2道防火门，安全孔在各箱室梁顶板设置1m×1m孔洞，并装有电动液压井盖（图2-2-145）。

图2-2-144 现状六桥水库及现状六桥水库大桥

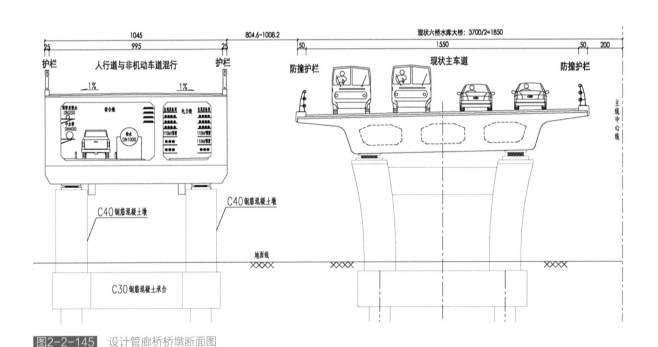

图2-2-145 设计管廊桥桥墩断面图

2.5.3 进料口节点

设计综合管廊进料口按照不大于400m设置。由于路面侧绿化带宽度有限，设计综合舱和电力舱同用一个进料口，进料口下方设转换层并布置吊轨，可方便分别进料综合舱和电力舱。转换层于综合舱和电力舱间设置常开防火卷帘门，以达到防火分隔的目的（图2-2-146）。

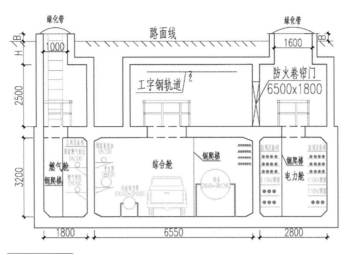

图2-2-146　进料口剖面示意图

2.5.4　管廊交叉节点

本工程综合管廊于安海路口、如意路口分别与安海路规划综合管廊、如意路规划综合管廊"T"字相交。设计采用上下层垂直相交，通过人孔下设置的垂直爬梯连通，管道分侧交叉衔接（图2-2-147）。

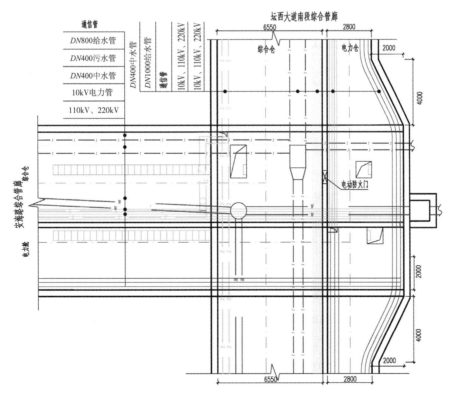

图2-2-147　安海路与坛西大道交叉节点平面图

2.5.5 舱内设置检修车辆

综合舱内给排水管道管径较大，特别是给水管道，考虑到管道安装及后期巡视的便利性，综合舱内设计了检修车通道，后期管道有扩容需求时也可通过检修车道进行调节。设计配备了检修、巡逻电瓶车同时设置了配有电梯升降系统的车辆进出口，车辆进出口兼作进料口及人员疏散口（图2-2-148）。

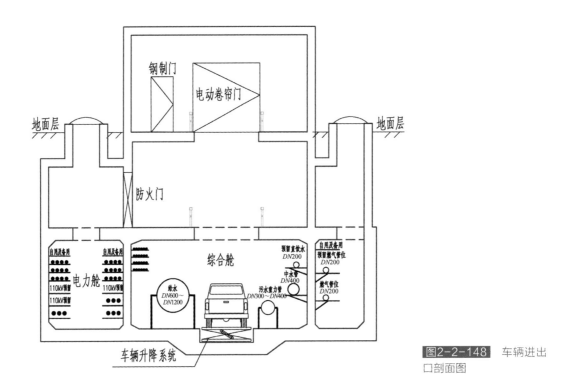

图2-2-148　车辆进出口剖面图

3　实施情况

坛西大道南段综合管廊工程于2017年1月4日开工，于2019年12月15日竣工验收。

4　使用情况

坛西大道南段综合管廊工程竣工验收后于2020年1月16日正式投入使用。本项目共设计有4.02km入廊污水管，其中1.66km污水管已充水运行，其余污水管由于下游规划污水管未建设，暂未投入使用。目前运行中的污水管段（GK4+230～GK5+892）设计管径为DN400，根据运营主管部门反馈，该段污水管自2021年10月充水运行以来，管道运行通畅、平稳；污水管沿线设有伸顶直筒井和压盖清掏口，检修、清淤方便；污水管进出廊混凝土超深井底与管廊体同底板，未发生不均匀沉降；伸顶井与廊体衔接处浇筑一圈混凝土流槽并设两道止水翼环，廊内井筒采用衬塑钢管，井筒底部采用法兰盲板焊死封堵，因此未见污水渗漏；廊内未发生污水渗漏，同时设有通气孔并保证舱室通风次数，舱室无异味，运行环境良好，达到了污水管共舱的设计目标。

专家点评：

　　污水入廊的关键点是要解决好综合管廊与重力流污水管网体系相适用的问题，污水管线入廊节点、出廊节点等细部构造科学合理性问题。坛西大道南段综合管廊工程除雨水管道未入廊外其余规划的市政管线全部入廊，并预留了部分管线空间，总体设计方案合理，方案中采用泵站提升和规划反馈调整措施实现入廊污水管线的上下游衔接，并重点对节点设计进行了较为充分的方案比选，综合考虑了管线运行与检修需求，创新性设计了污水接入、引出节点构造，方案因地制宜采用桥型结构跨越水库，具有经济合理性。总体来看，平潭综合实验区坛西大道南段综合管廊工程设计符合相关技术规范要求，方案合理，对污水入廊进行了积极探索，具备工程设计创新示范效应。

项目管理单位：平潭综合实验区交通与建设局

设计编制单位：深圳市市政设计研究院有限公司

管廊建设单位：平潭综合实验区交通投资集团有限公司

案例编写人员　董永红　徐　波　张健君　曹益宁　许有胜　杜永帮　符　斌　王少雅　陈东华

10 创新燃气及蒸汽管线入廊设计技术的四平市地下综合管廊设计案例

案例特色：本项目针对东北严寒地区高危管道入廊的安全需求，对高温蒸汽管道在综合管廊内敷设提出了合理的设计方案，对天然气管道和热力管道的管材选用、节点细部设计、安全保障的配套设施进行了一定程度的设计创新。

1 建设背景

四平市是我国第二批中央财政支持的地下综合管廊建设试点城市，根据《四平市地下综合管廊规划》，2015～2018年计划实施约45km地下综合管廊建设工程，截至目前已开工30多公里（图2-2-149）。

图2-2-149 四平市地下综合管廊总体规划图

四平市地下综合管廊的建设遵循与道路建设同步进行的原则，管廊建设覆盖面积大，入廊管线种类齐全，包括给水、供热、蒸汽、电力电缆、电信电缆、燃气、污水并预留中水管线。其中，接融大街、南四纬路、慧智街三个路段综合管廊均在常规入廊管线之外增加了入廊难度较大的管线，如，接融大街综合管廊实现工业蒸汽管线入廊；南四纬路综合管廊纳入高压电缆；慧智街综合管廊为干线管廊，容纳管线种类较多，连接各功能区并作为区域间各管线输送的主网络，同时具有兼顾为周边服务的功能。

管廊规划充分考虑城市的发展需求，预留充足发展空间。在大管径舱室根据管径保留至少1.5m的通道宽度，除了为后期管线维护提供方便，更重要的一点是为远期满足城市发展管径增大的需求预留了空间，使管廊在使用期内能满足终端用户增加的需求，避免后续的管廊扩建。

2 总体设计

2.1 接融大街综合管廊

2.1.1 建设规模及标准

接融大街综合管廊长2.8km，位于道路东侧绿化带下，沿途与紫气大路综合管廊相交并在交叉处设置监控中心一座，投资约3亿元。

2.1.2 标准断面设计

该管廊（南四纬路—开发区大路段）为三舱布局，宽10.15m，高4.45m，具体分舱尺寸见图2-2-150。包括水电舱、热力舱、蒸汽舱，其中水电舱管线包括DN400供水管一根，预留中水管一根，电力排架和电信排架各6排，热力舱包括DN800供热管道两根（供水、回水），蒸汽舱包括DN273蒸汽管道一根。

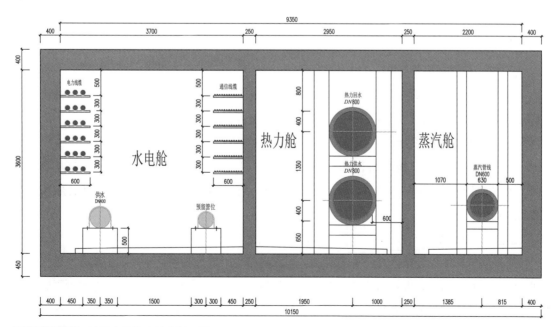

图2-2-150 接融大街综合管廊断面图

2.1.3 节点设计

蒸汽管道不同于给水排水管道，属于高危管道，其管道故障带来的损失和破坏都是巨大的，因此我们在管廊的设计中对蒸汽管道加密了逃生口布置减小逃生距离、增强了管道的监控，对于管道也采用了更安全的钢套钢的做法。针对蒸汽管道本身入廊的设计要点如下：

（1）补偿：由于管廊空间限制，蒸汽管道补偿方式通常采用波纹管补偿器。

（2）保温：蒸汽管道的保温应按照《设备及管道绝热设计导则》GB 8175—2008、《工业设备及管道绝热工程设计规范》GB 50264—2013进行计算，根据《城市综合管廊工程技术规范》GB 50838—2015的要求，蒸汽管道应该采用工厂预制的保温管，由于蒸汽管道内介质为高温蒸汽，常规的发泡保温无法承受这种高温，所以，建议采用工厂预制的玻璃钢保温管或者硅酸盐保温管。

（3）管材：对于较小管径的蒸汽管道，应采用无缝钢管。对于大口径的蒸汽管网，可以采用100%X射线探伤、焊缝标准为Ⅰ级的螺旋焊缝钢管。

（4）焊接：蒸汽管道的连接应采用焊接方式。

（5）关断阀门：蒸汽管道在进出热力舱时，应在综合管廊外部设置可靠的关断阀门。

（6）坡度：架空蒸汽管道与管廊主体的坡度保持一致。

（7）壁厚：蒸汽管道的壁厚按照《火力发电厂汽水管道应力计算规定》进行计算确定。

（8）排气与泄水：蒸汽管道在高点设置排气阀，低点设置泄水阀，排汽管道引至管廊外安全处。

（9）疏水：蒸汽管道在低点、上坡点等处需要设置疏水装置，疏水系统引到综合管廊以外的疏水井泄放。

（10）应力计算：蒸汽管道的循环工作温差非常大，从冷态到热态，管道的膨胀量很大，对于长直管道可以采用补偿器吸收其膨胀，对于一些弯头、三通等处，需要进行应力计算，建议采用有限元的方法计算这些疲劳应力和峰值应力，确保管道系统的安全运行。

2.2 南四纬路管廊

2.2.1 建设规模及标准

南四纬路综合管廊位于南四纬路南侧高压走廊内，管廊两侧有现状220kV和66kV高压线路4条，为高压线专用管廊，全长1.8km，投资约2亿元。

2.2.2 标准断面设计

南四纬路管廊为双舱断面，其中220kV高压线单独一舱，共3回预留1回，66kV（共4回，预留2回）、普通10kV（6回）和通信线路一舱，管廊宽5.4m，高4.05m，具体分舱尺寸见图2-2-151。

2.2.3 节点设计

高压线管廊的设计结合高压线的特点，入廊高压线附带绝缘层、隔热层，其直径远远大于架空线路，对空间的要求较为严格。结合电力部门的要求，在节点的设计上首先减少平纵上的转弯，对于必须转弯的地方尽量避免直角转弯，最大转弯角度不超过45度，较大角度通过两次转弯来减小转弯角度，降低对高压线使用时的不利影响。

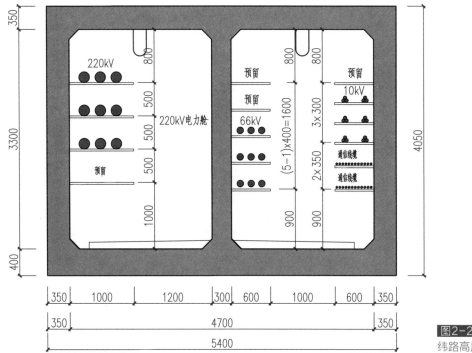

图2-2-151 南四纬路高压线专用管廊

2.3 慧智街管廊

2.3.1 建设规模及标准

慧智街综合管廊，道路红线宽度50m，管廊全长3.6km，布置于道路中央分隔带下，工程总投资约5.23亿元。

2.3.2 标准断面设计

（1）入廊管线包括：电力（10kV、66kV）、通信、给水（DN1000mm）、中水（预留DN400mm）、热力（供回水DN900mm）、天然气（中压DN200mm），共六类市政管线。

（2）管廊断面为三舱断面形式，分别为水电舱、热力舱、燃气舱。水电舱容纳电力（10kV、66kV）、通信、给水（DN1000mm）、中水（预留DN400mm）四种市政管线，热力舱容纳两根热力管线（供回水DN900mm），燃气舱容纳一根天然气管线（中压DN200mm）。管廊宽13.15m，高6.25m（图2-2-152）。

2.3.3 节点设计

（1）投料口、逃生口、进/排风口、PLC站的组合节点设计

慧智街管廊断面为三舱形式，节点种类及数量较多，在满足规范的前提下，各类节点尽量优化组合，避免了各类节点过于分散，有利于管廊施工及维护管理。本次设计将水电舱、热力舱的投料口、逃生口、排风口、PLC站的节点结合在一起成为一个组合节点（图2-2-153、图2-2-154），将水电舱、热力舱的逃生口、进风口的节点结合在一起成为一个组合节点。上述两种组合节点间隔布置，间距控制在200m以内。节点组合后可将管廊出地面的口部尽量集中，改善了地面景观效果（图2-2-155、图2-2-156）。

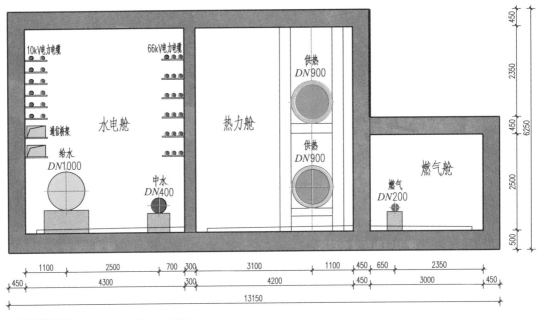

图2-2-152 慧智街综合管廊断面图

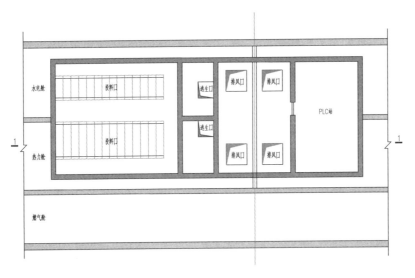

图2-2-153 水电舱、
热力舱投料口、逃生口、
排风口、PLC站组合节点
平面示意图

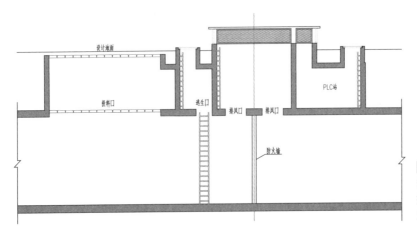

图2-2-154 水电舱、
热力舱投料口、逃生口、
排风口、PLC站组合节点
立面示意图（1—1剖面）

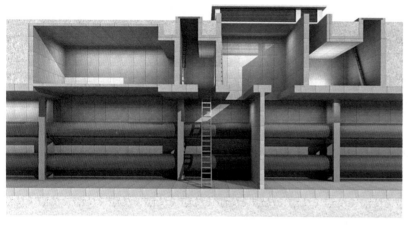

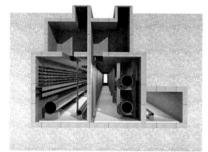

图2-2-155 水电舱、热力舱投料口、逃生口、排风口、PLC站组合节点效果图

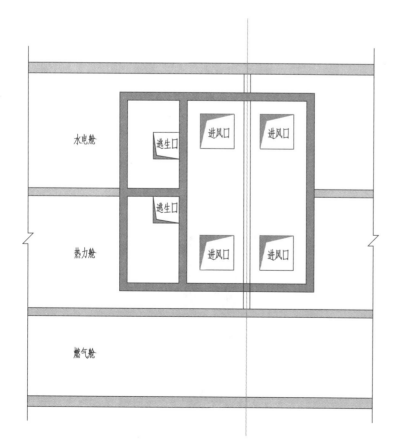

图2-2-156 水电舱、热力舱逃生口、进风口组合节点平面示意图

根据《城市综合管廊工程技术规范》GB 50838—2015要求，燃气舱排风口与其他舱室口部距离不应小于10m，所以燃气舱的各类节点不能与其他舱室组合。本次设计将燃气舱的投料口、逃生口、排风口、PLC站的节点结合在一起成为一个组合节点，将燃气舱的逃生口、进风口的节点结合在一起成为一个组合节点。上述两种组合节点间隔布置，间距控制在200m以内，同时保证其通风口与水电舱、热力舱组合节点通风口的净距不小于10m（图2-2-157、图2-2-158）。

（2）支管线引出节点设计

管廊需要每隔一定距离为两侧地块引出支管线，本工程管廊位于道路路中，设计主要采用支管廊的方式向两侧引出支线。支管廊分为两种：水电支管廊及热力支管廊。因燃气支管为一根且管径较小，因此燃气支管采用穿越套管的方式向两侧引出支线（图2-2-159～图2-2-161）。

（3）天然气管道补偿器节点设计

天然气舱内温度会随外界气温而变化，为消除温差变化给廊内管道所带来的二次应力影响，天然气管道上需设置补偿器。根据气象资料，四平市历年最低温度为−32.3℃，最高温度为

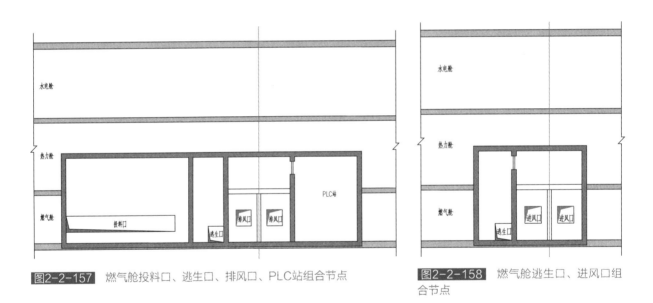

图2-2-157 燃气舱投料口、逃生口、排风口、PLC站组合节点　　**图2-2-158** 燃气舱逃生口、进风口组合节点

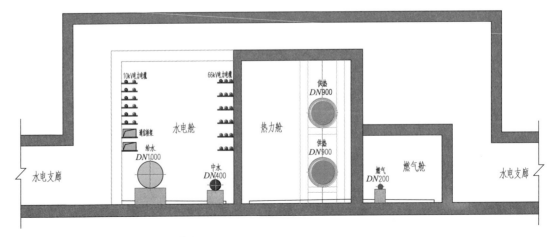

图2-2-159 水电舱支管线引出节点

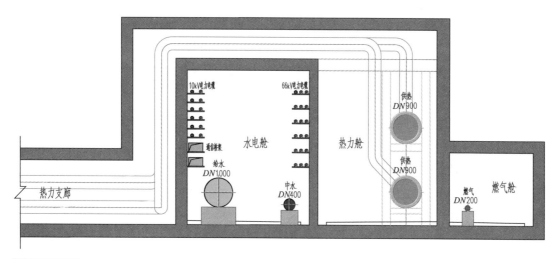

图2-2-160 热力舱支管线引出节点

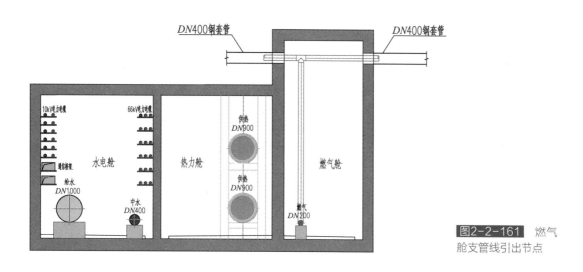

图2-2-161 燃气舱支管线引出节点

37.3℃，管廊内最大温差变化为69.6℃，大温差下管道补偿方式的选择尤为重要。由于在架空天然气管道上常用的不锈钢波纹补偿器有一定的疲劳破坏次数限值且对安装要求较高，为防止波纹补偿器泄漏影响管廊安全，基于本质安全性原则，设计中确定采用Ⅱ型补偿器对管道温差进行补偿（图2-2-162）。

（4）天然气管道设计要点

1）天然气管道应敷设于管廊中独立舱室。舱室地面应采用撞击时不产生火花地面。

2）天然气质量指标应符合国家标准《天然气》GB 17820—2012的一类气或二类气的规定，且应为加臭天然气。

3）天然气舱室内不应设置过滤、调压、计量等燃气工艺设施。

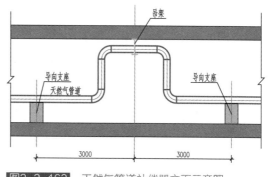

图2-2-162 天然气管道补偿器立面示意图

4）入廊天然气管道压力不宜大于1.6MPa。

5）天然气管道应采用无缝钢管。其管材技术性能指标应符合或不低于国家标准《输送流体用无缝钢管》GB/T 8163—2008或《石油天然气工业管线输送系统用钢管》GB/T 9711—2011的有关规定。

6）天然气管道直管段壁厚应按照《城镇燃气设计规范》GB 50028—2006中管道壁厚计算公式计算确定，同时管道最小壁厚还应满足该规范表6.3.2要求。

7）管廊内天然气管道宜采用成品防腐管，其性能指标不得低于《埋地钢质管道聚乙烯防腐层》GB/T 23257—2009中所规定普通级二层结构挤压聚乙烯防腐层（2PE）标准。

8）天然气管道的连接应采用焊接方式。

9）天然气管道宜采用支墩或支架架空敷设。支墩或支架间距应按照管道应力分析确定。

10）天然气管道宜采用自然补偿或方形补偿器补偿。

11）天然气管道进出舱室时，应设置具有远程控制功能的截断阀门。当由舱室内敷设的天然气管道上引出支状供气管道时，应在舱室外设置支状管道阀门；穿越道路的支状管道应敷设在套管、支廊或管沟中。

（5）天然气管道设计特点

一是适应环境条件的管材选择。按照《城市综合管廊工程技术规范》GB 50838—2015，天然气舱需要进行通风，因此天然气舱的温度与外界气温基本相同。根据气象资料，四平市历年最低气温为-32.3℃。对于中压管道常用到的Q235B、20#等碳钢管材使用温度下限均高于该温度，都难以满足要求，设计中采用耐低温合金钢管材Q345E，该管材能通过-40℃低温冲击试验，符合四平市环境使用要求。

二是新颖的放散阀安装方式。截断阀门两侧设置有放散管，廊内天然气管道需要常规维修或抢修时，关断阀门，同时开启放散管上的放散阀进行放气。如果将放散阀设置在天然气舱室内时，会增加天然气舱室内的潜在泄露源，出于安全考虑，将放散管由廊内引出设置在道路两侧绿化带内或便于安全放散的位置处。放散阀采用远程控制阀，同时具备就地、远程控制功能。为防止放散阀遭到破坏，放散阀外部设置有保护罩，保护罩外观尽量与城市周边景观协调统一（图2-2-163）。

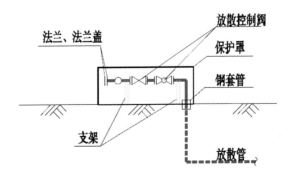

图2-2-163 天然气放散阀安装立面示意图

3 多种施工工艺并行

　　四平市地下综合管廊规划既覆盖了老城区的需求又结合远期的城市发展为新城区预留，这就导致了管廊施工中将面临诸多不同的问题。

　　新城区建设的管廊一般都随道路一并建设，施工期间没有过多的地下管线，也没有过多的过境交通压力，难度较低，大多采用放坡开挖现浇施工的工艺（图2-2-164）。开挖受限的区域采用工法桩、混凝土桩、钢板桩等不同的支护形式（图2-2-165）。

图2-2-164　放坡开挖施工工艺（北迎宾街管廊）

图2-2-165　钢板桩支护基坑施工工艺（北迎宾街管廊）

　　老城区综合管廊的建设受到地下管线（如军用光缆、燃气等）切改困难，地面交通无法中断（如城区主干路）的限制，在施工中引入了浅埋暗挖施工工艺，最大限度保证了地面交通和地下管线的正常使用。

　　在六孔桥路及平东大街等穿越铁路的路段或穿越特殊地上建筑（构筑）物特殊地段，设计采用盾构技术，并拟在三段盾构管廊的交点采用一个盾构井，实现一井六隧的施工方案（图2-2-166、图2-2-167）。

图2-2-166　盾构管廊平面布置图（六孔桥路）

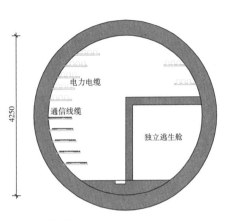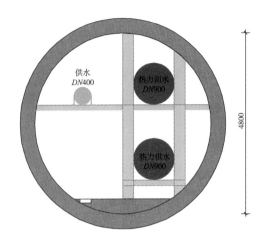

电力电缆

通信线缆

独立逃生舱

供水
DN400

热力回水
DN900

热力供水
DN900

图2-2-167 盾构管廊断面示意图（六孔桥路）

4 实施情况

根据四平市试点城市实施计划，目前试点计划内所有管廊均已开工，其中接融大街等多条管廊已全线完工，南四纬路管廊已完成主体结构、慧智街管廊已进入到主体结构的收尾阶段。其他管廊也正在紧张地建设之中。

专家点评：

四平市综合管廊设计案例入廊管线种类齐全，对天然气管道和热力管道在综合管廊敷设时的管材选用、节点细部设计、安全保障的配套设施进行了一定程度的创新设计，针对高温蒸汽管道提出了合理的设计方案，可供设计建设类似综合管廊时参考借鉴。

项目管理单位：四平市住建局管廊办
设计编制单位：中国市政工程华北设计研究总院有限公司
管廊建设单位：四平市综合管廊建设运营有限公司
案例编写人员：孙书亭　刘　斌　杜建梅　王长祥　陆峰峰　臧洪泉　渠　颖

11 实践污水管道入廊的青岛国际机场市政道路地下综合管廊设计案例

案例特色：本项目整合各专业管线规划，优化调整区域道路、综合管廊、管网布局，在保持原有排水系统前提下实现污水入廊；通过创新管廊横断面布置形式和出线井方案，有效解决污水管道进出线问题；在检查井设置形式、防水处理等方面进行了探索。

1 建设背景

1.1 建设区域

青岛胶东国际机场位于环胶州湾北部核心区域、山东半岛"T"形结构中心位置，是我国重要的区域枢纽机场、面向日韩的门户机场、环渤海地区国际航空货运枢纽机场。机场场址位于青岛市胶州市中心东北14km，大沽河西岸，北侧紧邻胶济客运专线，南侧紧邻胶济铁路。机场处于市域范围内居中位置，距离东岸青岛城区约50km，距离北岸城区约18km，距离西岸城区约40km。机场及配套管线近期按2025年3500万人次的客流实施，远期按2045年5500万人次的客流规划，运行等级为目前国内最高等级的4F级。

1.2 建设需求

机场规划用地30.66km²，本项目位于机场配套区，区域内规划多处变电站、能源中心、信息中心等市政基础设施，专业市政管线具有种类多、容量大，管线交叉频繁的特点。配套区建设市政道路综合管廊，满足了专业管线的建设需求。

1.3 地质特点

场地具有典型的滨海软土特征，局部为强风化泥岩或软弱土层，地质复杂多变且地下水水位较高。根据该类地质的建设经验，此类地质容易导致构筑物或管线的不均匀沉降、地下水入渗等问题。

1.4 试点项目

按照高起点规划、高标准建设原则，试点城市先行先试，配套区内六条主要市政道路建设综合管廊，列入中央财政支持的2016年综合管廊试点城市的试点项目。

1.5 功能定位

机场综合管廊是区域市政配套的重要载体，承担对外市政管线输送、对内用户分配的功能。本项目建设综合管廊工程可以集约利用地下空间、提高安全保障能力、方便统一运营养护管理。同时，综合管廊依据市政专项规划确定入廊管线种类和规模，并为远期预留条件，具备分期实施操作性。

2 总体设计

2.1 建设规模及标准

综合分析机场配套区路网规划、市政专项规划、配套设施位置等因素，形成以南六路、南八路、南十路为干线综合管廊；以南三路、南十一路、T2T3联络通道为支线综合管廊；总体呈"齐"字布局的系统结构（图2-2-168），综合管廊总长约11.9km，总投资约8.7亿元（表2-2-6）。综合管廊布置在人行道及绿化带下，设置一处监控中心。

2.2 典型断面设计

本项目规划除雨水外电力、通信、热力、燃气、给水、中水、污水管线均纳入综合管廊。典型断面为三舱和四舱，如图2-2-169 ~ 图2-2-172所示。标准段综合管廊埋深5.5 ~ 6.5m。

2.3 专项规划整合

各市政专项规划独立完成后，根据确定的管廊路由对相关专项规划进行了整合，实现了市政基础设施与管廊系统直接衔接，将市政专业管线主线敷设于管廊内、充分利用管廊空间。同时，优化管线综合规划，减少雨水等约束条件与管廊交叉。

本项目雨、污水管线采用重力流方式，通过系统优化使雨、污水管道坡度与道路坡度基本一致，并保持雨水、污水、管廊、道路位置关系相对固定，雨水干管管径$DN800$-$DN1500$，平均埋深2.0 ~ 3.0m；污水管径$DN300$-$DN600$，平均埋深3.0 ~ 3.4m。

2.4 污水入廊

重力流污水入廊是目前国内普遍面临的难点，不同于缆线入廊和压力管道入廊，污水入廊主要存在以下特点：

污水管道埋深受制于排水系统控制，需以一定坡度坡向下游，对管廊横断面、纵断面以及

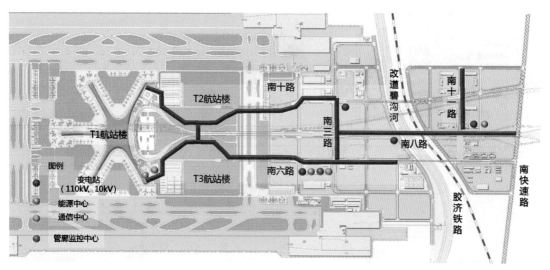

图2-2-168 综合管廊平面布局图

综合管廊建设情况统计表 表2-2-6

项目名称	范围	长度（m）	舱数	净尺寸（宽×高）（m）	入廊管线	计划投资（万元）
南十路	北起B指廊，南至南三路	2572	3、4	8.6×3.0、11.7×3.6	给水、电力、通信、热力、燃气、中水、污水	23143
南六路	北起A指廊，南至南十五路	3769	3、4	9.4×3.0、12.1×3.6		30398
南十一路	西起南八路，东至南十八路	928	2	5.8×3.0	给水、电力、通信、热力、中水、污水	3920
南三路	西起南六路，东至南十路	1656	3	3.6×3.6、5.5×3.0		5729
南八路	北起南三路，南至南十七路	2696	3	11.1×3.0	给水、电力、通信、热力、中水	20872
T2T3联络通道	西起T3航站楼，东至T2航站楼	272	3	7.5×2.6		3375
合计	—	11893	—	—	—	87437

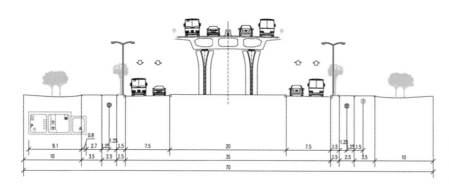

图2-2-169 三舱综合管廊三维控制线图

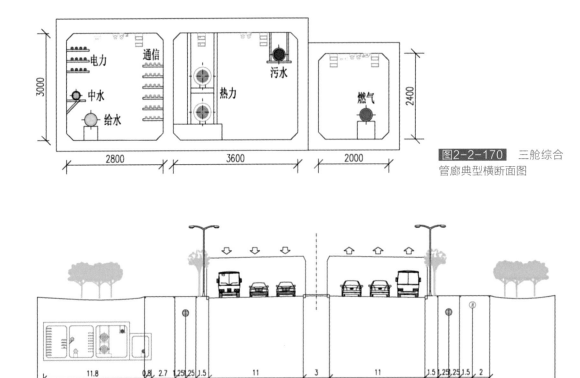

图2-2-170 三舱综合管廊典型横断面图

图2-2-171 四舱综合管廊三维控制线图

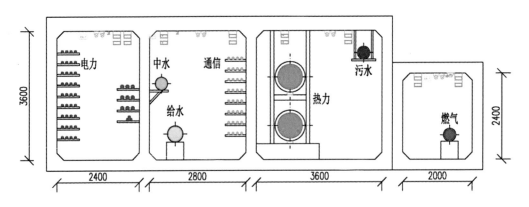

图2-2-172 四舱管廊典型横断面图

出线井形式均产生较大影响；污水产生的甲烷、硫化氢等有毒有害气体需快速排至廊外以免影响养护管理人员健康；检查井设置需满足日常检修和事故工况下快速疏通要求；常规缆线和压力管道在传统出线井中通过弯折完成进出线，而重力流污水管道无法弯折，传统出线井形式已无法满足污水进出线需要。

本项目通过实践性尝试，较好地解决了上述问题。

2.4.1 污水管道在管廊中设置位置

目前，国内常规采用将污水管道布置于管廊底部的横断面形式，为了满足管廊与雨水竖向交叉的空间需要，管廊需整体下沉于雨水管道下方通过，如图2-2-173所示，适用于雨水与污水竖向高程相差较大的情况。本项目雨水与污水竖向高程相差较小，若改变原有污水排水系统、增加污水管道埋深、设置中途

图2-2-173 污水管道布置于管廊底部位置关系示意图

提升泵站，将大幅增加工程投资，也失去了污水入廊的意义。

本项目污水入廊、雨水未入廊，优化整合后雨、污水管道坡度与道路坡度基本一致，并保持雨水、污水、管廊、路面位置关系相对固定，但尚存在廊外相交道路上雨水与管廊交叉避让、廊内污水管道相接等问题，为此比选了污水管道在管廊中敷设位置，如图2-2-174所示。

方案一中污水管道位于管廊底部，污水管道标高受排水系统控制，受此影响管廊覆土不足1m，对种植、孔口设置产生影响；同时，每隔一定距离管廊需下卧避让雨水，沿线多处下卧，而污水为重力流管道，无法弯折，导致污水管道与管廊相对位置变化频繁，不易实施。方案二中污水管道位于管廊顶部，控制雨水、污水管道竖向净距0.8m左右，在不改变原有排水系统的前提下，满足管廊与雨水管道竖向交叉空间需要。

因此，最终选取方案二，即污水管道悬吊于污水舱顶板。本项目道路、管廊、污水管道坡度基本一致，管道和管廊相对位置关系可局部微调，方便管道安装。

方案一   方案二

图2-2-174 污水管道在管廊中位置示意图

2.4.2 出线井

基于污水管道悬吊于污水舱顶板方案，常规十字出线井方式不能解决污水管线出线问题，提出新的出线井解决方案。

（1）"降板法"

为满足一般情况下污水和其他专业管线出线要求，管廊在出线井处底板下卧，除污水外其

余管线随底板一同下卧，污水保持原坡度不变，上部空间只剩污水；顶板局部降板，污水进入上层管廊空间，与支线污水完成管线衔接；交叉节点处上下管廊展宽，各管线水平分布，通过竖向通道相互衔接，如图2-2-175～图2-2-177所示。在管廊出线井以外区域，底板通过缓坡恢复至常规埋深，与标准段衔接。

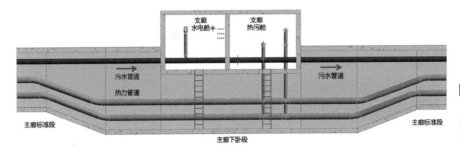

图2-2-175
"降板法"出线井主廊方向BIM剖面图

图2-2-176
"降板法"出线井支廊方向BIM剖面图

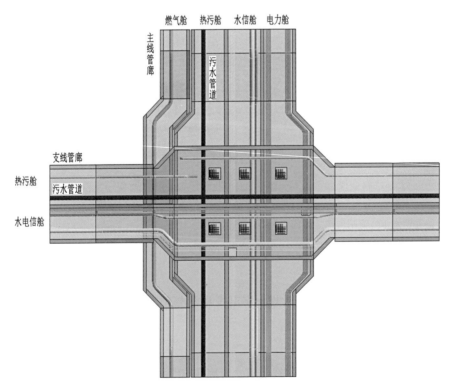

图2-2-177
"降板法"污水出线井BIM平面图

该方法适用于管廊顶部无约束条件情况，可节省投资。同时，由于出线井结构本体高度在6.5～7.0m之间，廊顶覆土在1m以内，该方法可以控制整个出线井埋深在7.5～8.0m之间，最大程度减小出线井的埋深；管廊底板降落量少，底板弯折角度较小，管线敷设平顺，压力管道的损失小。

对于污水敷设于管廊底部的其他项目，与"降板法"原理类似，可采用顶板上抬方式，即"升板法"，有条件地区可采用。

（2）"斜板法"

为满足廊外上部受约束条件控制情况下污水和其他专业管线出线要求，将出线井整体降低至约束因素以下，污水舱及污水管道仍沿道路坡度敷设，于出线井上层空间完成汇集并排至下游污水管道；除污水舱外其他舱室及管线下卧至出线井下层空间；交叉节点处上下管廊展宽，除污水外其他管线水平分布，通过竖向通道相互衔接；管廊标准段与出线井间通过一定距离的渐变段衔接，如图2-2-178、图2-2-179所示。

该方法适用于管廊顶部有约束条件情况，出线井整体位于约束条件以下，埋深可达

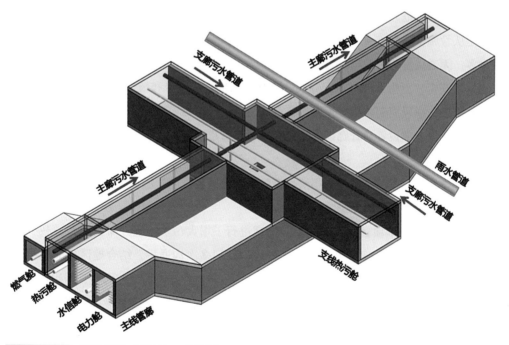

图2-2-178　"斜板法"出线井BIM俯视图

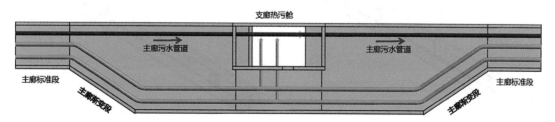

图2-2-179　"斜板法"出线井主廊方向BIM剖面图

9～10m，投资较大。由于污水舱保持坡度不变，其余舱室整体下卧，管线运行顺畅。出线井与标准段需设置管廊渐变段进行衔接，污水舱室内污水管道下方可设置防滑坡道，方便管道安装及检修，满足通行需求。

2.4.3 日常维护检修解决方案

污水管道纳入综合管廊需同步解决检修、养护、通气等一系列问题，本项目对检查井设置方案进行探讨，对检查井防水进行研究。

（1）检查井设置

目前对于廊内污水检查井如何设置的探讨主要有两个方向：

方案一是检查井、清扫口与通气管结合方式，即参照建筑规范要求，仅在污水管道接入处设置检查井，两座检查井中间设置清扫口和通气管，如图2-2-180所示。污水管道中沼气等有毒有害气体经通气管及时排至大气中；沿线设置的清扫口满足日常维护需求。

方案二是仅设置检查井方式，即按照现行《室外排水设计规范》要求，依据规范要求间距设置排水检查井，直接与大气联通，便于日常检修、疏通，同时满足管道内部存留通气空间与外界交流功能，如图2-2-181所示。

一是从参考规范方面考虑，综合管廊为市政配套设施研究范畴，方案二适应性更强。

二是从管廊整体性方面考虑，方案一检查井数量少，通气管和清扫口数量多；方案二检查井数量多，无通气管和清扫口。

三是从安全、卫生方面考虑，方案一在管廊内部进行检修和疏通，对管廊环境产生影响，管廊空间狭长，通风周期内易产生微量有毒、有害气体停留，对养护人员健康有一定影响；方案二检查井孔口全部设置在管廊以外，有利于污水管道内有毒有害气体与外界空间贯通，方便后期管理、养护。

四是在事故工况下，方案一采用清扫口的清理方式易发生冒溢现象；方案二均在管廊以外进行操作，对管廊内部环境无影响。

综合以上分析，本项目采用方案二。前期进行了增大污水检查井布置距离、减少设置数量的尝试；经调研设备厂家，并与当地养护管理部门多次沟通后，结合地区目前养护管理习惯，最终采用排水规范要求的检查井设置距离。下一步将在地势坡度较大、管网运行良好、检修概率较低条件下，进行增大检查井布置距离的相关尝试，为地区建设标准或规范的制定提供依据。

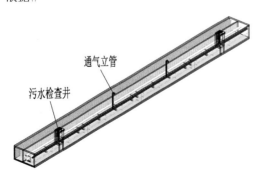

图2-2-180 污水检查井设置方案一

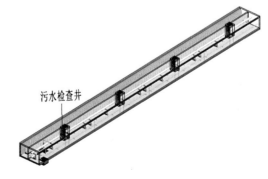

图2-2-181 污水检查井设置方案二

（2）检查井防水

本项目构筑三道防水体系，如图2-2-182、图2-2-183所示。首先，检查井砌筑时在污水管道穿越检查井处采用防水套管；其次，井内流槽砌筑时在管道外圈、流槽内设置止水环，避免管道与流槽接缝处渗水；最后，在检查井内外附加2mm厚水泥基渗透结晶防水涂料。同时，检查井主体结构采用C35防水混凝土，设计抗渗等级P8，确立自防水体系。

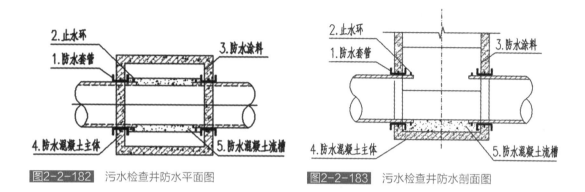

图2-2-182 污水检查井防水平面图　　　　**图2-2-183** 污水检查井防水剖面图

（3）管材、接口

结合工程实际，从使用寿命、抗渗能力、防腐能力、施工难易度及管材价格等方面进行考虑，确定机场综合管廊污水管材采用球磨铸铁材质，其运行安全可靠，破损率低，施工维修方便、快捷，防腐性能优异。管道接口采用法兰盘，操作方便，密封性可靠。

2.4.4　附属设施

为降低堵塞风险，本项目采取保障性措施控制检修频率。在舱室外设置污水闸槽井，井内设有提篮格栅，可将市政污水中部分杂物进行截留，减少进入廊内污水管道杂物量；检查井内设有沉泥槽，能够去除部分较大颗粒污染物，进一步提升污水水质，如图2-2-184所示。

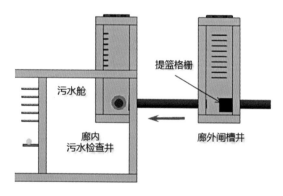

图2-2-184 舱室外设置独立污水检查井

为保障综合管廊的安全运营，本项目设置相应的环境检测系统，工作人员掌握廊内实时环境情况，包括温度、湿度及氧气、硫化氢、甲烷的气体含量，监测报警设置值满足《密闭空间作业职业危害防护规范》的有关规定。

考虑到管廊内洁净需求，在管廊内适当位置预留冲洗水龙头，通过柔性软管连接水龙头，冲洗管线或管廊设备维修时产生的污物，通过集水坑收集后统一排放。

2.5　燃气入廊

本项目所在区域地质复杂多变，管廊基础部分位于强风化泥岩、局部位于软弱土层，沿线变化较大，存在不均匀沉降。根据《城市综合管廊工程技术规范》GB 50838—2015天然气管道应在独立舱室内敷设，本项目中燃气舱内管道、阀门等附属设施均按照国家标准、设计规范执行，并在此基础上，综合考虑地质影响、施工周期等因素，对燃气舱结构形式进行了探讨。

在地质条件方面，综合管廊沿道路线性敷设，受区域地质复杂、相邻段地质突变影响，变形缝两侧存在沉降差；在管廊荷载方面，燃气舱与其他舱室敷设在道路断面中位置不同，且主线、支线管廊均需穿越相交道路，横向荷载变化较大，易在结合面处产生较大结构裂缝；同时廊顶覆土不同，管廊静荷载差异性较大，沉降量不易控制。

目前一般多采用方案二的形式，根据以往建设经验，本项目若采用常规变形缝，变形缝橡胶止水带易撕裂，标准段范围内不均匀沉降易导致横向和竖向裂缝，存在燃气泄漏至相邻舱室风险；若采用"Z"形变形缝，虽能解决变形缝处不均匀沉降问题，但无法避免管廊横向和竖向裂缝，且施工难度较大，对工期有较大影响。

方案一的变形缝错开设置，荷载明确、受力清晰，施工进度有保证，避免了方案二的弊端，由于本项目地质情况的特殊性，方案一较为适宜，在施工过程中采用双墙同时浇筑防水构造，同时施工燃气舱和其他舱室。

地质良好地区或采取可靠技术措施的其他项目应充分论证两个方案，因地制宜采取适宜的结构形式，既要节省工程投资又要方便管廊建设（图2-2-185）。

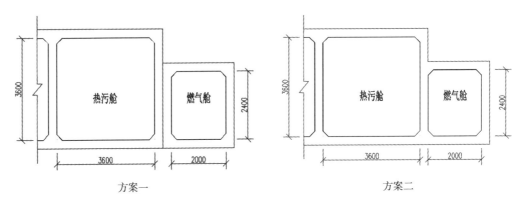

图2-2-185 燃气舱结构形式方案

3 BIM技术应用

本项目中，污水、燃气均纳入综合管廊，尤其是污水入廊后对管廊横断面设计、出线井形式均提出更高要求，出线井内重力流污水管道衔接、专业管线间碰撞检查、集约化的孔口布置形式等均增大设计难度和复杂程度。不同于传统单舱、双舱断面，污水、燃气入廊后多为三舱、四舱断面，依靠传统的思维方式、绘图手段难以满足相关要求。伴随综合管廊设计更为系统化、专业化，涉及专业门类众多，需要更为高效的多专业协作方式。出线井构造复杂、专业管线众多，面临大量的线缆弯折倒弧、管件阀门定位，传统的设计成果不利于施工识图、材料筹备和后期管线安装。

针对上述设计难点，本项目应用BIM理念，在管廊平面、横断面、纵断面、管廊节点、附属工程等方面全部实现三维设计，构建良好的工作平台，优势显著。在完成常规管廊平面、纵断面设计基础上，基于Revit平台，重点进行管廊节点设计，包括出线井、管廊孔口、管道系统、支吊架系统等，并最终完成图纸输出。

在对管廊整体思考后，完成管廊横断面设计，这是后续建模工作的基础，如图2-2-186所示。

通过设置和修改参数的方式完成出线井构造设计，并根据结构形式进行局部微调，如图2-2-187所示。BIM应用是思维方式的革命，设计人员沉浸式思维，更多的关注管廊模型整体性，无须考虑模型中的点、线、面，建模实现参数化。

调用综合管廊族库，对逃生口、通风口、投料口、集水坑及其内部附属设备进行选型，如图2-2-188所示。

利用辅助软件可根据已设定管廊横断面布置形式自动生成管廊内管道和支吊架系统，可根据具体管道种类、材质、容量选取适宜的支架、吊架、支墩类型，如图2-2-189所示。在本阶段，相关专业基于同一模型进行专业管线设计，提供良好的协作平台，有利于项目推进、减少交叉反复。

通过以上设置和选型可以建立出线井的基础模型，后续根据专业管线在弯折、衔接等方面

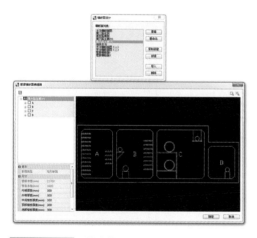

图2-2-186　管廊横断面设计

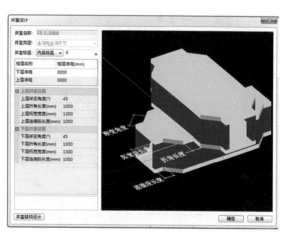

图2-2-187　出线井建模

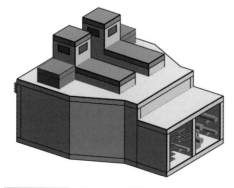

图2-2-188　管廊孔口设计

图2-2-189　廊内管道及支吊架系统设计

具体要求，优化调整模型，如图2-2-190所示。本项目利用Revit构建的模型能够直观、具体反映舱室之间、上下游管线之间的衔接关系，便于优化管廊内部空间。在方案构思、成果展示中高效、易懂，方便施工单位识图。将复杂问题简单化，隐蔽问题表面化，发现问题在图纸中而不是项目建设中。

最后，将三维模型转化为二维图纸输出，如图2-2-191、图2-2-192所示。同时，模型对应图纸，有效规避人为疏漏，图纸作为末端产品自动随设计而改变，充分发挥信息化模型效率的优势。

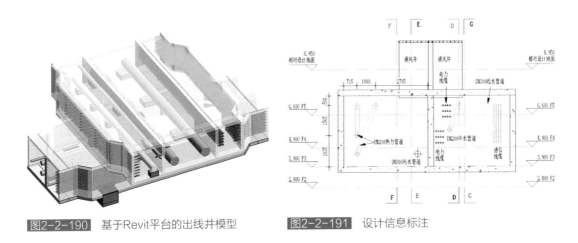

图2-2-190 基于Revit平台的出线井模型   图2-2-191 设计信息标注

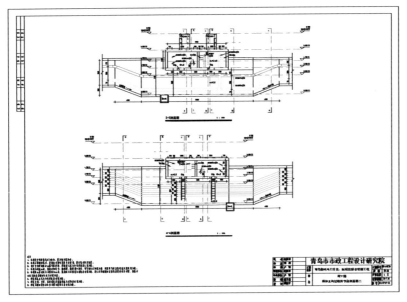

图2-2-192 二维图纸输出

4 实施情况

4.1 建设周期

本项目于2016年12月开工建设，2019年10月竣工验收，2021年8月12日青岛国际机场完成转场，综合管廊工程作为机场核心配套工程和"大动脉"为机场持续服务。

4.2 现场照片（图2-2-193）

图2-2-193 现场实施照片

专家点评：

　　污水入廊的重点是入廊后不应改变原有排水系统，难点是入廊污水的进出线和养护管理问题。本项目从专项规划层面优化调整区域道路、管廊、排水布局，保持管廊、排水坡度方向与道路坡度一致；在不改变原有排水系统、无须设置下游提升泵站前提下，通过创新管廊横断面布置形式和出线井方案，有效解决污水管道入廊的进出线问题；在检查井设置形式、防水处理等方面进行了相关探索。

　　本项目充分发挥BIM技术中可视化、参数化、关联性、准确性、多专业协同等优势，应用基于Revit平台的BIM技术，全部实现综合管廊标准段、出线井、附属设施、专业管线等的三维设计。

　　本项目设计理念及方法对污水管道纳入综合管廊的相关工程具有一定的示范意义，并能提供一定的借鉴经验。

　　项目管理单位：青岛国际机场集团有限公司

　　设计编制单位：青岛市市政工程设计研究院有限责任公司

　　管廊建设单位：青岛国际机场集团有限公司

　　项目编写人员：刘　利　赵焕军　卢　钢　房宝智　蒋　发　马升平　苑明军　张在溪
　　　　　　　　　孟　涛　蔺世平　刘钰杰　魏金杰　王　钦　付　晨　相洪旭

第三章
投融资及运营管理篇 CHAPTER 03

政策导读

➢ 国务院办公厅关于推进城市地下综合管廊建设的指导意见（国办发〔2015〕61号）

"明确实施主体。鼓励由企业投资建设和运营管理地下综合管廊。创新投融资模式，推广运用政府和社会资本合作（PPP）模式，通过特许经营、投资补贴、贷款贴息等形式，鼓励社会资本组建项目公司参与城市地下综合管廊建设和运营管理，优化合同管理，确保项目合理稳定回报。"

"实施有偿使用。入廊管线单位应向地下综合管廊建设运营单位交纳入廊费和日常维护费，具体收费标准要统筹考虑建设和运营、成本和收益的关系，由地下综合管廊建设运营单位与入廊管线单位根据市场化原则共同协商确定。入廊费主要根据地下综合管廊本体及附属设施建设成本，以及各入廊管线单独敷设和更新改造成本确定。日常维护费主要根据地下综合管廊本体及附属设施维修、更新等维护成本，以及管线占用地下综合管廊空间比例、对附属设施使用强度等因素合理确定。公益性文化企业的有线电视网入廊，有关收费标准可适当给予优惠。"

"提高管理水平。城市人民政府要制定地下综合管廊具体管理办法，加强工作指导与监督。地下综合管廊运营单位要完善管理制度，与入廊管线单位签订协议，明确入廊管线种类、时间、费用和责权利等内容，确保地下综合管廊正常运行。地下综合管廊本体及附属设施管理由地下综合管廊建设运营单位负责，入廊管线的设施维护及日常管理由各管线单位负责。管廊建设运营单位与入廊管线单位要分工明确，各司其职，相互配合，做好突发事件处置和应急管理等工作。"

➢ 国家发展改革委　住房和城乡建设部关于城市地下综合管廊实行有偿使用制度的指导意见（发改价格〔2015〕2754号）

"城市地下综合管廊有偿使用费包括入廊费和日常维护费。入廊费主要用于弥补管廊建设成本，由入廊管线单位向管廊建设运营单位一次性支付或分期支付。日常维护费主要用于弥补管廊日常维护、管理支出，由入廊管线单位按确定的计费周期向管廊运营单位逐期支付。"

"各地可根据当地实际情况，灵活采取多种政府与社会资本合作（PPP）模式推动社会资本参与城市地下综合管廊建设和运营管理，依法依规为管廊建设运营项目配置土地、物业等经营资源，统筹运用价格补偿、财政补贴、政府购买服务等多种渠道筹集资金，引导社会资本合作方形成合理回报预期，调动社会资本投入积极性。"

"在PPP项目中，政府有关部门应通过招标、竞争性谈判等竞争方式选择社会资本合作方，合理控制城市地下综合管廊建设、运营成本。城市地下综合管廊建设运营单位应加强管理，积极采用先进技术，从严控制管廊建设和运营管理成本，为降低有偿使用费标准，减少入廊管线单位支出创造条件。"

第一节 投融资结构设计案例

1 施工类央企独立作为社会资本的厦门案例

案例特色：依托厦门市在强制入廊和管廊有偿使用制度上的先行经验，项目在交易结构设计时充分考虑了技术、财务、政策等多方面因素，通过合理的风险分配和回报机制，因地制宜、实事求是并充分利用专项资金的投融资结构和全面可量化实施的绩效考核制度等，最终实现对项目公司提高全生命期建设运营管理效率的有效激励，保证了管廊PPP项目的合法、合规和高效落地。

1 项目摘要

1.1 项目名称： 厦门翔安新机场片区地下综合管廊PPP项目

1.2 发起方式： 政府发起

1.3 项目类型： 新建

1.4 管廊试点城市批次： 2015年第一批

1.5 合作内容/范围

地下综合管廊建设总长度19.9km，项目可研估算投资额为17.79亿元。纳入管线包括：110kV和220kV高压电力、10kV电力、通讯电缆（含有线、交通）、给水管、中水管，部分道路纳入雨水、污水、燃气管道。

项目公司在合作期限内负责上述管廊项目的设计、投融资、建设、运营权，并拥有对入廊管线单位按照相关收费标准收取入廊费及日常维护费的权利。

1.6 合作期限： 20年

1.7 运作方式： 建设-运营-移交（Build-Operate-Transfer，BOT）

1.8 项目资产权属

项目公司无偿使用本项目建设用地，政府方应协助项目公司办理相关手续。合作期内，项目公司在建设期内投资建设形成的项目资产，以及本项目运营期内因更新重置或升级改造投资形成的项目资产，在项目协议有效期内均归政府方所有。

1.9 回报机制： 使用者付费+可行性缺口补助

1.10 实施机构： 厦门市市政工程管理处（以下简称：工程管理处），事业单位

1.11 采购方式： 公开招标

1.12 政府出资方

厦门市政管廊投资管理有限公司（以下简称：管廊公司），地方国有企业

1.13 中选社会资本：中国铁建股份有限公司，央企

1.14 签约日期：2016年5月13日

1.15 项目公司设立概况

公司名称：中铁市政（厦门）投资管理有限公司

设立时间：2016年6月12日

注册资本：30000万元

股东，出资额，股权比例与出资方式：

厦门市政管廊投资管理有限公司，3000万元，10%，现金出资

中国铁建股份有限公司，27000万元，90%，现金出资

2 项目实施要点

2.1 项目前期准备

2.1.1 项目背景

厦门翔安新机场片区定位为我国重要的国际机场、区域性枢纽机场、国际货运口岸机场、对中国台湾地区主要机场和"小三通"口岸，本项目将承载该区域主要对外市政主干管线的连接通道，服务片区的市政配套，将为新机场建设与发展、沿线区域经济和社会发展提供重要的保障（图3-1-1）。

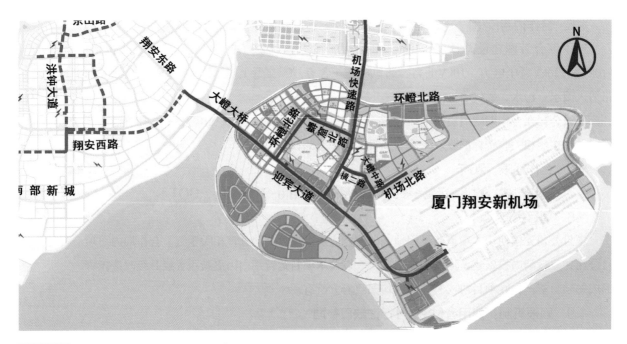

图3-1-1 厦门翔安新机场片区地下综合管廊项目平面图

厦门市选择将一个具有明确规划需求和典型网络特征且规模适中的项目作为PPP实施范围，为未来PPP项目公司的高效运营打下了基础，进而才有可能通过运营管理效率提升实现物有所值。

2.1.2　发起方式

2015年1月，厦门市成功入选中央财政支持的综合管廊试点城市。根据厦门市上报财政部和住房城乡建设部的《厦门地下综合管廊试点实施计划》和厦门市人民政府专题会议纪要〔2015〕193号精神，翔安新机场片区地下综合管廊试点项目采用PPP模式。

2.1.3　组织保障

厦门市政府成立了市政府主要领导任组长的地下综合管廊建设领导小组，领导小组下设办公室，挂靠市政园林局，负责日常协调工作。

2.1.4　制度建设

有偿使用制度和收费标准的建立，是地下综合管廊PPP项目得以规范化实施的基础制度保障。厦门翔安新机场片区这一项目的落地，首先得益于厦门市在制度建设上的领先优势，不管是强制入廊制度还是指导价格，都较早发布，制度建设节省了大量的交易成本，同时，也为项目公司承担运营管理责任提供了制度保障。

2010年12月24日厦门市人民政府第121次常务会议通过《厦门市城市综合管廊管理办法》，办法要求"对已建设管廊的城市道路，市行政主管部门不再批准管线单位挖掘道路建设管线；各管线必须统一进入地下综合管廊"。

2013年12月18日，厦门市物价局发布的《综合管廊使用费试行标准》和《综合管廊维护费试行标准》开始执行，有效期两年。

2016年，厦门市发展改革委正式发布《厦门市城市地下综合管廊有偿使用标准（指导价格）》，作为入廊管线单位缴费的指导价格。

2.2　物有所值评价和财政承受能力论证要点

2.2.1　物有所值评价

（1）定性评价

根据财金〔2015〕167号的要求，并结合本项目实际情况，最终选择的10项定性评价指标及权重如下：

——全生命周期整合程度（15%）；

——风险识别与分配（15%）；

——绩效导向与鼓励创新（15%）；

——潜在竞争程度（15%）；

——政府机构能力（10%）；

——可融资性（10%）；

——项目规模大小（5%）；

——预期使用寿命长短（5%）；

——主要固定资产种类（5%）；

——全生命周期成本测算准确性（5%）

本项目物有所值定性评价最终得分89.0分，根据评分细则，本项目物有所值评价结果良好，通过物有所值评价。

（2）定量评价

本项目定量评价报告仅作为定性评价的支持性文件，未直接作为采用PPP模式的决策依据。具体测算采用的方法如下：

计算期按照项目合作期20年，折现率参考了资本资产定价模型（CAPM），最终适用的折现率为6.24%；建设成本按照经审核的投资估算，运营维护成本参考了厦门市已有综合管廊的日常维护成本指标，第三方收入则按相关区域规划估算并结合厦价商〔2013〕15号文的相关标准测算；竞争性中立调整主要考虑了税金和监管成本的影响；风险量化部分按照项目实施方案确定的风险分配原则，风险成本测算采用情景分析法结合专家评估法综合考虑；最终进行定量评价后，本项目测算VFM值为21521.22万元，大于0，评定结果为通过定量评价。

2.2.2 财政承受能力论证

项目合作期内，本项目20年财政支出责任合计为205969.01万元，支出责任现值合计为138875.01万元。

根据厦门市财政局网站公开数据查询，得2010年至2014年厦门市本级一般公共预算支出数据，且根据样本数据计算得5年平均增长率为15.88%。

按照本项目的测算结果，本项目财政承受能力论证结果见表3-1-1。

财政承受能力测算表　　　　　单位：亿元　表3-1-1

序号	年份	政府出资责任支出	一般公共预算支出	政府支出责任占一般公共预算支出比例
1	2016	0.30	758.35	0.04%
2	2017	0.00	883.17	0.00%
3	2018	0.92	1028.53	0.09%
4	2019	0.84	1197.82	0.07%
5	2020	1.71	1394.97	0.12%
6	2021	1.69	1624.57	0.10%
7	2022	1.83	1891.97	0.10%
8	2023	1.82	2203.37	0.08%
9	2024	1.80	2566.03	0.07%
10	2025	1.80	2988.38	0.06%
11	2026	1.80	3480.25	0.05%
12	2027	1.80	4053.07	0.04%

续表

序号	年份	政府出资责任支出	一般公共预算支出	政府支出责任占一般公共预算支出比例
13	2028	0.08	4720.18	0.00%
14	2029	0.08	5497.08	0.00%
15	2030	0.07	6401.87	0.00%
16	2031	0.07	7455.57	0.00%
17	2032	0.07	8682.70	0.00%
18	2033	0.07	10111.81	0.00%
19	2034	0.07	11776.14	0.00%
20	2035	0.07	13714.41	0.00%

由于本项目是厦门市第一个PPP项目，无其他项目数据，仅就本项目而言，2020年政府支出责任占厦门市本级财政一般支出比例最高，为0.12%，远低于10%，不仅符合相关政策要求，也为厦门市政府进一步开展PPP项目预留了空间。

2.3　实施方案要点

2.3.1　合作范围与产出说明

本项目建设总长度19.9km，可研估算投资额为17.79亿元。纳入管线包括：110kV和220kV高压电力、10kV电力、通讯电缆（含有线、交通）、给水管、中水管，部分道路纳入雨水、污水、燃气管道。

厦门市政府授权厦门市市政工程管理处担任本项目的实施机构，负责社会资本采购、项目协议签署与后续监管。厦门市市政工程管理处根据项目协议授予项目公司负责厦门翔安新机场片区地下综合管廊项目的投融资、建设和运营维护的经营权。项目公司承担地下综合管廊项目的投融资建设，并通过运营维护向管线单位提供综合管廊服务，依据授权及厦门市相关管理制度向管线单位收取入廊费及日常维护费，并按照本项目的回报机制从厦门市财政获得可行性缺口补助。

2.3.2　各方权利和义务

（1）政府方的基本权利

——对项目公司设计、投资、建设、运营、维护及移交本项目进行全程实时监管的权利；

——对项目公司的投资建设、经营、管理、安全、质量、服务状况等进行中期评估的权利；

——对项目公司为实施本项目而进行的招标、合同签订、工程进度计划进行审查的权利；

——对项目公司的注册资本的到位情况、融资到位情况、资金使用情况、项目进度情况、项目质量情况、入廊管线种类与长度、项目实施与本协议执行情况等进行审查的权利；

——在项目竣工验收完成后，委托政府审计机构或中介机构对项目公司的建设费用进行审计的权利；

——对项目公司是否遵守本协议的监督检查权、按协议约定提取保函及对建设、运营维护的介入权。

（2）政府方的基本义务

——协助项目公司及时获得相关的许可或批准，包括但不限于施工许可证、申请厦门市、福建省、财政部/国家发改委/住建部专项奖励（如有）或补助资金（如有）等的义务；

——负责本项目区域范围内的征地拆迁工作的义务；

——按照本协议的约定及时、足额地向乙方支付政府可行性缺口补助，将本项目的政府可行性缺口补助纳入跨年度的财政预算，并提请市人大审议的义务。

（3）社会资本方及项目公司的主要权利

——中选社会资本方与管廊公司合资设立项目公司，负责厦门翔安新机场片区地下综合管廊项目的投融资、建设、运营维护及移交的权利；

——按照协议约定享有项目运营权以及按照协议约定享有土地使用的权利；

——要求政府方按照协议约定支付相应的政府可行性缺口补助的权利。

（4）社会资本方及项目公司的主要义务

——按照经批准的初步设计等相关规划文件要求，进行本项目的设计、投资、融资、建设及运营维护，并自行承担费用及风险的义务；

——确保项目工程满足现行国家、福建省及厦门市的有关设计要求和验收规范，并达到厦门市优良工程（鼓浪杯）及以上标准的义务；

——在运营期内，本着普遍服务和无歧视的原则，接受项目范围内符合入廊标准的管线入廊，并按照维护标准，对管廊本体及附属设施进行相应维护的义务；

——配合入廊管线单位对入廊管线及管线附属设施的维护工作的义务；

——在运营期内严格按法律及本协议规定进行运营，持续、安全、稳定地提供服务，并确保项目达到本协议约定标准的义务；

——接受并配合政府方在建设期及运营期进行监督管理的义务；

——按协议规定向政府方或其指定的主体支付工程建设其他费用及其他除协议明确约定应由政府方承担之外的所有费用的义务；

——按协议约定提交建设期履约保函、运营维护保函及移交维修保函的义务；

——依法申请并及时获得从事建设工程所需要的政府部门的各种批准，并应促使每一建设承包商和运营维护承包商（如适用）取得并保持需要的一切此类批准，以确保项目按本协议约定日期完工的义务；

——协助政府方利用本项目申请国家专项资金的义务；

——应按照适用法律及相关部门的要求，及时、全面申报相应的税收优惠政策的义务；

——按政府方要求报告工程进展、资金使用情况的义务；

——如果项目公司不能顺利完成项目融资的，则应另行通过社会资本方股东贷款或补充担保等方式确保项目公司融资足额及时到位的义务。

2.3.3　交易结构（图3-1-2）

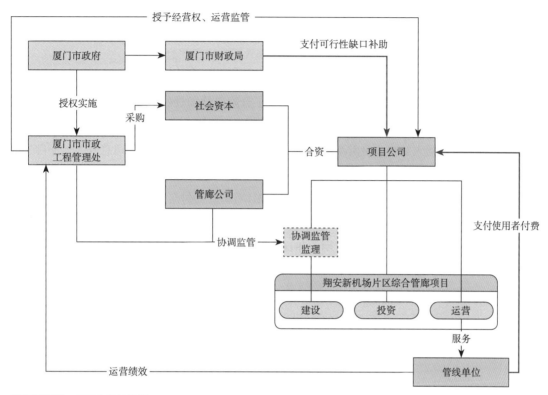

图3-1-2　项目交易结构图

2.3.4　合作期限

本项目合作期20年，包括建设期（含分段运营期）和全线运营期。

（1）建设期：自项目监理单位下达开工令之日起4年，本项目累计完成投资额（含建安投资与工程建设其他费用）达到投标文件中估算投资的70%的时间不得晚于2017年12月31日，至本项目范围内通过分段验收的综合管廊总长度超过10km的时间不超过3年。

（2）全线运营期：自项目监理单位下达开工令之日至本项目范围内全部管廊取得竣工验收批复之日止，不超过4年，项目需进入全线运营期，直至20年期满。

2.3.5　投融资结构及融资安排

（1）项目资本金和项目公司的注册资本金均为30000万元（静态总投资的20%），政府方和社会资本方均以货币方式出资，按各自认缴的持股比例同步缴纳到位。要求在项目公司成立后一个月内到账。

（2）建设期利用专项资金为37000万元。

（3）其余部分均利用债务融资。

2.3.6　建设管理

政府方另行委托协调监管单位及监理公司对项目公司进行建设期监管，包括工程质量、进度及项目建设投资支付等。管廊建设、验收及相关工作需服从协调监管单位对道路与管廊建设总体统筹安排。

2.3.7 土地获得与资产权属

项目公司无偿使用本项目建设用地，政府方应协助项目公司办理相关手续。

合作期内，项目公司在建设期内投资建设形成的项目资产，以及本项目运营期内因更新重置或升级改造投资形成的项目资产，在项目协议有效期内均归政府方所有。

2.3.8 回报机制

本项目根据对于经营风险的合理分配，建立了分阶段分场景的"使用者付费+可行性缺口补助"的回报机制。

使用者付费包括入廊费和日常维护费，可行性缺口补助金额是项目公司总收入与项目公司按照政府授权范围与收费标准计算的使用者付费（应收金额）之间的差额。

可行性缺口补助预计自本项目建设期开始（第1年）后支付至合作期结束。自第1年和第2年，项目公司可以获得固定金额的可行性缺口补助（专项补助），暂定2亿元；自第3年至第12年，项目公司的总收入包括建设投资回收和日常维护收入两部分；自第13年起，项目公司的总收入仅包括日常维护收入。

根据上述计算原则，可行性缺口补助计算公式如下：

$$若 n=1 或 2，F_n = U_n$$
$$若 3 \leqslant n \leqslant 12，F_n = (A_n + P_n \times B_n - R_n) \qquad （式3-1-1）$$
$$若 n \geqslant 13，F_n = P_n \times B_n - R_n$$

若按照上述公式计算的$F_n < 0$时，则$F_n = 0$

式中　　n——合作期年份，从1开始；

F_n——第n年的可行性缺口补助；

U_n——第n年的专项补助（固定金额）；

A_n——社会资本在采购响应文件中对第n年建设投资回收报价，报价方式在采购方案中明确；

B_n——社会资本在采购响应文件中对第n年日常维护报价，报价方式在采购方案中明确；

R_n——第n年使用者付费的应收金额，是项目公司按照政府授权范围与收费标准计算的使用者付费，具体以当年的实际入廊管线种类数量和当年的收费标准（含已备案的市场化协商价格）计算，并应扣除政府方要求免除的费用；

P_n——第n年的绩效考核系数，根据绩效考核结果设定在0.7～1.0之间。

公式3-1-1与图3-1-3中的$(A_n + P_n \times B_n - R_n)$与$(P_n \times B_n - R_n)$代表的是项目公司各个年份应得总收入（以采购竞争响应文件中的报价结合绩效考核结果为准）与使用者付费应收收入（以标准收费和实际入廊数量计算）之间的差额，这一差额反映的是入廊规模和收费标准等带来的风险，由于入廊规模主要受制于区域规划及发展、技术进步替代、政府特许权授予等因素，同收费标准一样，基本属于项目公司不可控风险而政府相对可控的风险，全部由政府承担，即全部给予可行性缺口补助。

图3-1-3中的$(R_n - S_n)$代表的是项目公司使用者付费应收收入R_n与项目公司使用者付费实际收入S_n的差额，属于项目公司收费能力风险。项目公司的收费能力同时受到项目公司运营水平、政府方协调程度与入廊管线单位内部机制等多方面因素的影响，因此在R_n已经扣除了政府

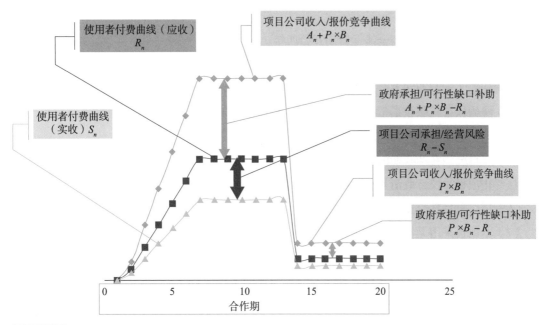

图3-1-3　回报机制与经营风险分析图

方免除的相关费用后，其作为运营风险应全部由项目公司承担，政府不给予项目公司补偿。

公式3-1-1计算的可行性缺口补助最小为0，不为负数，则反映的是项目公司超额收益归项目公司所有。

2.3.9　定价调整机制

（1）除因建设规划的调整、法律法规及其他政策性调整，以及政府方提出设计及质量标准等的新增或改变导致的投资变动，在运营期初一次性调整当年可行性缺口补助金额外（当年金额不足的顺延至下一年），其他情况下，本项目投资均不做调整。

（2）日常维护收入按照CPI与PPI的共同影响调整，调价触发点为影响超过10%，项目公司或政府方发起，政府方审核确认后次年调整。

2.3.10　绩效考核指标及体系

（1）建设期内，本项目考核主要针对项目公司综合管廊建设管理情况进行监督检查，考核内容分为：人员到位、设备投入、工程质量、进度控制、安全文明5个方面，其中，对于人员备案和材料设备投入，考核直接对象为施工总承包方（社会资本方），考核结果列入政府方对项目公司的考核结果。协调监管单位通过定期考核、里程碑节点考核与随机考核相结合的方式，对项目公司建设管理情况进行考核，并将考核结果作为建设期（含分段运营期）可行性缺口补贴核定及支付依据。

（2）运营维护期，本项目考核主要针对项目公司综合管廊运营维护情况进行监督检查，考核内容分为：运营管理、维护管理、安全文明生产管理、技术档案管理、社会责任五个方面。政府方成立地下综合管廊运营维护管理考核小组，考核工作应包括现场检查、资料核查和外部调查三个方面，按照定期考核与随机考核相结合的方式。以考核结果作为每季度支付可行性缺口补贴的依据。

2.3.11 保障机制

（1）本项目股权锁定至全线运营期开始四年。

（2）强制保险包括不限于，建筑安装工程一切险，财产险（设备、设施及附属建筑物）及第三者责任险（运营期间）。

（3）履约保证机制包括了投资竞争担保，建设履约担保，运营维护担保和移交维修担保，并对建设期资金实行专户管理。

（4）项目公司在经营期内有法律法规规定，或协议约定导致临时接管之情形的，政府方有权依法终止项目协议，取消其经营权，并可以实施临时接管。

2.3.12 项目移交安排

（1）本项目采用无偿移交形式。

（2）本项目在正式移交前，应完成一次例行大修，应组织对综合管廊本体及附属设施设备的全面检测。消防、监控、供电、排水及通风专业的主要设备完好率100%，其他专业设备完好率不低于99%，管廊本体应经专业检测机构的结构安全评估和剩余寿命预测，符合国家相关规范和设计要求。

2.3.13 风险识别和分配

（1）原则上设计、建设、财务、运营维护等商业风险主要由项目公司承担；政策、法律风险等主要由政府承担；政治、宏观经济、不可抗力风险等由政府和项目公司合理共担。

（2）管线本身的干扰及因特定管线的安全事故等应急条件下带来的干扰风险必须在未来项目公司与入廊管线单位签订的入廊协议中予以进一步明确。

2.3.14 项目调整机制

（1）各类专业设备及其附属设施在合作期内应至少保证在第12年和移交前各完成一次例行大修。在正常的大修计划之外，任一专业设备达到正常使用寿命之前应完成更新改造。

（2）考虑到本项目涉及公共利益，为保证项目公司的持续稳定运营，在发生需要项目提前终止的情形时，由政府方采取支付提前终止补偿金的方式收回项目公司的资产及经营权。

2.3.15 退出机制

除非转让为法律所要求，由司法机关裁定和执行，否则项目公司社会资本方股东在项目到达全线运营日后4年内（含）不得转让其在项目公司中的全部或部分股权（如属联合体中选的，则经市政府书面同意后可由联合体参与方向联合体牵头方转让股权）。

自项目全线运营日起满4年之后，经市政府事先书面同意，则社会资本方股东可以转让其在项目公司中的全部或部分股权，受让方皆应满足约定的技术能力、财务信用、运营经验等基本条件。

2.4 项目采购

2.4.1 采购方式的选择

本项目采用公开招标形式采购社会资本方。

2.4.2 市场测试及资格审查

（1）本项目作为福建和厦门的重点PPP项目参与了北京、上海和深圳的多次公开推介活动，在推介活动上获得了社会资本方的广泛关注。

（2）本项目在PPP实施方案设计阶段，就向国内各类社会资本方发出了市场测试资料，并获得了极为积极的回应。2015年11月20日的首轮市场测试，共发出征询意见59份，收到有效回复意见33份。2015年12月28日对资格预审条件的专项市场测试，向前期来函、来人及推介会上报名单位共发出征询意见96份，收到37家有效回复意见。最终实施方案和资格预审条件等充分考虑了市场测试获得的反馈意见。

（3）必须看到，由于地下综合管廊和PPP模式对于市场都属于新生事物，因此，能同时接受管廊建设、运营、管理的社会资本还相对有限，因此，在选择社会资本时还是充分考虑了市场接受度。最终确定的资本条件包括如下：

1）资产条件：牵头方净资产按照项目投资额考虑为15亿元，参与方总资产50亿元或5km管廊运营业绩；

2）施工资质：市政公用工程施工总承包一级；

3）PPP业绩标准：5亿元PPP相关业绩；

4）联合体：不超过2家，每家在项目公司中占股不低于20%。

在厦门市政府采购网和中国政府采购网上公开发布了资格预审公告和相关文件后，2016年3月3日组织了资格预审工作，共收到31家社会资本方递交的申请文件。经本项目资格预审委员会的详细审核，有19家社会资本方通过了本次资格预审。19家中包括了央企总部、央企二级公司、地方国企、上市国企、上市民企和一般民企等，体现了广泛的代表性。资格预审结果在厦门市政府采购网和中国政府采购网公示期间也未接到任何投诉意见。

2.4.3 响应文件评审

本项目采用综合评审法，其中，本项目竞价标的为合作期内项目公司收入，共30分按照低价优先法，响应方案70分，包括，建设管理、运营维护、设施移交、财务方案和法律方案等。

2016年4月21日，经7位评审专家评定，最终确定的预中标候选人按照顺序为中国铁建股份有限公司，中铁隧道集团有限公司（联合体）和上海宝冶集团有限公司。

2.4.4 确认谈判及签署

（1）2016年4月25日，经预中标确认谈判，确认双方对招标和法律方案无异议，并对工程量报价表中的两处算术错误按照投资额不变的原则且不利于投标人的原则做了确认修正。

（2）2016年5月13日，中国铁建股份有限公司和厦门市市政工程管理处正式签署合同，包括，项目协议及附件、合资协议、公司章程等。

3 项目执行

3.1 公司概况

3.1.1 公司概况如下：

公司名称：中铁市政（厦门）投资管理有限公司

设立时间：2016年6月12日

注册地址：厦门市翔安区大嶝街道双沪北路1号之2号楼206

注册资本合计30000万元，其中，厦门市政管廊投资管理有限公司现金出资3000万元，占股10%，中国铁建股份有限公司现金出资27000万元，占股90%。

3.1.2 公司治理结构

董事会由5名董事组成，4名董事由中国铁建委派，1名由管廊公司委派。董事长1名由中国铁建提名，并报经董事会选举产生。

监事会应由3名监事组成，由中国铁建和管廊公司各委派1名，另设1名职工代表监事。

项目公司设总经理1名，副总经理2名（中国铁建和管廊公司双方各委派1名）。项目公司由管廊公司提名1名财务总监，中国铁建提名1名财务副总监。

3.2 项目融资情况

本项目资本金及项目公司注册资本金已经完成100%实缴。

项目公司已经与国家开发银行签订融资协议。

3.3 项目建设

项目正按照合同约定进度稳步实施。

专家点评：

本项目基于厦门市较为完备的收费及强制入廊政策，提高了社会资本方对项目规范运作的信心；建立了较为清晰全面的产出说明和绩效考核体系，实现了PPP与传统工程建设管理在合同关系上的衔接。项目在合作期及投融资结构设计上充分考虑了可融资性，保证项目能获得更好的融资条件，同时，也在现有的政策允许范围内，利用专项资金作为建设期补贴，以实现整体的税收优化。基于厦门市的收费实践，特别关注了项目经营风险分配问题，进而详细建立了不同阶段与不同情境下的可行性缺口补助计算方法，这一精细化的处理保障了政府与社会资本方的长期合作下的风险合理分配和激励相容。

未来对地下综合管廊PPP项目的操作模式上，还应在运营管理上有更深入的研究，对运营管理类投资人给予更多的倾斜和支持，借助PPP项目锻炼出一批专业的管廊运营管理团队。

主管部门：厦门市市政园林局

实施机构：厦门市市政工程管理处

咨询单位：上海济邦投资咨询有限公司

技术支持：厦门市政管廊投资管理有限公司

案例编写人员：陈 伟 任立军 张金陵 罗煜晨

2 设计单位与施工方作为社会资本的郑州案例

案例特色：施工方和设计单位组成联合体参与项目建设，充分发挥施工和设计在整个工程建设过程中的主导作用；公用事业集团作为政府出资方代表，有效整合各入廊管线单位，保障项目顺利实施。

1 项目摘要

1.1　项目名称：郑州市中心城区地下综合管廊工程惠济花园口镇、金水科教园区、马寨新镇区PPP项目

1.2　发起方式：政府发起

1.3　项目类型：新建

1.4　管廊试点城市批次：2016年第二批

1.5　合作内容/范围

本项目的地下综合管廊建设全长16.997km（其中主线14.874km，支线2.123km），共包含三个子项目，分别是：惠济区花园口镇综合管廊、金水科教园区综合管廊、马寨新镇区综合管廊。项目可研估算总投资约215309.26万元。

合作期限内，由项目公司负责本项目的优化设计、深化设计、融资、投资、建设和运营工作，向入廊企业收取入廊费和日常维护费，并获得财政补贴。

1.6　合作期限：30年

1.7　运作方式：BOT+EPC（建设—运营—移交+工程总承包）

1.8　项目资产权属

项目公司无偿使用本项目建设用地，政府方应协助项目公司办理相关手续。合作期内，项目公司在建设期内投资建设形成的项目资产，以及本项目运营期内因更新重置或升级改造投资形成的项目资产，在项目协议有效期内均归政府方所有。

1.9　回报机制：可行性缺口补助（使用者付费+财政补贴）

1.10　实施机构

郑州市综合管廊海绵城市及地下管线规划建设管理办公室（以下简称：市管线办），为事业单位。2015年，郑州市成立了综合管廊规划建设管理工作领导小组，统一指挥地下综合管廊

试点城市建设工作，领导小组下设办公室，具体职责由市管线办承担。

1.11　采购方式：公开招标

1.12　政府出资方：郑州智城综合管廊建设管理有限公司（以下简称：智城管廊），地方国有企业。

1.13　中选社会资本：中国建筑第二工程局有限公司和中交第一公路勘察设计研究院有限公司联合体，央企。

1.14　签约日期：2016年11月29日

1.15　项目公司设立概况

公司名称：郑州中建智城综合管廊建设管理有限公司

设立时间：2017年1月9日

注册资本：10000万元

股东，出资额，股权比例与出资方式：

郑州智城综合管廊建设管理有限公司，2000万元，20%，现金出资；

中国建筑第二工程局有限公司和中交第一公路勘察设计研究院有限公司联合体，8000万元，80%，现金出资（其中中国建筑第二工程局有限公司出资7920万元，中交第一公路勘察设计研究院有限公司出资80万元）。

2　项目实施要点

2.1　项目前期准备

2.1.1　项目背景

本项目主要分布于惠济区花园口镇、金水科技园区、马寨新镇区三个区域。

项目的具体位置和管线长度如下（图3-1-4、表3-1-2）：

图3-1-4　郑州市管廊分布图

本项目基本情况 表3-1-2

序号	项目名称	分区	位置	路段	长度（km）		
					主线	支线	合计
1	惠济区花园口镇综合管廊项目	惠济区	京水路	铁源路—滨河路	4.921	0.786	5.707
			迎宾东路	中州大道—贾鲁河			
2	金水科教园区综合管廊项目	金水区	兴达路	辅道东路—慧科环路	6.690	0.822	7.512
			杨金路	博学路—慧科环路			
			渔场路	兴达路—鸿发路			
3	马寨新镇区综合管廊项目	二七区	椰风路	郑少高速辅道—南四环	3.263	0.515	3.778
			景中路	南四环—莲湖路			
	合计				14.874	2.123	16.997

2.1.2 发起方式

2016年4月，郑州市成功入选中央财政支持的地下综合管廊试点城市。根据郑州市上报财政部和住房城乡建设部的《郑州市地下综合管廊试点实施计划（2016—2018年）》和郑州市人民政府专题会议纪要〔2016〕36号精神，郑州市中心城区地下综合管廊工程惠济花园口镇、金水科教园区、马寨新镇区项目采用PPP模式。

2.1.3 组织保障

2015年，郑州市成立了综合管廊规划建设管理工作领导小组，由市长任组长，市委常委和副市长任副组长，市政府副秘书长、市城建委主任、规划局局长、发改委主任、财政局局长、城管局局长及各区区长等任成员，统一指挥地下综合管廊试点城市建设工作，建立各部门协调联动机制，全面统筹、协调、推进郑州市地下综合管廊规划、建设、管理、融资工作；

2016年，郑州市政府专门成立了PPP项目推进领导小组，由主管副市长任组长，分管副秘书长、行业主管部门主要负责人任副组长，市发改委、财政局、国土局等部门分管领导任成员，协调推进PPP项目准备、采购和监管等工作。

2.1.4 制度建设

2015年11月29日，郑州市人民政府办公厅发布《关于印发郑州市地下综合管廊规划建设管理办法（试行）的通知》，规范地下综合管廊的规划、建设和管理。2016年2月15日，郑州市城乡建设委员会发布了《郑州市地下综合管廊建设指南》，指导地下综合管廊的规划、设计、施工、验收、运行和维护管理。

2.2 物有所值评价和财政承受能力论证要点

2.2.1 物有所值评价

（1）定性评价

本项目物有所值分别从全生命周期整合程度、风险识别与分配、绩效导向与鼓励创新、潜在竞争程度、政府机构能力、可融资性、合法合规性、行业示范性8个指标对项目进行定性评价，物有所值定性评价最终得分91.36分，根据评分细则，本项目物有所值评价结果良好，通过物有所值评价。

（2）定量评价

本项目定量评价报告仅作为定性评价的支持性文件，未直接作为采用PPP模式的决策依据。具体测算采用的方法如下：

计算期按照项目合作期30年，折现率4.9%；建设成本按照经审核的投资估算，运营维护成本结合项目具体情况及当地物价水平测算，第三方收入按照郑州市物价局关于管廊相关收费标准结合入廊管线类型及长度进行测算；竞争性中立调整主要考虑了税金的影响；风险量化部分按照项目实施方案确定的风险分配原则，风险成本测算采用比例法结合专家评估法综合考虑。最终进行定量评价后，评价值为119274.5万元，大于0，评定结果为通过定量评价。

2.2.2 财政承受能力论证

本项目在计算政府支出时统筹考虑项目股权投资支出、财政补贴支出、风险承担支出、财政配套投入支出。合作期限30年内，合计支出约为256854.09万元。

结合郑州市近年已实施的7个PPP项目支出责任测算，在整个合作期内，本项目和其他已实施的PPP项目每年需从财政预算中支出数额占一般公共预算支出比例最高为5.74%，不超过郑州市PPP财政支出上限，故本项目在郑州市财政可承受范围内。

2.3 实施方案要点

2.3.1 合作范围与产出说明

本项目地下综合管廊建设全长16.997km（其中主线14.874km，支线2.123km），分布在惠济区花园口镇、金水科教园区、马寨新镇区三个区域。根据各区域的不同需求及实际情况，各区域地下综合管廊纳入的管线见表3-1-3。

管线入廊统计表 表3-1-3

入廊管线种类	电力	通信	给水	再生水	直饮水	热力	燃气	雨水	污水
金水科教园	√	√	√			√	√		√
马寨新镇区	√	√	√			√	√		√
惠济区花园口镇	√	√	√	√		√	√		√

2.3.2 各方权利和义务

（1）项目实施机构的主要权利

1）制定项目的建设标准（包括设计、施工和验收标准）；

2）建设期内，根据需要或法律变更情况对已确定的工程建设标准进行修改或变更；

3）对项目公司融资情况、建设资金到位情况及支付使用情况全过程进行监督；

4）在本项目工程建设期，要求项目公司提交建设相关文件（包括但不限于施工文件、建设进度和质量控制报告等），并对项目设施的建设进行监督，如发现存在违约情况，有权根据PPP项目合同进行违约处理；

5）在本项目运营维护期，要求项目公司提交运营维护记录并对项目设施的运营维护情况进行监督，对安全质量进行评估，如发现存在违约情况，有权根据PPP项目合同进行违约处理。

（2）项目实施机构的主要义务

1）协助项目公司协调其与相关政府部门的关系，以便推进项目建设环节各项行政审批手续的申报和审批工作；

2）协助项目公司在本项目实施过程中使用的新材料、新工艺而编制的补充定额办理申报和审批工作；

3）落实项目公司享受郑州市同期PPP项目的优惠政策，协助项目公司落实项目相关材料源，协调各政府相关职能部门，有效打击欺行霸市行为，维护正常的市场秩序，确保项目建设的顺利实施；

4）在本项目工程建成后，按照PPP项目合同规定的考核标准对项目公司进行考核，并及时根据考核结果支付相关费用；

5）政府相关职能部门应行使法律、法规及PPP项目合同赋予的其他权利并履行其规定的其他义务。

（3）项目公司的主要权利

1）按照PPP合同及入廊协议的约定获得入廊费、日常维护费和财政补贴；

2）在政府方严重违约的情况下，有权要求提前终止合作，并根据PPP项目合同的约定获得相应补偿；

3）享受法律、法规、当地政府的政策和文件、PPP协议规定的税收优惠和政策支持；

4）行使法律、法规、当地政府的政策和文件、PPP协议赋予的其他权利。

（4）项目公司的主要义务

1）按照PPP合同要求和经批复的设计文件，自行承担费用、责任和风险，负责本项目的投资、建设，并提供地下综合管廊设施的运营维护服务；

2）自行承担因自身原因造成的工程投资超过工程建设费用控制价/投标文件中建议的工程投资建设费用带来的超额投资和管廊运营成本；

3）积极配合政府相关职能部门及项目实施机构的监督、检查等活动；

4）按照PPP项目合同中明确的建设和运营要求完成本项目的建设运营，自行承担建设运营相关的一切费用、责任和风险，并按要求购买建设期保险和运营期保险；

5）遵守有关公共卫生和安全的适用法律及PPP项目合同的规定，履行保护环境的责任；

6）项目公司应接受政府相关职能部门和项目实施机构根据适用法律和协议的规定对项目公司运营维护项目设施的监督管理，并为政府相关职能部门、项目实施机构或政府指定的其他机构履行上述监督管理权利提供相应的工作条件，并应根据协议以及政府相关职能部门和项目实施机构的要求，及时向其报送有关资料；

7）项目公司应依据适用法律和协议约定接受社会公众的监督；

8）如未来项目实施机构利用本项目申请国家专项资金的，项目公司应尽最大努力提供协助；

9）除另有约定外，依法缴纳因实施本项目应缴纳的税款和政府规费；

10）项目公司应行使法律、法规、当地政府的政策和文件及PPP项目合同赋予的其他权利并履行规定的其他义务。

2.3.3 交易结构（图3-1-5）

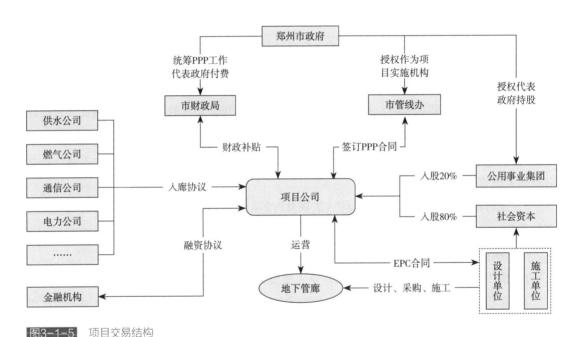

图3-1-5 项目交易结构

2.3.4 管廊管线整合机制

本项目政府出资方代表公用事业集团是主要从事城市基础设施建设和市政公用项目的投资、融资、建设、运营和管理的企业。其业务范围涵盖了郑州市生活垃圾处理产业、水务产业（供排水、中水）、热力供给产业、城市服务运营管理等产业，因本项目中入廊的给水管道、污水管道、再生水管道、热力管道等均由公用事业集团下属子公司进行运营维护，所以公用事业集团参与项目公司的组建能够有效地整合郑州市各入廊管线单位资源，更好地协调项目公司与管线单位的合作关系，发挥其积累的丰富的郑州市综合管线运营维护管理经验，保证项目顺利实施（图3-1-6）。

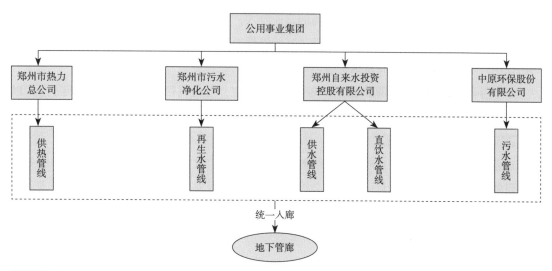

图3-1-6　管线资源整合图

2.3.5　合作期限

本项目合作期限30年（含建设期2年，如建设期时间调整，合作期限也相应调整），合作期限包括建设期和运营维护期。

2.3.6　投融资结构及融资安排

本项目资本金要求为项目投资总额的30%，其他资金可通过项目公司融资等方式筹集。

社会资本需在投标文件中注明资金使用计划，项目实施机构有权依据该计划及建设实际需求对项目公司融资情况、建设资金到位情况及支付使用情况全过程进行监督（项目公司成立后，应开设建设资金专户，专款专用、专户存储，并接受项目实施机构的监管。项目公司应按计划进度安排计量支付工程款。严禁超计划支付或将建设资金用于项目外工程）。

2.3.7　建设管理

项目公司在建设过程中全面负责各参建单位的协调和管理工作，项目实施机构负责建设过程中现场协调工作，包括协调本项目相关部门之间关系、征地拆迁等相关事宜，以保证项目顺利进行。

本项目由政府方选定监理单位进行建设期监管，项目公司及其总承包商、专业分包商、设备材料供应商等单位均应接受监理单位的监理。监理机构按照适用法律对工程的进度、质量、安全、文明施工、变更等方面进行监理。

除上述管理以外，郑州市政府相关职能部门也需履行其职责对项目公司的建设进行监管。

2.3.8　土地获得

本项目由政府方依据工程进度计划制定相关征地拆迁工作计划，并根据工程进度计划将土地分批次无偿提供给项目公司供其建设使用，政府方应协助项目公司办理相关手续。

2.3.9　回报机制

本项目的投资回报机制为可行性缺口补助，社会资本从项目中取得的收益来源包括：使用者付费和财政补贴。

使用者付费即社会资本通过经营取得的营业收入，主要包括入廊费和日常维护费。项目公司完成本项目投资、建设并经验收合格后，开始提供运营维护服务，并向入廊管线单位按照入廊协议的约定收取入廊费及日常维护费。

财政补贴即政府在合作期内按照PPP项目合同约定分期向项目公司给予补贴（年付），以弥补其建设投资、经营成本并获得合理回报。

2.3.10　定价调整机制

运营维护期内，项目公司向入廊管线单位收取入廊费、日常维护费并提供运营维护服务。因项目使用者付费收入及项目运营成本会根据项目实际情况发生变化，因此本项目将引入动态调整机制，对每年财政补贴进行调整。政府方依据PPP项目合同中约定的补贴调整方式，结合绩效考核情况向项目公司支付财政补贴。

（1）使用者付费调整

入廊费和日常维护费按照郑州市物价主管部门出具的收费标准进行适时调整，财政补贴也相应做出调整。如使用者付费增加，则财政补贴相应减少，反之亦然。

（2）利率变化调整

如在合作期限内中国人民银行颁布的五年以上贷款基准利率发生变化，且变化幅度相较合同签订时超过5%（含5%）时，政府需根据项目公司当年债务资金余额，对其利率变化超出5%部分进行补偿或扣减，五年以上贷款基准利率变化5%以内部分由项目公司承担。

（3）运营维护期内，如有新建管线入廊，需根据郑州市物价主管部门发布的收费标准或入廊协议确定的费用标准计算后，对财政补贴进行调整。如有新增管线导致使用者付费增加，则财政补贴相应减少。

（4）通货膨胀/紧缩调整

运营维护期内，如发生通货膨胀或通货紧缩（主要指人工、动力费等）等方面的变化，可以调整财政补贴。在运营维护期内根据郑州市统计年鉴CPI指数以每三年为一个周期进行调价。

由于项目公司运营维护质量不达标的原因导致使用者付费收入减少，不在财政补贴调整范围。

2.3.11　绩效考核指标及体系

建设期内，本项目考核主要针对项目公司综合管廊建设管理情况进行监督检查，考核内容分为：人员到位、设备投入、工程质量、进度控制、安全文明5个方面，对项目公司建设管理情况进行考核，并将考核结果作为财政补贴核定及支付依据。

运营维护期，项目实施机构对项目公司的运营维护进行考核，考核采取日常考核、定期考核和抽检抽查相结合的方式，主要从两个方面开展，一是相关规章制度执行情况考核，二是综合管廊的维护状况考核。考核结果直接与财政拨付的维护费用挂钩，实时扣减。

2.3.12　保障机制

（1）政府向项目公司提供的财政补贴将列入财政预算。

（2）项目建设和运营可能遇到不可预期或不可控制的风险，项目公司可自行或要求其承包商、供应商购买和维持适用法律所要求的保险。其中建设期投保险种：建筑（安装）工程一切险和第三者责任险；运营维护期投保险种：财产一切险和第三者责任险。

（3）履约保证机制包括了投标保函、建设期履约保函、运营维护保函和移交维修保函，并对建设期资金实行专户管理。

（4）政府方需制定相关政策，在建设地下综合管廊的区域，强制规划入廊的管线必须入廊，以保障项目公司相关费用的足额收取。相关政府部门应根据各自职责，对地下综合管廊项目涉及的发改、财政、国土、规划、建设、价格、税收、环境保护等管理和审批事项提供便利，为项目公司提供相应的支持和保障。

2.3.13　项目移交安排

本项目采用无偿移交形式。

本项目在正式移交前，应组织对综合管廊本体及附属设施设备的全面检测。消防、监控、供电、排水及通风专业的主要设备完好，其他专业设备完好，管廊本体应经专业检测机构的结构安全评估和剩余寿命预测，符合国家相关规范和设计要求。

2.3.14　风险识别和分配

基于政府和社会资本合作关系的长期稳定性，以风险最优分配为核心，综合考虑政府风险管理能力、项目回报机制和市场风险管理能力等要素，在政府方和社会资本、项目公司之间合理进行风险分配。

（1）由项目公司主要承担项目的融资、建设、经营和维护的风险，以及建设成本超支、工期延期、运营成本超支等一般风险。

（2）政府方主要承担项目征地拆迁和政府方因素导致的审批延迟等风险。

（3）对于不可抗力风险，由双方共同承担。

（4）对于政策和法律风险，分为两类：一是政府方可控的法律变更引起的损失和成本增加，应由政府方承担；二是超出政府方可控范围的法律变更及政策变化风险，由社会资本和政府方合理承担。

2.3.15　项目调整机制

（1）合作期限内，如项目公司出现威胁公共产品和服务持续稳定安全供给或危及国家安全和重大公共利益的违约行为，政府可指定合格机构实施临时接管，临时接管项目所产生的一切费用，将根据项目合同约定，由违约方单独承担或由各责任方分担。项目公司应承担的临时接管费用，可以从其应获终止补偿中扣减。

（2）项目公司或政府方未履约合同或发生重大事故导致责任方严重违约时，或发生不可抗力导致PPP项目合同签订各方无法协商一致继续履行各自义务时，各方有权向对方发出终止协议的意向通知。PPP项目合同提前终止，政府方应按照PPP项目合同的规定补偿项目公司。

项目移交时，政府方和项目公司应成立移交委员会，具体负责和办理全部项目设施的移交工作。移交委员会应在双方同意的时间举行会谈并商定项目设施移交的详尽程序、最后恢复性检修计划以及PPP项目合同约定的移交范围的详细清单。最后将移交信息在省级媒体上向社会公告。

2.4 项目采购

2.4.1 采购方式的选择

本项目采用公开招标形式采购社会资本方。

2.4.2 市场测试及资格审查

本项目在准备阶段便通过市场测试的方式积极与潜在投资人沟通项目边界条件等项目相关内容，通过整理各潜在投资人对项目边界条件的反馈意见，最终确定项目边界条件及采购相关资格条件。

通过与潜在投资人多次市场测试，最终确定的资格条件如下：

投标人应满足适用的中国法律、法规、规章、地方法规和政府部门颁布的其他适用强制性要求。且投标人需满足以下要求：

（1）主体要求：必须为依法注册的独立法人实体，或由不同法人实体组成的联合体，但联合体内的成员数量不得超过两家。

（2）资质要求：须具有建设行政主管部门核发的市政公用工程施工总承包壹级及以上资质和工程设计综合资质甲级或市政行业甲级；申请人为联合体时，联合体牵头人须具有建设行政主管部门核发的市政公用工程施工总承包壹级及以上资质，联合体另一成员为具有建设行政主管部门核发的工程设计综合资质甲级或市政行业甲级的设计单位。联合体资质的认定按照政府法律法规及相关规定执行。

（3）财务要求：投标人净资产不低于人民币25亿元，以经审计的2015年度财务报表为准。如果投标人为联合体，则联合体每一成员的净资产乘以其在联合体内所占股份比例之和应满足上述要求。

（4）技术能力：投标人应具有实施本项目所需的技术能力和管理能力，所完成的市政工程项目中至少1个项目获得省级以上优质工程奖项。

（5）信誉要求：投标人应具有合法的法律地位，在过去三年（2013年1月1日至今）内没有严重违约或不良行为。

（6）业绩经验要求：投标人中的施工单位目前在建或已完成的地下综合管廊工程、隧道工程施工业绩累计不低于10亿元，投标人中的设计单位至少有一个已完成的长度不低于2km的地下综合管廊工程、隧道工程设计业绩。

2016年9月8日，本项目在郑州市政府采购网和中国政府采购网上公开发布了资格预审公告，并于2016年9月29日组织了资格预审评审，此次资格预审收到多家社会资本方递交的申请文件，竞争较为激烈。

2.4.3 响应文件评审

2016年9月30日，本项目向通过资格预审的申请人发售了采购文件。项目采用综合评分法进行评标，其中，投标报价占比30%、建设和运营方案占比30%、财务方案占比15%、法律方案占比10%、社会资本综合实力占比15%，投标报价为合作期内项目公司每年的收入总额。

2016年10月20日该项目组织了开标评审，组织评标委员会对各投标人提交的投标文件进行评审打分，最终确定的预中标候选人依次为中国建筑第二工程局有限公司和中交第一公路勘察设计研究院有限公司联合体，上海宝冶集团有限公司和中冶京诚工程技术有限公司联合体，中电建路桥集团有限公司和中国电建集团西北勘测设计院有限公司联合体。

2.4.4　确认谈判及签署

2016年10月24日，经确认谈判，采购人与第一中标候选人对招标文件、投标文件无异议，并当场签订谈判备忘录。

2016年11月29日，中国建筑第二工程局有限公司和中交第一公路勘察设计研究院有限公司联合体和市管线办签署经市政府审核通过的PPP项目合同。

2.5　项目执行

2.5.1　公司概况

（1）公司概况如下：

公司名称：郑州中建智城综合管廊建设管理有限公司

设立时间：2017年1月9日

注册地址：郑州市惠济区花园口镇八堡村八堡万佳养殖物流园2号楼602

注册资本合计10000万元，其中，郑州智城综合管廊建设管理有限公司现金出资2000万元，占股20%，中国建筑第二工程局有限公司和中交第一公路勘察设计研究院有限公司联合体现金出资8000万元，占股80%（其中中国建筑第二工程局有限公司出资7920万元，中交第一公路勘察设计研究院有限公司出资80万元）。

（2）公司治理结构

董事会设董事长1人，副董事长1人。董事长由股东中国建筑第二工程局有限公司委派的董事之一担任，副董事长由股东郑州智城综合管廊建设管理有限公司委派的董事之一担任。

监事会由3名监事组成，由中国建筑第二工程局有限公司和郑州智城综合管廊建设管理有限公司各委派1名，另设1名职工代表监事。

2.5.2　项目融资情况

在遵守适用法律的前提下，项目公司股东需在企业法人营业执照之日起30日内，各自应缴付不低于各自应缴出资额的百分之三十（30%）的注册资本，剩余百分之七十（70%）需在2017年8月31日前全部出资到位。

2.5.3　项目建设

项目正按照合同约定进度稳步实施。

专家点评：

本项目政府出资方是从事城市基础设施建设和市政公用项目的投资、融资、建设、运营和管理的企业。入廊管线单位积极参股项目公司，参与项目的建设和运营管理；施工方和设计单位组成联合体参与项目建设，能够在项目建设之前充分发挥施工和设计在整个工程建设过程中的主导作用。各管线单位充分沟通，使工程项目建设整体方案不断优化。突出结果导向，强调绩效评价，项目运营维护绩效考核采取日常考核、定期考核和抽检抽查相结合的方式，主要考核相关规章制度执行情况和综合管廊的维护状况。财政拨付的维护费用支付与考核结构挂钩，实施扣减，保障了付费的有效性。

主管部门：郑州市综合管廊规划建设管理工作领导小组
实施机构：郑州市综合管廊海绵城市及地下管线规划建设管理办公室
咨询单位：北京大岳咨询有限责任公司
案例编写人员： 刘　冰　邱长军　杜延强　张文钊　朱　迪　王战彪　管晓智　崔宝林
　　　　　　　陈冰冰　项鲜红　翟京城

3 "TOT+BOT"创新投融资模式的长沙案例

案例特色：多家管线单位作为政府出资方组成成员，减少协调难、入廊难等问题；运用"TOT+BOT"方式，结合项目实施实际情况，将先建管廊等存量资产和项目新建资产都纳入PPP项目整体合作范围，减少政府多头管理压力。

1 项目摘要

1.1 项目名称：湖南长沙市地下综合管廊PPP项目

1.2 发起方式：政府发起

1.3 项目类型：新建+存量

1.4 管廊试点城市批次：2015年第一批

1.5 合作内容/范围

地下综合管廊建设总长度合计约为42.69km（含先建管廊建设里程约为17.38km、后建管廊建设里程约为25.31km），项目建设总投资额估算为39.95亿元（含先建管廊建设投资约为17.04亿元）。纳入管线包括：排水、燃气、供水、热力、广播电视、通信、110kV和220kV高压电力等七大类15种管线。

在建设期，长沙国际会展中心配套的7段管廊（即先建管廊，由管廊对应道路的业主单位进行投资建设，并采用TOT模式将其纳入本项目整体项目合作范围；先建管廊以外的其他综合管廊（即"后建管廊"）的投融资、施工图设计及建设由项目公司负责。在运营期，项目公司负责运营和维护本项目合作范围内所有管廊项目设施。

1.6 合作期限：28年（建设期3年，运营维护期25年）

1.7 运作方式：TOT+BOT

1.8 项目资产权属

本项目后建管廊由项目公司负责投资建设，根据财金〔2016〕92号文第三十二条规定，项目投资、建设所形成的项目资产所有权在项目合作期内约定由项目公司享有；先建管廊除实物出资部分外通过TOT模式，将项目资产所有权转给项目公司，即项目公司在合作期内享有先建管廊的资产所有权。无论是先建管廊，还是后建管廊，在本项目合作期限届满或提前终止时，均需将项目资产设施无偿、完好移交给政府方。

1.9　回报机制：使用者付费+可行性缺口补助

1.10　实施机构：长沙市住房和城乡建设委员会（以下简称：市住建委）

1.11　采购方式：公开招标

1.12　政府出资方

长沙市地下综合管廊投资发展有限公司、长沙市水业集团有限公司、长沙市燃气实业有限公司共同出资持有项目公司34%股权，各方按照持有项目公司20%、8%、6%的股权比例确定各自出资额。

1.13　中选社会资本

中国建筑股份有限公司（联合体牵头人），中国建筑第五工程局有限公司（联合体成员），中国市政工程西北设计研究院有限公司（联合体成员）。

1.14　签约日期：2016年7月28日

1.15　项目公司设立概况

公司名称：长沙中建城投管廊建设投资有限公司

设立时间：2016年7月7日

注册资本：10000万元

股东、股权比例与出资方式：

政府方股东：长沙市地下综合管廊投资发展有限公司等，持股34%，实物+现金的方式出资。

社会资本方：中国建筑股份有限公司联合体，持股66%，现金出资。

2　项目实施要点

2.1　项目前期准备

2.1.1　项目背景

本项目地下综合管廊建设所在的区域为高铁新城以及老城区，其中高铁新城区域内综合管廊项目为长沙国际会展中心的配套工程（图3-1-7、图3-1-8）。具体明细如表3-1-4所示。

2.1.2　组织保障

长沙市政府成立了由市政府主要领导任组长的地下综合管廊建设领导小组办公室，作为项目协调机构，统筹项目实施过程中的相关审批及管理事项。

2.1.3　制度建设

2014年6月30日，长沙市人民政府办公厅颁布了《长沙市城市地下管线建设管理办法》（长政办发〔2014〕21号），办法提出"规范地下管线建设，加强城市管线保护"，长沙市较早开始重视城市地下管线安全。

经长沙市第十四次人民代表大会常务委员会第三十一次会议通过，湖南省第十二届人民代表大会常务委员会第二十五次批准，2016年10月12日，长沙市人民代表大会常务委员会发布《长沙市城市地下管线管理条例》。

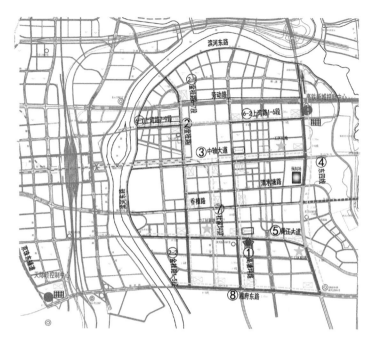

图3-1-7　长沙市高铁新城地下综合管廊项目平面图

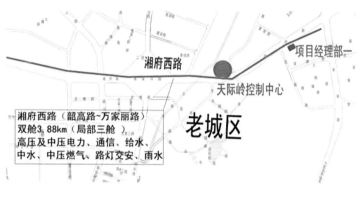

图3-1-8　长沙市湘府西路（老城区）地下综合管廊项目平面图

长沙市地下综合管廊PPP项目明细　　　　　　　　　　表3-1-4

区域	项目名称	建设里程及规模	采取BOT模式（万元）	采取TOT模式（万元）
高铁新城	劳动路（金桂路—东四线）	四舱2.9km		37170
	高塘坪路（劳动路—湘府东路）	双舱1.18km		7971
		双舱1.47km，三舱0.98km	18260	
	金桂路（劳动路—湘府东路）	四舱0.5km，三舱1.5km		20050
		双舱0.6km，三舱1.47km	15960	
	中轴大厦（滨河路—东四线）	三舱2.1km		18190
		三舱1.43km	11440	
	香樟路（滨河路—东四线）	三舱3.5km		31770
	京珠辅道（湘府路—劳动路）	三舱4.0km		38900
		三舱1.2km，双舱0.5km		16360

续表

区域	项目名称	建设里程及规模	采取BOT模式 （万元）	采取TOT模式 （万元）
高铁 新城	东四线（滨河路—湘府路）	多舱4.4km	55702	
	黄江大道（滨河路—东四线）	双舱3.2km	22665	
	上湾路（滨河路—东四线）	双舱2.58km	18060	
	杜家坪路（中轴大道—湘府东路）	双舱2.40km	15600	
	湘府东路（滨河路—东四线）	三舱2.9km	24880	
	高铁新城控制中心		440	
	合计	38.81km	183007	170411
老城区	湘府西路（韶高路—万家丽路）	三舱2.83km	45650	
		四舱1.05km		
	天际岭控制中心		440	
	合计	3.88km	46090	
总计		42.69km	229097	170411

2017年2月21日，长沙市政府常务会议通过《关于加强城市地下综合管廊建设管理工作的实施意见》，文件明确须纳入地下综合管廊的新敷设或迁改的所有管线，必须全部强制入廊，既有现状管线根据实际逐步有序迁移至地下综合管廊。

2.2 物有所值评价和财政承受能力论证要点

2.2.1 物有所值评价

结合本项目实际情况，主要从定性方面开展物有所值评价，重点关注项目采用PPP模式与采用政府传统模式相比能否增加公共供给、优化风险分配、提高效率、促进创新和公平竞争、有效落实政府采购政策等。根据评分细则，评分结果为84.3分，在设定的评价标准（60分）之上，本项目物有所值评价结果良好，通过物有所值评价。

2.2.2 财政承受能力论证

（1）财政支出能力评估

根据长沙市2010～2014年期间市本级一般公共预算支出年均增长率及2015～2042年期间市本级一般公共预算支出数额，最终计算出当前及今后长沙市每年为本项目承担的财政支出数额占本市一般公共预算支出的比例。经测算，长沙市政府每年需要为本PPP项目从财政预算中安排的支出责任，占一般公共预算支出的比例为0.07%～1.04%，且同期所有PPP项目所需政府付费及补贴未超过政策规定的10%。

（2）行业和领域平衡性评估

本项目属于地下综合管廊行业的PPP项目，考虑到长沙市目前尚有长沙磁悬浮工程、国际会展中心等一批PPP项目也在实施当中，但与本项目分属不同领域，综合来看PPP项目在长沙市的行业和区域分布较为均衡。

因此，根据财务测算结果，长沙市预期财政状况可以支撑未来各年对本PPP项目的财政支出，且在行业和领域平衡性方面不存在障碍，评估结论为通过财政承受能力论证，适合采用PPP模式实施。

2.3　实施方案要点

2.3.1　投资规模与合作模式

本项目包括高铁新城区域内的11段管廊工程以及老城区湘府西路管廊工程（含高铁新城控制中心及天际岭控制中心）。其中，先建管廊及后建管廊的投资、建设及运营的区域、里程、投资额及运营方式等内容如表3-1-5所示：

项目投资规模与运作方式 表3-1-5

所属区域	建设里程（km）	总投资（亿元）	运营方式	模式
纳入PPP项目公司负责投资建设的后建管廊部分	25.31	22.91	由项目公司负责运营维护和期满移交	BOT
原道路业主单位负责投资建设的先建管廊部分	17.38	17.04		TOT
合计	42.69	39.95		PPP

2.3.2　各方权利和义务

2.3.2.1　市住建委权利和义务

（1）主要权利

1）制定地下综合管廊建设标准（包括设计、施工和验收标准），在PPP项目合同中予以明确；根据需要或法律变更情况对已确定的建设标准进行修改或变更。

2）制定运营期的运营及绩效考核标准，在PPP项目合同中予以明确。运营期内，可根据法律法规及强制性规范性文件，对运营标准进行变更。

3）在遵守、符合适用法律要求的前提下，对项目公司履行PPP项目合同项下的建设期及运营期的义务进行监督和检查。

4）要求项目公司报告管廊投资、建设、运营相关信息。

5）如果发生项目公司违约的情况，有权要求项目公司纠正违约、向项目公司收取违约金或要求赔偿损失并采取协议规定的其他补救措施，直至提前终止协议。

6）在发生PPP项目合同规定的紧急事件时，在可能严重影响公众利益的情况下，统一调度、临时接管或依法征用地下管廊项目设施。

7）有权根据法律规定和PPP项目合同的约定对项目公司所提供的服务进行行业监管。

（2）主要义务

1）协助项目公司取得中国适用法律规定的可适用于项目公司的各项减、免税和优惠政策，以及与履行PPP项目合同相关的其他优惠。

2）在工程开工建设前向项目公司交付本项目所需场地。

3）当项目提前终止时，根据《PPP项目合同》对项目公司进行补偿。

2.3.2.2　政府方出资人权利和义务

（1）作为政府出资人代表，参与项目公司的组建，参与完成项目公司章程的制定等，依照国家相关法律法规以及正常的商业运行模式对项目公司行使股东权利。

（2）未经市政府同意，不得将其拥有的项目公司股权进行转让、质押、再委托及/或设立任何形式的权利负担。

（3）作为项目公司的政府方股东，除享有公司法规定的表决权外，在公众利益重大事项（如定价调整、暂停运营等）上还享有一票否决权。

2.3.2.3　社会资本权利和义务

（1）筹集本项目建设所要求的资金投入，按照PPP项目合同的约定保证建设资金按时足额到位。

（2）参与项目公司的组建，参与完成项目公司章程的制定等，依照国家相关法律法规及正常的商业运行模式对项目公司行使股东权利。

（3）未经政府方同意，不得转让其持有的股权，不得对其持有的股权设置任何形式的质押或其他权利负担。

（4）按照政府方要求，按时、足额缴纳建设保证金、运营保证金、质量保证金。

（5）PPP项目合同约定的其他权利和义务。

2.3.2.4　项目公司权利和义务

（1）主要权利

1）按照PPP项目合同的约定在项目合作期内投资、建设和运营本项目。

2）在运营期内，依据市住建委与管线单位、项目公司签订的《入廊协议》，向入廊管线单位收取入廊费及综合管廊运维费；同时由政府方根据PPP项目合同的约定以及绩效考核结果给予政府可行性缺口补助。

3）运营期结束后，如市政府继续采用PPP模式运营本项目的，项目公司享有在同等条件下的优先权。

（2）主要义务

1）按照PPP项目合同和适用法律（包括与管廊相关的国家、行业、地方性规范或标准）规定的工期和建设标准，完成本项目的建设任务。执行因市住建委或法律变更导致的建设标准的变更。

2）在运营期内，按照PPP项目合同和适用法律（包括与管廊相关的国家、行业、地方性规范或标准）规定的运营标准，保持充分的服务能力，不间断地提供服务。执行因法律变更导致的运营标准的变更。

3）根据PPP项目合同的约定，负责地下综合管廊全部项目设施的维护和项目设施的更新和追加投资。

4）项目公司应始终遵守有关安全管理和环境保护的适用法律及PPP项目合同的规定。

5）根据PPP项目合同的规定，接受市政府有关部门对项目建设、运营的监督，并及时、完整提供有关资料。

6）根据PPP项目合同的规定，在发生紧急情况时，为政府统一调度、临时接管或征用项目设施提供协助。

7）未经实施机关同意，不得擅自转让、出租、质押、抵押或者以其他方式处分PPP项目经营权和项目资产。

8）运营期满或PPP项目合同提前终止，按照约定将项目资产无偿移交给市政府指定的机构。

9）接受市住建委及相关政府部门根据适用法律和PPP项目合同的规定对工程建设进行的监督和检查，为市住建委及相关政府部门履行上述监督检查权利提供相应的工作条件，并提供相关资料（包括但不限于施工文件、投资及财务统计报表、竣工材料等）。

2.3.3　交易结构（图3-1-9）

本项目总体上采用"TOT+BOT"的模式进行运作。长沙市住建委作为本项目的发起方及市政府授权的项目实施机构，通过公开招标方式招选社会资本方。社会资本方与政府方指定出资机构共同出资组建PPP项目公司。市住建委与项目公司签署PPP项目合同，授权其在项目合作期内负责地下综合管廊投融资、施工图设计、建设运营及移交。

其中，高铁新城区域内作为长沙国际会展中心配套工程的7段管廊（即"先建管廊"）采用"TOT"形式（实物出资部分除外）有偿转让给PPP项目公司进行运营管理；对于高铁新城区域内的其余管廊以及老城区湘府西路管廊工程（含高铁新城控制中心及天际岭控制中心）（即"后建管廊"）采用"BOT"形式由PPP项目公司负责全部的投融资、施工图设计、建设运营及移交。合作期满后，PPP项目公司将其运营管理的项目资产无偿移交给长沙市政府指定的接收机构。

通过该种"TOT+BOT"的运作模式，实现先建管廊纳入本项目的整体合作范围，由PPP项目公司负责本项目整体合作范围内管廊的运营维护。

本项目的运作结构如图3-1-9所示：

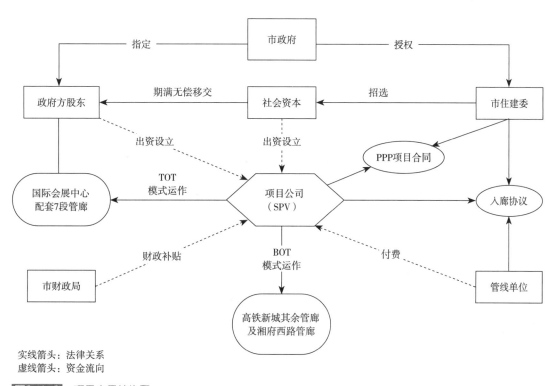

实线箭头：法律关系
虚线箭头：资金流向

图3-1-9　项目交易结构图

2.3.4 合作期限

本项目合作期限为28年，其中建设期3年，运营维护期25年。项目合作期限的计算方式为采用项目整体打包方式，即不区分具体管廊，所有管廊项目的运营维护期自2018年1月1日起开始计算，至2042年12月31日止。PPP合作期限届满后，所有管廊统一移交给政府指定的接收机构。

2.3.5 投融资结构及融资安排

项目资本金为项目总投资的30%，由政府方股东及社会资本方股东按照股权比例分别出资，其余资金通过银行贷款等债务融资方式筹集。鉴于项目在运营期具有稳定的现金流入，项目公司可采用收费权质押和资产抵押的方式（必要时由社会资本为项目融资提供股东担保）获得债务资金。

2.3.6 回报机制

本项目的回报机制为"使用者付费+可行性缺口补助"，即项目公司的管廊服务费包括使用者付费和可行性缺口补助两部分。其中，使用者付费为各入廊管线单位所支付的管廊有偿使用费（包括入廊费和管廊运维费），对于使用者付费不足以覆盖项目的建设、运营成本及社会资本合理收益的差额部分，由政府方按照PPP项目合同约定给予项目公司财政补助。

当年政府可行性缺口补助与管廊有偿使用费（即当年入廊管线单位实际付费）之间的关系如下：

当年政府可行性缺口补助额 = 当年管廊服务费－当年入廊管线单位实际付费额

上式中：当年入廊管线单位实际付费额为项目公司在运营期间当年实际收取的入廊管线单位付费。

2.3.7 定价调整机制

在项目合作期限内，管廊服务费每三年根据运营维护期间的通货膨胀以及利率变化等情况调整一次。

2.3.8 绩效考核指标及体系

（1）市住建委将根据PPP项目合同、绩效考核管理办法及其实施细则，定期对本项目的建设运营情况进行监测分析，会同有关部门进行绩效评价，并建立根据绩效评价结果、按照PPP项目合同约定对管廊服务费进行调整的机制，保障所提供公共产品或公共服务的质量和效率。

（2）考核采取日常考核、定期考核和抽检抽查相结合的方式，主要从两个方面开展，一是项目公司规章制度和管理措施执行考核，二是综合管廊维护的监督检查考核。考核结果直接与管廊服务费相挂钩。

（3）市住建委会同市财政局等部门，根据绩效评价结果执行项目合同约定的奖励条款、惩处条款或救济措施，评价结果作为项目期满合同能否延期的依据。

2.3.9 经营期满后的处理

本项目合作期限届满时，市住建委有权依照届时有效的法律法规选择合作者，如投资人在项目合作期限内履约记录良好，则在同等条件下享有优先权。

项目合作期满时，且在符合届时法律法规规定前提下，则投资人可就项目合作事宜与政府或政府指定的其他机构协商，如未能达成新的协议，或如需招标而投资人未获中标资格的，投资人应将项目资产无偿移交市住建委或长沙市政府指定的机构。

投资人应保证在项目合作期满时清偿其所有债务，解除在项目相关权益上设置的任何担保，在项目合作期满后不论是否继续经营本项目，其债权债务均由投资人享有和承担，与市住建委无关。

在建设期和项目全部工程竣工验收合格后五年内，投资人不得向第三方转让其持有的项目公司全部或者部分股权（经本项目实施机构事先书面同意，为本项目融资目的的需要作出的股权变更除外）。工程全部竣工验收合格五年以后，经本项目实施机构事先书面同意，投资人可以转让其持有的项目公司全部或部分股权，但受让方须具备有效承接本项目运营管理的能力，且须承继转让方的全部义务。

2.3.10 风险识别和分配

基于政府和社会资本合作关系的长期稳定性，以风险最优分配为核心，综合考虑政府风险管理能力、项目回报机制和市场风险管理能力等要素，在政府方和社会资本、项目公司之间合理进行风险分配。

（1）由项目公司主要承担项目的融资、建设、经营和维护的风险，以及建设成本超支、工期延期、运营成本超支等一般风险。

（2）政府方负责制定、出台管廊有偿使用费收费标准，通过设置最低入廊费收入保障的财政补贴机制，在使用者付费不足时支付可行性缺口补助，减少社会投资方的风险；同时，当经营收益高于预期时，设置利益分享机制。

（3）对于不可抗力风险，由双方共同承担。

（4）对于政策和法律风险，分为两类：一是政府方可控的法律变更引起的损失和成本增加，应由政府方承担；二是超出政府方可控范围的法律变更及政策变化风险，由社会资本和政府方合理承担。

2.4 项目采购

2.4.1 采购方式的选择

项目采用公开招标方式确定社会资本。为了增强对社会资本的吸引力，本项目的施工单位原则上按"一次招标"确定，即具有相应的施工资质以及建设、管理经验的中选社会资本可以直接承接本项目的施工业务。

《国务院办公厅关于推进城市地下综合管廊建设的指导意见》（国办发〔2015〕61号）对入廊管线单位入股项目公司做了如下规定："优先鼓励入廊管线单位共同组建或与社会资本合作组建股份制公司，或在城市人民政府指导下组成地下综合管廊业主委员会，公开招标选择建设和运营管理单位"。据此，为了积极响应国家政策精神，并且为了有利于管廊项目各项工作的顺利推进，持有项目公司34%股权的政府方股东中包括国资管线权属单位。对于其他属于社会资本属性的管线权属单位，考虑项目公司成立后通过增资扩股的方式引入。

2.4.2 社会资本申请人的资格审查

（1）具备《中华人民共和国政府采购法》第二十二条规定的基本资格条件，具有有效的营业执照、税务登记证、社保登记证；

（2）具有建设行政主管部门颁发的有效的市政公用工程施工总承包壹级及以上资质、工程设计综合甲级（或市政公用工程行业设计甲级）资质；

（3）具有良好的财务状况以及相应的投融资、偿债能力；截止到2014年12月31日，企业净资产不低于叁拾亿元人民币（须出具2014年度经会计师事务所或审计机构审计的资产负债表和损益表）；

（4）PPP项目的拟任总负责人应具有大型建设项目管理经验，具有高级技术职称；

（5）具有良好的企业信用，银行信用等级为AAA级（有效期内），且近三年没有处于财产被接管、破产或其他不良状态；

（6）2010年1月1日以来，至少应具有投资、建设和运营（以上三种经验至少具备两种）以下一项业绩：城市地下综合管廊工程（同一城市累计综合管廊长度不少于5公里）、城市隧道工程（单项合同中隧道工程投资额不少于2亿元）、地铁工程（单项合同金额不少于10亿元）项目（类似业绩证明材料要求具体详见资格预审文件）；

（7）本项目接受联合体投标，组成的联合体应满足以下条件：

1）联合体成员数不得超过3家，各成员均应为独立企业法人；

2）联合体牵头方在未来PPP项目公司中的股权出资比例不得低于40%（含）；

3）已作为联合体成员参与投标的，不得另行单独或通过加入其他联合体参加本项目投标。

4）在提交资格预审申请文件的同时，应附上由所有成员签署的具有法律约束力的联合体协议书，明确联合体牵头方和其他成员的主要权利和义务。

（8）本项目仅允许一家具有关联关系的社会资本参与，同一联合体内具有关联关系的成员可作为一家社会资本参与本项目投标；与联合体成员有关联关系的其他单位，亦不得与关联关系外的单位组建新的联合体参与投标。（前述"关联"关系包括但不限于同属一企业集团的母公司与子公司、子公司与子公司）。

2.4.3 响应文件评审

本项目采用综合评审法，由评审委员会对资格审查合格的投标文件进行综合评审。

评审委员会在评审结束后应编写综合评审报告，并在报告中按照得分从高到低的顺序向采购人推荐三名中标候选人。若投标人综合得分相同，按投标报价得分顺序排列，综合得分相同且投标报价得分相同的，按建设运营方案优劣顺序排列。主要评价指标包括商务报价、技术方案（建设运营）、投融资方案、法律方案等。

项目实施机构根据法律法规的规定组建评审小组，对具备实质性响应的响应文件进行评审。评审小组共由7人组成，其中项目实施机构代表1人，评审专家6人。评审专家可以由项目实施机构自行选定，但至少应当包含1名财务专家和1名法律专家。

2016年1月29日，经评审委员会认真评定并报采购人确认，确定中国建筑股份有限公司（中国建筑第五工程局有限公司、中国市政工程西北设计研究院有限公司）联合体为中标人。

3　项目执行

3.1　公司概况

3.1.1　公司概况如下：

公司名称：长沙中建城投管廊建设投资有限公司

设立时间：2016年7月7日

注册地址：湖南省长沙市雨花区中意一路158号中建大厦8楼

注册资本：合计10000万元

3.1.2　公司治理结构

董事会由5名董事组成，董事长一人（由中建股份委任），副董事长一人（由政府出资方委任），另三名董事中两人由中建集团委任，一人由政府出资方委任。

项目公司设总经理1名，副总经理3名（总经理由中建集团委任）。

3.2　项目融资情况

（1）本项目资本金（含项目公司注册资本）已经完成100%实缴。

（2）项目公司已经与国家开发银行签订融资协议。

3.3　项目建设

项目正按照合同约定进度稳步实施。

专家点评：

本项目自识别论证阶段至项目采购执行期间，政府方与社会资本方坚持"政府主导、社会参与、市场运作、平等协商、风险分担、互利共赢"的原则，根据本地实际情况对项目交易结构设计进行创新：第一，管线单位作为投资方之一，从项目前期介入，减少建设与使用相分离所产生的协调难、入廊难问题；第二，运用"TOT+BOT"方式，结合项目实施时序、体系不同的实际状况，将先建管廊等存量资产和项目新建资产都纳入本PPP项目整体合作范围，由PPP项目公司负责本项目整体合作范围内管廊的运营维护，减少政府多头管理所带来的压力、降低政府负债。

主管部门：长沙市住房和城乡建设委员会

实施机构：长沙市住房和城乡建设委员会

咨询单位：北京市中伦（上海）律师事务所（联合体）

案例编写人员：曾国华　郭晓旸　周兰萍　周月萍　张留雨　安志强　王　卓　叶华军
　　　　　　　童小兵　张戎泽

4 有限合伙基金和施工方组成联合体作为社会资本的哈尔滨案例

案例特色：施工方和有限合伙基金作为联合体参与项目公司运营管理，不仅能充分发挥社会资本融资、技术和运营管理优势，也能确保工程进度及质量；金股的设定，让政府可在不出资的情况下，参与公司决策、监督项目公司运作，既增加了政府出资灵活性，也能在保障公共利益和安全的同时不影响项目正常建设和运营。

1 项目摘要

1.1 项目名称：哈尔滨市地下综合管廊PPP项目

1.2 发起方式：政府发起

1.3 项目类型：新建

1.4 管廊试点城市批次：2015年第一批

1.5 合作内容/范围

项目建设内容主要为红旗大街区域、哈南工业新城区域、临空经济区区域11条综合管廊，总长度共25km，其中主城区13km，新城区12km，项目工程总造价32.2亿元（图3-1-10～图3-1-12）。项目公司工程建设范围包括：红线范围内的主体工程、管线迁移工程、交通导改、绿化、道路恢复工程、管理中心及其他附属工程等，具体以经批复的初步设计、施工图设计及工程量清单为准。

图3-1-10 临空经济区区域地下综合管廊项目平面图

1.6 合作期限：27年，其中2年建设期，25年运营期。

1.7 运作方式：投资、建设和运营维护一体化+入廊单位付费+政府补贴

1.8 项目资产权属

项目公司无偿使用本项目建设用地，在合作期内，项目设施的使用权归项目公司，由项目公司负责运营维护。

1.9 回报机制：入廊单位付费+政府补贴

1.10 实施机构：哈尔滨城乡建设委员会

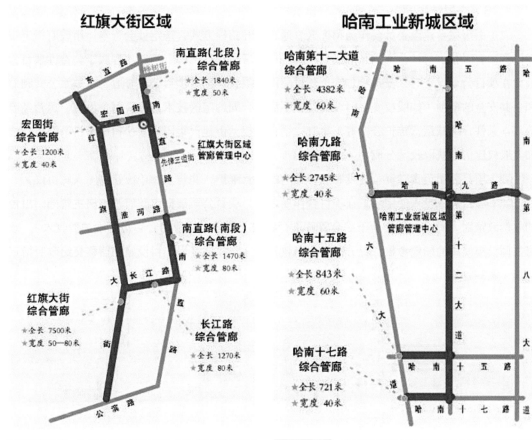

图3-1-11　红旗大街区域地下综合管廊项目平面图　　图3-1-12　哈南工业新城区域地下综合管廊项目平面图

1.11　采购方式：公开招标

1.12　政府出资方

哈尔滨市建设集团有限公司

1.13　中选社会资本

标段一中标人为北京城建亚泰建设集团有限公司、嘉兴兴晟管廊投资合伙企业（有限合伙）、黑龙江宇辉新型建筑材料有限公司联合体。中标金额：25年总补贴的累计折现值为人民币801814841.51元。

标段二中标人为哈尔滨圣明节能技术有限责任公司、哈尔滨市公路工程有限责任公司联合体。中标金额：25年总补贴的累计折现值为人民币392993481.20元。

1.14　签约日期

标段一正式签约时间为2016年3月1日；

标段二正式签约时间为2016年3月2日。

1.15　项目公司设立概况

两标段的项目公司都已成立，且哈尔滨市建设集团有限公司均以一元人民币持有项目公司金股（无实际经济价值，权益主要表现为否决权而非收益权或其他表决权，金股通常作为1股），社会资本投资人持有项目公司享有经济收益的全部股权。

1.16 交易结构图

（1）由市城乡建设委员会作为招标人，通过公开招标方式，选定社会资本。市政府指定市建设集团有限公司与社会资本共同成立项目公司。考虑到地下综合管廊工程属于公益性项目，因此在项目公司设立时，安排哈尔滨市建设集团有限公司持有项目公司金股，对关系公共利益和公共安全的事项（如股权变更时，受让方不满足合同约定的技术能力、财务信用、运营经验等基本条件；缩减运营维护经费等）享有一票否决权。市建设集团有限公司也可自筹资金，增加其股权比例并获取收益分成。

（2）项目公司负责融资、建设和项目设施的运营维护，并与入廊单位签订《入廊协议》。

（3）项目建成投入使用后，在项目合作期限内，项目公司根据市政府及价格主管部门出台的收费政策对入廊单位使用地下综合管廊进行收费（包括入廊费和管廊运行维护费收入）。政府按照设施使用的绩效考核情况分期支付财政补贴，合作期满后项目设施无偿移交给政府指定机构（图3-1-13）。

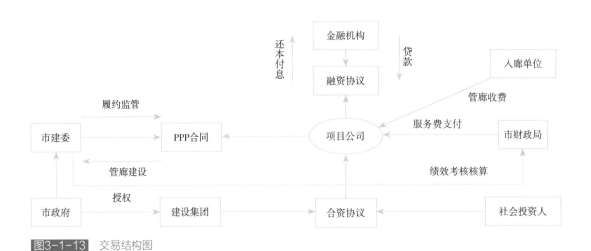

图3-1-13 交易结构图

2 项目实施要点

2.1 项目识别

2.1.1 项目背景

哈尔滨位于高纬度地区，冬季漫长、寒冷，具有地下管线类别齐全、情况复杂、城市规模庞大、地形地貌多样的地域特点，其独特的地理气候环境，对城市供水、排水、供热、燃气、电力等地下管线带来较大影响。兴建地下综合管廊对于哈尔滨有着巨大的综合效益。

2.1.2 发起方式

本项目由政府发起。

2.1.3 组织保障

哈尔滨市为加强统筹地下综合管廊建设工作力度，成立了哈尔滨市地下综合管廊建设工作领导小组。领导小组由市长担任组长，常务副市长、副市长担任副组长，市政府各有关部门主要领导担任领导小组成员。领导小组负责决策城市地下综合管廊建设的重大事项。领导小组下设办公室，办公室设在市建委，负责决策和督促综合管廊项目建设，协调解决管廊建设管理的问题。市建委主要领导任办公室主任，成员单位各安排1名主管领导任办公室副主任，指派1名副处级以上干部进入办公室工作，负责本部门涉及地下综合管廊建设事项的组织协调工作。

2.1.4 制度建设

2.1.4.1 地下综合管廊建设、管理、入廊、收费等相关政策

（1）《哈尔滨市地下管线管理暂行办法》

（2）《哈尔滨市城市地下综合管廊管理细则》

（3）《哈尔滨市地下综合管廊技术细则》（讨论稿）

（4）《关于综合管廊覆盖区域市政管线进入管廊有关事宜的通知》

（5）《关于暂定哈尔滨市地下综合管廊入廊费和运行维护费试行收费标准有关事宜的通知》

（6）《哈尔滨市城市综合管廊安全运行制度》

（7）《综合管廊建设及管理经费分摊规定》

2.1.4.2 地下综合管廊政策保障制度

（1）《关于成立哈尔滨市地下综合管廊建设领导小组的通知》

（2）《哈尔滨市地下综合管廊建设协调联动机制工作方案》

（3）《综合管廊工程建设项目管理绩效考核办法》

（4）《关于成立哈尔滨市管线统筹管理办公室的通知》

2.2 项目准备

2.2.1 两个论证要点

本项目实施阶段较早，当时财政部尚未出台强制要求PPP项目必须编写物有所值评价和财政承受能力论证的正式文件。本项目在实施方案中，对项目可行性进行了基于物有所值的分析，确定了采取PPP模式较于传统采购方式更具优势；本项目也是全国范围内第一批在实施方案中按照《财政部关于印发〈政府和社会资本合作项目财政承受能力论证指引〉的通知》（财金〔2015〕21号）设置了年度财政补贴计算公式，按照公式测算，政府的支付义务完全在财政可承受能力范围之内。

2.2.2 实施方案要点

本项目实施方案通过市常务会的讨论，获得批准。

2.2.2.1 合作范围界定

（1）市城乡建设委员会设立现场监管推进机构，承担项目方案谋划、招标前手续办理、招标、项目实施监管、造价控制、结算初审等职责；

（2）办理项目环评、可研、规划等审批手续；

（3）组织项目招标工作，确定勘察、设计、监理单位，并对勘察、设计及监理单位工作进行管理；

（4）根据财政部、住房城乡建设部《关于开展中央财政支持地下综合管廊试点工作的通

知》（财建〔2014〕839号）的文件精神，落实国家财政建设补贴资金并在补贴到达财政专户后向项目公司工程建设资金专户支付；

（5）协调推进项目征地征拆工作；

（6）协助项目公司办理工程建设审批手续变更；

（7）对项目公司履约情况实施监督；

（8）组织设计、监理单位控制工程建设的规模、标准和投资，对工程设计变更和现场签证进行审核认定；

（9）配合市财政部门进行工程结算评审；

（10）参与工程竣工验收；

（11）根据绩效考核情况及合同约定，按期核算财政运行补贴绩效考核系数；

（12）合作期满，配合国资等部门办理资产移交。

2.2.2.2　项目公司负责融资、建设和项目设施的运营维护。

项目公司与入廊单位签订《入廊协议》，完成PPP合同约定的项目投融资工作，确保项目资金及时到位，独立进行项目财务核算和资金管理使用。具体工作内容包括：

（1）负责本项目投融资、建设及运营维护工作，确保项目资金及时到位，独立进行项目财务核算和资金管理使用；

（2）负责进行前期已办理项目审批手续的变更，及办理后续各项审批手续，负责项目总承包建设组织管理，完成合同约定的全部建设内容，确保工程进度、质量、安全与文明施工符合相应标准和规范要求，承担与工程建设、运营维护有关的一切风险和责任；

（3）按照住房城乡建设部《房屋建筑和市政基础设施工程竣工验收规定》（建质〔2013〕171号）与《城市综合管廊工程技术规范》GB 50838—2015规定，在实施机构、相关行业主管部门和哈尔滨市市政质量监督站的监督下，组织工程竣工验收，具体以经批复的初步设计、施工图设计及工程量清单为准；

（4）工程竣工验收合格、具备正常使用条件后，告知实施机构及相关行业主管部门，及时投入使用。承担地下综合管廊的维护，接受设施主管部门的监管和日常考核；

（5）最终投资额以市财政部门评审结果为准，据此计算政府需支付的财政运行补贴；

（6）合同期满，将项目资产无偿移交给政府指定部门。

2.2.2.3　回报机制设计

项目建成投入使用后，在项目合作期限内，项目公司根据市政府及价格主管部门出台的收费政策对入廊单位使用地下综合管廊进行收费（包括入廊费和管廊运行维护费收入）。政府按照设施使用的绩效考核情况分期支付财政补贴。

2.2.2.4　定价调价机制

项目公司按照物价部门确定的收费标准向入网用户一次性收取入廊费，并按年度收取运营维护费。

市财政局根据补贴公式计算年度补贴金额并按季支付，补贴资金已列入年度财政预算，补贴计算公式如下：

第N年某季度财政补贴

$$=\left\{\begin{array}{l}(项目全部建设成本-建设期中央财政补助-入廊费)\\ \times\dfrac{(1+合理利润率)\times(1+年度折现率)^n}{25年}+管廊运营成本\\ \times(1+合理利润率)\times\dfrac{绩效考核评分}{100}-运行维护收入\end{array}\right\}\times\dfrac{1}{4}$$ （式3-1-2）

根据前述公式计算的年度财政补贴以3年为周期进行调整，其中运行维护费收入按调整当年的实际数据为准，管廊运营成本根据服务期内的通货膨胀情况（哈尔滨市统计局公布的当期CPI数值）进行调整。管廊运营成本的调价公式如下：

$$P_{3n}=P_{3n-3}\times CPI_{3n-3}\times CPI_{3n-2}CPI_{3n-1}\times 10^{-6}（n=1，2，3\cdots）$$

式中　　n——已调价次数加1；

　　　　P_0——中标人在投标文件中报出的年运维绩效服务成本；

　　　　P_n——第n+1个财务年度起适用的年运维绩效服务成本（每三年调价一次）；

　　CPI_{3n-1}——第3n个财务年度由哈尔滨市统计局公布的第3n-1个财务年度哈尔滨市居民消费物价指数。

2.2.2.5 风险分配方案

按照风险分配优化、风险收益对等和风险可控等原则，项目设计、建设、财务和运营维护等商业风险由项目公司承担；法律、政策等风险由政府承担；项目审批手续办理、征地拆迁、不可抗力等风险由政府和项目公司合理共担。

2.2.2.6 绩效考核指标及监管机制设置

根据地下综合管廊行业工作特点，按照年度、运营维护周期制定考评细则（从项目设施维护、项目设施运行、应急保障措施、客户满意度等方面考评），主要考核项目公司是否按照规定的标准、时限和质量完成工作任务。考评采取日常巡查督办、重点项目定期联合考评、基础工作考评等形式进行，实行百分制。在地下综合管廊日常运营维护期间，每月抽查一定比例管线，检查运营维护等项工作，将12319热线、新闻媒体曝光、晨检、夜查以及社会反映的问题纳入考评工作范畴；日常运营维护期巡查发现问题，按标准扣分，督办未整改的加倍扣分。

2.3 项目采购

2.3.1 采购方式的选择

采取公开招标的方式选择社会投资人。

2.3.2 资格审查条件

（1）投资人可以是依法注册的独立法人实体，也可以是由不同法人实体组成的联合体。

（2）投资人应具有与本项目投资相适应的资金保障能力及良好的财务状况和商业信誉。

（3）投资人（或组成投资人联合体中的一方）应具备建设行政主管部门核发的施工总承包相应资质。

2.3.3 响应文件评审

本项目评标采用综合评标法，对投标人的投标报价、建设维护方案、财务方案和法律方案进行综合评审，并按得分由高到低顺序排定中标候选人。

2.3.4 确认谈判及签署

澄清谈判确定中标人后，招标人根据澄清谈判调整后的PPP项目合同报哈尔滨市人民政府审核。经市政府审批后，市城乡建设委员会代表政府与中标人草签PPP项目合同。

项目公司成立后，市城乡建设委员与项目公司正式签署PPP项目合同。

2.4 项目执行

2.4.1 项目公司设立情况

2.4.1.1 公司概况

标段一（主城区）项目公司为哈尔滨管廊投资管理有限公司，公司地址为哈尔滨市香坊区红旗大街235号天洋华府小区1栋24层D号，注册资本为25700万元。

标段二（新城区）项目公司为哈尔滨市管廊建设运营管理有限公司，公司地址为哈尔滨经开区南岗集中区天顺街27号，注册资本为16600万元。

2.4.1.2 股权结构

参照国内其他公益性项目的做法，市建设集团有限公司以一元人民币持有项目公司金股（即无实际经济价值，权益主要表现为否决权而非收益权或其他表决权，金股通常作为1股）。社会资本投资人持有项目公司享有经济收益的全部股权。

2.4.1.3 管理层架构

标段一及标段二的项目公司均已成立，且哈尔滨市建设集团有限公司均已派员进入项目公司管理层。

2.4.2 项目融资情况

项目公司承诺在项目融资过程中，利用自有资金或通过企业融资筹集工程建设所需资金；除非得到甲方的书面同意，项目公司不得在本项目所涉的任何资产上设立任何形式的担保，亦不得对本项目所涉的任何资产进行任何形式的处置。对于项目融资所获得资金，只能用于履行本合同的需要，除此之外不得用于其他任何用途。

2.4.3 项目前期工作进展

2.4.3.1 项目审批

本项目由政府发起立项。土地使用权通过无偿划拨获得。由政府指定的实施机构负责办理项目环评、可研、规划等审批工作。

2.4.3.2 配套支持

此次综合管廊工程已被列入《哈尔滨市2015年政府工作报告》及"哈尔滨市2015年城市建设和维护改造计划"。

哈尔滨市已明确关于综合管廊工程各部门职责分工，具体分工已在《关于成立哈尔滨市地下综合管廊建设领导小组的通知》中说明。成立哈尔滨市地下管线统筹管理办公室，完成了城市地下管网普查，建设了智能管网平台，编制了《哈尔滨市城市地下空间规划》及《哈尔滨市城市综合管廊总体规划》（2012—2020年）。

2.4.3.3　预算安排

本项目已通过人大决议纳入财政公共基础预算管理。

2.4.4　项目建设进度

本项目两个标段均已成功引入社会资本，并在2016年3月正式签约，项目公司已完成组建，目前已基本封顶完工（图3-1-14、图3-1-15）。

图3-1-14　哈尔滨市地下综合管廊实景图1

图3-1-15　哈尔滨市地下综合管廊实景图2

3　项目特点

3.1　有限合伙基金参与项目投融资

社会资本在本项目投标前即专门组建有限合伙基金，属于在市场化竞争下的创新行为，并有效避免了现在常见的中标后再以有限合伙基金方式参与项目公司组建可能存在的合规风险。有限合伙基金在项目公司正式成立后提供绝大部分的注册资本金，为后期融资提供了新思路，保证了项目进度。

同时，本项目一标段中标人基本属于同一家集团公司平台，在运营模式、工程技术和资金运作等方面无缝衔接，充分发挥其工程质量、技术、投融资以及管理运营上的优势。

3.2　创造性地设计了试点城市奖补资金的使用方案

本项目在付费公式的应用上做出创新，将试点城市的中央奖补资金用于建设期补助，降低了总投资和回报要求，使项目的缺口补助更为合理。同时，项目规定了奖补资金形成的资产归政府所有，项目公司不得进行与所有权相关的处置，符合中央奖补资金政策要求。

市政府原本考虑将奖补资金用于支付运营期的财政补助，采用此公式后，有效降低了财政支付压力，奖补资金使用效率大幅提升。以该项目12亿元的奖补资金为例，投入建设期后，在25年的运营期内可节省18亿元的缺口补助支出。

3.3 探索了政府出资和参与决策的新思路

本项目对政府出资进行金股的安排；同时允许政府在不控股的情况下上调出资比例，增加了政府出资的灵活性。

金股的设定，让政府可在不出资的情况下派出董事会成员，参与公司决策、监督项目公司运作。在涉及设施安全和公共利益相关事项上，政府方董事拥有一票否决权，该否决权不影响项目正常建设和运营。

专家点评：

哈尔滨市地下综合管廊PPP项目作为国家大力推广政府与社会资本合作（PPP）模式早期的项目，设计理念先进，且契合政策精神，政府介入形式、深度合理。哈尔滨市政府在积极响应并落实国家、部委政策精神的同时，也为社会资本预留了发挥的空间，诸如：专门组建有限合伙基金参与项目投融资、创造性地设计了试点城市奖补资金的使用方案，探索了政府出资和参与决策的新思路等。此外，哈尔滨市政府也深入研究影响管廊运营的主要因素，创新绩效考核模式、合理设计指标，既不将项目全盘托管给社会资本，也不过度干预。这种方式充分发挥了社会资本融资、技术和运营管理优势，提高了公共服务质量效率，转变了政府职能，强化了政府与社会资本协商合作的原则，在本项目中得到了良好的体现，为后续项目起到了示范作用，具有很强的参考及实用价值。

主管部门：哈尔滨市城乡建设委员会
实施机构：哈尔滨市城乡建设委员会
咨询单位：北京大岳咨询有限责任公司
案例编写人员：唐凤池　席鹤芸　郑　羽　李世超　沈宏源

5 管线权属单位作为社会资本的苏州案例

案例特色：依托苏州市在地下管线综合协调管理方面的实践基础，在组建管廊公司时将管线权属单位引入其中，使管线单位与管廊公司成为命运共同体，再加上合理的收费标准和可行性缺口补助，全面量化、可操作性强的监管考核机制等，最终实现对整个项目全生命周期内建设运营的高效管理。

1 项目摘要

1.1 项目名称：苏州市城北路地下综合管廊项目

1.2 发起方式：政府发起

1.3 项目类型：配合道路改造建设

1.4 管廊试点城市批次：2015年第一批

1.5 合作内容/范围：

城北路地下综合管廊建设总长度11.5km，项目可研估算投资额为15.5亿元。纳入管线包括：110kV和220kV高压电力、10kV电力、通信（含有线、移动、联通、电信）、给水、污水、燃气、热力（蒸汽）、预留中水管道。

苏州城市地下综合管廊开发有限公司（以下简称：管廊公司）在特许经营期限内负责上述管廊项目的设计、投融资、建设、运营权，并拥有对入廊管线单位按照相关收费标准收取入廊费及日常维护费的权利。

1.6 合作期限：25年

1.7 运作方式：建设–运营–移交（Build-Operate-Transfer，BOT）

1.8 项目资产权属

管廊公司无偿使用本项目建设用地，政府方应协助项目公司办理相关手续。特许经营期结束后，管廊公司应将全部设施及相关资料无偿移交给政府（或政府授权的管理部门）。

1.9 回报机制：使用者付费+可行性缺口补助

1.10 实施机构：苏州市市容市政管理局，机关单位

1.11 特许经营公司设立概况

公司名称：苏州城市地下综合管廊开发有限公司

设立时间：2015年2月13日

注册资本：10000万元

股东，出资额，股权比例与出资方式：

苏州城市建设投资发展有限责任公司，4500万元，45%，现金出资

苏州水务集团有限公司，2000万元，20%，现金出资

苏州燃气集团责任有限公司，2000万元，20%，现金出资

江苏苏供集体资产运营中心，1500万元，15%，现金出资

1.12 特许经营权签约日期：2015年4月28日

2 项目实施要点

2.1 项目前期准备

2.1.1 项目背景

苏州市城北路（金政街—江宇路）管廊工程包含城北路主线管廊和六条道路支线管廊及控制中心的建设，其中城北路主线管廊约8km（含示范段约1km），支线管廊3.5km，合计11.5km。控制中心建筑面积4093.7m²，占地面积4814m²。项目西起金政街，东至江宇路，将高新区、姑苏区、工业园区相连接，途经金阊新城、平江新城（图3-1-16）。

2.1.2 项目发起

为加快实施市区地下综合管廊，根据苏州市人民政府市长办公会议纪要（〔2014〕8号）精神，明确结合城北路改建工程，同步实施地下综合管廊示范项目，同时苏州城投公司牵头组建管廊公司，由新组建的管廊公司负责示范项目的投资运营和维护管理。

2.1.3 组织保障

苏州市于2015年2月成立了由市长任组长的地下综合管廊工作领导小组，成员包括市各部委办局、各区政府、各管线单位主要负责人。全市的地下综合管廊建设、运营和监管工作在领

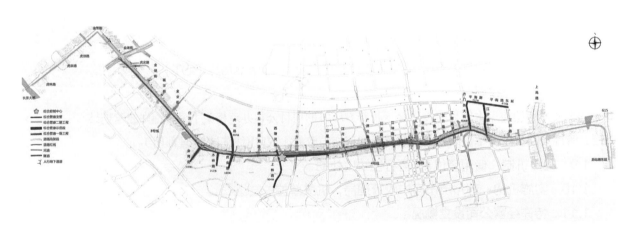

图3-1-16 苏州城北路地下综合管廊项目总平面图

导小组的统一领导下统筹开展。同时在市市容市政管理局设领导小组办公室，由市市容市政局横向综合协调管理和监管，纵向的信息上传下达，市容市政局下属管理单位苏州市地下管线管理所具体承担日常工作。

2.1.4 制度建设

苏州市人民政府及相关行政管理部门出台了一系列综合管廊的管理规章制度，为地下综合管廊建设、发展提供了基础的制度保障。

2015年12月25日，苏州市财政局出台了《苏州市地下综合管廊财政补助资金管理办法》，以规范综合管廊建设资金管理。

2017年4月14日，以苏州市人民政府令的形式发布了修订后的《苏州市地下管线管理办法》，专设地下综合管廊章节，对管廊的规划、建设、运营、强制入廊、有偿使用方面进行规范管理。该办法6月1日起施行。

同年，苏州市人民政府印发了《苏州市城市地下综合管廊收费标准（试行）》，试行期2年，作为入廊管线单位缴费的指导价格。

年内还将出台《苏州市综合管廊运营维护监管办法》《关于加强苏州市区地下管线入廊建设管理的实施意见》以保证综合管廊安全、有序、高效、节能运行。

2.2 实施方案要点

2.2.1 特许经营范围与产出说明

本项目建设总长度11.5km，管廊项目初步设计概算金额为15.5亿元，后调整为17.96亿元监控中心概算为0.67亿元。纳入管线包括：110kV和220kV高压电力、10kV电力、通讯（含有线、移动、联通、电信）、给水管、污水、燃气、热力（蒸汽）、预留中水管道。

苏州市政府授权苏州市市容市政管理局作为代表，与管廊公司签订特许经营协议，并负责后续监管工作。管廊公司负责苏州市城北路地下综合管廊项目的投融资、建设和运营维护，向入廊管线单位提供综合管廊服务，依据授权及《苏州市城市地下综合管廊收费标准（试行）》向入廊管线单位收取入廊费及日常维护费，并按照本项目的回报机制从苏州市财政获得可行性缺口补助。

2.2.2 各方权利和义务

（1）政府方的基本权利

1）按照地下综合管廊建设、运维标准（包括设计、施工、验收和运营标准），对本项目进行全程跟踪、监管；

2）在遵守、符合适用法律要求的前提下，对项目公司履行《项目合同》项下的建设期及运营期的义务进行监督和检查；

3）对项目公司有关本项目的投资、建设、运营相关信息进行审查；

4）如果发生项目公司违约的情况，有权要求项目公司纠正违约、向项目公司收取违约金或要求赔偿损失并采取协议规定的其他补救措施，直至提前终止协议；

5）在发生项目合同规定的紧急事件时，在可能严重影响公众利益的情况下，统一调度、临时接管或依法征用管廊项目设施；

6）特许经营期满，无偿取得项目资产；

7）有权根据法律规定和《项目合同》的约定对项目公司所提供的服务进行行业监管。

（2）政府方的基本义务

1）应尽最大努力协助项目公司取得中国适用法律规定的可适用于项目公司的各项减、免税和优惠政策，以及与履行《项目合同》相关的其他优惠；

2）在工程开工建设前向项目公司交付本项目所需场地；

3）因政府方要求或原因导致项目建设投资或运营维护成本增加时，给予项目公司合理补偿；

4）因政府方原因项目提前终止时，根据《项目合同》对项目公司进行补偿。

（3）社会资本方及项目公司的主要权利

1）项目公司按照项目合同的约定，在项目特许经营期内负责苏州城北路综合管廊的投融资、建设、运营及维护管理；

2）项目公司与入廊的管线单位签订入廊协议，收取入廊费及日常维护费。同时根据项目合同的约定以及绩效考核结果享有政府给予的财政补贴；

3）项目公司享有特许经营权，政府方在项目合作期内不能以任何方式就全部或任何部分综合管廊的经营权与项目公司以外的任何其他公司或单位签订合同；

4）特许经营期结束后，如市政府继续采用政府与社会资本合作方式运营本项目的，项目公司享有在同等条件下的优先权；

5）行使和享有《项目合同》项下约定的其他权利和权益。

（4）社会资本方及项目公司的主要义务

1）按照项目合同和适用法律（包括与管廊相关的国家、行业、地方性规范或标准）规定的工期和建设标准，完成本项目的建设任务。执行因市政府或法律变更导致的建设标准的变更；

2）在运营期内，按照项目合同和适用法律（包括与管廊相关的国家、行业、地方性规范或标准）规定的运营标准，保持充分的服务能力，不间断地提供服务。执行因法律变更导致的运营标准的变更；

3）根据项目合同的约定，负责地下综合管廊全部项目设施的维护和项目设施的更新和追加投资；

4）项目公司应始终遵守有关安全管理和环境保护的适用法律及项目合同的规定；

5）根据项目合同的规定，接受市政府有关部门对项目建设、运营的监督，并及时、完整提供有关资料；

6）根据项目合同的规定，在发生紧急情况时，为政府统一调度、临时接管或征用项目设施提供协助；

7）未经实施机构同意，项目公司不得擅自转让、出租、质押、抵押或者以其他方式处分项目经营权和项目资产；

8）运营期满或项目合同提前终止，按照约定将项目资产无偿移交给市政府或其指定的机构（仅适用于期满资产移交的方式）；

9）项目公司应接受市市容市政局及相关政府部门根据适用法律和《项目合同》的规定对工程建设进行的监督和检查，项目公司应为市市容市政局及相关政府部门履行上述监督检查权利提供相应的工作条件，并提供相关资料（包括但不限于施工文件、投资及财务统计报表、竣工材料等）。

2.2.3 特许经营期限

本项目特许经营期25年，包括建设期和运营期，其中建设期指取得施工许可证并正式开工起至项目竣工验收合格并移交运营止，运营维护期指移交运营起至特许经营期届满止。特许经营期限届满后，所有管廊统一移交给市市容市政局或其指定机构。

2.2.4 投融资结构及融资安排

（1）项目资本金和项目公司的注册资本金均为10000万元，政府方和社会资本方均以货币方式出资，按各自认缴的持股比例已同步缴纳到位。城投公司出资6500万元，持股65%（其中为电信、移动、联通、广电各预留5%），苏州水务集团出资2000万元，占股20%，江苏苏供集体资产运营中心（国网苏州供电公司全资子公司）出资1500万元占股15%。

（2）建设期利用专项资金134706万元，其中中央财政补助资金4312万元，地方财政计划补助资金91594万元。

（3）其余部分为企业自筹+债务融资。

2.2.5 土地获得

管廊公司无偿使用本项目建设用地，政府方应协助项目公司办理相关手续。

2.2.6 回报机制

本项目属于投资较大、公益属性较强、使用者付费相对不足的准经营性项目，因此项目回报机制属于"使用者付费+财政补贴"方式。

本项目的使用者付费为各入廊管线单位所支付的入廊费和日常维护费，政府方按照规定给予财政补贴。

2.2.7 定价调整机制

根据《苏州市城市地下综合管廊收费标准（试行）》进行收费，本标准试行期2年，期满后将根据项目公司的合理经营成本、费用的实际变动情况调整，试行期间，项目公司做好成本数据的收集分析工作，为今后的定价调整提供参考依据。

2.2.8 绩效考核机制

市市容市政局将根据项目合同、运维监管办法及其实施细则，定期对本项目的建设运营情况进行监测分析，会同有关部门进行绩效评价，并建立根据绩效评价结果、按照项目合同约定对可用性服务费进行调整的机制，保障所提供公共产品或公共服务的质量和效率。

考核采取日常考核、定期考核和抽检抽查相结合的方式，主要从两个方面开展，一是项目公司规章制度和管理措施执行考核，二是综合管廊维护的监督检查考核。考核结果直接与管廊相关政府补贴相挂钩。

市市容市政局会同市财政局等部门，根据绩效评价结果执行项目合同约定的奖励条款、惩处条款或救济措施，评价结果作为项目期满合同能否延期的依据。

2.2.9 项目移交安排

运营期满后，项目公司应向市政府指定机构完好无偿地移交地下综合管廊项目设施。在运营期期满前十二个月，市政府或其指定机构和项目公司应共同成立移交委员会，负责过渡期内有关运营期届满后项目移交的相关事宜。

2.2.10 风险分配机制

基于政府和社会投资方合作关系的长期稳定性，以风险最优分配为核心，综合考虑政府风险管理能力、项目回报机制和市场风险管理能力等要素，在政府方和社会投资方、项目公司之间合理进行风险分配。

（1）由项目公司主要承担项目的融资、建设、经营和维护的风险，以及建设成本超支、工期延期、运营成本超支等一般风险。

（2）政府方通过设置最低入廊费收入保障的财政补贴机制，减少社会投资方的风险；同时，当经营收益高于预期时，设置利益分享机制。

（3）对于不可抗力风险，由双方共同承担。

（4）对于政策和法律风险，分为两类：

一是政府方可控的法律变更引起的损失和成本增加，应由政府方承担；

二是超出政府方可控范围的法律变更及政策变化风险，由社会资本和政府方合理承担。

3 项目执行

3.1 项目公司概况

3.1.1 项目公司组建过程：

2014年12月12日，召开市长办公会议，明确由苏州城投公司牵头组建管廊公司，有关管线单位按商定股比出资持股，各有关区也可参股。

2015年2月13日，管廊公司正式挂牌成立。

2015年4月28日，苏州市市容市政管理局代表苏州市政府与管廊公司签订特许经营协议。

3.1.2 公司概况如下：

公司名称：苏州城市地下综合管廊开发有限公司

设立时间：2015年2月13日

注册地址：江苏省苏州市姑苏区杨枝塘路116号

注册资本合计10000万元，其中，苏州城市建设投资发展有限责任公司现金出资4500万元，占股45%，苏州水务集团有限公司现金出资2000万元，占股20%，苏州燃气集团责任有限公司现金出资2000万元，占股20%，江苏苏供集体资产运营中心（国网苏州供电公司全资子公司）现金出资1500万元，占股15%。

3.1.3 公司治理结构

董事会由3名董事组成，1名董事由苏州城投公司委派，1名由供电公司委派，1名由水务集团委派。董事长1名由城投公司提名，并报经董事会选举产生。

监事会应由3名监事组成，由苏州城投公司、供电公司和水务集团各委派1名。

管廊公司设总经理1名，副总经理2名，董事长助理1名，以及各类员工共计35人，设有党政办、人力资源、总师办、财务部、工程技术部（安全生产部），同时还成立下属运营分公司。

3.2 项目融资情况

本项目资本金及项目公司注册资本金已经完成100%实缴。

项目公司已经与国家开发银行签订融资协议。

3.3 项目建设

项目正按照合同约定进度稳步实施。

专家点评：

本项目是苏州市在地下管线综合协调管理10多年摸索、实践的基础上，将管线权属单位作为股东方入股组建管廊公司的又一次探索性试验。地下综合管廊和地下管线本来就是高度统一，不可分割的整体，该模式的优点是一方面减轻了政府在地下综合管廊建设中的财政负担；另一方面管线单位可以全程参与综合管廊的规划设计、建设与运营，有利于优化廊内空间布局，提高管廊利用率，将费用负担变为企业资产，减少了强制入廊和收费阻力。政府方通过制定合理的收费政策，全面、量化的监管机制和考核体系并进行特许经营授权，既保证了社会资本方对项目规范运作的信心，又确保了管廊作为市政基础设施的公益属性。

《国务院办公厅关于推进城市地下综合管廊建设的指导意见》（国办发〔2015〕61号）强调优先鼓励管线单位共同组建或与社会资本合作组建股份制公司，本项目是这一模式应用的典型案例。政府主管部门和项目公司注意在项目实践中积累经验，应能探索出一套可复制、可推广的地下综合管廊"苏州模式"。

主管部门：苏州市市容市政管理局
实施机构：苏州城市地下综合管廊开发有限公司
咨询单位：苏州中咨工程咨询有限公司
案例编写人员： 徐　健　杨洪凯　高　阳

6 民营资本和国企联合体作为社会资本的白银案例

案例特色：政府方将综合管廊地下空间使用权作价出资。通过竞争性磋商方式，选择"国企+民营企业"联合体作为社会资本，且民营企业在出资比例和董事会组成方面占据绝对主导地位，充分体现PPP物有所值的价值。

1 项目摘要

1.1 项目名称：白银市地下综合管廊试点项目

1.2 发起方式：政府发起

1.3 项目类型：新建

1.4 管廊试点城市批次：2015年第一批

1.5 合作内容/范围

本次试点项目以搭建主城区及银西新城地下综合管廊主干系统为目标，建设主城区的北环路、银山路、南环路、诚信大道、北京路等5条地下综合管廊和银西新区的迎宾大道及南环西路2条地下综合管廊，合计26.25km管廊、1座中央控制中心。本项目总投资22.38亿元，服务面积40km^2，受益人口35万人。

市政府授权的主体和中国一冶集团有限公司与山东华达建设工程有限公司联合体按照10%：90%的股权比例合资组建项目公司。项目公司在合作期限内负责上述管廊项目的设计、投融资、建设、运营，并拥有对入廊管线单位按照相关收费标准收取入廊费及日常维护费的权利。

1.6 合作期限：30年

1.7 运作方式：建设-运营-移交（Build-Operate-Transfer，BOT）

1.8 项目资产权属

项目公司无偿使用本项目建设用地，政府方应协助项目公司办理相关手续。合作期内，项目公司在建设期内投资建设形成的项目资产，以及本项目运营期内因更新重置或升级改造投资形成的项目资产，在项目协议有效期内均归政府方所有。

1.9 回报机制：使用者付费+可行性缺口补助

1.10 实施机构：白银市住房和城乡建设局（以下简称：住建局），行政单位

1.11　采购方式：竞争性磋商

1.12　政府出资方

白银市城市投资有限公司（以下简称：城投公司），白银，地方国有企业

1.13　中选社会资本：中国一冶集团有限公司，央企

山东华达建设工程有限公司，民企

1.14　签约日期：2015年10月10日

1.15　项目公司设立概况

公司名称：白银市城市综合管廊管理有限公司

设立时间：2015年11月24日

注册资本：55556万元

股东，出资额，股权比例与出资方式：

白银市城市投资有限公司，5556万元，10%，管廊地下空间使用权作价出资

中国一冶集团有限公司，4500万元，9%，现金出资

山东华达建设工程有限公司，45500万元，81%，现金出资

2　项目实施要点

2.1　项目前期准备

2.1.1　项目背景

开展城市地下综合管廊项目是建设新型、现代化城市的需要。白银市选择将一个具有明确规划需求和规模适中的项目作为PPP实施范围，为进一步创新多元化公共服务供给机制，经济新常态下推进城市基础设施建设摸索经验。

2.1.2　发起方式

2015年4月，白银市成功入选中央财政支持的综合管廊试点城市。根据白银市上报国家财政部和住房城乡建设部的《白银市地下综合管廊试点实施计划》和白银市政府第19次常务会议精神，白银城区地下综合管廊试点项目采用PPP模式（图3-1-17、表3-1-6）。

2.1.3　组织保障

白银市成立了市长任组长的地下综合管廊建设领导小组和主管副市长任总指挥的管廊试点项目建设指挥部，领导小组、指挥部下设办公室，由市住建局兼任，负责日常协调工作。

2.1.4　制度建设

结合白银市地下管网建设需求，为推进地下综合管廊建设，白银市出台了《关于推进城市地下综合管廊建设的实施意见》，制定了《白银市地下综合管廊管理运营办法》（以下简称《办法》），进一步明确了各相关部门的职责，形成了有效的工作联动机制、监督机制，强化了项目管理。《办法》对已建设地下综合管廊的市政道路辐射区域内各类管线做出了强制入廊规定，目前已启动人大立法程序，2017年9月底《办法》经政府第12次常务会审定后报人大，2017年年底前出台，为地下综合管廊建设运营管理工作开展提供法律保障。

图3-1-17 白银市地下综合管廊试点项目平面图

白银市地下综合管廊项目入廊管线设计方案一览表　　　　表3-1-6

序号	项目名称		入廊管线
1	主城区	北环路地下综合管廊	生活给水管、工业给水管、热力管、燃气管、电力、通信管、污水管，共7类管线
2		银山路地下综合管廊	
3		南环路地下综合管廊	生活给水管、工业给水管、热力管、燃气管、电力、通信管，共6类管线
4		诚信大道地下综合管廊	
5		北京路地下综合管廊	
6	银西新区	迎宾大道	
7		南环西路	

2.2　物有所值评价和财政承受能力论证要点

2.2.1　物有所值评价

根据财金〔2015〕113号文件和财金〔2015〕167号文件要求，并结合本项目实际情况，最终选择的10项定性评价指标及权重如下：

1）全生命周期整合程度（15%）；

2）风险识别与分配（15%）；

3）绩效导向（15%）；

4）潜在竞争程度（15%）；

5）鼓励创新（5%）

6）政府机构能力（5%）；

7）融资可行性（10%）；

8）项目规模（5%）；

9）全生命周期成本估算准确性（5%）

10）资产利用和收益（10%）；

白银市财政局会同市住建局邀请国内权威专家对本项目物有所值定性分析进行专业评审，经与会专家的独立评审及独立打分，本项目物有所值定性评价最终得分88.5分，根据评分细则，本项目物有所值评价结果良好，通过物有所值评价。

2.2.2 财政承受能力论证

鉴于地下综合管廊经营性收益较少，初期大部分需要政府补贴和支持，本项目采用政府缺口性补助的回报方式。白银市针对本项目财政支出责任分别从股权投资、运营补贴、风险承担、配套投入等方面进行专业识别，针对本项目每年度政府缺口性补贴额度进行了分析和论证，如下表（表3-1-7）：

政府财政支出责任表　　　　单位：万元　表3-1-7

年度	成本	经营收益	市政配套专项补助	财政预算应支出金额
第1年	1026	0	0	1026
第2年	7123	0	1500	5623
第3~30年	8290	2800	1500	3990
总计	240269			

据测算（参上表），第一年仅需财政补贴1026万元，第二年在市政配套专项补助到位的情况下需要支出5623万元（注：市政配套专项补助的来源渠道是政府专项基金，列入政府性基金预算，不在财政一般预算支出范围），第三年开始每年需要安排财政补贴资金最多约4000万元。随着强制入廊管理办法的出台，以及入廊经营收益提高，政府补贴额度会逐步减少。

2014年白银市一般公共预算支出为19.70亿元，根据测算本项目财政补贴最高支出责任为5921万元，占白银市市本级2014年一般公共预算支出的3%，该支出额度在政府财政预算可支付能力范围之内，对当前及今后年度财政支出的影响较小；本项目系白银市第一个PPP项目，不涉及其他行业和领域的PPP项目，因此本项目不会造成项目过于集中，不会影响行业和领域的均衡性。

2.3 实施方案要点

2.3.1 合作范围与产出说明

本项目建设总长度26.25km，估算投资额为22.38亿元。管廊内纳入给水、排水、雨水、中水、热力、燃气、电力、通信等8类管线。

本项目由管廊公司承担地下综合管廊项目的设计、建造、运营、维护、更新和用户服务任务和职责；管廊公司资产所有权归属政府，项目合作期内资产管理、占有、运营、使用和收益权归属管廊公司；白银市政府与管廊公司签署《特许经营协议》，授予管廊公司对管廊设施的特许经营权，管廊公司依据"使用者付费原则"向入廊管线单位收取费用。特许经营期满后，管廊公司将正常运行情况下的上述设施无偿、完好地移交给白银市政府或其指定机构；管廊公司获授特许经营权期间（合作期间），白银市政府根据项目公司提供服务质量情况和收入资金缺口情况，以市政基建配套费、市财政预算资金为支付来源，对管廊公司进行可行性缺口补助。

2.3.2 各方权利和义务

（1）政府方的基本权利

1）本项目建设期内投资建设形成的各项资产，以及运营期内因更新重置或升级改造投资形成的资产，在合作期内均归政府所有；

2）按合同约定提取建设履约保函或运营维护保函或移交维修保函项下的款项的权利；

3）对社会资本方投融资、设计、建设、运营、维护及移交本项目进行全程监管的权利；如发现与合同存在不相符合的，有权责成社会资本方限期予以纠正或采取其他措施；

4）组织委托中介机构，对社会资本方的投资、设计、建设、经营、管理、安全、质量、服务状况等进行定期评估，并有权定期将评估结果向社会公示，接受公众监督。社会资本方在评估过程中应给予相关单位无条件配合，拒绝或消极配合，政府方可认定社会资本方放弃建设、运维绩效不达标，政府方据此或视评估结果存在的问题可向社会资本方发出终止意向通知并参照本合同规定直至终止合同；

5）政府方在建设期内有对社会资本方的建设施工情况进行监督检查的权利，包括但不限于在建设期内政府方可以聘请中介机构对项目进行专项审计检查，相应的费用由社会资本方负担，检查周期由政府方合理确定，审计检查范围主要包括对社会资本方的注册资本的按期足额缴付情况、融资到位情况、资金使用情况、项目进度情况、项目质量情况、项目实施与合同执行情况等方面，社会资本方有义务对审计检查工作给予充分配合，提供必要的完整的所需查看的各种文件资料，并对提供资料的真实性负责；

6）在项目竣工验收完成后，政府方有权委托政府审计机构或中介机构对建设费用进行审计的权利；

7）对社会资本方是否遵守合同的监督检查权及对建设、运营维护的介入权。

8）为确保试点项目满足财政部和住房城乡建设部的进度、质量和造价控制目标要求，本项目实施过程中的监理、造价、审计、评估、咨询等第三方机构由甲方以公开招标的方式选定，产生的费用由社会资本方支付。

（2）政府方的基本义务

1）协助社会资本方进行仅限于本项目的融资活动；

2）配合社会资本方审批本项目的项目建议书、工程可行性研究报告、环境保护等相关文件，以使本项目设计、投融资、建设及运营维护等工作正常开展；

3）加快制定和完善"白银市城市地下综合管廊管线入廊办法（试行）""白银市城市地下综合管廊费用分担办法（试行）"等相关政策，保障项目公司经营收费权益；

4）配合将本项目所需水、电、通信线路从施工场地外部接通至社会资本方指定地点；

5）协调城市供水、排水、燃气、热力、供电、通信、消防等依附于本项目的各种管线、杆线等设施的建设计划，匹配本项目建设进度及年度计划安排等；

6）做好本项目范围的征地拆迁和补偿工作，及时提供与本项目相关的地下管网普查资料以使本项目正常开工；

7）按照本合同的约定及时、足额地向社会资本方支付可行性缺口补助费；且政府方应协调市财政局将本项目的可行性缺口补助纳入跨年度的政府财政预算和中期财政规划；

8）在项目建设过程中，协助社会资本方协调与项目场地周边所涉及的有关单位的关系；

9）负责将本项目所涉及相关前期资料移交至社会资本方。

（3）社会资本方及项目公司的主要权利

1）享有投资、设计、建设、运营和维护本项目的权利；

2）在合作期内对项目资产享有使用权；

3）要求政府方按照本合同的约定支付可行性缺口补助费；

4）如果因可归责于其他第三方的原因导致社会资本方履约不能的，则社会资本方有权和政府方就有关事宜进行沟通，如确属其他第三方原因，且社会资本方已为避免此种情形作了最大努力，则政府方有权酌情考虑对应绩效考核指标的达成率。

（4）社会资本方及项目公司的主要义务

1）负责本项目合作期内的投融资、设计、建设及运营维护等的一系列工作，确保合同约定的投融资按时足额缴付或到位，确保按合同约定注册成立项目公司，确保按合同约定的期限开工建设，确保按合同约定项目工程质量合格并如期竣工、投入试运营。社会资本方对此承担全部责任和风险；

2）社会资本方对项目设施报废等消灭所有权之处分权的行使，以不影响本项目的正常运营及本合同规定的移交之要求为前提。未经政府方书面同意，社会资本方不得对项目资产行使出售、转让、出租、抵押等转移所有权或可能转移所有权之处分权，亦不得在项目资产上设定其他权利限制；

3）在运营期内社会资本方必须严格按照法律、法规、规章及政策规定和合同约定进行运营，持续、安全、稳定地提供服务，并确保实现本项目实施的目的。

4）接受政府方及其聘请的专业第三方机构在项目投融资、项目建设及项目运营期的监督管理，并有义务给予积极配合，由此产生的专业第三方机构的监管服务费用由社会资本方承担；

5）按本合同约定向政府方支付前期工作费用，并承担其他除本合同明确约定应由政府承担之外的所有费用（无论上述费用是否以甲方名义支付）；

6）按照合同约定提交建设履约保函、运营维护保函及移交维修保函；

7）社会资本方应尽最大努力申请并及时获得本项目所需要的政府部门的各种批准；

8）在不可预见的自然灾害等极端环境下，积极配合政府方做好项目范围内及相关范围的防灾减灾等相关工作，不得以本项目对抗关乎公共利益或公共安全的事项。

2.3.3 特许经营结构（图3-1-18）

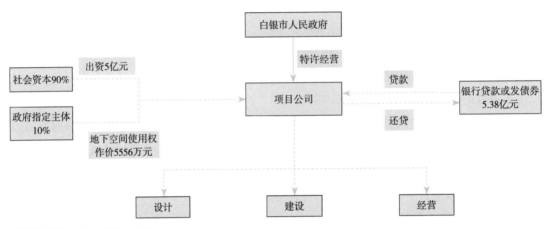

图3-1-18 特许经营结构图

2.3.4 合作期限

本项目特许经营期30年（含建设期2年），自合同生效之日起计算。包括建设期（含试运营期）和商业运营期。

（1）建设期：本项目以监理工程师发出的开工令为开工时间。建设期为两年，自合同生效之日计算。

（2）商业运营期：乙方取得甲方完工投运确认书之日的次日为商业运营日，项目自此进入商业运营期。

2.3.5 投融资结构及融资安排

本项目总投资估算223782万元，计划资金来源共分为三部分：项目公司申请三级财政补贴共计12亿元；乙方投入项目公司权益性投资（又称股权投资）5亿元；项目公司和乙方负责筹集建设资金和项目融资，项目估算债务融资金额最低为5.38亿元。

债务融资分次募集分期使用，项目公司和乙方必须确保在2016年3月30日前第一笔融资4亿元足额到位，还必须确保2017年1月30日前第二笔融资1.38亿元足额到位（表3-1-8）。

乙方资本金及融资实缴或到位时间表 表3-1-8

出资类型	实缴或到位时间	金额
第一次出资	项目公司成立15日内	1亿元
第二次出资	2016年1月30日前	4亿元

续表

出资类型	实缴或到位时间	金额
第一次融资	2016年3月30日前	4亿元
第二次融资	2017年1月30日前	1.38亿元

2.3.6　建设管理

政府方另行委托第三方机构及监理公司对项目公司进行建设期监管，包括工程质量、进度及项目建设投资支付等。管廊建设、验收及相关工作需服从协调监管单位对道路与管廊建设总体统筹安排。

2.3.7　土地获得与资产权属

政府享有本项目地下空间使用权，并将该部分空间使用权提供给白银市城市发展投资（集团）有限公司（政府出资代表）作为出资投入到项目公司使用。本项目所涉建设用地在社会资本方正式开工建设前，政府方应确保已完成所需建设用地的拆迁、补偿和安置等工作，保证该等项目用地不存在抵押、查封或存在权属争议等情况。

合作期内，项目公司在建设期内投资建设形成的项目资产，以及本项目运营期内因更新重置或升级改造投资形成的项目资产，在合作期内均归政府方所有，项目公司对项目资产享有使用权和收益权。因本项目采用BOT运作模式，整体安排是设计项目资产归政府方所有，但依相关规范要求需要办理到项目公司名下资产（权益）的由项目公司持有，在项目合作期内不得转让，合作到期后项目资产无偿、不设定担保的情况下移交给政府方。

2.3.8　回报机制

本项目回报方式为"政府可行性缺口补助"。根据本项目的公益特点和市场一般的收益水平，对本项目社会资本方的投资回报做如下的安排：

（1）控制投资回报收益率。根据市场一般收益水平，确定本项目乙方联合体投入资本金的收益率控制在≤8%，对外债务融资的成本（贷款利率）控制在≤6%；

（2）政府方股东的出资不参与投资回报收益计算（即不收取每年8%的投资收益）；

（3）使用者付费收入。项目公司可以获得初期入廊费和以后年度管廊租赁使用费用，使用费用会随市场价格定期调整；

（4）可行性缺口补助。市政府以当年收取的市政基础建设配套费和财政预算资金对项目公司收入缺口进行弹性补贴；

（5）工程建设收益补偿。鉴于项目的公益性和收入有限，为保障投资者收益，本项目确定社会投资主体须是施工建设单位或与施工建设单位组成的联合体，以保证投资主体能以获得建设施工部分利润的方式来弥补在项目公司较低的收益。

2.3.9　绩效考核指标及体系

根据《白银市地下综合管廊试点项目PPP（BOT）项目合同书》对管廊运行维护质量和服务进行监管，监管的数据作为财政部门支付补贴的依据。并建立中期评估机制，特许经营期间每3～5年进行一次中期评估，对合同双方履约情况进行综合评估，指导调整合同履行。中期评估可以委托第三方机构进行。

白银市政府根据项目公司提供服务质量情况和收入资金缺口情况，按相关绩效考核办法，以市政基建配套费、市财政预算资金为支付来源，对项目公司进行可行性缺口补助。政府应承担的补助额上限（不含最小需求数额）为5300万元。

政府方对社会资本方的绩效考核由政府方制定具体考核规则，政府方需结合白银市实际情况，并参照国家相关技术标准，在试点项目投入运营前形成详细考核规则。

2.3.10 保障机制

（1）行政审批手续

政府方（含政府平台公司）负责完成本项目前期工作部分相关手续和报批工作，包括项目立项核准、环评批复、风险评估批复、节能评估批复、用地预审审批等；对未完成的前期手续，建议由政府方协助项目公司办理，如建设工程规划许可证、建设用地规划许可证、建设工程施工许可证等，并依法出具相关必要的文件和行政支持。

上述工作由政府按照基建程序以及政府投资项目的路径完成相应手续，待社会资本选定成立项目公司后，政府协助项目公司办理相应的项目法人变更手续，即将项目变更至项目公司名下。

（2）配套设施

本项目红线范围内所有配套设施均由项目公司负责施工建设并达到设计要求，土地取得成本及相关费用计入项目总投资；场地红线范围外项目所需的道路、供水、排污、供电和通讯配套等配套工程由政府方根据城市规划另行立项建设，相关费用不计入本项目总投资。

项目涉及拆迁、地方关系协调、建设临时用地和用水等，政府需落实主体和协助配合责任。

（3）上级政府补贴

基于项目自身向上级部门申请的各项补贴和支持资金，凡明确规定应用于项目建设和运营的，政府方应按规定及时向项目公司拨付。

另外，为保证项目建设及运维，强制购买保险。强制保险包括不限于，建筑安装工程一切险，财产险（厂房、设备及附属建筑物）及第三者责任险（运营期间）。建立建设履约担保，运营维护担保和移交维修担保，并对建设期资金实行专户管理。加强公众监督。

2.3.11 项目移交安排

（1）移交范围

在移交日期，项目公司应向接收人无偿移交：项目设施或项目资产的所有权利和利益；项目3个月内正常需要的消耗性备件和事故修理备品备件。甲方可以合理要求的且此前乙方未曾按照合同规定交付的运营、维护、修理记录、移交记录和其他资料，以使其能够直接或通过其指定机构继续本项目的运营。

向接收人移交项目设施或项目资产时，应解除和清偿完毕项目公司设置的所有债务、抵押、质押、留置、担保物权，以及源自本项目的建设、运营和维护的由乙方引起的环境污染及其他性质的请求权。

（2）最后恢复性大修和移交验收

在移交日期之前不早于12个月，项目公司应对本项目设施进行一次最后恢复性大修，确保本项目设备的整体完好率达到100%，但此大修应不迟于移交日期6个月之前完成。大修的具体时间和内容应于移交日期前15个月时由移交委员会核准。

在最后恢复性大修后并在移交日期之前，政府方应在接收人和项目公司代表在场时对本项目进行移交验收。如发现存在缺陷的，则项目公司应及时修复，如果项目公司不能自前次验收日起30日或双方同意的更长时间内修正任何上述缺陷，则政府方可以自行修正，由项目公司承担全部风险和费用。政府方有权从移交维修保函中支取费用以补偿修正上述缺陷的支出，不足部分政府方有权向项目公司主张。但是需将发生的支出详细记录提交给项目公司。

（3）移交程序

1）移交委员会应在移交日期12个月前会谈并商定移交项目资产清单（包括备品备件的详细清单）和移交程序。

2）乙方应提供移交必要的文件、记录、报告等数据，作为移交时双方的参考。

3）除合同另有规定外，各方在完成项目资产移交程序前，均应继续履行各方自在合同项下的义务。

（4）保证期

在移交日期，乙方应保证本项目：设备整体完好率达到100%；符合合同所规定的安全和环境标准；符合合同中所规定的移交标准。

2.3.12 风险识别和分配

以上风险分配框架作为政府方和社会资本方双方对项目承担责任的基本安排，作为本项目PPP合同未及部分划分各方责任义务的总体依据（表3-1-9）。

政府与社会资本风险分担框架表　　　　　　　　　表3-1-9

风险分类	风险内容	政府承担	社会资本承担	双方共担
政策风险	特许权收回、征用、审批延误等	√		
配套及支持风险	前期动迁、道路、市政配套等	√		
供应量风险	保证最低的供应需求	√		
支付风险	政府付费或补贴履行	√		
出资、融资风险	足额出资保证，承诺融资落实		√	
成本超支风险	建设成本或运营成本超出预期		√	
财经风险	通货膨胀、利率变化、外汇风险等		√	
设计建设完工	设计变更、建设质量、完工时间等		√	
运营维护移交	运营安全、维护标准、移交履约等		√	
市场风险	价格、竞争、管理水平等		√	
不可抗力	不可预见、不可避免、不可控制			√
应急风险	出于社会或公益或安全需要			√
剩余风险	双方未考虑到的未知风险			√
法律风险	重要法变更、合同文件冲突等	√		

2.3.13 项目调整机制

以《办法》为指导、《PPP项目合同》为基础，设立运营期内入廊费及日常维护费收取标准及可行性缺口补贴调整条款和绩效考核与程序，定期启动价格审查和评估程序，根据评估结果决定是否需要调整管廊收费价格以及价格调整幅度。

运营维护服务费根据服务期内的运营成本中人工、动力等因素变动情况，综合考虑通货膨胀影响，对基准运营维护费进行调整，设定相应的调整周期及触发机制等。

2.3.14 退出机制

社会资本可以选择股权退出或资产退出等多种方式。股权退出的，在股权锁定期外，即自项目合同生效日起满3年之后且彼时已竣工验收，经市政府事先书面同意，则社会资本方股东可以转让其在项目公司中的全部或部分股权，受让方皆应满足约定的技术能力、财务信用、运营经验等基本条件。

2.4 项目采购

2.4.1 采购方式的选择

本项目采用竞争性磋商方式采购社会资本方。

2.4.2 资格审查

（1）本项目是全国首批试点项目之一，自项目初期就获得了社会资本方的广泛关注。

（2）由于地下综合管廊和PPP模式对于市场都属于新生事物，因此，能同时接受管廊建设、运营、管理的社会资本还相对有限，因此，在选择社会资本时还是充分考虑了市场接受度。最终确定的资本条件包括如下：

1）资产条件：注册资本（实缴）或净资产不低于50亿元，有能力现金出资4.08亿元参与设立项目公司；

2）施工资质：拥有管廊相关施工和管理资质，符合管廊技术条件要求的技术水平和能力；

3）PPP业绩标准：在城市地下综合管廊设计、施工、运营以及管线入廊等领域有突出的设计、施工或运营业绩；

2015年5月28日在中国政府采购网和中国招标网等上公开发布了资格预审公告和相关文件后，组织了资格预审工作，在2015年7月23日发布了项目社会资本采购竞争性磋商成交结果。

2.4.3 签署

2015年10月10日，中国一冶有限公司、山东华达建设工程有限公司和白银市政府正式签署合同，包括，项目协议及附件，合资协议，公司章程等。

3 项目执行

3.1 公司概况

3.1.1 公司概况如下：

公司名称：白银市城市综合管廊管理有限公司

设立时间：2015年11月24日

注册地址：甘肃省白银市白银区兰州路106号-13幢（08）15幢

注册资本：55556万元

3.1.2 公司治理结构

董事会由7名董事组成，设董事长1名。其中1名董事由白银市城市发展投资（集团）有限公司委派，1名由中国一冶集团有限公司委派，5名由山东华达建设工程有限公司委派。

项目公司设总经理1名，监事会监事候选人由白银市城市发展投资（集团）有限公司委派1人，中国一冶集团有限公司委派1人。

3.2 项目融资情况

项目公司注册资本金已经完成100%实缴。

项目公司已经与中国农业银行签订融资协议。

3.3 项目建设

项目正按照合同约定进度稳步实施。

专家点评：

本项目中，市政府在前期制定了完善的部门协调体系和管廊管理运营办法，确立强制入廊规则，为地下综合管廊的建设运营管理工作开展提供了法律保障，提高了社会资本方对项目规范运作的信心。本项目通过竞争性磋商的方式成功选定国企和民企组成的联合体，并由民营企业在出资比例和董事会组成方面占据绝对主导地位，将有助于项目各方充分发挥各自优势，体现PPP物有所值的价值。

主管部门：白银市住房和城乡建设局

实施机构：白银市城市综合管廊管理有限公司

咨询单位：北京中财视点咨询有限公司、北京思泰工程咨询有限公司

案例编写人员：穆振辉 栗 志 高智迪

第二节　有偿使用制度及标准制定案例

1 实行"一廊一费"的广州市天河智慧城案例

案例特色：采用"一廊一费、保本微利、分期付费、低开高走"的模式，适用于广州市行政区域内不同地区、不同施工方式下管廊建设工程造价有差异的干支线综合管廊项目，提高了综合管廊建成初期管线单位入廊积极性。

1　项目概况

广州天河智慧城位于天河区北部，在广州市城市功能布局规划中，属于都会功能区的优化区，与广州国际金融城并称天河功能组团的发展"双核"。本项目位于天河智慧城核心区，总面积约为20km²。

天河智慧城规划综合管廊45.96km，控制中心1处，分控中心20处，变电站38处。本项目为天河智慧城综合管廊一期工程，新建地下综合管廊约19.39km，控制中心1处，拟于2019年建设完成。入廊管线包括10kV、110kV、220kV电力电缆，通信管，给水管，中水管，污水管，雨水管，燃气管等管线（图3-2-1）。

2　有偿使用定价收费制度及核算思路

2016年4月，广州市成为当年中央财政支持地下综合管廊试点城市。广州市响应国家规定"试点城市必须根据国家关于管线强制入廊有关规定制定地方规范，建立可操作的地下综合管廊有偿使用收费标准"等要求，印发了《关于开展地下综合管廊有偿使用工作的通知》《广州市人民政府办公厅关于推进地下综合管廊建设的实施意见》（穗府办规〔2016〕6号）《关于地下综合管廊运营管理的指导意见》，签订了《广州市地下综合管廊管线管理框架协议》。为落实管线强制入廊及有偿使用，促进综合管廊持续发展提供了有力保障。

有偿使用定价收费核算依据《国家发展改革委　住房和城乡建设部关于城市地下综合管廊实行有偿使用制度的指导意见》（发改价格〔2015〕2754号）文件，进行有偿使用费收费标准测算。

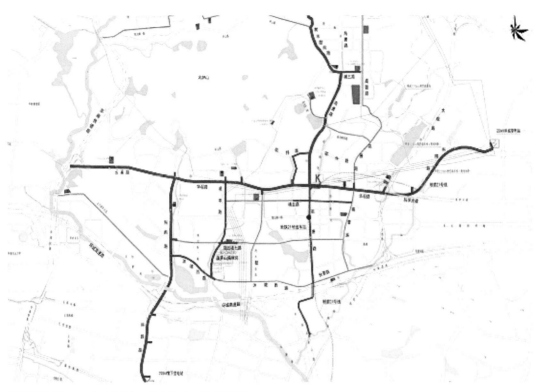

图3-2-1 天河智慧城地下综合管廊系统布局图

2.1　入廊费核算思路

在核算项目建设成本、各入廊管线单独敷设成本、管廊设计寿命期重复单独敷设成本、入廊可节省的管线维护和生产经营成本等各项投资成本的基础上，进行分析对比，确定各项成本占比权重，结合投资合理回报以及广州市政府拟承担的可行性缺口补助额度，考虑各入廊管线占用管廊空间的比例，计算各入廊管线应缴纳的入廊费收费标准。

2.2　日常维护费核算思路

在核算管廊本体及附属设施运行、维护、更新改造等正常成本与管理支出等运营成本的基础上，结合合理经营利润，考虑各入廊管线占用管廊空间的比例，并分摊计算管廊附属设施的使用强度，得出各入廊管线应缴纳的日常维护费收费标准。

2.3　"一廊一费、保本微利、分期付费、低开高走"的原则

一廊一费：是指入廊费应考虑不同区域、不同地质条件和交通状况等施工环境、不同施工方式下管廊建设工程的造价差异，同一类管线在不同区位、不同类型的管廊中，有偿使用费可以协商确定差异性收费标准。

保本微利：是指在充分考虑入廊费和日常维护费各种构成因素后，协商确定的入廊费应能弥补相当比例的管廊建设成本（包含建设投资合理回报，本研究为35%），协商确定的日常维护费应能弥补管廊日常维护管理支出。

分期付费：本项目采取PPP模式，政府与社会资本的合作期限为30年，其中建设期2年，运营期28年。为减少工程建设期延长、初始入廊管线较少及收费量低等带来的影响，本研究提出按25年进行分期缴纳的建议，入廊费支付完成后不再收取。

低开高走：为了提高管廊建成初期管线单位入廊的积极性，根据广州市社会科学院《广州市地下综合管廊入廊及运营管理研究》的研究成果，供需双方在协商确定同一收费时段内入廊费总额基础上，可以按"分段收取，先低后高"的原则合理划定每年实际缴纳的有偿使用费。

3 入廊费计算与分摊

3.1 入廊费考虑因素

入廊费主要用于弥补管廊建设成本，由入廊管线单位向管廊建设运营单位分期支付。入廊费的计算主要考虑以下因素：

（1）城市地下综合管廊本体及附属设施的合理建设投资。

（2）城市地下综合管廊本体及附属设施建设投资合理回报，按金融机构长期贷款利率确定（政府财政资金投入形成的资产不计算投资回报）。

（3）各入廊管线占用管廊空间的比例。

（4）各管线在不进入管廊情况下的单独敷设成本（含道路占用挖掘费，不含管材购置及安装费用）。

（5）管廊设计寿命周期内，各管线在不进入管廊情况下所需的重复单独敷设成本。

（6）管廊设计寿命周期内，各入廊管线与不进入管廊的情况相比，因管线破损率以及水、热、气等漏损率降低而节省的管线维护和生产经营成本。

（7）其他影响因素。

3.2 入廊费计算方法

3.2.1 单独敷设成本计算方法

管线单独敷设成本是指各管线在不进入管廊情况下的单独敷设成本，由管线敷设工程费用（含道路占用挖掘费，不含管材费）、工程建设其他费和基本预备费组成。

管线敷设工程费用的测算主要考虑管线直埋敷设断面型式、由管径大小确定的埋深及支护等施工工法、管廊建设环境条件（原有道路或新建道路）、各专业不同的计价方式、重复敷设次数、道路开挖修复费用等因素。

单独敷设成本计算：根据各管线专业相关计价规范和国家、住房和城乡建设部、广东省、广州市工程造价计价文件，参考管廊项目开工当月的季度人工材料机械信息价格，区分综合管廊建设在原有道路与新建道路的情况；通信定额执行《信息通信建设工程预算定额》（工信部规〔2008〕75号），取费执行《通信建设工程费用定额》（工信部规〔2008〕75号附件2）、《通信建设工程施工机械、仪表台班费用定额》（工信部规〔2008〕75号附件3）及通信工程营改增相关文件规定计算；10kV线路定额执行《广东省市政工程综合定额（2010）》；110kV、220kV定额依据国家能源局发布的《电力建设工程预算定额》2013年版计算有关费用；给水管、污水管、雨水管、燃气管定额执行《广东省市政工程综合定额（2010）》。分别测算出各管线不同管径尺寸的单独一次敷设成本（表3-2-1）。

单独敷设成本汇总表　　　　表3-2-1

管线名称	管线型号	入廊计算长度（m）			单独敷设成本单价（元/m）		各管线单独敷设成本（万元）		
		新建道路	原有道路	合计	新建道路	原有道路	新建道路	原有道路	合计
通信管	φ110mm	201880	172400	374280	71.59	139.61	1445.26	2406.88	3852.14
电力电缆	10kV	237640	0	237640	186.36	210.98	4428.66	0.00	4428.66
	110kV	42680	34480	77160	1468.59	2234.54	6267.94	7704.69	13972.64
	220kV	18960	79760	98720	1498.40	2268.58	2840.97	18094.19	20935.16
给水管	DN1000	1660	8620	10280	1064.62	2063.05	176.73	1778.35	1955.08
	DN600	2590	0	2590	722.74	1519.19	187.19	0.00	187.19
	DN400	6520	0	6520	561.47	1228.31	366.08	0.00	366.08
雨水管	D800~D1500	1300	0	1300	3982.74	5334.17	517.76	0.00	517.76
污水管	D500~D1200	10770	0	10770	3038.59	4235.71	3272.56	0.00	3272.56
	DN300	1660	0	1660	166.33	375.83	27.61	0.00	27.61
燃气管	DN250	8810	0	8810	148.49	359.50	130.82	0.00	130.82
	DN200	300	0	300	114.01	304.59	3.42	0.00	3.42
合计		534770	295260	830030			19664.99	29984.11	49649.10

3.2.2　重复单独敷设成本计算方法

管线重复单独敷设成本是指管廊设计寿命周期内，各管线在不进入管廊情况下所需的重复单独敷设成本。

重复单独敷设成本=单独敷设成本$_1$+单独敷设成本$_2$×（重复敷设次数-1）

其中：单独敷设成本$_1$为该管线在不进入管廊情况下的单独敷设成本，根据管线所在沿线为新建道路下敷设还是原有道路下敷设选用。

单独敷设成本$_2$为该管线在不进入管廊情况下、在原有道路下敷设的单独敷设成本。

重复敷设次数根据管线在不进入管廊情况下的设计使用寿命和实际敷设次数统筹确定。综合管廊设计寿命周期（100年）内，期间通信管道重复敷设次数按照不低于5次计算，其余各类管线重复敷设次数按照不低于2次计算。计算重复单独敷设成本时，首次敷设单独成本按建设环境现状确定是否计收道路占用挖掘费，后续单独敷设成本均应包含道路占用挖掘费（表3-2-2、表3-2-3）。

管线的重复敷设次数估算表　　　　　　　　　　　表3-2-2

序号	管线名称	设计使用寿命（年）	100年生命周期内的重复敷设次数（次）
1	供电管线	50	2
2	通信管线	20	5
3	给水管线	50	2
4	污水管线	50	2
5	雨水管线	50	2
6	燃气管线	50	2

重复单独敷设成本汇总表　　　　　　　　　　　表3-2-3

管线名称	管线型号	入廊计算长度（m）			单独敷设成本单价（元/m）		各管线单独敷设成本（万元）	重复敷设次数	各管线重复敷设成本（万元）	管线重复单独敷设成本（万元）
		新建道路	原有道路	合计	新建道路	原有道路				
通信管	ϕ110mm	201880	172400	374280	71.59	139.61	3852.14	5	20901.29	24753.43
电力电缆	10kV	237640	0	237640	186.36	210.98	4428.66	2	5013.73	9442.39
	110kV	42680	34480	77160	1468.59	2234.54	13972.64	2	17241.71	31214.35
	220kV	18960	79760	98720	1498.4	2268.58	20935.16	2	22395.42	43330.58
给水管	DN1000	1660	8620	10280	1064.62	2063.05	1955.08	2	2120.82	4075.89
	DN600	2590	0	2590	722.74	1519.19	187.19	2	393.47	580.66
	DN400	6520	0	6520	561.47	1228.31	366.08	2	800.86	1166.94
雨水管	D800~D1500	1300	0	1300	3982.74	5334.17	517.76	2	693.44	1211.2
污水管	D500~D1200	10770	0	10770	3038.59	4235.71	3272.56	2	4561.86	7834.42
燃气管	DN300	1660	0	1660	166.33	375.83	27.61	2	62.39	90
	DN250	8810	0	8810	148.49	359.5	130.82	2	316.72	447.54
	DN200	300	0	300	114.01	304.59	3.42	2	9.14	12.56
合计		534770	295260	830030			49649.1		74510.84	124159.94

3.2.3　其他成本

3.2.3.1　计算供水管因入廊而节省的管线维护和生产经营成本

根据广州市统计局《2016广州统计年鉴》数据，2015年供水管道长度21915.59km；年供水总量221710.02万m³。据统计，我国城市供水企业平均漏损率为15.14%。

水价：广州市第一阶梯水价为1.98元/m³；第二阶梯水价为2.97元/m³；第三阶梯水价为3.96元/m³；非居民生活用水价为3.46元/m³；特种用水价为20元/m³；为方便计算取水价为3元/m³。据此计算出供水管每年因入廊而节省的漏损成本。

天河智慧城地下综合管廊给水管长度为19.3km，广州市2015年供水管道长度21915.59km，占比为0.09%；平均每公里可节省93.38万元。

3.2.3.2　计算燃气管因入廊而节省的管线维护和生产经营成本

根据广州市统计局《2016广州统计年鉴》数据，2015年燃气管道长度2767.00km；年供燃气总量174628.92万m³。我国城市燃气企业平均漏损率为2.84%。

气价：广州市天然气第一阶梯气价（360m³以下）为3元/m³；第二阶梯气价（360～540m³）为3.6元/m³；第三阶梯气价（540m³以上）为4.5元/m³。为方便计算取气价为4.5元/m³。据此计算出燃气管每年因入廊而节省的漏损成本。

天河智慧城地下综合管廊燃气管可入廊长度为19.3km，广州市2015年燃气管道长度2767.00km，占比为0.7%；平均每公里可节省163.23万元。

3.2.3.3　因入廊而减少的事故损失产生的安全效益

从历史抢修统计数据看，第三方损坏以及管道腐蚀等因素是造成直埋管线损坏的主要原因。据统计，2015年广州发生道路开挖600宗，各类管线事故200多宗，其中燃气管道事故29宗，污水管道事故30多宗，电力管线事故140多宗。其主要原因为施工干扰破坏、管线老旧泄漏、自然灾害损坏等。按修复直接成本计算投资占比。

3.2.4　入廊费计算方法

采用算术平均法测算管线单独敷设成本和重复单独敷设成本，有关节省的管线维护和生产经营成本按5%计。收取方式可以按照先低后高方式，由管廊建设运营单位与入廊管线单位协商确定。即：

入廊费总收费=管廊建设投资T×管线单位分担比例

管线单位分担比例=（单独敷设成本/管廊建设投资+重复单独敷设成本/管廊建设投资）×
　　　　　　1/2+（节省的管线维护和生产经营成本/管廊建设投资）

$$=（Z_1/T+Z_2/T）×1/2+Z_3/T$$

式中　Z_1——各管线在不进入管廊情况下的单独敷设成本；

Z_2——各管线在不进入管廊情况下的重复单独敷设成本；

Z_3——因入廊而节省的管线维护和生产经营成本。

"先低后高"计算公式：

首年入廊费收费总额＝管廊建设投资×管线单位分担比例÷分期年数

第N年入廊费收费总额＝首年入廊费收费总额×（1+年递增率）^{年期}

管廊建设投资：即管廊工程总投资额。

管线单位分担比例：研究成果为综合管廊工程总投资额的35%。

年期：采用PPP模式建设的地下综合管廊项目，合作期为30年，建设期2年，经营期28年。考虑到经营前期管廊运营尚需磨合，入廊管线逐步入廊，故统一按25年收付。

年递增率：考虑建设投资合理回报，原则上参考金融机构长期贷款利率确定。广州市地下综合管廊融资资金大部分使用国家开发银行国家政策性贷款，使用PSL资金占总融资额比例100%，贷款利率为基准利率下浮约15%，故年递增率采用4.43%。

见表3-2-4。

天河智慧城综合管廊项目一期工程入廊费总收费额度分析表   表3-2-4

期数	静态投资均摊方式	分期等额支付方式	分段收取、先低后高方式	期数	静态投资均摊方式	分期等额支付方式	分段收取、先低后高方式
1	11717	20686	4101	15	11717	20686	7524
2	11717	20686	4283	16	11717	20686	7857
3	11717	20686	4472	17	11717	20686	8205
4	11717	20686	4670	18	11717	20686	8569
5	11717	20686	4877	19	11717	20686	8948
6	11717	20686	5093	20	11717	20686	9345
7	11717	20686	5319	21	11717	20686	9759
8	11717	20686	5555	22	11717	20686	10191
9	11717	20686	5801	23	11717	20686	10642
10	11717	20686	6058	24	11717	20686	11114
11	11717	20686	6326	25	11717	20686	11606
12	11717	20686	6606	合计	292921	517154	181023
13	11717	20686	6899	年平均	11717	20686	7241
14	11717	20686	7205				

3.3 入廊费分摊方法

入廊费的分摊主要考虑以下因素：

（1）各入廊管线占用管廊空间的比例；

（2）各管线的单独敷设成本占比；

（3）管线的重复单独敷设成本占比。

本项目采用重复单独敷设成本占比进行各管线之间的入廊费分摊（表3-2-5）。

P_i管线占比（%）= P_i管线重复单独敷设成本/$\sum$全部管线重复单独敷设成本

天河智慧城综合管廊项目一期工程入廊费收费标准表　　表3-2-5

管线名称	管线型号	入廊费收费标准 （元/m）	"先低后高"方式，首年收费标准 （元/m·年）
通信管	ϕ110mm	546.10	21.84
电力电缆	10kV	328.09	13.12
	110kV	3340.40	133.62
	220kV	3624.31	144.97
给水管	DN1000	3273.90	130.96
	DN600	1851.22	74.05
	DN400	1477.87	59.11
雨水管	D800～D1500	7693.22	307.73
污水管	D500～D1200	6006.58	240.26
燃气管	DN300	447.68	17.91
	DN250	419.46	16.78
	DN200	345.65	13.83

4　日常维护费计算与分摊

4.1　日常维护费考虑因素

日常维护费主要用于弥补管廊日常维护、管理支出，由入廊管线单位按确定的计费周期向管廊运营单位逐期支付。日常维护费的核算主要考虑以下因素：

（1）综合管廊本体及附属设施运行、维护、更新改造等正常成本。主要包含水电费、人员工资及福利费、管廊主体结构与附属设施的维修费成本。PPP模式运营的管廊，应考虑其经营期内设备大中修的成本。

（2）综合管廊运营单位正常管理支出。

（3）综合管廊运营单位合理经营利润，原则上参考当地市政公用行业平均利润率确定。测算当年未有统计公开数据时，按6%计算。

（4）各入廊管线占用管廊空间的比例。

（5）各入廊管线对管廊附属设施的使用强度。

（6）其他影响因素。

4.2　日常维护费计算方法

地下综合管廊日常维护成本包括开展日常维护工作所发生的人工费、水电费、维修费等费用。

4.2.1 定员：运行人员应满足地下综合管廊日常安全运维所需，按照"精简高效"的原则定员定岗（表3-2-6）。

运营维护人员岗位安排表　　　　　　　　　　　表3-2-6

序号	岗位名称	编制	工作职责
1	中心主任	1	管廊管养中心全面工作
2	维护主管	1	管廊运行维护全面工作
3	结构工程师	1	主要负责管廊结构工作
4	机电工程师	1	主要负责管廊弱电系统
5	给排水工程师	1	主要负责管廊给排水系统
6	资料员	1	文件收发、资料归档、人事管理等
7	财务人员	2	财务管理、出纳、会计
9	监控值班	4	控制室监控值班2人/班
10	运行巡查、维护	8	分4个小组，每组分班倒
11	管廊保洁员	5	管廊清洁整理工作
合计		25	

注：该定员不包括维修工人数。

4.2.2 人均工资与福利：将广州市统计局发布的当年年度非私营单位在岗职工年平均工资作为测算运行人员费用基数。福利由社会保险、住房公积金、福利费等构成。

4.2.3 水电费：主要计算用电及用水费。

4.2.4 维修费：设备设施的维护和更新所需费用，包括日常检修维护费和大中修费用。其他费用包括其他制造费、其他管理费用和其他营业费用三项费用，根据《市政工程公用设施建设项目经济评价方法与参数》，综合费率一般为8%～12%（表3-2-7）。

天河智慧城综合管廊项目一期工程管廊的日常维护费收费表　　　表3-2-7

序号	项目名称	费用 （万元/年）	费用指标 （万元/km·年）
1	经营成本	1335.07	68.85
（1）	电费	165.56	8.54
（2）	工资及福利费	297.46	15.34
（3）	日常维护及大修理费	750.68	38.71
（4）	其他费用	121.37	6.26
2	应纳增值税	66.75	3.44
3	增值税税金及附加	8.01	0.41
4	合理利润	80.10	4.13
5	合计	1489.93	76.83

4.3 日常维护费分摊方法

日常维护费的分摊主要考虑以下因素：

（1）各入廊管线占用管廊空间的比例；

（2）各入廊管线对管廊附属设施的使用强度；

（3）其他影响因素。

日常维护费收费分摊方法采用专用截面分摊法、专用+公用截面分摊法、单独敷设成本分摊法进行分摊测算，得出天河智慧城管廊日常维护费第一年的收费分摊标准（表3-2-8）。

天河智慧城综合管廊项目一期工程日常维护费收费分摊表　　表3-2-8

管线名称	管线型号	平均收费标准（元/m·年）
通信管	ϕ110mm	4.53
电力电缆	10kV	11.29
	110kV	28.91
	220kV	29.68
给水管	DN1000	153.66
	DN600	95.93
	DN400	39.95
雨水管	D800～D1500	871.42
污水管	D500～D1200	140.02
燃气管	DN300	64.56
	DN250	57.78
	DN200	54.32

4.4 测算结果

天河智慧城综合管廊入廊费按管廊建设投资 T × 管线单位分担比例计算，管线单位分担比例为总投资额的35%，其余65%由政府通过可行性缺口补贴方式进行补贴。

天河智慧城综合管廊19.4km，日常维护费收费总额1489.93万元，费用指标76.83万元/km·年。

5 收费标准测算方法的适用条件、优点及难点

5.1 适用条件

"一廊一费"适用于广州市行政区域内不同地区、不同地质条件和交通状况等施工环境、不同施工方式下管廊建设工程造价存在差异的干支线综合管廊项目。

5.2 测算方法的特点

本测算研究解决了PPP模式下的综合管廊入廊费和日常维护费用的收费标准。

（1）采用专用截面分摊法、专用+公用截面分摊法、直埋成本分摊法解决了各管线单位的分摊难题。

（2）"一廊一费"真实反映了天河智慧城综合管廊一期工程具体现状建设条件、入廊管线类型及数量、地质情况、现状交通状况、采取的施工工法所发生的有偿使用收费情况，对于各方是公平的。

（3）"低开高走"的优点是可提高管廊建成初期管线单位入廊的积极性，减轻管线单位初期资金压力。

（4）通过测算研究，形成了《广州市城市地下综合管廊入廊费和日常维护费计价与收费指引》，归纳出入廊费和日常维护费的计算模板及计算公式，目前已应用到广州市其他综合管廊项目上。

（5）研究全过程广泛征求了各管线单位（中国电信广州分公司、中国移动广州分公司、中国联通广州分公司、广州珠江数码、广州宽带、广州市自来水公司、广州市净水公司、广州市燃气公司、广州市供电局）的意见；分别向各入廊管线单位发出调查问卷；多次召开沟通会，充分听取各入廊管线单位的合理意见；直埋成本计算后与入廊管线单位反复多次对数确认。

（6）城市地下综合管廊有偿使用收费标准委托具有工程咨询与工程造价咨询资质的第三方专业机构测算，具有公正性。测算结果可作为供需双方协商确定或调整有偿使用费标准的参考依据。

5.3 测算方法的难点

（1）对于管线单位，"一廊一费"意味着一个城市不同综合管廊项目分别会有不同的收费标准。

（2）"低开高走"的难点是收费额逐年提高，每年实际缴纳的有偿使用费上升，管线单位有一个接受的过程。

专家点评：

广州市天河智慧城地下综合管廊项目收费标准遵循"一廊一费、保本微利、分期付费、低开高走"的原则确定综合管廊有偿使用收费标准，考虑了不同施工环境、不同施工方式下管廊建设工程造价差异，并有效调动了管线单位的入廊积极性。这种模式是《国家发展改革委住房和城乡建设部关于城市地下综合管廊实行有偿使用制度的指导意见》（发改价格〔2015〕2754号文件）的落实与创新，具有示范作用。

主管部门：广州市住房和城乡建设委员会

测算单位：广州市国际工程咨询有限公司

案例编制人员：王 英 邱国荣 张志京 罗秋梅 卢世君 林 海 李天生 关晓琪
　　　　　　　余晓芬 张 维 赖汝岳

2 "先行先试，低价引导，共同培育市场"的厦门案例

案例特色：我国较早以政府定价模式颁布综合管廊有偿使用收费标准的城市，针对厦门市实际情况，实行"一城一价"收费标准，采用"直埋成本法"测算入廊费，"空间比例法"测算日常维护费，执行"低价引导，共同培育市场"的思路，规定"早入廊多优惠"的原则，充分调动管线单位入廊积极性，鼓励尽快入廊。

1　项目概况

厦门集美新城核心区和翔安新机场片区综合管廊项目设置了车行检修通道，纳入管线有220kV、110kV、10kV电力，通讯、有线电视、给水，中水，雨水，污水，天然气等，本案例以上述两个管廊项目为基础进行测算。

集美新城核心区综合管廊结合片区新建主干道路和高压电缆入地缆化，规划了环网状的"三横三纵一环"综合管廊系统，主要断面多采用矩形双舱形式，总长度7.7km，投资额5.51亿元，服务覆盖范围为6km²（图3-2-2）。

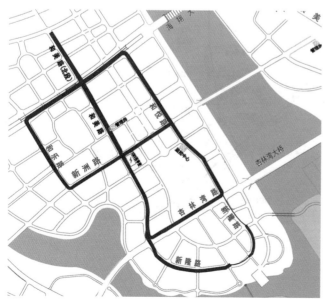

图3-2-2　集美新城核心区综合管廊系统布置图

　　翔安新机场片区综合管廊整体布局为"一环双通道"系统，断面多采用矩形四舱形式，总长度约20km，投资额14.32亿元，为46km²的机场和空港新城提供服务（图3-2-3～图3-2-5）。

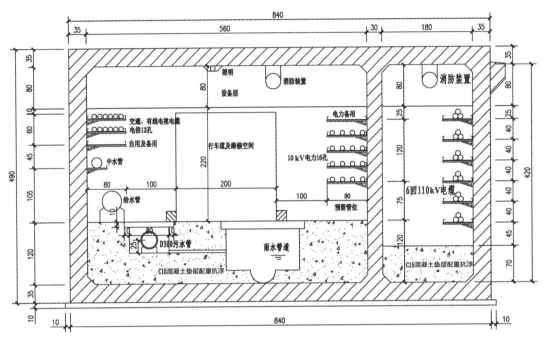

和美路（北段）市政综合管廊断面
A型双舱综合管廊断面设计图　1:50

图3-2-3　集美新城核心区综合管廊断面图

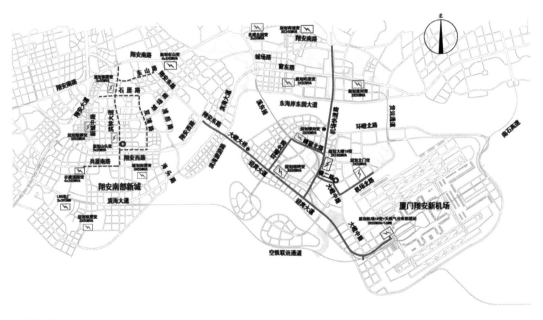

图3-2-4　翔安新机场综合管廊总体系统图

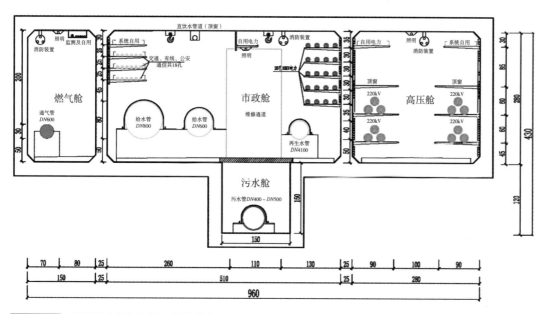

图3-2-5 厦门翔安新机场片区综合管廊断面图

2　有偿使用定价收费制度及核算思路

2.1　强制入廊、有偿使用有关规定及落实情况

2.1.1　规章管理，明确强制入廊和有偿使用

2011年3月，厦门市以市政府令的形式颁布《厦门市城市综合管廊管理办法》（以下简称《办法》），明确提出"已建设管廊的城市道路，不再批准管线单位挖掘道路建设管线"，"管廊实行有偿使用制度，管廊管理单位负责向各管线单位提供进入管廊使用及管廊日常维护管理服务，并收取管廊使用费和管廊日常维护管理费"，为日后出台有偿使用收费标准奠定基础。

2.1.2　出台制度，采取有效措施贯彻执行

出台《厦门市人民政府办公厅关于印发加强城市地下综合管廊入廊和运营维护管理工作意见的通知》（厦府办〔2016〕231号），保障"强制入廊制度"贯彻执行，确保各部门遵循《办法》落实相关审批工作。对有规划建设城市地下综合管廊的区域，市发改委在立项阶段不给予管线（管沟）建设项目立项审批，不批复挖掘道路建设管线相关费用；对规划使用城市地下综合管廊路径的，给予批复管线的入廊费用。市规划委对已建设城市地下综合管廊的城市道路区域外新建管线的，不予规划许可审批。市建设局在已建设城市地下综合管廊的地区，在地下综合管廊以外的位置新建管线的，不予施工许可审批。市市政园林局、市交通局（市公路局），在挖掘城市道路申请审批过程中，要求管线单位向管廊运营维护单位申请《城市地下综合管廊档案查询函》，对在已建综合管廊的区域，不予道路挖掘许可审批。

2.1.3　提升立法，加强管廊法制保障力度

2017年7月27日，市人大常委会表决通过《厦门市经济特区城市地下综合管廊管理办法》，

并于10月1日起正式实施。明确"已建设管廊的区域，管廊专项规划规定的所有管线必须按照要求入廊"，"管廊实行有偿使用制度"。

2.2 地下综合管廊有偿使用收费标准制定情况

2.2.1 先试先行，培育市场

2011年厦门市颁布的《厦门市城市综合管廊管理办法》中明确提出了有偿使用制度，经过两年多的测算和反复征求各家管线单位意见，2013年，厦门市物价局颁布《关于暂定城市综合管廊使用费和维护费收费标准的通知》（厦价商〔2013〕15号），明确综合管廊有偿使用的收费标准并开始实施，改变管线单位长期无偿使用地下空间资源的习惯，并逐步培育市场。

2.2.2 逐步完善，充分考虑各种因素

2016年，厦门市根据《国家发改委 住房和城乡建设部关于城市地下综合管廊实行有偿使用制度的指导意见》（发改价格〔2015〕2754号）精神和实际运营情况，综合考虑了管廊建设投资、管线空间占比及管廊设计寿命周期内管线直埋敷设次数和成本、企业承受能力等因素。在新的收费标准发布前，市发改委、市市政园林局多次征求管线单位意见，并根据反馈意见调整完善综合管廊有偿使用收费标准，最终出台《厦门市发展改革委关于调整城市地下综合管廊有偿使用收费标准的通知》（厦发改价格〔2016〕447号），2018年厦门市启动第三轮有偿使用费标准制定程序，积极探索协商定价模式。经过数轮协商谈判，在管廊运营维护单位与管线单位充分协商基础上，出台现行城市地下综合管廊有偿使用费参考标准。

2.2.3 优化管理，绩效考核

2015年厦门市市政园林局出台《厦门市城市地下综合管廊运营维护管理考核办法（试行）》（厦市政园林〔2015〕458号），明确收费的考核管理部门和考核对象，并把综合管廊的收费情况列入绩效考核的要求中，考核结果作为拨付管廊运营维护资金补贴的依据。

2.3 政府支出责任和补贴标准制定情况

2.3.1 建设资金配套到位

为规范和加强地下综合管廊建设资金管理，2015年制定《厦门市地下综合管廊建设资金使用管理办法》（厦财建〔2015〕92号），厦门市财政局和厦门市园林局为建设资金主管部门共同管理建设资金，将综合管廊建设资金列入年度财政预算，严格按照工程建设进度及时拨付，保障综合管廊顺利投资建设。

2.3.2 运营资金有保障

为保障地下综合管廊的安全、高效运行，2015年出台《厦门市地下综合管廊运营维护补贴资金管理办法》（厦市政园林〔2015〕456号），同时配套《厦门市城市地下综合管廊运营维护管理考核办法（试行）》（厦市政园林〔2015〕458号），市政园林局牵头组织相关单位成立考核小组，通过定期和随机方式，对管廊运营管理单位的运营管理工作等方面进行监管考核，根据考核结果，市财政向管廊公司拨付运营维护补贴资金，以弥补市场运营初期的资金不足。

2.4 有偿使用定价收费标准核算思路

为贯彻落实地下综合管廊有偿使用制度，2011年厦门市市政园林局和市物价局以"保本微利"为原则，以"一次直埋成本法和空间比例法"的思路确定收费标准，主要考虑管线的一次性直埋成本和各类管线设计截面的空间比例，于2013年出台综合管廊收费标准，先试先行、低价引导，引导管线单位有偿使用综合管廊。

经过三年多的市场培育，厦门在综合管廊有偿使用收费方面达到了较好效果，但原收费标准未覆盖所有管线类型，已不能适应本市综合管廊的发展，结合国家发改委、住房城乡建设部相关文件精神，厦门市发改委委托专业咨询单位按照标准断面对本市管廊收费标准进行重新测算，在2013版收费标准的基础上新增天然气、雨污水、110kV、220kV电力管线类型，并增加不同规格管径给水、雨污水的收费标准，最终于2016年调整出台新收费标准（厦发改价格〔2016〕447号）。在"一次直埋成本法和空间比例法"的基础上，综合考虑了管廊设计寿命周期内管线直埋敷设次数和成本、各市政管线单位承受能力等因素，形成新收费标准，并适用于全市综合管廊。

同时，为调动管线单位入廊积极性，鼓励管线单位尽快入廊，给予先入廊的管线单位一定优惠，并规定"早入廊多优惠"的原则，即在收费标准试行期内按执行价下浮10%，管廊正式运营一年内按执行价下浮20%。

2.5 适用条件

考虑到各管线企业（单位）在厦门市的经营价格是全市统一定价，为了方便各管线单位进行成本核算，市发改委和市财政局同意各管线单位提出的"一城一价"原则。

厦门市综合管廊有偿使用收费标准采用"直埋成本法"测算入廊费，"空间比例法"测算日常维护费。入廊费与管廊造价关联性不大，受管廊项目的建设条件、地质情况、现状交通状况、采取的施工工法所发生的费用影响较小，因此，厦门实行"一城一价"的收费标准，并适用于厦门市以内的所有综合管廊。

3 入廊费计算与分摊

3.1 入廊费考虑因素

（1）建设投资：城市地下综合管廊本体及附属设施的建设投资（不含各市政管线投资）；

（2）建设投资合理回报：年回报利润率暂定4.9%（参考金融机构长期贷款利率）；

（3）管线直埋成本：各管线在不进入管廊情况下的单独敷设成本（含道路占用挖掘费，不含管材购置及安装费用）；

（4）管线直埋敷设的反复开挖成本：管廊结构设计寿命周期（100年）内，管线因反复开挖次数的成本。暂定电力、通信、雨水及污水管使用年限为50年（1次翻挖）；其他管线按4次翻挖敷设（含道路占用挖掘费，不含管材购置及安装费用，下同）；反复开挖次数以各管线部门向政府有关行政部门的破路申请文件及管线设计使用年限为依据，并参考相关文献数据测算得出；

（5）管线破损、漏损成本：管廊设计寿命周期内，各入廊管线与不进入管廊的情况相比，因管线破损率降低而节省的管线维护和生产经营成本。给水管漏损率为15%，天然气漏损率为2.84%（以上数据来自厦门物价监审部门）；天然气管道的破损率为0.0051起/km（全市1944km，10起管道破损事故），经济损失约30万元/年以下（含气量损失），相对于全市规划建设300km管廊的入廊量来说比例较低，分摊到管廊的入廊费数据较少，因此忽略不计；

（6）其他影响因素：厦门管廊项目与道路同步建设，因此，对于征地拆迁、管廊结合道路建设所产生的前期费用以及道路路基施工技术处理费用，厦门收费标准测算暂未考虑。

3.2 直埋成本的计算公式

采用全寿命周期内直埋成本法测算，设管线i的第一次直埋成本为X_i，单次翻挖成本为Y_i，全寿命期内翻挖次数为N_i，则寿命周期内此管线的直埋成本为：

$$Z_i = X_i + Y_i N_i$$

3.2.1 单独敷设成本X计算方法

各入廊管线第一次直埋成本（不含管材及安装成本）工况暂定为：

（1）给水、中水、燃气工程：放坡开挖，坡度0.33，$DN200$管道埋深1.5m，其余管径埋深根据管道覆土厚度相同，以此类推；管道砂垫层厚度0.2m，管道回填砂到管顶0.5m，其余回填土至路面基层；工井间隔50m一个。

（2）电信、有线电视、电力工程（10kV）：管道埋深1.5m；管道砂垫层厚度0.2m，管道回填砂到顶管0.5m，其余回填土至路面基层；工井间隔50m一个。

（3）电力工程（110kV）：参照以往电力隧道投资计算。

（4）雨水、污水工程：放坡开挖，坡度0.66，$DN500$管道埋深3.0m，其余管径埋深根据管道覆土厚度相同，以此类推；管道基座采用C15混凝土；管道回填砂到管顶0.5m，其余回填土至路面基层；同时雨、污水工程重新敷设费用按钢板桩支护方案测算。

根据《建设工程工程量清单计价规范》GB 50500—2013、《福建省市政工程消耗量定额》FJYD–401–2005等相关文件计算出第一次管线直埋费用。以$DN400$和$DN800$给水管为例（表3-2-9）：

DN400给水管线、DN800给水管线的单项工程造价　　　　表3-2-9

序号	汇总内容	金额（元）	
		DN400给水管线	DN800给水管线
1	建安费	357.61	628.1
（1）	分部分项工程费	357.61	628.1
①	专业分部L01	357.61	628.1
（2）	措施项目费	8.34	14.7
①	安全文明施工费	6.77	11.93

续表

序号	汇总内容	金额（元）	
		DN400给水管线	DN800给水管线
②	其他总价措施费	1.57	2.77
（3）	其他项目费	1.97	2.4
①	人工单价厦门地区价差	1.97	2.4
（4）	规费	7.18	10.54
（5）	税金	35.79	62.68
2	其他费用	42.91	75.37
合计 =1+2		400.5	703.5

3.2.2 重复单独敷设成本 Y_iN_i 的计算方法

管廊设计寿命周期内，各管线在不入廊情况下因更新改造发生的重新敷设成本（其中包括：重新敷设土建费用、施工围挡费用、破除道路及恢复费用），再乘以翻挖次数，求得管廊设计寿命周期内重复单独敷设成本。

寿命周期内此管线的重复单独敷设成本为：

$$Y_iN_i = (S_i + T_i + W_i)N_i$$

注：设管线 i 的单次翻挖成本为 Y_i，全寿命期内翻挖次数为 N_i，重新敷设土建费用为 S_i，施工围挡费用 T_i，破除道路及恢复费用 W_i（具体数额详见表3-2-10）。

给水工程DN400、DN800重复单独敷设成本 （单位：元/m·孔） 表3-2-10

序号	项目名称	重新敷设土建费用	施工围挡费用	破除道路及恢复费用	管廊设计寿命周期内，管线不入廊情况下更新改造1次发生的敷设成本	翻挖次数	设计寿命周期反复开挖成本
1	给水DN400	400.50	181.50	676.20	1258.20	4	5032.80
2	给水DN800	703.50	181.50	902.20	1787.20	4	7148.80

3.3 管线破损、漏损成本的计算方法

管廊设计寿命周期内，各入廊管线与不进入管廊的情况相比，因管线破损率以及水、热、气等漏损率降低而节省的管线维护和生产经营成本（表3-2-11）。

以给水工程DN400、DN800的管线漏损率（系数）计算为例 表3-2-11

序号	项目名称	破损、漏损系数	破损、漏损成本（元/m·孔）
1	给水DN400	0.15	188.73
2	给水DN800	0.15	268.08

3.4 入廊费分摊计算方法

直埋成本法，以管线单位现有管线直埋成本为基数，再考虑各种调节系数，计算得出入廊费。该思路符合管线单位的习惯投资做法，管线单位能做到心中有底，易于接受，但没有考虑综合管廊的全部投资成本。

直埋成本法考虑因素：

（1）各入廊管线第一次直埋成本（不含管材及安装成本）；

（2）管廊设计寿命周期内，各管线在不入廊情况下因更新改造需要发生的重新敷设成本（其中包括：重新敷设土建费用、施工围挡费用、破除道路及恢复费用）；

（3）因管线破损率，节约的管线维护和日常生产经营成本；

（4）因水、热、气等漏损率降低，节约的管线维护和日常生产经营成本；

（5）根据各专业管线建设暂定工况，再适当考虑其他影响因素进行修正。

以下是测算案例（表3-2-12）：

以给水工程$DN400$、$DN800$的分摊计算方法为例　　（单位：元/m·孔）　表3-2-12

序号	项目名称	入廊管线第一次直埋成本（不含管材及安装成本）	重新敷设土建费用	施工围挡费用	破除道路及恢复费用	管廊设计寿命周期内，管线不入廊情况下更新改造1次发生的敷设成本	翻挖次数
1	给水$DN400$	400.50	400.50	181.50	676.20	1258.20	4
2	给水$DN800$	703.50	703.50	181.50	902.20	1787.20	4

序号	设计寿命周期反复开挖成本	破损、漏损系数	破损、漏损成本	利润率	增值税	直埋小计	入廊费
1	5032.80	0.15	188.73	4.9%	0.0%	5622.03	5897.51
2	7148.80	0.15	268.08	4.9%	0.0%	8120.38	8518.28

注：设管线i的直埋成本为Z_i，寿命期内翻挖次数为$N_i \leqslant 4$。

3.5 厦门实践情况

考虑企业承受能力，以及管廊建设初期能引导管线入廊，充分发挥管廊社会效益和经济效益，市发改委和市市政园林局协商后决定给予适当优惠，执行"低价引导，共同培育市场"的思路，决定在近阶段基准价的基础上给予适当下浮优惠，实行执行价，并规定"早入廊多优惠"的原则，从而调动管线单位入廊积极性。

基准价的下浮优惠系数是根据各行业管线的净资产收益率进行确定，以净资产收益率最高且为单舱敷设的天然气工程为基准，得出各管线的入廊优惠系数（表3-2-13）：

净资产收益率与入廊费优惠系数表　　　表3-2-13

项目名称	净资产收益率（%）	入廊优惠系数
通信工程	4	0.91
电力工程	2.9	0.66
天然气工程	4.4	1.00
给水、再生水、直饮水工程	1.0	0.23
雨水、污水工程	1.2	0.27

注：净资产收益率来源于国务院国资委财务监督与考核评价局制定的《2015年度企业绩效评价标准》，用以衡量公司运用自有资本的效率。指标值越高，说明投资带来的收益及企业对运营成本的承受能力越高。

根据入廊费优惠系数对基准价下浮，形成入廊费执行价，详见表3-2-14。

入廊费收费标准表　　　表3-2-14

序号	项目名称	按接近投资额测算的基准价（元/m·孔）	根据资产收益率建议的执行价（元/m·孔）
1	给水（输水）工程		
	给水工程DN200	4854.17	1103.22
	给水工程DN300	5331.05	1211.60
	给水工程DN400	5897.51	1340.34
	给水工程DN500	6447.32	1465.30
	给水工程DN600	7595.27	1726.20
	给水工程DN800	8518.28	1935.97
	给水工程DN1000	9481.81	2154.96
	给水工程DN1200	10485.85	2383.15
	给水工程DN1400	11611.45	2638.97
2	直饮水工程		
	直饮水工程DN100	4377.29	994.84
	直饮水工程DN150	4599.31	1045.30
	直饮水工程DN200	4854.17	1103.22
	直饮水工程DN300	5331.05	1211.60
	直饮水工程DN400	5897.51	1340.34
	直饮水工程DN500	6447.32	1465.30
3	再生水工程		
	再生水工程DN100	4377.29	994.84
	再生水工程DN150	4599.31	1045.30

续表

序号	项目名称	按接近投资额测算的基准价 （元/m·孔）	根据资产收益率建议的执行价 （元/m·孔）
	再生水工程DN200	4854.17	1103.22
	再生水工程DN300	5331.05	1211.60
	再生水工程DN400	5897.51	1340.34
	再生水工程DN500	6447.32	1465.30
	再生水工程DN600	7595.27	1726.20
	再生水工程DN800	8518.28	1935.97
	再生水工程DN1000	9481.81	2154.96
4	雨水工程		
	雨水工程DN300	9015.55	2458.79
	雨水工程DN400	9376.27	2557.16
	雨水工程DN500	9715.93	2649.80
	雨水工程DN600	10875.98	2966.18
	雨水工程DN800	12122.68	3306.19
	雨水工程DN1000	14546.16	3967.13
	雨水工程DN1200	16628.83	4535.13
	雨水工程DN1350	18100.24	4936.43
	雨水工程DN1500	20678.62	5639.62
	雨水工程DN1650	22316.67	6086.37
	雨水工程DN1800	23980.36	6540.10
5	污水工程（重力管）		
	污水工程（重力管）DN300	7762.11	2116.94
	污水工程（重力管）DN400	8012.76	2185.30
	污水工程（重力管）DN500	8258.90	2252.43
	污水工程（重力管）DN600	8957.31	2442.90
	污水工程（重力管）DN800	9696.09	2644.39
	污水工程（重力管）DN1000	11420.66	3114.72
	污水工程（重力管）DN1200	13042.51	3557.05
	污水工程（重力管）DN1350	14181.83	3867.77
	污水工程（重力管）DN1500	16139.63	4401.72
	污水工程（重力管）DN1650	17410.96	4748.44
	污水工程（重力管）DN1800	18703.98	5101.09
6	污水工程（压力管）		
	污水工程（压力管）DN200	4854.17	1323.87
	污水工程（压力管）DN300	5331.05	1453.92
	污水工程（压力管）DN400	5897.51	1608.41

续表

序号	项目名称	按接近投资额测算的基准价 （元/m·孔）	根据资产收益率建议的执行价 （元/m·孔）
	污水工程（压力管）DN500	6447.32	1758.36
	污水工程（压力管）DN600	7595.27	2071.44
	污水工程（压力管）DN800	8518.28	2323.17
7	天然气工程		
	天然气工程DN150	5495.19	5495.19
	天然气工程DN200	5860.33	5860.33
	天然气工程DN250	6274.67	6274.67
	天然气工程DN300	6688.58	6688.58
	天然气工程DN400	7532.69	7532.69
	天然气工程DN500	8330.48	8330.48
8	电力工程		
	110kV/220kV高压	1456.94	960.26
	10kV中压	792.68	522.45
9	通信工程		
	通信管道	419.34	381.22

4　日常维护费计算与分摊

4.1　日常维护费考虑因素

（1）管廊本体及附属设施运行、维护、更新改造等正常成本；

（2）管廊运营单位正常管理支出；

（3）管廊运营单位合理经营利润；

（4）回报利润率暂定2.6%（最终以厦门市政公用行业平均利润率为准）；

（5）各入廊管线占用管廊空间的比例；

（6）各入廊管线对管廊附属设施的使用成本；

（7）各入廊管线对管廊附属设施的使用强度；

（8）其他影响因素。

4.2　日常维护费分摊计算方法

干线、支线综合管廊日常维护费主要包含运行费用、维护费用、检测费用等。运行费用为运行人员、水电费及车辆的支出，维护费用为管廊本体及其附属物因维护而支出的人工、材料、机械等费用，检测费用为结构检测及消防检测的支出。以集美新城为例，管廊日常维护费测算结果如下（表3-2-15）：

集美新城管廊日常维护费用测算　　　　　　　　　表3-2-15

费用构成		测算结果（元）
运行费用	直接费	1980731.89
	企业管理费	198079.19
	利润	51500.59
	税金	133822.30
维护费用	定额直接费	667891.00
	企业管理费	45367.00
	利润	18545.00
	措施费	21290.00
	规费	18798.00
	税金	84908.00
	零星维修费	85679.90
检测费用		234127.50
总计		3540800.37

注：集美新城综合管廊总长5666.1m。

日常维护费根据"谁使用谁付费"的原则，由管线单位进行分摊。设管廊每年每公里日常维护费为Q，管线j的空间占比为S_j，管线j的每年每公里日常维护费为Y，则管廊j的年日常维护费为$Y=Q \cdot S_j$。以$DN400$、$DN800$供水管线为例，其入廊后需缴纳的日常维护费标准测算结果如下（表3-2-16）：

$DN400$、$DN800$给水工程日常维护费收费标准　　　　表3-2-16

序号	项目名称	舱室日常维护费（不含大中修）（元/m）	空间比例（%）	按使用空间分摊费用（元/m·孔·年）	维护成本折减系数	使用强度系数	拟调整日常维护费（元/m·孔·年）	现行日常维护费（元/m·孔·年）	拟调整收费/现行收费（倍）
1	给水工程 $DN200 \sim DN400$	600.00	23.1	138.43	1.0	1.0	138.43	135.13	1.0
2	给水工程 $DN500 \sim DN800$		29.0	174.11	1.0	1.0	174.11		

S_j空间占比计算方法：

各管线进入管廊所占空间的面积：根据管廊断面参考《城市综合管廊工程技术规范》GB 50838—2015确定（表3-2-17）。

管廊断面总面积：按管廊断面可使用的空间面积，外断面尺寸减去壁厚。（图3-2-6的断面计算方法为：$A=15.85 \times 4.2-15.85 \times 0.5 \times 2-4.2 \times 0.5 \times 2-0.25 \times 3 \times 3.2-0.3 \times 3.2$）

管廊断面公摊总面积：管廊断面总面积-各管线进入管廊管线所占空间的面积。

空间比例计算　　　　　　　　　　表3-2-17

序号	管线类型	实际面积（m²）	实际面积比例（%）	公摊面积（m²）	分摊面积（m²）	分摊比例（%）
1	高压电力隧道	7.68	22.70	2.1151773	9.7951773	22.70
2	低压电力隧道	1.92	5.67	0.5287943	2.44879433	5.67
3	通讯排管	1.04	3.07	0.2864303	1.32643026	3.07
4	输水DN1400	4.48	13.24	1.2338534	5.71385343	13.24
5	给水DN600	1.44	4.26	0.3965957	1.83659574	4.26
6	燃气	5.44	16.08	1.4982506	6.93825059	16.08
7	雨水2DN1000	3.2	9.46	0.8813239	4.08132388	9.46
8	污水DN1000	8.64	25.53	2.3795745	11.0195745	25.53
小计	管线总面积	33.84	100.00	9.32	43.16	100.00
	公摊总面积	9.32				
	断面总面积	43.16				

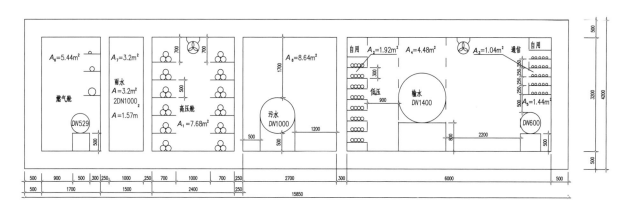

图3-2-6　管廊断面示意图

5　收费标准的落实情况

截至目前，厦门市入廊管线已超过1000km，含110kV和220kV高压电力、10kV电力，通信电缆，给水管，中水管，雨水管，污水管等管线。厦门市政管廊投资管理有限公司已与多家入廊管线单位签订入廊费合同和日常维护费合同，真正实现"先交费后入廊"的管理标准。

专家点评：

厦门市作为我国较早以政府定价模式颁布城市综合管廊有偿使用收费标准的城市之一，在实践中不断完善顶层政策制度，实行适合厦门市的"一城一价"收费标准，并通过绩效考核统筹综合管廊的运维，逐步培育出完善的综合管廊建设运营系统。在充分调动管线单位入廊积极性、鼓励尽快入廊以及执行"早入廊多优惠""低价引导，共同培育市场"的原则等方面作出了有益的尝试，并取得了一定的成效，对国内其他城市综合管廊建设运营管理起到良好的示范作用。

主管部门：厦门市市政园林局

测算单位：厦门市政管廊投资管理有限公司

案例编写人员：林亚杰 陈明建 黄 翀 潘志伟 林高健 李坤煌 谢 璐 廖晓静
          谢 珺

3 实行"统一收费标准"的郑州案例

案例特色：针对郑州市不同区域，不同地质条件、不同现状交通状况、采取类似综合管廊施工工法的干支线综合管廊项目特点，为区域内采取类似施工工法的干支线综合管廊项目确定了统一的收费标准。采用全市"统一收费标准"的模式。通过选取八个分布在不同区域，能够充分代表各地域条件下综合管廊建设实际情况的试点项目，进行分析研究，采取加权平均方式统一有偿使用收费标准。

1　项目概况

郑州市是我国中部地区重要的中心城市。郑州市综合管廊建设规划范围为市内五区、四个开发区和西部新城：即都市核心区的主城区及航空城、西部新城、东部新城的白沙组团和九龙组团的城市功能区。规划至2020年，综合管廊建设规模达到200km（含在建项目）；至2030年，共建设综合管廊300km左右（图3-2-7）。

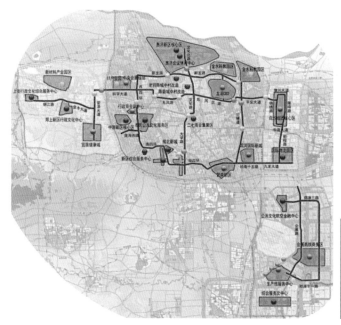

图例
干线综合管廊
行政文化中心
商业金融中心
产业园
穿铁路节点
穿河流节点
新区
旧城

图3-2-7 郑州市地下综合管廊规划范围图

根据市政管线现状及规划情况，纳入的管线种类有10kV、110kV、220kV电力电缆，通信线缆，给水管，中水管（再生水管），污水管，燃气管，热力管等。

除郑州市中心区域二七商业区的二七路及太康路地下综合管廊建设在原有道路基础上，其他地下综合管廊均规划建设在新建道路下。

2 有偿使用定价收费制度及核算思路

2013年郑州市编制了《郑州市综合管廊总体研究》，2015年12月完成了《郑州市综合管廊专项规划》并于2016年2月通过市政府审批，为郑州市综合管廊的建设奠定了良好基础。2016年4月，郑州市申请成为当年中央财政支持地下综合管廊试点城市。

2016年4月，河南省人民政府办公厅印发了《关于推进全省城市地下综合管廊建设的实施意见》（豫政办〔2016〕39号），进一步推进全省城市地下综合管廊指导工作，明确提出"从2016年起，城市新区、各类园区、成片开发区域的新建道路要根据功能需求，同步建设城市地下综合管廊；老城区要结合旧城更新、棚户区改造、道路改造、河道治理、地下空间开发等，统筹安排城市地下综合管廊建设"，"城市地下综合管廊试行有偿使用"，为综合管廊的持续发展明确了方向。

有偿使用定价收费核算依据《国家发展改革委 住房和城乡建设部关于城市地下综合管廊实行有偿使用制度的指导意见》（发改价格〔2015〕2754号）文件，参考国内其他城市案例，进行有偿使用费收费标准测算。有偿使用费分为入廊费和日常维护费。

在核算项目建设成本、各入廊管线单独敷设成本（管廊设计寿命期重复单独敷设成本）、入廊可节省的管线维护和生产经营成本等各项投资成本的基础上，考虑各入廊管线占用管廊空间的比例和对管廊附属设施的使用强度，得出各入廊管线应缴纳的入廊费收费标准。

在核算管廊本体及附属设施运行、维护、更新改造等正常成本与管理支出等运营成本的基础上，结合合理经营利润，考虑各入廊管线占用管廊空间的比例，并分摊计算管廊附属设施的使用强度，得出各入廊管线应缴纳的日常维护费收费标准。

3 入廊费计算与分摊

3.1 入廊费考虑因素

入廊费主要用于弥补管廊建设成本，由入廊管线单位向管廊建设运营单位分期支付。入廊费的计算主要考虑以下因素：

（1）城市地下综合管廊本体及附属设施的合理建设投资。

（2）城市地下综合管廊本体及附属设施建设投资合理回报，原则上参考金融机构长期贷款利率确定（政府财政资金投入形成的资产不计算投资回报）。

（3）各入廊管线占用管廊空间的比例。

（4）各管线在不进入管廊情况下的单独敷设成本（含道路占用挖掘费，不含管材购置及安装费用）。

（5）管廊设计寿命周期内，各管线在不进入管廊情况下所需的重复单独敷设成本。

（6）管廊设计寿命周期内，各入廊管线与不进入管廊的情况相比，因管线破损率以及水、热、气等漏损率降低而节省的管线维护和生产经营成本。

（7）其他影响因素。

3.2 单独敷设成本、重复敷设成本计算

管线单独敷设成本是指各管线在不进入管廊情况下的单独敷设成本，由管线敷设工程费用（含道路占用挖掘费，不含管材费）、工程建设其他费和基本预备费组成。

根据各管线专业相关计算规范和国家及郑州市工程造价计价文件，参考管廊项目开工当月的季度人工材料信息价格，区分综合管廊建设在原有道路与新建道路的情况；通信定额执行《通信建设工程预算定额》（工信部规〔2008〕75号）、取费执行《通信建设工程费用定额》（工信部规〔2008〕75号附件2）、《通信建设工程施工机械、仪表台班费用定额》（工信部规〔2008〕75号附件3）及通信工程营改增相关文件规定计算；10kV、110kV、220kV定额依据国家能源局发布的《电力建设工程预算定额》2013年版计算有关费用；给水管、污水管、雨水管、燃气管套用2008年《河南省市政工程定额》及补充定额。分别测算出各管线不同管径尺寸的单独一次敷设成本。

管线重复单独敷设成本是指管廊设计寿命周期内，各管线在不进入管廊情况下所需的重复单独敷设成本（表3-2-18）。

单独敷设成本、重复敷设成本测算汇总表 表3-2-18

序号	入廊项目	单独敷设成本（新建道路下）	单独敷设成本（原有道路下）	重复敷设成本
	给水工程	（元/m）	（元/m）	（元/m）
	DN200	98.6	2106.88	2205.48
	DN300	120.19	2373.47	2493.66
	DN400	141.99	2624.66	2766.65
1	DN500	165.46	2891.03	3056.49
	DN600	221.16	3465.36	3686.52
	DN800	280.25	4003.85	4284.1
	DN1000	337.56	4522.23	4859.79
	直饮水工程	（元/m）	（元/m）	（元/m）
	DN150	88.36	1981.01	2069.37
	DN200	98.6	2106.88	2205.48
2	DN300	120.19	2373.47	2493.66
	DN400	141.99	2624.66	2766.65
	DN500	165.46	2891.03	3056.49

序号	入廊项目	单独敷设成本 （新建道路下）	单独敷设成本 （原有道路下）	重复敷设成本
	热力工程	（元/m）	（元/m）	（元/m）
	DN200×2	210.12	2580.49	2790.61
	DN300×2	280.35	3111.61	3391.96
	DN350×2	313.53	3330.73	3644.26
	DN400×2	348.28	3550.90	3899.18
	DN500×2	435.59	4094.86	4530.45
3	DN600×2	530.91	4630.17	5161.08
	DN700×2	645.01	5194.97	5839.98
	DN800×2	745.29	5672.19	6417.48
	DN1000×2	982.98	6715.50	7698.48
	DN1200×2	1,252.22	7781.63	9033.85
	DN1400×2	1,553.00	8870.53	10423.53
	中水（再生水）工程	（元/m）	（元/m）	（元/m）
	DN150	88.36	1981.01	2069.37
	DN200	98.6	2106.88	2205.48
	DN300	120.19	2373.47	2493.66
4	DN400	141.99	2624.66	2766.65
	DN500	165.46	2891.03	3056.49
	DN600	221.16	3465.36	3686.52
	DN800	280.25	4003.85	4284.1
	DN1000	337.56	4522.23	4859.79
	污水工程	（元/m）	（元/m）	（元/m）
	D300	337.91	6553.55	6891.46
	D400	374.68	6950.71	7325.39
	D500	414.38	7349.68	7764.06
5	D600	490.89	8075.74	8566.63
	D700	553.46	8495.43	9048.89
	D800	580.94	8878.92	9459.86
	D1000	717.40	9722.03	10439.43
	天然气工程	（元/m）	（元/m）	（元/m）
	DN150	102.43	617.78	720.21
	DN200	113.61	660.32	773.93
6	DN250	124.29	698.49	822.78
	DN300	136.39	737.85	874.24
	DN400	159.86	825.1	984.96
	DN500	184.53	895.88	1080.41

续表

序号	入廊项目	单独敷设成本（新建道路下）	单独敷设成本（原有道路下）	重复敷设成本
7	电力工程	（元/m·回路）	（元/m·回路）	（元/m·回路）
	10kV中压	219.82	276.43	496.25
	110kV高压（2回）	1042.5	1658.81	2701.31
	110kV高压（4回）	908.79	1301.58	2210.37
	110kV高压（6回）	2607.06	2766.65	2607.06
	220kV高压（2回）	1286.76	1854.87	3141.63
	220kV高压（4回）	1048.09	1458.73	2506.82
	220kV高压（6回）	2862.68	3093.57	2862.68
8	通信工程	（元/m·排）	（元/m·排）	（元/m·排）
	通信管道	157.76	202.72	968.64

3.3 其他成本

管线入廊后，因管线不直接与土壤、地下水等酸碱物质接触，延长了管线使用寿命，减少了管线维修和更换次数，进而也减少了管线维护成本。

据统计，我国城市供水企业平均漏损率为15.14%，《城市供水管网漏损控制及评定标准》规定城市供水管网基本漏损率不应大于12%。管线入廊后，能较好保证水、电、气、通信等城市重要命脉的安全，入廊管线与不进入管廊的情况相比，因减少管线破损而导致相关管线输送物质水、热、气等漏损率降低而节省了各管线单位自身的生产经营成本，这也是地下综合管廊的间接经济效益。

据统计，近年来郑州市四环内发生燃气管线漏气点200多个，防腐层破损点100多点，外力破坏引起漏损的事件50多起；由这些外在因素导致的燃气管线事故达到该区域燃气管线敷设规模的1%；自来水管线漏损率达到该区域自来水管建设规模的15%；热力漏损及补水的损失率达到该区域热力管线敷设规模的2%。考虑可节省成本以及因入廊而减少的各类自然或非自然事故损失产生的安全效益，参考其他城市的经验，按管廊建设成本的5%考虑有关节省的管线维护和生产经营成本。

综上，郑州市八个试点项目综合管廊全长43km，入廊费收费标准为建设投资的34.58%。

3.4 入廊费收费公式和分摊

3.4.1 收费公式

$$入廊费总收费 P = \sum P_i = 管廊建设总投资 T \times 管线单位分担比例$$

式中 T——管廊建设总投资。

$$管线单位分担比例 = Z_2/T + Z_3/T$$

式中 Z_2——各管线在不进入管廊情况下的重复单独敷设成本；

Z_3——因入廊而节省的管线维护和生产经营成本。

$$Z_2=Z_{11}+Z_{12}\times（重复敷设次数-1）$$

式中　　Z_{11}——该管线在不进入管廊情况下、在新建道路下敷设的单独敷设成本；

　　　　Z_{12}——该管线在不进入管廊情况下、在原有道路下敷设的单独敷设成本。

3.4.2 入廊费分摊

P_i管线占比（%）= P_i管线重复单独敷设成本 ÷ ∑全部管线重复单独敷设成本

见表3-2-19。

入廊费测算标准　　　　　　　表3-2-19

序号	入廊项目	入廊费	序号	入廊项目	入廊费
1	给水工程	（元/m）		DN400	3182.75
	DN200	2756.79		DN500	3472.59
	DN300	3044.97	4	DN600	4102.62
	DN400	3317.96		DN800	4700.20
	DN500	3607.80		DN1000	5275.89
	DN600	4237.83		污水工程	（元/m）
	DN800	4835.41		D300	8313.10
	DN1000	5411.10		D400	8747.03
2	直饮水工程	（元/m）	5	D500	9185.70
	DN150	2435.83		D600	9988.27
	DN200	2571.94		D700	10470.53
	DN300	2860.12		D800	10881.50
	DN400	3133.11		D1000	11861.07
	DN500	3422.95		天然气工程	（元/m）
3	热力工程	（元/m）		DN150	861.59
	DN200×2	3646.85		DN200	915.31
	DN300×2	4248.20	6	DN250	964.16
	DN350×2	4500.50		DN300	1015.62
	DN400×2	4755.42		DN400	1126.34
	DN500×2	5386.69		DN500	1221.79
	DN600×2	6017.32		电力工程	（元/m·回路）
	DN700×2	6696.22		10kV中压	580.77
	DN800×2	7273.72		110kV高压（2回）	3115.86
	DN1000×2	8554.72		110kV高压（4回）	2624.92
	DN1200×2	9890.09	7	110kV高压（6回）	3021.61
	DN1400×2	11279.77		220kV高压（2回）	3556.18
4	中水（再生水）工程	（元/m）		220kV高压（4回）	2921.37
	DN150	2485.47		220kV高压（6回）	×3277.23
	DN200	2621.58	8	通信工程	（元/m·排）
	DN300	2909.76		通信管道	1159.63

4 日常维护费计算与分摊

4.1 日常维护费考虑因素

日常维护费主要用于弥补管廊日常维护、管理支出，由入廊管线单位按确定的计费周期向管廊运营单位逐期支付。日常维护费的核算主要考虑以下因素：

（1）城市地下综合管廊本体及附属设施运行、维护、更新改造等正常成本。主要包含水电费、人员工资及福利费、管廊主体结构与附属设施的维修费成本。PPP模式运营的管廊，应考虑其经营期内设备大中修的成本。

（2）城市地下综合管廊运营单位正常管理支出。管廊运营单位用于运营维护管理的正常管理支出，计列其他费用中，以经营成本作为测算基础，按照一定的费率提取。

（3）城市地下综合管廊运营单位合理经营利润，原则上参考当地市政公用行业平均利润率确定。测算当年未有统计公开数据时，按6%计算。

（4）各入廊管线占用管廊空间的比例。

（5）各入廊管线对管廊附属设施的使用强度。

（6）其他影响因素。

4.2 日常维护费计算结果

地下综合管廊日常维护成本包括开展日常维护工作所发生的人工费、水电费、维修费等费用（表3-2-20）。

郑州市8个地下综合管廊试点项目日常维护费测算结果　　　表3-2-20

序号	项目名称	建设规模（km）	年均日常维护费（万元/年）	每公里日常维护费（万元/km·年）
1	二七商业区	2.08	229.17	110.18
2	市民公共文化服务区	4.85	364.21	75.10
3	惠济花园口镇	4.84	381.36	78.79
4	金水科教园区	6.69	476.47	71.22
5	马寨新镇区	3.30	291.69	88.39
6	白沙组团	12.75	1001.01	78.51
7	航空港区—会展商务区	2.79	205.16	73.53
8	航空港区—园博园片区	5.70	419.14	73.53
	合计	43.00	3368.22	

日常维护费收费总额3368.22万元，费用指标78.33万元/km·年。

4.3 日常维护费测算结果

见表3-2-21。

不同类型管线日常维护费测算结果 表3-2-21

序号	入廊项目	年日常维护费收费标准	序号	入廊项目	年日常维护费收费标准
1	给水工程	（元/m·年）	4	DN400	47.59
	DN200	43.53		DN500	47.59
	DN300	43.53		DN600	61.35
	DN400	43.53		DN800	61.35
	DN500	63.16		DN1000	78.89
	DN600	63.16	5	污水工程	（元/m·年）
	DN800	69.96		D300	84.81
	DN1000	69.96		D400	84.81
2	直饮水工程	（元/m·年）		D500	94.32
	DN150	30.43		D600	94.32
	DN200	30.43		D700	113.91
	DN300	52.55		D800	113.91
	DN400	52.55		D1000	113.91
	DN500	52.55	6	天然气工程	（元/m·年）
3	热力工程	（元/m·年）		DN150	43.85
	DN200×2	70.97		DN200	43.85
	DN300×2	70.97		DN250	43.85
	DN350×2	70.97		DN300	51.69
	DN400×2	105.79		DN400	51.69
	DN500×2	105.79		DN500	62.18
	DN600×2	144.97	7	电力工程	（元/回路/m·年）
	DN700×2	144.97		10kV中压	7.21
	DN800×2	144.97		110kV高压（2回）	39.72
	DN1000×2	170.51		110kV高压（4回）	39.72
	DN1200×2	170.51		110kV高压（6回）	39.72
	DN1400×2	170.51		220kV高压（2回）	39.72
4	中水（再生水）工程	（元/m·年）		220kV高压（4回）	39.72
	DN150	29.70		220kV高压（6回）	39.72
	DN200	33.13	8	通信工程	（元/排/m·年）
	DN300	33.13		通信排架	33.83

4.4 有偿使用费统一收费标准

通过对日常维护费及入廊费的分析，总结出郑州市地下综合管廊有偿使用费统一收费标准（表3-2-22）。

郑州市地下综合管廊有偿使用费统一收费标准 表3-2-22

序号	入廊项目	年均日常维护费用	年均入廊费（按28年分摊）	年均收取有偿使用费收费标准
	给水工程	（元/m·年）	（元/m·年）	（元/m·年）
	DN200	43.53	183.04	226.57
	DN300	43.53	202.17	245.70
	DN400	43.53	220.30	263.83
1	DN500	63.16	239.54	302.69
	DN600	63.16	281.37	344.53
	DN800	69.96	321.05	391.00
	DN1000	69.96	359.27	429.23
	直饮水工程	（元/m·年）	（元/m·年）	（元/m·年）
	DN150	30.43	161.73	192.16
	DN200	30.43	170.76	201.19
2	DN300	52.55	189.90	242.45
	DN400	52.55	208.02	260.57
	DN500	52.55	227.27	279.82
	热力工程	（元/m·年）	（元/m·年）	（元/m·年）
	DN200×2	70.97	242.13	313.10
	DN300×2	70.97	282.06	353.03
	DN350×2	70.97	298.81	369.78
	DN400×2	105.79	315.74	421.52
	DN500×2	105.79	357.65	463.44
3	DN600×2	144.97	399.52	544.49
	DN700×2	144.97	444.59	589.57
	DN800×2	144.97	482.94	627.91
	DN1000×2	170.51	567.99	738.49
	DN1200×2	170.51	656.65	827.16
	DN1400×2	170.51	748.92	919.42
	中水（再生水）工程	（元/m·年）	（元/m·年）	（元/m·年）
	DN150	29.70	165.02	194.72
	DN200	33.13	174.06	207.19
	DN300	33.13	193.19	226.32
4	DN400	47.59	211.32	258.91
	DN500	47.59	230.56	278.15
	DN600	61.35	272.39	333.74
	DN800	61.35	312.07	373.42
	DN1000	78.89	350.29	429.18
5	污水工程	（元/m·年）	（元/m·年）	（元/m·年）
	D300	84.81	551.95	636.76

续表

序号	入廊项目	年均日常维护费用	年均入廊费（按28年分摊）	年均收取有偿使用费收费标准
5	D400	84.81	580.76	665.57
	D500	94.32	609.88	704.20
	D600	94.32	663.17	757.49
	D700	113.91	695.19	809.10
	D800	113.91	722.48	836.39
	D1000	113.91	787.51	901.43
6	天然气工程	（元/m·年）	（元/m·年）	（元/m·年）
	DN150	43.85	57.20	101.05
	DN200	43.85	60.77	104.62
	DN250	43.85	64.01	107.86
	DN300	51.69	67.43	119.12
	DN400	51.69	74.78	126.47
	DN500	62.18	81.12	143.30
7	电力工程	（元/回路/m·年）	（元/回路/m·年）	（元/回路/m·年）
	10kV中压	7.21	38.56	45.77
	110kV高压（2回）	39.72	206.88	246.59
	110kV高压（4回）	39.72	174.28	214.00
	110kV高压（6回）	39.72	200.62	240.33
	220kV高压（2回）	39.72	236.11	275.83
	220kV高压（4回）	39.72	193.96	233.68
	220kV高压（6回）	39.72	217.59	257.31
8	通信工程	（元/排/m·年）	（元/排/m·年）	（元/排/m·年）
	通信排架	33.83	76.99	110.82

5　收费标准测算方法的适用条件、特点及难点

5.1　适用条件

采用全市"统一收费标准"的模式，适用于郑州市不同区域、不同地质条件、不同现状交通状况、采取类似综合管廊施工工法的干支线综合管廊项目。

5.2　测算方法的特点

（1）全市"统一收费标准"有助于明确各管线单位的权责关系，减少管线单位之间的争议。

（2）郑州市选取的八个试点项目，分布在不同区域，能够充分代表郑州市各地域条件下建设的综合管廊实际情况。通过对八个不同区域、不同地质情况、不同交通疏解情况的分析研究，采用加权平均方式统一有偿使用收费标准。测算综合考虑郑州市综合管廊专项规划要求，所测算的入廊管线管径范围较广，符合远期建设需求。

（3）入廊费收费标准把各管线重复敷设成本作为管线入廊费用，考虑了综合管廊100年生命周期内各类管线的重复敷设次数，且按实际铺设长度计收的模式，与管廊建设使用年限情况较相符。

（4）日常维护费根据"谁使用谁付费"的原则，由管线单位进行分摊。

（5）电力直埋成本测算综合考虑各类电缆在电力埋管与隧道敷设的情况下发生的费用，而不是单纯使用同一种截面进行测算，与实际情况吻合。

（6）研究过程广泛征求各入廊管线单位的意见，多次召开与入廊管线单位的沟通会，充分听取各入廊管线单位的意见；直埋成本计算后与入廊管线单位反复核对，研究过程严谨。

（7）城市地下综合管廊有偿使用收费标准委托具有工程咨询与工程造价咨询资质的第三方专业机构测算，具有公正性。测算结果可作为供需双方协商确定或调整有偿使用费标准的参考依据。

5.3　测算方法的难点

（1）道路修复费执行河南省住建厅印发的《河南省城市道路挖掘修复费收费标准》（豫建城〔2005〕76号），该标准使原有道路下单独敷设成本增加较多。

（2）建设规模对日常维护费用影响较大，规模过小会使每公里管廊日常维护费用上升。

专家点评：

郑州市地下综合管廊项目采用"全市统一收费标准"模式，为区域内的干支线综合管廊项目确定了统一的收费标准。这种模式有助于明确各管线单位的权责关系，减少各管线单位之间的争议，有利于因地制宜地建立规范化的地下综合管廊运营管理系统。

主管部门：郑州市综合管廊海绵城市及地下管线规划建设管理办公室、郑州航空港经济综合实验区规划市政建设环保局、郑州市城市管理局、郑东新区管理委员会市政园林局

测算单位：广州市国际工程咨询有限公司

案例编制人员：王　英　邱国荣　张志京　罗秋梅　李天生　司　蕊　余晓芬

4 "静态投资分摊，动态全市统一收费"的海口案例

案例特点：遵循"静态投资分摊，动态全市统一收费"的原则，采用百年全寿命周期内各类管线直埋敷设所需建设成本及间接成本之和的加权平均值，测算入廊费标准；依据管廊维修养护定额及空间优化分配方案，测算管廊日常维护费标准。

1 项目概况

本案例以海口市地下综合管廊试点工程项目为基础进行测算。试点工程建设长度共43.24km，其中西海岸南片区21.53km，美安科技新城4.60km，新海港棚户改造区5.88km，博义、盐灶、八灶棚户改造区1.13km，椰海大道10.1km。管廊类型以干支混合和支线管廊为主，断面设计为单舱、双舱、三舱和四舱。廊内纳入高压电力（110kV、220kV）、中压电力（10kV）、给水、中水、通信、燃气等管线。

2 核算思路及过程

2.1 市场调研、收集资料

（1）与各专业管线单位及其对应设计单位沟通座谈。

（2）与规划局、城建档案馆沟通协商，调取管线规划资料、管线现状普查资料、存档项目竣工资料。

（3）与海南省通信管理局，海口市科技与工业信息化局、审计局、发改委、市政市容委、市政管理局、住建局、水务局、能源局、气象局、市物价局、省物价局等各职能局沟通了解相关情况。

（4）去其他省市调研、考察学习。

2.2 单独和重复敷设成本计算、参数确定

根据各专业的预算定额、规范、标准图集、相关资料计算单独敷设成本，确定重复敷设次数，计算重复敷设成本（图3-2-8）。

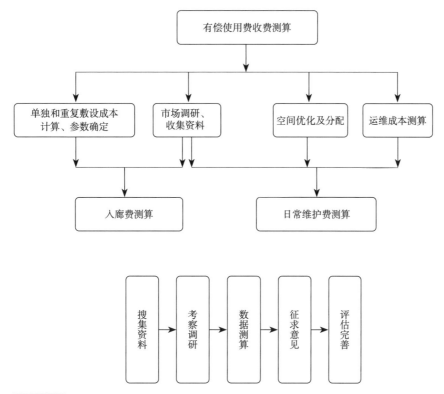

图3-2-8 测算过程流程图

2.3 入廊费测算

根据计算出的单独敷设成本、重复敷设次数及间接成本，测算入廊费，计算公式如下：

$$入廊费=单独敷设成本×重复敷设次数+间接成本$$

2.4 空间优化及分配

空间优化原则：满足《城市综合管廊工程技术规范》GB 50838—2015、《电力工程电缆设计规范》GB 50217—2007、《电气装置安装工程电缆线路施工及验收规范》GB 50168—2006、《通信管道与通道工程设计规范》GB 50373—2006、《城镇给水排水技术规范》GB 50788—2012。

因设计图纸中无各专业管线的设计，各管线单位目前也无相应的专项设计，空间分配及优化方案仅根据原设计图纸、与各管线单位的多次讨论记录及部分单位的邮件回复意见确定。

2.5 日常维护费测算

以海口市第一批试点项目，包括长滨路、长滨十七街、海秀路、海涛西路、长秀大道、天翔路等六条路在内的地下综合管廊为测算样本，先预测所有管廊全年运维总成本，再按各专业管线的空间占比进行分摊，计算各专业管线的日常维护费。

2.6 协商

与各专业管线单位就入廊费收费各项指标取定资料、计算依据、计算过程、入廊费及日常维护费计算方法、计算结果进行多轮沟通、协商。

2.7 专家评审会

专门组织专家评审会，对测算的依据、内容、方法、测算过程、测算结果等内容进行咨询，根据专家评审意见进行完善，并与管线单位沟通。

2.8 政府协调会议

针对与管线单位沟通协商过程中未能达成一致意见，或超出技术测算层面的问题，上报政府，由政府部门组织相关会议进行协调、协商。

2.9 确定收费标准

经政府协调、协商后，与各专业管线单位达成一致意见的情况下，将协商确定的收费标准和调价机制，纳入地下综合管廊管理办法。由各专业管线单位与管廊管理单位签署入廊收费协议，在协议中确定收费期限、收费方式等事项。

协商不成功的情况下，依据《国家发展改革委 住房和城乡建设部关于城市地下综合管廊实行有偿使用制度的指导意见》（发改价格〔2015〕2754号）文件，根据实际情况，由省级价格主管部门会同住房和城乡建设主管部门或省人民政府授权海口市人民政府，依法制定有偿使用费标准或政府指导价的基准价、浮动幅度，并规定付费方式、计费周期、定期调整机制等有关事项。

3 入廊费计算方法

3.1 入廊费考虑因素

（1）各管线在不进入管廊情况下的单独敷设成本；

（2）各管线在不进入管廊情况下的重复单独敷设成本；

（3）各入廊管线与不进入管廊的情况相比，因管线破损率以及水、气等漏损率降低而节省的管线维护和生产经营成本。

3.2 敷设成本计算方法

不同类型管线敷设成本计算依据及方法如下（图3-2-9、表3-2-23）：

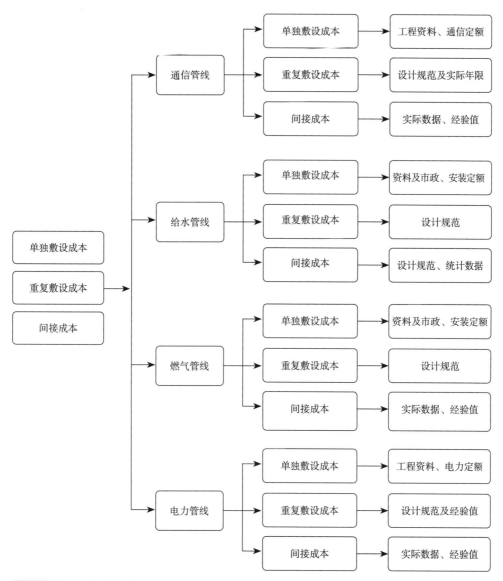

图3-2-9 各专业管线直接敷设成本计算图

3.2.1 单独敷设成本计算方法

单独敷设成本计算依据及方法汇总表

表3-2-23

专业	给水	燃气	通信	电力
采用资料	（1）施工图; （2）标准图集; （3）竣工资料（含竣工图）; （4）管线规划资料; （5）管线普查资料	（1）施工图; （2）标准图集; （3）竣工资料（含竣工图）; （4）管线规划资料; （5）管线普查资料	（1）施工图; （2）标准图集; （3）竣工资料（含竣工图）; （4）《通信管道与通道工程设计规范》YD 5007—2003; （5）管线规划资料; （6）管线普查资料; （7）《城市地下通信塑料管道工程施工及验收规范》CECS177: 2005	（1）施工图; （2）标准图集; （3）竣工资料（含竣工图）; （4）南方电网典型设计图纸; （5）2016年南方电网可研估算综合单价指标; （6）概算控制指标; （7）管线规划资料; （8）管线普查资料
预算定额	（1）《海南省市政工程计价定额》（2011）; （2）《海南省安装工程综合定额（常用册）》（2008）	（1）《海南省市政工程计价定额》（2011）; （2）《海南省安装工程综合定额（常用册）》（2008）	（1）《通信工程概预算定额》（工信部规〔2008〕75号）; （2）《通信建设工程费用定额》; （3）《通信建设工程施工机械、仪器仪表台班定额》; （4）《通信建设工程预算定额》; （5）《无源光网络（PON）等通信建设工程补充定额》; （6）通信建设工程补充定额（工信部通〔2011〕426号）; （7）《广播电视传输网络系统安装工程费用定额及费用》	（1）《20kV及以下配电网工程预算定额》; （2）《20kV及以下配电网工程建设预算编制与计算标准》（电定总造〔2009〕123号）; （3）《电网工程建设预算编制与计算规范》（2013年发布）; （4）海南省电网工程建设预算编制与计算规定实施细则》（2013版）
结算文件	（1）建标〔2013〕44号; （2）琼建定〔2011〕291号; （3）琼建质〔2009〕242号; （4）关于危险作业意外伤害保险-建标〔2013〕44号	（1）建标〔2013〕44号; （2）琼建定〔2011〕291号; （3）琼建质〔2009〕242号; （4）关于危险作业意外伤害保险-建标〔2013〕44号	（1）《通信建设工程价款结算暂行办法》工信规〔2005〕418号; （2）《海南省共建通信管道结算方案会议纪要》	（1）海南电网定〔2015〕6号; （2）《关于发布20kV及以下配电网工程预算定额2015年下半年价格水平调整系数的通知》（定额〔2015〕46号）
人工费	琼建定〔2014〕280号	琼建定〔2014〕280号		《关于发布20kV及以下配电网工程预算定额2015年下半年价格水平调整系数的通知》（定额〔2015〕46号）
材差	《海南工程造价信息》2016.1期	《海南工程造价信息》2016.1期	《海南工程造价信息》2016.1期	（1）海南电网定〔2015〕6号; （2）《海南电网有限责任公司2015年电网工程一级物资主要设备材料信息价》; （3）《海南工程造价信息》2016.1期

3.2.2　重复敷设成本计算方法

重复敷设成本=单独敷设成本×重复敷设次数

重复敷设次数确定依据见下表（表3-2-24）。

重复敷设成本次数确定依据　　　　　表3-2-24

专业		重复敷设次数	
		确定依据	备注
给水		《城镇给水排水技术规范》GB 50788—2012	规范
燃气		《城镇燃气设计规范》GB 50028—2006	规范
通信		实际使用年限（调研及协商结论）	
电力	高压架空线路	（1）《66kV 及以下架空电力线路设计规范》GB 50061—2010 （2）《110kV～750kV 架空输电线路设计规范》GB 50545—2010	规范
	中压架空线路	（1）《66kV 及以下架空电力线路设计规范》GB 50061—2010 （2）《110kV～750kV 架空输电线路设计规范》GB 50545—2010	规范
	电缆沟	（1）《砌体结构设计规范》GB 50023—2011 （2）《建筑结构可靠度设计统一标准》GB 50068—2001	规范
	排管	实际使用年限	调研结论
	顶管	实际使用年限	调研结论

3.2.3　间接成本及计算方法

管廊设计寿命周期内，各入廊管线与不进入管廊的情况相比，因管线破损率以及水、热、气等漏损率降低而节省的管线维护和生产经营成本。

间接成本的计算方法：根据调研过程中收集到的各专业管线各年平均发生的实际数值、经验值、设计规范、统计数据等资料综合考虑折算。

3.3　入廊费收费标准

根据入廊费测算公式测算，并经政府与各管线单位多轮沟通、协商后，政府发布指导意见，参考收费标准见下表（表3-2-25）：

入廊费收费参考标准　　　　　表3-2-25

管线名称	管线型号	收费标准 （元/m·百年）	管线名称	管线型号	收费标准 （元/m·百年）
电力	110kV电缆	348.36	通信	光缆	49.55
	220kV电缆	348.36	给水、中水管道	DN100	513.48
	10kV电缆	296.78		DN150	561.23
燃气管道	φ50	558.04		DN200	615.22

续表

管线名称	管线型号	收费标准 （元/m·百年）	管线名称	管线型号	收费标准 （元/m·百年）
燃气管道	φ63	541.30	给水、中水管道	DN300	935.61
	φ90	862.45		DN400	1064.59
	DN100	734.38		DN500	1266.28
	DN150	521.74		DN600	1570.07
	DN200	587.77		DN700	2162.38
	DN250	717.07		DN800	2754.94
	DN300	992.53		DN1000	3007.49
	DN400	913.39		DN1200	3150.43

4 日常维护费计算与分摊

4.1 日常维护费考虑因素（图3-2-10）

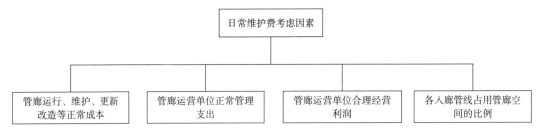

图3-2-10 日常维护费考虑因素

4.2 日常维护费计算方法

计算管廊年运营维护总成本，并按照优化后的各管线在管廊内空间占比进行分摊。

管廊年运营维护成本计算：

$$年总运营成本=运行费+维护费+专业检测费+大中修费用$$

4.2.1 运行费用计算

运行费用由运行人员费用、水电费、保险费、企业管理费、合理利润及税金构成。其中：

（1）运行人员费用

包括人员工资、社保、住房公积金、意外伤害险。

（2）水电费

电费参照上海、厦门、青岛管廊的经验值估算。

水费参照上海、厦门管廊经验值估算。

（3）保险费

公众责任险参照平安公众责任险保额计算。

设施安全险含自然灾害和第三者责任险，根据经验值估算。

（4）企业管理费

企业管理费是指因管廊运营维护工作而发生的耗费管廊公司非运营专用资源的费用，按直接费的10%计取。包含管理人员工资、办公费、差旅交通费、固定资产使用费、工具用具使用费、劳动保险费、工会经费、职工教育经费、财产保险费、财务费及其他。

（5）利润

参照《厦门市关于暂定城市综合管廊使用费和维护费收取标准的通知》（厦价商〔2013〕15号）批准的市政公用行业成本费用利润平均值计取。

（6）税金

按技术服务行业营改增税率6%计税。

4.2.2　维护费用

维护费包括土建结构、附属工程维护与设施保洁等维护的费用。

（1）定额直接费

设施量依据工程可行性报告及设计图纸进行汇总统计。

因无国家标准，海南省也未编制地方标准，工程量核定时部分参照上海市工程建设规范《城市综合管廊维护技术规程》DG/TJ 08-2168-2015有关设施维护的内容和周期进行计算，部分依据综合管廊安全运行需要及经验值估算。

维护工程预算的人、材、机含量参照《上海市城市综合管廊养护维修预算定额》。

人、材、机价格采用海南省工程建设标准定额信息网公布的2016年3月海口市参考价。

（2）取费标准

措施项目费、规费按照《海南省安装工程综合定额》（2008）的规定执行。由于管廊维护工程涉及安装工程中2、3类工程，管理费系数、计划利润系数取2、3类工程平均数。

（3）税金

税率为3.36%。

（4）零星维修费

由于综合管廊土建工程及附属工程种类繁多，因此存在部分设施设备日常维护工程项目较多但维护量较小的现象（如不锈钢防虫网维修、结构零星修补、电器小型设备零配件更换、道班房围墙内绿化补植等），无法精确测算。因此，设立零星维修费项目用以承担各类零星维修的费用，估算值为主要设施维护费用的10%。

土建结构、附属工程维护与设施保洁等维护内容依据综合管廊工程资料进行汇总统计。

4.2.3　专业检测费用

依据《城市综合管廊工程技术规范》GB 50838—2015《建筑消防设施的维护管理》GB 25201—2010，并参照国内其他城市综合管廊维护技术规程，确定海口市综合管廊专业检测项目包括：沉降形变检测、混凝土碳化检测、消防检测，具体检测内容见下表（表3-2-26）。

以上专业检测费用定价依据参照《上海市城市综合管廊养护维修预算定额》。

4.2.4　大中修理费用

参照上海市工程建设规范《城市综合管廊维护技术规程》DG/TJ 08-2168-2015的设备更新

检测项目及内容   表3-2-26

检测项目	定项依据
沉降形变检测	综合管廊投入运营后应定期检测评定,对综合管廊本体、附属设施、内部管线设施的运行状况应进行安全评估,并及时处理安全隐患。新建综合管廊每半年1次,连续观测2年后频率为每年1次。
混凝土碳化检测	检测周期为每2年1次。
消防检测	每年至少检测一次,检测对象包括全部系统设备、组件等。

及使用建议年限,依据上海、厦门等地的实际经验,本次编制了大中修项目库,并按经验值估算费用。此部分费用为暂定价,在综合管廊正式运营2年(建议时间)后进行结算和退补。

4.2.5 年总运营成本测算结果

经测算,2015～2016年试点项目六条路综合管廊的年运营成本总额为1145万元。

4.3 日常维护费分摊方法

采用"专用+公用空间分摊法":

(1)先把年运营总成本按电力舱、综合舱、燃气舱的总空间占比进行第一次分摊。

(2)根据第一次分摊到各舱的日常维护费,在综合舱内进行二次分摊。

(3)根据综合舱内各类管线的数量及其各自的空间占比,进行第三次分摊,分摊到各类管线,计算出每种不同类别的管线的日常维护费收费额。

4.4 日常维护费收费标准

按上述分摊方法测算,并经政府与各管线单位多轮沟通、协商后,政府发布指导意见,在收费试点先行阶段,管廊的大中修更新维护费用、检测费用暂不计入日常维护费标准的测算,参考收费标准见下表(表3-2-27):

日常维护费收费参考标准   表3-2-27

序号	管线类型		单位	收费标准
	类型	型号规格		
1	电力电缆(根)	110kV电缆	元/m·年	16.78
		220kV电缆	元/m·年	16.78
		10kV电缆	元/m·年	10.09
2	通信光缆(根)		元/m·年	1.40
3	给水管道	DN300	元/m·年	34.98
		DN500	元/m·年	97.16
		DN600	元/m·年	139.91
4	中水管道	DN200	元/m·年	16.19
		DN700	元/m·年	198.27
5	燃气管道		元/m·年	226.88

5　收费标准的实践总结

5.1　协调确定收费过程中存在的问题

经过数轮的征求意见和几十次的沟通协商，与各专业管线单位达成部分一致意见，但仍存在主要争议如下：

（1）电力管线单位对于将铁塔、电杆的费用计入直接敷设成本计算存在异议。

（2）除通信管线外，各管线单位对于更新次数的确定方法存有异议。

（3）管线单位对于将间接成本纳入测算有异议。

（4）部分管线单位对间接成本认定的数据有异议。

（5）管线单位对于收取日常维护费均持异议。

（6）各管线单位对入廊收费提出了优惠、减免、扶持建议。

5.2　协商确定收费标准实践经验

（1）由政府组织召开综合管廊有偿使用收费标准测算启动会议，以引起各方重视。

（2）搜集资料，确认中间成果、最终成果，均以正式函件盖章形式进行。

（3）注意搜集各项会议原始资料，如照片、会议签到等。

（4）搜集的各项资料和原始数据尽可能地充分翔实，以使计算依据充分。

6　收费标准测算方法的适用条件、优点及难点

6.1　适用条件

"全市统一收费模式"适用于全海口市地下综合管廊项目。具有可复制性和可操作性，可推广到全国使用，适用于测算国内任何一座城市的统一收费标准。

6.2　测算方法的优点

（1）收集资料充分翔实，测算方法科学合理，计算依据充分。计算出的直接敷设成本更具有普遍性、代表性、通用性，避免了与管线单位之间的争议。

（2）按工程预算、竣工结算的方法，计算不同材质、不同管径、不同敷设方式、不同地质条件、不同路面情况下各类管线的直接敷设成本，结合全市各类管线的规划及普查资料统计结果，再加权平均计算出不同管径的直接敷设成本。

（3）维护成本按管廊设计图纸的实际设施量，套用《上海市地下综合管廊维修养护定额》计算消耗量，取海口市人工、材料单价测算。

（4）实现了入廊费全市标准的统一，避免同一类管线进入不同路段管廊、按不同收费标准交纳入廊费的现象。

（5）综合考虑海口市综合管廊专项规划要求及各专业管线的远期规划需求，所测算的入廊管线覆盖全市范围且考虑远期预留，符合管廊远期建设需求。

6.3　测算方法的难点

前期搜集资料和测算直接敷设成本、维护成本的工作量大。

专家点评：

海口市地下综合管廊项目收费标准遵循"静态投资分摊，动态全市统一收费"的原则，采取加权平均计算全市不同规格、不同地质条件各类管线的直接敷设成本；依据《地下综合管廊维修养护定额》计算日常维护费用，测算方法合理，能够较好满足海口市综合管廊收费要求。

主管部门：海口市住房和城乡建设局

测算单位：海口市设计集团有限公司（原海口市市政工程设计研究院）、
　　　　　上海电器科学研究所（集团）有限公司

案例编制人员：喻　萍　丁晓媛　叶　娟　周　磊　周师凯　陈白茹　齐琨雨　张亦明
　　　　　　　姚海华　林海鸥　杨旭春　王俊刚　余海涛

第三节　运营维护及安全管理案例

1

基本实现营运收支平衡的广州大学城案例

案例特色：运营初期就建立了较为完善的管理架构和安全运营管理制度，按照政府指导价收取运营维护费，前期基本实现了"运营管理收支平衡"，自2004年投入运营至今，安全运行已满18年，社会效益日益凸显。

1　项目概况

1.1　项目基本情况

广州大学城地下综合管廊位于广州市番禺区小谷围岛上，属于大学城基础设施配套工程，是广东省规划建设的第一条地下综合管廊，全长18km，项目总投资4.46亿元（图3-3-1）。2003年，广州市政府授权广州大学城建设指挥部对大学城的地下空间资源进行系统开发利用，并由广州大学城建设指挥部组建运营公司——广州大学城投资经营管理有限公司负责运营维护管理。该管廊由上海市政工程设计研究院设计，大学城市政道路施工单位负责土建施工，中国电子系统工程总公司负责机电安装施工，2003年与市政道路同步建设，2004年9月建成并投入使用，移交广州大学城投资经营管理有限公司运营维护管理。

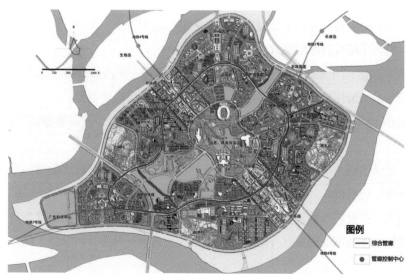

图例

—— 综合管廊

● 管廊控制中心

图3-3-1 广州大学城
地下综合管廊布置示意图

管廊结构分三舱、双舱及单舱三种：三舱管廊沿小谷围岛中环路中央隔离绿化地下呈环状布局，收纳了电力、通信、供水、杂用水、热力等管线，全长约10km，宽7m，高2.8m（图3-3-2）；双舱管廊收纳电力、通信、供水等管线，全长约3km；单舱管廊收纳电力、通信管线，全长约5km，双舱及单舱管廊分布于大学城各支路。

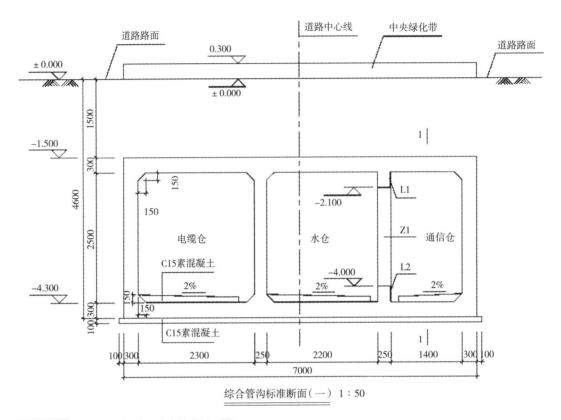

综合管沟标准断面（一） 1：50

图3-3-2 广州大学城地下综合管廊断面图

1.2 附属设施建设

综合管廊内建有一套完整的附属设施，主要设施包括供配电、监测监控、通讯、通风、排水、消防、照明等，大大提高了综合管廊的运营安全性。

（1）管廊供配电系统。包括1个10kV高压电房、8台125kVA变压器，变压器分布在大学城中环路的主管廊内，供配电系统采用双回路环形供电，开环运行，并设置检修电源。

（2）排水系统。包括排水沟、集水井、排水泵、控制箱、液位控制系统，共安装有153台排水泵。

（3）消防报警系统。包括消防主机、感温光纤、手动报警、消防电话、干粉灭火器等。

（4）环境监测监控系统。包括PLC、氧气探测器、温湿度探测器等。

（5）网络视频监控系统。各投料口均设置有红外摄像装置，视频监控系统可自动报警、自动录像，当人员进入摄像机摄像范围或触发红外对射装置，系统会自动报警并开始录像、保存（图3-3-3、图3-3-4）。

图3-3-3 控制中心对综合管廊实施集中远程监控

（6）通风系统。采用自然进风与机械排风相结合的通风方式，满足管廊内电力电缆散热及管线检修人员检修时所需的新风量（图3-3-5）。

为便于维护，该综合管廊共有118个检修口（约每200m设1个，兼作投料口），便于检查、敷设及维修管线（图3-3-6）。

（7）通信系统。前期采用双工电话系统，在人孔和每个区段内设置电话终端。现我司增加了Wi-Fi系统，管廊全程覆盖，实现了无线语音通信、人员精准定位、设备在线巡查等服务。

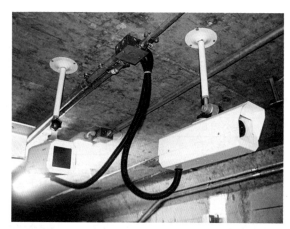

图3-3-4 网络视频监控设备

图3-3-5 通风口

图3-3-6 检修口

1.3 入廊管线

目前广州大学城地下综合管廊主要布置管线有高压电缆、自来水管、热水管、杂用水管、中国移动光缆、中国联通光缆、中国电信光缆、中国网通光缆、中国铁通光缆以及部分市政公共通讯光缆（表3-3-1、图3-3-7）。

广州大学城综合管廊入廊管线一览表 　　　　　　　　表3-3-1

单位	管线数量	入廊时间	规格	备注
中国移动	1根	2004年		光缆
中国移动	1根	2007年		光缆
中国移动	1根	2010年		光缆
中国移动	1根	2015年		光缆
中国联通	1根	2006年		光缆
中国电信	4根	2005年		光缆
南方电网	116676m	2005年	10kV	电缆
自来水公司	10035m	2005年	DN300~DN600	自来水管
大学城投资公司	12136m	2004年	DN300~DN400	杂用水管
大学城能源公司	9929m	2004年	DN500	热水管
华电公司	17616m	2009年	110kV	电缆
大学城投资公司	24532m	2004年	10kV	电缆
奥力房地产公司	1根	2009—2011年	10kV电缆	合同到期撤出
广州市重点办	2根	2010—2012年	10kV电缆	合同到期撤出

图3-3-7　广州大学城地下综合管廊入廊管线布置图

2　运行管理

2.1　运行管理构架

广州大学城地下综合管廊由国有独资公司——广州大学城投资经营管理有限公司负责运营维护管理，该公司属广州市城市投资集团有限公司全资子公司，以区域供冷、集中供热、新型市政配套项目投资运营为主营业务。公司生产管理部负责综合管廊运行维护，工程技术部负责技术支持，经营管理部负责经营等（图3-3-8）。

公司生产管理部下设综合管廊运维组，定员15人（不含管理人员），设组长1名，全面负

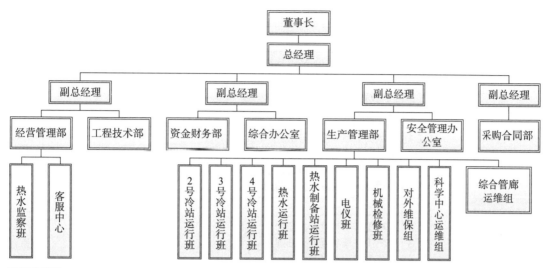

图3-3-8 广州大学城投资经营管理有限公司管理构架图

责综合管廊日常运行和维保工作，运行分4个小组，每个运行小组2人，四班三倒。另外设1个巡查、维保小组，共6人，配备车辆1台。人员均具备电工资质。

2.2 运行管理制度

已制订的广州大学城地下综合管廊运营维护管理规章制度如下表（表3-3-2）。

广州大学城地下综合管廊运营维护管理规章制度　　　　表3-3-2

类别	规章制度名称	数量（个）
规章管理制度	（1）综合管廊交接班制度； （2）综合管廊巡回检查制度； （3）进入综合管廊申请制度； （4）综合管廊设备缺陷管理制度； （5）生产调度管理制度； （6）设备设施档案管理制度； （7）劳动生产管理制度； （8）现场班组工作职责规定； （9）生产管理考核细则； （10）仓库管理制度	10
安全管理制度	（1）安全生产责任制； （2）"一岗双责"制度； （3）安全检查制度； （4）安全生产考核条例； （5）安全教育制度； （6）事故分类和分级； （7）安全事故报告制度； （8）事故隐患举报投诉处理制度； （9）安全生产考核奖惩办法； （10）生产安全事故隐患排查治理制度；	14

续表

类别	规章制度名称	数量（个）
安全管理制度	（11）消防安全管理制度； （12）雷雨天气现场生产安全措施； （13）突发事件应急预案及指引； （14）检修施工安全文明规定	14
人员管理制度	（1）现场员工培训管理方法； （2）新到岗员工岗前培训规定； （3）班组人员加班管理规定； （4）班组管理考核评比打分细则	4
票证管理制度	（1）机械工作票制度； （2）机械工作票制度实施细则； （3）电气工作票制度实施细则； （4）操作票管理制度	4
特种作业制度	（1）电力安全工作指引； （2）动火作业管理制度； （3）密闭场所作业制度； （4）高空作业管理规定； （5）起重作业管理制度； （6）特种设备使用管理制度	6
公用管理制度	（1）班组物质材料管理规定； （2）材料申报采购计划规定； （3）生产用车管理规定； （4）应急车辆和应急工具管理规定； （5）物品放行制度； （6）运营场所出入及外单位施工管理制度； （7）外委工程项目管理及验收规定； （8）专用检修电源箱使用规定； （9）现场班组手持电动工具管理规定； （10）设备（零部件）更换、异动管理规定	10
合计		48

2.3　入廊管理

管线单位如需放置管线于管廊内，应先向管廊运营维护单位申请，由运营维护单位对其路由及施工方案进行审核确认，双方签订合同，运营维护单位收到入廊费和日常维护费后，才可允许管线单位进廊施工。

管线单位按各自专业要求自行巡检和维护管线，入廊前需向管廊运营维护单位办理申请入廊作业手续，提前做好通风监护等工作；管线单位需委托代表与管廊运营维护单位进行日常联系。

通过合同明确综合管廊管理单位与管线单位之间的关系，为了做好管线的维护，租用期间，管线单位必须服从综合管廊运营维护单位的管理。

2.4　设备运行维护

运维组负责巡检、运行维护，完成安防监控任务，及时掌握各种监控信息，包括管廊监控监测系统、通风系统、排水系统、照明及供配电系统、消防系统等。

对监控过程中发现的故障报警及可疑情况及时处理，并做好记录。不能及时修复的故障，做好初步的紧急处理措施，同时向上级报告，并做好记录。做好高压电房运行记录。

保障综合管廊内的通风、照明、排水、防火、通讯等设备正常运转。

配合管线权属单位进出管廊事宜等。

2.4.1 巡查要求

夜间巡查：每天晚上值班人员围绕中环路管廊和外围分支管廊巡查一圈。

日班巡查：每周对管廊沿线（水舱、电舱）进行一次全面巡查，并做好相关的设备试验登记和巡查时发现的设备缺陷记录。

重点部位巡查：每天巡查一次。管廊经常漏水未及时解决的部位、遇大雨或暴雨经常水浸的部位、供水等管线经常漏水或管线锈蚀严重的部位以及潜水泵经常发生故障的部位，应列入重点巡查对象，有故障及时排除，尽量避免水浸综合管廊的风险。

2.4.2 设备维护维修要求

综合管廊运维组需及时组织处理运行巡查过程中发现的问题；对综合管廊主体结构和相关附属设施（包括配电、照明、通风、排水、监控及消防系统等）进行定期保养及维修；根据设备使用年限的具体要求，制订设备大中修计划并实施；做好附属设施备品备件的库存准备；对维修工具进行定期保养，确保维修工具完好。

2.5 应急处理

为做好广州大学城综合管廊应急工作，确保在出现各种突发事件情况下能得到及时救援，最大限度地将事故影响降到最低，建立了与公安、消防、电力等相关单位（具体包括小谷围派出所、小谷围消防中队、小谷围省中医院、小谷围街道办事处、小谷围交警中队及相关管线单位等）的应急联动机制，制订了详细的应急预案，并按照安全管理制度和《综合管廊突发事件应急预案》，定期组织应急演练，确保管廊安全运行（表3-3-3、图3-3-9）。

广州大学城地下综合管廊应急预案清单　　　　　表3-3-3

序号	应急预案清单
1	外电网供电故障处理预案
2	内部供电设备故障处理预案
3	管道爆裂泄漏、水浸故障处理预案
4	火灾紧急处理预案
5	现场人员发生窒息或急性中毒昏迷处理预案
6	施工事故处理预案
7	地震、塌方处理预案

图3-3-9 应急演练与演练总结

2.6 档案管理

为做好广州大学城综合管廊档案管理工作，充分发挥档案作用，全面提高档案管理水平，有效保护及利用档案，广州大学城投资经营管理有限公司制定了档案管理制度，将日常生产、管理过程中形成的有保存价值的各种文字、数据、图表、声像等不同形式的历史记录进行归类保存（图3-3-10）。

图3-3-10 大学城综合管廊档案管理室

3 经营情况

广州大学城投资经营管理有限公司通过与各管线单位签订《管理公约》和《租用合同》，约定各方权利、义务，实现有序管理。同时按广州市物价局核定的收费标准，向各入廊管线单位收取入廊费和日常维护费。

3.1 合同管理

《管理公约》和《租用合同》明确了各方的责任。

3.1.1 运营维护单位责任

（1）日常巡检管廊，防止管廊遭受破坏；

（2）维持管廊通风、照明、排水、消防、通讯、监控等设备和设施的正常运转；

（3）建立巡查制度和报警系统；

（4）当部分管线损毁可能对管廊或其他管线的正常使用造成影响时，通知有关单位，并有权采取应急措施；

（5）审查、监管、协助管线单位进入管廊施工、开展线路维护工作等。

3.1.2　管线单位的责任

（1）依照租用合同及公约的规定，依时缴交入廊费、日常管理费用；

（2）在任何情况下，均不得转租、分租综合管廊使用权；

（3）自觉维护自身管线的完好；

（4）不得进行有碍于管廊安全的行为；

（5）使用管廊时不得有碍于业主及其他管线单位对管廊的使用，不得妨碍管理单位对管廊的正常管理活动等。

3.2　收费机制

广州大学城投资经营管理有限公司负责对综合管廊及入廊管线进行运营管理，其经营范围和价格受政府的严格监管，发展受政府的保护。

在运营收费方面，广州大学城投资经营管理有限公司通过与各管线单位签订《管理公约》和《租用合同》，按广州市物价局核定的收费标准，向各管线单位收取入廊费和日常维护费。

3.3　管廊运营维护费用及资金来源

综合管廊运营维护费用一般包括电费、人工费和设备维修三部分，广州大学城投资经营管理有限公司根据2005年广州市物价局核定的收费标准《关于广州大学城综合管沟有关收费问题的批复》（穗价函〔2005〕77号），向各管线单位收取一次性管线入廊费和日常维护费。

按照物价局的收费标准已向中国移动、中国联通、中国电信、广州市自来水公司、华电等管线单位收取一次性入廊费，对南方电网及运营维护单位自有管线一次性入廊费未收取。

目前，每年实际收取日常维护费约200万元，其中一部分用于综合管廊日常维护管理人工费用，其余用于电费、维修等各类费用，前期基本实现了"运营管理收支平衡"。

随着运行年限的增加，维护成本及人工费用增加，日常维护费不足部分由公司补贴。

3.4　社会效益

广州大学城综合管廊经过近18年的运营管理，其社会效益日益凸显。一是避免了因敷设和维修地下管线而频繁挖掘大学城道路，对交通和居民出行造成影响和干扰，保持了路容的完整和美观；二是降低了路面多次翻修的费用和工程管线的维修费用，保持了路面的完整性和各类管线的耐久性；三是便于各种管线的敷设、增减、维修和日常管理；四是有效利用了道路下的空间，减少了架空线与绿化的矛盾，节约了城市用地；五是减少了道路的杆柱及各种管线的检查井、室等，美化了大学城的景观。

专家点评：

广州大学城投资经营管理有限公司负责广州大学城综合管廊的运营管理，因地制宜地合理设置了管理架构，并明确了职责分工。通过与各管线单位签订《管理公约》和《租用合同》，约定各方权利、义务，实现了综合管廊的有序管理，同时按物价局核定的收费标准，向各管线单位收取入廊费和日常维护费，前期基本实现了"运营管理收支平衡"。在安全管理方面，制订了安全管理制度和《综合管廊事突发事件应急预案》，并组织应急演练，保障综合管廊的安全运行。广州大学城地下综合管廊安全运行已满18年，社会效益日益凸显，其运营维护和安全管理经验可供其他地区借鉴。

管理部门：广州大学城投资经营管理有限公司

建设单位：广州大学城建设指挥部

设计单位：上海市政工程设计研究院

施工单位：中铁一局集团有限公司、中铁二局股份有限公司、中铁三局股份有限公司、中铁四局集团第六工程有限公司、中铁五局三公司、广东省基础工程公司、中国建筑第二工程局、广州市第二市政工程有限公司、广东省佛山公路工程有限公司、广州市市政集团有限公司、中国电子系统工程总公司

运维单位：广州大学城投资经营管理有限公司

案例编写人员：张　忠　陈永初　钟　煌　冯用焦

2 政府补贴与市场化运作相结合的中关村西区案例

案例特色：采用政府补贴与市场化运作相结合的运营模式，确保了运维资金的可靠；建设初期即引入运维单位介入，使其充分发挥出前期介入的必要性和重要性作用；建立施工单位与运维单位的沟通机制和工作衔接，防止出现"断层"；建立完善的运维管理体系和案例管理体系，特别是与各管线单位、市政单位以及属地政府的联巡、联检机制，以确保安全、有效、平稳运行；自2003年11月投入使用以来，已安全运营19年，未发生过安全责任事故。

1 项目概况

中关村西区地下综合管廊位于北京市海淀区中关村核心区域，东临中关村大街，西接彩和坊路，北起北四环路，南到善缘街，似"扇"形状，总长度1.9km，总建筑面积95090m²，是集交通环廊、地下空间开发、能源管廊三位一体的综合型构筑物，不仅承载着整个中关村西区内近30座楼宇和企事业单位的水、电、气、通信、热力能源供应，同时还通过地下一层的交通环廊有效缓解了区域内的交通压力，在配套服务设施上也把整个西区有机的连接成了一体（图3-3-11）。

该结构共分为3层，地下1层为交通环廊，与区域内近30个周边楼宇地下车库和地面道路连通；地下2层为支线管廊区域及综合商业开发空间；地下3层为干线管廊区域，该廊层被分割为

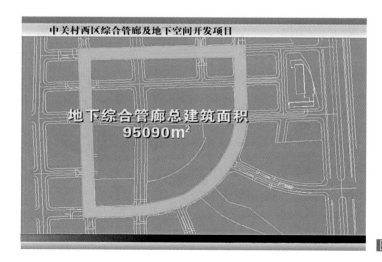

图3-3-11 中关村西区管廊布局图

图3-3-12 中关村西区管廊断面图

5个平行且独立的舱室，分别铺设有燃气、热力、电力、自来水、通信管线，既相对独立，又预留了更换管道和日常维护的合理空间（图3-3-12）。

管廊内配置了供电系统、安防系统、消防系统、燃气泄漏探测报警系统、楼宇自控系统、排风系统、排水系统及交通指引、导流标识等。

2 运营模式及费用来源

2.1 运营模式

中关村西区综合管廊自建成投入运营至今，主要经过了两次运营模式的变革。

2003 ~ 2013年：由建设单位委托运维单位实施运营管理，费用由建设方和海淀区政府据实共同承担；

2014年 ~ 至今：由建设单位联合属地政府委托运维单位实施运营管理，费用由北京市海淀区政府据实补贴。

2.2 费用占比

中关村西区综合管廊运营维护费用主要包括人工成本、运营维护和能源费用三部分，具体费用占比如下图（图3-3-13）。

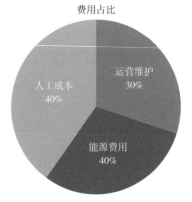

费用占比

人工成本 40%
运营维护 30%
能源费用 40%

图3-3-13 中关村西区管廊运营费用占比示意图

3　主要实践做法

3.1　建设初期即引入运维单位介入，使其充分发挥出前期介入的必要性和重要性作用

为做好施工期和后期运营无缝对接，建设单位即引入运维单位在施工期就进驻了现场，积极参与建设单位组织的施工现场协调会，并提出合理化建议，协助建设单位监督施工质量和进度，同时也加深了对现场的熟悉。

3.2　做好设施设备前期梳理、建档工作，为后期运营维护奠定了基础

运维单位利用交付前，投入大量的人力，并结合施工图纸对基础设备设施进行逐一梳理、测试、完善、确认等，并建立完善的档案（图3-3-14）。

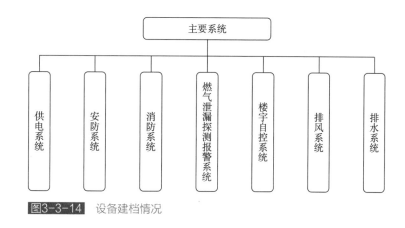

图3-3-14　设备建档情况

3.3　建立完善的运行维护管理体系，做到有章可循

为做到规范管理和安全运营，运维单位依据国家及北京市相关法规、标准、规范等，结合现场的实际情况，建立各类规章制度、操作规范，细化各岗位职责，并得到不断完善和落实（表3-3-4）。

制订的各项规章制度　表3-3-4

类别	规章制度名称	数量（个）
工程类	（1）房屋、设备设施维修保养管理规定； （2）设备设施运行管理规定； （3）外委工程管理规定； （4）设备设施档案管理规定； （5）强电设备设施维修操作规程； （6）设备设施节能管理规定； （7）机房管理规定； （8）监视、测量设备管理规定	8
安全类	（1）人员进出管理规定； （2）施工安全管理规定； （3）秩序维护设备及执勤用品管理规定； （4）安全隐患定期排查制度； （5）消防安全管理规定；	8

类别	规章制度名称	数量（个）
安全类	（6）动火证管理规定； （7）明火作业管理规定； （8）秩序维护员行为规范	8
环境 卫生类	（1）环境卫生服务管理规定； （2）环境卫生巡视检查管理规定； （3）保洁服务管理规程； （4）环境保护工作管理规定	4
共用类	（1）保险申报操作管理规程； （2）职业健康安全管理规定； （3）报告管理规定； （4）工具管理规定； （5）接管验收规定； （6）异常情况处理操作规程； （7）值班及交接班管理规定； （8）巡更管理规定； （9）各级人员每日工作程序； （10）外包服务监督管理规定； （11）紧急情况下协调及指挥操作规程	11
合计		31

3.4 制订完善应急预案，并加强演练

运维单位进行各类风险分析，建立对应有效的应急预案，并开展定期或不定期的经常性演练，以确保发生各类突发事件时的有序处置（表3-3-5）。

应急预案汇总表 表3-3-5

类别	预案名称	数量（个）
安防类	（1）紧急疏散预案； （2）发生刑事案件的处理预案； （3）发生盗窃事件的处理预案； （4）发生自杀或企图自杀应急处理预案； （5）各类可疑物及炸弹恐吓事件处理预案	5
消防类	（1）初期火警处理预案； （2）火灾紧急处理预案； （3）各消防报警信号处理预案	3
工程类 及其他	（1）污水井有人中毒应急预案； （2）水管道泄漏跑水应急预案； （3）水侵事件处理预案； （4）停电或系统发生故障的处理预案； （5）天然气泄漏应急预案； （6）防汛应急预案； （7）发现有人触电的处理预案	7
合计		15

3.5 建立联合巡检机制，加强定期巡检维护

运维单位与政府及市政各相关专业部门建立联合巡检机制，定期对现场进行巡检（图3-3-15）。

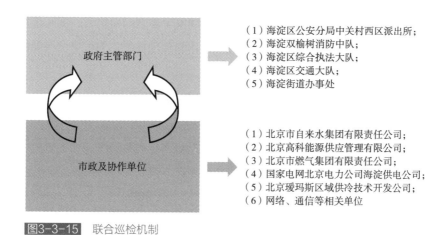

图3-3-15 联合巡检机制

3.6 注重学习国家政策和行业规范，并严格落实（图3-3-16）

图3-3-16 组织学习政策法规

3.7 合理设置组织架构，确保各项工作落实（图3-3-17）

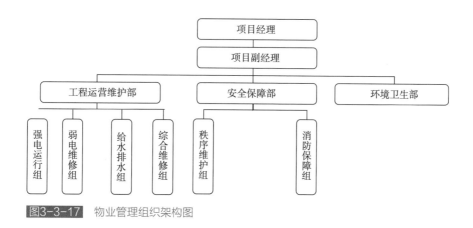

图3-3-17 物业管理组织架构图

3.8 时刻以安全为中心，狠抓安全不放松

运维单位自受托之日起始终把安全管理工作放在第一位，从人员的选派、设备的选配到技术的先进性和可行性上都进行了严格筛选和测试，同时不惜财力、物力的投入，并采取技、物、人三防为一体的联防机制，有效地确保了综合管廊安全运营14年之久，期间未发生一起安全责任事故。同时，也培养了一批综合管廊行业的技术和管理骨干，为行业发展提供了坚实的人才和技术储备。

专家点评：

中关村西区综合管廊是集交通环廊、地下空间开发、能源管廊三位一体的综合型构筑物，位置特殊，结构复杂且功能多样化，其安全运行至关重要。运行单位提前介入管廊工程建设并做好运营筹备工作，做好建设与运营无缝对接，为后期有效的运营维护打下了坚实基础。该项目建立了完善的运行维护管理架构，制定了一系列综合管廊维护管理制度，形成了一套较完整有效的制度体系并严格执行，编制了完善的应急预案并定期演练，尤其是建立了与政府主管单位及市政管线单位的有效沟通机制和联合巡检机制，定期对现场进行巡检，保障了综合管廊的安全高效运行。中关村西区综合管廊自2003年至今安全运行已超14年，期间未发生安全责任事故。

鉴于中关村西区综合管廊三位一体的综合型构筑物的特殊性和重要性，各方主体权责宜进一步细化和明确，防止出现监管真空，保障综合管廊的安全、高效运转。

管理部门：北京市海淀区政府、海淀街道
建设单位：北京科技园建设（集团）股份有限公司
设计单位：北京城建建筑设计研究院
施工单位：北京城建集团、北京建工集团等
运维单位：北京荣科物业服务有限公司
案例编写人员：陶祥峰

3 政府购买服务的上海世博园案例

案例特色：采用"政府主导、行业指导、属地管理、购买服务"的运营管理模式，凭借完善的制度体系、先进的管理理念和良好的技术积累，自2010年4月建成以来，较好解决了管廊运营在质量控制、安全生产、应急处置、管廊保护等方面的重点问题，保证管廊运营的可持续性。

1 项目概况

世博综合管廊位于上海市浦东新区世博园区，由政府全额投资建设，总投资约2.5亿元，建筑面积19280m²，总长6.4km（其中双舱约1.8km），分布于浦东新区世博园区博成路、国展路、后滩路、白莲泾路人行道下，总体呈环形布置，纳入电力、通信、给水等3种城市工程管线（图3-3-18）。

管廊标准断面为矩形，分为标准段和非标准段两种类型。标准段分为单舱（约4.6km，外径W3300×H3800）、双舱（约1.8km，外径W6000×H3500）（图3-3-19）；非标准段分为引出

图3-3-18 世博综合管廊总体布置图

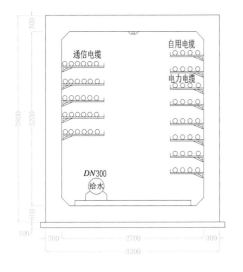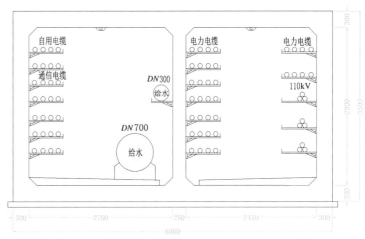

单舱标准断面管线布置示意图　　　　双舱标准断面管线布置示意图

图3-3-19 世博综合管廊单、双舱标准断面及管线布置示意图

段、转角段、通风口、投料口；另有电力工井、消防水泵结合器井等附属构筑物。管廊主体主要采用现浇混凝土结构，其中约200m为预制预应力混凝土结构，施工工艺均为明挖法。

管廊内设置消防、通风、供电、照明、监控与报警、排水、标识及管线支架等附属设施（图3-3-20），搭建了综合监控管理软件平台，并于世博轴与博成路交汇处地下一层设置控制中心1处。

图3-3-20 附属设施布置示意图（部分）

2 运营保障体系

上海市人民政府高度重视世博综合管廊的运营管理工作，在世博综合管廊筹建阶段即开始制订各项综合管廊运营管理保障措施。截至2015年，通过积极探索和持续积累，上海市构建了

涵盖政策法规、技术标准、管理体制、费用承担等内容的、适合政府购买服务模式的运营保障体系。

2.1 政策法规

2007年与2013年，上海市人民政府分别颁布了《中国2010年上海世博会园区管线综合管沟管理办法》（沪府发〔2007〕24号，已废止）、《上海市世博会园区管线综合管沟管理办法》（沪府发〔2013〕28号，以下简称《管理办法》），明确了世博会前、后不同时期综合管廊运营管理体制职能、费用承担和运营各方权利、义务方面的基本问题，为世博综合管廊的持续、稳定运营提供了坚实的法规基石。

2.2 技术标准

上海市城乡建设和管理委员会在2014～2015年间相继编制并颁布施行了一系列地方标准，其中包括《综合管廊工程技术规范》DGJ 08-2017-2014、《城市综合管廊维护技术规程》DG/TJ 08-2168-2015（以下简称《技术规程》）、《上海市市政工程养护维修预算定额 第五册 城市综合管廊（试行）》SHA1-41（05）-2015（以下简称《预算定额》）（图3-3-21）。

图3-3-21 颁布的一系列地方标准

2.3 管理体制

《管理办法》依据"政府主导、行业指导、属地管理"的原则，划分了世博综合管廊运营管理部门和各方职责、权利、义务，同时还明确了"浦东新区环保市容局可以通过招标方式，择优选取维护管理单位对世博综合管廊进行日常维护管理"的运营模式。

同时，依据《国务院办公厅关于推进城市地下综合管廊建设的指导意见》（国办发〔2015〕61号）"地下综合管廊本体及附属设施管理由地下综合管廊建设运营单位负责，入廊管线的设施维护及日常管理由各管线单位负责。管廊建设运营单位与入廊管线单位要分工明确，各司其

图3-3-22 管理部门及职责示意图

职，相互配合，做好突发事件处置和应急管理等工作"之规定，《管理办法》及管廊管理部门出台的管理制度对管廊运营单位和入廊管线单位的职责、义务也进行了明确划分（图3-3-22、表3-3-6）。

管廊运营单位和入廊管线单位的职责、义务划分表 表3-3-6

管廊运营单位的职责、义务	入廊管线单位的职责、义务
（1）保持世博综合管廊内的整洁和通风良好； （2）搞好安全监控和巡查等安全保障； （3）配合和协助管线单位的巡查、养护和维修； （4）负责世博综合管廊内共用设施设备养护维修，保证设施设备正常运转； （5）在世博综合管廊内发生险情时，采取紧急措施，并及时通知管线单位进行抢修； （6）制定世博综合管廊应急预案； （7）为保障世博综合管廊安全运行应当履行的其他义务	（1）对管线使用和维护严格执行相关安全技术规程； （2）建立管线定期巡查记录，记录内容应包括巡查时间、地点（范围）、发现问题与处理措施、上报记录等； （3）编制实施廊内管线维护和巡检计划，并接受浦东新区环保市容局的监督检查； （4）在世博综合管廊内实施明火作业的，应当严格执行消防要求，并制定完善的施工方案； （5）制定管线应急预案； （6）为保障入廊管线安全运行应当履行的其他义务

2.4 费用承担

《管理办法》规定，世博管廊的大中修费用由政府承担，其他运维费用可以由管线单位按照入廊管线分摊。目前阶段，由于管廊收费的相应机制和收费标准尚在制订过程当中，世博管廊的日常运维费用由浦东新区财政全额承担。

根据2017年度财政预算和运维项目中标结果计算，世博管廊2017～2019年年度运营费用（不含大中修费用）折合单舱约为94万元/km，其中运行费用占23%，维护费用占58%，检测费用占4%，水电费占15%（图3-3-23）。

图3-3-23 运维费用分项占比图

3 服务采购流程

依据《上海市2017～2018年政府采购集中采购目录和采购限额标准》（沪财采〔2016〕25号）规定，2017～2019年世博综合管廊运维服务项目由浦东新区公用事业管理署委托集中采购机构——上海市浦东新区政府采购中心采用公开招标的方式组织采购。采购过程中，采购单位严格遵照国家、财政部及上海市政府采购的相关法律法规和规章制度，按照"确保安全、服务优质、价格合理"的运营管理要求规范实施，具体流程如图3-3-24所示。

| （1）编制采购计划 | （2）申报采购计划 | （3）审核采购计划 | （4）实施政府采购 |
| 浦东公用事业管理署 | 浦东新区环保市容局 | 浦东新区财政局 | 浦东新区政府采购中心 |

图3-3-24 政府采购流程图

4 运营管理组织

4.1 常驻式服务

依据《技术规程》的总体要求和世博综合管廊的实际需要，由世博综合管廊运维单位在管廊现场设立常驻式服务机构，业务上接受业主的全面领导，并按照"精简、高效"的原则配备运维服务人员如表3-3-7所示。

现场运维人员配置表　　　　　　　　　　　　　　表3-3-7

岗位	人数（人）	职责	配置依据
运维负责人	1	负责现场运维管理	业务及技术管理需要
监控值班兼消防员	8	四班三运转，每班次2人，负责管线业务受理、监控值班、消防控制室值班	《建筑消防设施的维护管理》GB 25201—2010
供电值班兼巡查员	8	四班三运转，每班次2人，负责变电站值班和操作、管廊日常安全巡查、廊内管线作业管理与服务	国家电网公司《电力安全工作规程变电部分》Q/GDW 1799.1—2013
维护技工	按需	负责主体结构、附属设施维护作业	按照维护计划和内容，分阶段配备具备各类管廊维护作业所需技能和上岗资格的不同工种的技工

4.2 授权组织检测

鉴于管廊设施专业检测的多样性及复杂性，管理部门授权运维单位定期组织专业检测工作。受托的专业检测机构应具备如下资质并经管理部门审核。

沉降、变形检测资质：测绘资质乙级及以上。

混凝土碳化检测资质：建设工程质量检测机构（检测范围含建设工程结构检测）省级及以上。

消防年度检验资质：建筑消防设施检测资质二级及以上。

电力设备预防性试验资质：承装（修、试）电力设施许可证五级及以上。

5 运营工作内容

依据综合管廊功能定位及入廊管线运行规律，世博综合管线实行24h全天候运营，主要工作有：

5.1 入廊管线管理与服务

由运维单位在管廊现场设立入廊管线服务点，24h受理管线入廊及作业的相关事宜。运维单位现场公开文明服务承诺和投诉电话，接受管线单位的服务监督。世博管廊入廊管线管理与服务实行标准化流程，具体如下：

5.1.1 业务受理

运维单位接受管线单位的管线入廊或拆除申请，审核拟入廊管线规划文件与敷设施工技术方案，出具初步意见后报管理部门审核。

5.1.2 空间资源分配

通过审核的入廊管线，由管理部门依据管廊空间资源分配方案与入廊管线的技术参数，确定管孔、支架、预留孔等空间资源的分配方案（表3-3-8）。

入廊管线统计表

表3-3-8

管线类型	管线规格	管线数量（根）	管线长度（km）	空间利用
电力线缆	10kV/35kV/110kV	158	约53	电力支架使用率62%
通信线缆	光纤	60	约20	信息桥架使用率8%
给水管道	DN300/500/700	1	6.4	全线贯通

5.1.3 签订入廊协议

依据业务受理资料和空间资源分配方案，管理部门与管线单位签订入廊协议，明确入廊管线种类、时间和责权利等内容。

5.1.4 作业配合与服务

入廊管线单位进行施工技术交底后，运维单位与入廊管线单位签订《安全文明施工协议》和《消防安全责任承诺书》，确定需要运维单位配合与服务的事项（如人员机具出入、照明通风需求、廊内用电、动火作业、临时拆卸管廊设施等）。施工作业阶段，运维单位实行跟踪式管理服务，并做好作业现场安全监管。

5.1.5 管线档案整理

运维单位搜集入廊管线的技术资料、入廊协议等档案资料，每月整理，每年归档后交管理部门备案，实行动态化管理。

5.2　运行管理

5.2.1　消防值班与巡视

运维单位24小时派驻消防值班员（每班次2人），依据《建筑消防设施的维护管理》GB 25201—2010规定，承担消防控制室每日24h值班和建筑消防设施巡查任务。

5.2.1.1　消防值班

（1）检查火灾报警控制器的自检、消音、复位功能以及主备电源切换功能。

（2）检查消防联动控制器的运行状况。

（3）掌握和了解消防设施的运行、误报警、故障等有关情况，及时发现和处理设备故障，并填写《建筑消防设施故障处理记录》。

（4）填写《消防控制室值班记录》等相关值班记录表。

（5）在发生火警、火灾情况下，按照程序开展灭火救援工作。

（6）按要求及时填报消防户籍化管理系统的相关内容。

5.2.1.2　消防设施巡查

（1）用火、用电有无违章情况。

（2）安全出口、疏散通道是否畅通、安全疏散标志、应急照明是否完好。

（3）消防设施、器材和消防安全标志是否在位、完好。

（4）常闭式防火门是否处于关闭状态，防火卷帘下是否堆放物品影响使用。

（5）消防岗位与值班人员的在岗情况。

（6）其他消防安全情况。

5.2.1.3　消防控制室应急程序

（1）接到火灾警报后，消防控制室必须立即以最快方式确认。

（2）火灾确认后，消防控制室必须立即将火灾报警联动控制开关转入自动状态（处于自动状态的除外），同时拨打"119"报警。

（3）消防控制室必须立即启动单位内部应急灭火、疏散预案，并应同时报告单位负责人。

5.2.1.4　火灾自动报警信息系统联网

世博综合管廊系上海市火灾自动报警信息系统联网单位，运维单位需按联网中心要求做好消防联网的联络、信息传递等消防安全工作。

5.2.2　监控值班

监控值班员由消防值班员兼任，依据设计要求，承担监控值班任务，负责控制中心视频监控系统、设备自控系统的监视与控制职能（图3-3-25）。

（1）掌握和了解视频监控系统、无线对讲系统、PLC自控系统的运行原理和操作程序。

（2）按规定记录各设备的运行参数和状态。

（3）及时发现并处理各类情况，遇有紧急情况及时向上级领导汇报，并记录在值班日志上。

（4）及时掌握管廊内作业人员的动态。

（5）协助巡查人员对设备的状态进行操作和确认。

图3-3-25 控制中心实景图

5.2.3 供电值班与巡视

运维单位24h派驻高压值班电工（每班次2名），依据供电管理部门值班和操作规范，负责管廊内高、低压供电系统的每日供电巡查、现场倒闸操作与紧急情况处置。

5.2.4 管廊安全巡查

安全巡查员由高压值班电工兼任，负责按照预定的路线，对廊内和路面设施进行安全巡查，同时做好入廊管线辅助巡查。巡查频次廊内、外每日均不少于一次，特殊情况下增加频次（图3-3-26）。

图3-3-26 安全巡查流程图

5.2.4.1 廊内安全巡查

（1）巡查内容

1）各出入口、通风口、消防结合器井的情况；

2）廊内人员佩戴证件和活动情况；

3）施工区域作业情况；

4）损坏廊内设施的行为；

5）廊内积水、漏水情况；

6）廊内有无小动物活动；

7）管廊与地铁13号线、8号线、打浦路隧道、西藏南路隧道结合（交叉）部的主体结构异常情况；

8）其他影响管廊安全运行的情况。

（2）巡查要求

1）巡查时如发现违法违规行为，应按规定进行制止和处理，并及时上报。

2）巡查过程中应每0.5h向监控员报告一次所在方位、巡查情况和沟内施工点，有异常情况时立即报告，并服从监控员和上级领导的调度指挥。

3）通过目测的手段，重点观察综合管廊与地铁13号线、8号线、打浦路隧道、西藏南路隧道结合（交叉）部的主体结构是否存在裂缝及渗（漏）水的异常情况。

4）认真记录《巡查日志》（包括巡查路线、时间、处理事项和移交问题等），履行交接班手续。

5.2.4.2　路面安全巡查

（1）巡查内容

全线的人井、投料口、通风口、消防结合器井、连接线井、地埋变井、自来水阀门井等井口设施以及存在的道路交通安全隐患和周边施工对井口与综合管廊的影响。

（2）巡查标准

1）人井口：封盖严实，井盖及井沿外观无损坏、变形。

2）投料口和通风口：水泥盖板上的人行道地砖铺设完好，钢格栅铺设整齐紧固，无破损、变形，水泥沿无破损。

3）消防结合器井：封盖严实，吊环无损坏、变形、凸起，水泥盖板及水泥沿无破损，缝隙小于5cm。

4）连接线井、地埋变井和自来水阀门井口：封盖严实，井盖及水泥沿无破损。

5）打开的井口：需要现场确认是否为控制中心许可，并已做好完善的防护及警示措施。

6）周边的施工作业未影响井口安全和向井内掉落异物。

（3）巡查要求

1）凡不符合巡查标准的情况均属异常情况，需要及时在路面巡查动态情况表上进行记录。

2）巡查人员发现异常情况后，应立即向控制中心值班室报告，由值班员协助进行原因查找。

3）井盖、水泥沿等设施发现损坏后，由控制中心值班员通知维修人员前往查看和维修。

4）存在道路交通安全隐患或周边施工作业已经危害或可能危害到综合管廊安全的，应立即由巡查人员进行处理；无法当场处理的，应立即报告相关业务主管或维管部领导，在其他处理人员到达前，巡查人员须在原地看守。

5.3　设施维护

5.3.1　维护内容

（1）土建设施：对管廊标准段、管线引出口、投料口、通风口、集水井、变形缝、施工缝、预留孔、地面井盖等构筑物进行修补和防水堵漏。

（2）附属工程：对消防、照明与供电、监控与报警、通风、排水、标识等系统进行日常检查、保养、维修。

（3）设施保洁：对管廊内外部设施、管理用房的平面、立面及集水井、排水沟渠进行清扫、冲洗和垃圾清运等工作。

具体工作流程见图3-3-27~图3-3-29。

5.3.2 设施保养工作流程

图3-3-27 设施保养工作流程图

5.3.3 设施报修维修工作流程

图3-3-28 设施报修维修工作流程图

5.3.4 备品备件管理工作流程

图3-3-29 备品备件管理工作流程图

5.4 专业检测

《城市综合管廊工程技术规范》GB 50838—2015 10.1.12规定：综合管廊投入运营后应定期检测评定，对综合管廊本体、附属设施、内部管线设施的运行状况进行安全评估，并应及时处理安全隐患（图3-3-30）。

为提高综合管廊运行安全性，达到预防性维护的质量标准，世博综合管廊管理部门依据《技术规程》及消防、电力等行业相关技术标准，委托具备相关资质检测机构实施计划性定期检测。检测计划为：结构沉降检测（1次/年）、结构变形检测（1次/年）、混凝土碳化检测（1次/2年）、消防设施年度检验（1次/年）、电力设备预防性试验（1次/3年）。

图3-3-30 定期检测实施流程图

6 运营管理措施

2011年以来，浦东新区公用事业管理署作为世博综合管廊的日常管理部门，在运维单位的协助下，依据综合管廊相关的政策法规和技术标准，制订和完善了一系列规范管廊运营质量控制、安全生产、应急处置、管廊保护等方面管理的具体措施。

6.1 质量控制

为切实提高运维单位的运维质量，浦东新区公用事业管理署出台了《浦东新区综合管廊运维考核办法》，规范了质量考核的实施单位、考核对象、考核频次、考核方式、维护标准、考核内容和奖惩措施，建立了包括管廊运行、设施养护、管线管理、应急处置、公众监督、其他等内容在内的考核评分标准，明确了考核结果与运维费用结算支付相挂钩的质量保证措施。

6.2 安全生产

为确保管廊安全运行，世博综合管廊管理和运维单位通过建立健全安全管理工作机制，严格落实人员安全防护、消防管理、用电管理等作业安全管理制度，认真做好安全教育、安全检查等日常管理工作，严查隐患、杜绝事故。主要措施有：

（1）建立了公司、部门、班组三级安全教育制度，担任管廊运维工作的新进员工（包括新调入、新招聘和调换新工种的员工）经考核合格方可上岗，并填制《三级安全教育登记卡》归入单位安全管理档案。

（2）建立了以理论学习、安全例会和交流考察等为主要形式的日常安全教育制度，以及在重大节日前、世博管廊区域有重大活动安排前、国内外发生重大事件后、本单位或周边发生重大安全事故或发现重大隐患后及时组织专项安全教育的制度。

（3）建立以安全巡查、技术巡查、监控检查为主要形式的日常定期安全检查制度，以及在重大节日前、世博管廊区域有重大活动安排前、国内外发生重大事件后、本单位或周边发生重大安全事故或发现重大隐患后及时组织专项安全检查的制度。

（4）建立了消防、用电、入廊作业、数据保密等与综合管廊运营安全密切相关的专项安全管理措施。

6.3 应急处置

为提高应对管廊运营过程中紧急事件的处置能力，加强应急抢险、事故救援的组织领导和统筹协调，管廊管理和运维单位制订和完善了世博综合管廊应急处置措施，主要有：

（1）通过分析综合管廊和入廊管线运行风险因素，制订了综合管廊运维服务及入廊管线应急处置总体预案，以及防汛、火灾、水管爆管、人员入侵、井口人员跌落、人员疏散等专项预案，并定期进行演练。

（2）设立常用备品和应急物资储备库，完善出入库管理制度，定期进行检查和补充。

（3）节假日和汛期实行管理部门、运维单位两级值班，保证应急指挥人员在位，应急抢险队备勤，应急车辆、机具待命。

（4）编制入廊管线单位应急通讯录，建立应急联络协调机制。

6.4 管廊保护

为保持综合管廊持续、安全、稳定运营，浦东新区公用事业管理署于2015年印发《浦东新区综合管廊安全保护实施细则》（以下简称《保护细则》），用于浦东新区综合管廊及其附属设施和安全保护区、安全控制区的管理。

《保护细则》划定了综合管廊安全保护区、安全控制区的具体范围；规定了安全保护区的禁止行为和安全控制区的限制行为；明确了在安全控制区内从事限制行为的建设单位，应承担向管廊管理部门书面征求意见、对施工影响范围内的区域进行动态化监控、应急处置等责任和义务；规范了入廊参观、作业以及安全控制区内从事限制行为的申请和审核程序。《保护细则》的出台，激发了世博管廊运维单位、管线单位在管廊保护工作中的主观能动性，最大程度降低了世博后园区开发建设对综合管廊自身和入廊管线运行安全的影响，起到了明显的管理效果（图3-3-31）。

图3-3-31　管廊现场保护管理

专家点评：

运营7年多的世博综合管廊案例提供了下列可供借鉴的经验做法：

（1）政府管理部门出台的政策法规、技术标准为管廊规范化运营提供了有效的制度保障，明确的管理体制和费用承担方式保证了运营的可持续性。

（2）政府部门通过政府采购、公开招标，借助社会力量，有效弥补了自身在运营经验和技术实力上的不足。

（3）操作性、规范性兼顾的运营管理措施，较好地解决了管廊运营在质量控制、安全生产、应急处置、管廊保护等方面的重难点问题。

实践证明，购买运维服务可以运用于政府投资建设的管廊项目；在PPP项目中，特别是前期运营经验不足时，也可以尝试采用这一模式，有助于实现从管廊建设到运营管理的快速、平稳过渡。

管理部门：上海市浦东新区公用事业管理署

建设单位：上海世博土地控股有限公司、上海世博会工程建设指挥部

设计单位：上海市政工程设计研究总院（集团）有限公司

施工单位：宏润建设集团股份有限公司、上海建工七建集团有限公司、上海电器科学研究所（集团）有限公司

运维单位：上海电器科学研究所（集团）有限公司

案例编写人员：张亦明　奚晓辉　时丽萍　曹　斌　张　毅　姚海华　林海鸥　杨旭春　郑　帅

第四章
施工技术篇

CHAPTER 04

政策导读

➤ 《国务院办公厅关于全面推进城市地下综合管廊建设的指导意见》（国办发〔2015〕61号）

"根据地下综合管廊结构类型、受力条件、使用要求和所处环境等因素，考虑耐久性、可靠性和经济性，科学选择工程材料，主要材料宜采用高性能混凝土和高强钢筋。推进地下综合管廊主体结构构件标准化，积极推广应用预制拼装技术，提高工程质量和安全水平，同时有效带动工业构件生产、施工设备制造等相关产业发展。"

第一节　明挖现浇施工工法

1 简易衬砌台车施工技术四平案例

案例特色：针对地下综合管廊施工过程中遇到的技术难题，进行针对性的可行性研究，综合采用了管井降水结合钢板桩支护、浅埋暗挖、简易衬砌台车等施工技术，积累了综合管廊施工中基坑支护、主体结构施工经验。

1　项目概况

1.1　场地工程地质条件

四平市位于松辽平原与大黑山脉丘陵相交地带，规划区北侧延伸到红嘴北面，河漫滩与台地相接壤地段，南侧延伸到蔺家河南一级阶地与台地相接壤地段，至南环城公路，东侧为一面城。区域内，台地的覆盖层为9~15m厚的黏性土，下部为厚度不等的砾砂、粗砂层，底部为白垩纪泥岩、粉砂岩、砂岩构成基座。阶地面较平坦，微倾向河床，一般宽2000~3000m，绝对标高145~190m，高出河床3~5m，沿河床两侧分布，呈条带状。

四平的气候属欧亚大陆东部中温带大陆性半湿润~半干旱季风气候，春季干旱多风，夏季炎热多雨，冬季寒冷干燥。历史最高气温39.2℃，最低-34.6℃，年平均降水量653.2mm，历史最大降水量1008.1mm，历史最小降水量406.60mm，降水量集中在6、7、8月份，一般占全年降水量的64.7%，近年来最大冻深为1.48m。

该场地在勘察深度内所见地层为第四纪人类活动形成的杂填土、冲积作用形成的黏性土层、粗砂，砂岩夹泥岩。各层土的物理力学指标及相关参数详见"各岩土层物理力学性质指标统计表（表4-1-1）""土工试验成果汇总表"。

在勘察时期勘察深度内，场区地下水类型为上层滞水和潜水。上层滞水赋存于1层杂填土里，含水量不丰富，水位不明显。潜水主要赋存4层粗砂层中，勘察时钻孔实测初见水位深度为5.3~13.4m，水位绝对标高为172.81~194.18m。稳定水位深度为5.3~13.4m，水位绝对标高为172.81~194.18m。

各岩土层物理力学性质指标统计表

表4-1-1

| 工程名称 | | 接融大街综合管廊勘察工程 | | | 工程负责人 | 朱志生 | | | | | | | |
| 工程编号 | | 2015-092 | 编制人 | 张树宝 | 校对 | 姜华 | 审核 | 苏凡清 | | | | | |
岩土编号	岩土名称	统计项目	1 天然含水量 ω(%)	2 土粒比重 Gs	3 天然孔隙比 e	4 重力密度 γ(kN/m³)	5 饱和度 Sr(%)	6 液限 ω(%)	7 塑限 ω(%)	8 塑性指数 I_p	9 液性指数 I_p	10 直剪(快剪) 内摩擦角 ϕ_q(度)	10 直剪(快剪) 粘聚力 C_q(kPa)
1	粉质黏土	最大值	25.6	2.72	0.778	19.3	90.4	32.4	18.6	13.9	0.53	15.9	23.7
		最小值	24.6	2.72	0.762	19.1	86.4	31.1	18.2	12.6	0.47	14.5	21.8
		平均值	25.1	2.72	0.771	19.2	88.7	31.8	18.5	13.3	0.50	15.2	22.9
		标准差	0.296	0.000	0.005	0.064	1.112	0.354	0.120	0.306	0.016	0.358	0.496
		变异系数	0.012	0.000	0.006	0.003	0.013	0.011	0.006	0.023	0.031	0.024	0.022
		统计个数	17	17	17	17	17	17	17	17	17	17	17
		标准值										15.0	22.7
2	粉质黏土	最大值	29.3	2.72	0.881	18.9	91.8	32.5	18.8	14.0	0.79	15.2	22.6
		最小值	28.5	2.72	0.854	18.7	89.8	31.5	18.3	13.1	0.75	13.0	14.8
		平均值	29.0	2.72	0.871	18.7	90.5	32.0	18.5	13.5	0.77	13.9	17.7
		标准差	0.253	0.000	0.009	0.067	0.598	0.306	0.116	0.252	0.012	0.915	3.373
		变异系数	0.009	0.000	0.011	0.004	0.007	0.010	0.006	0.019	0.016	0.066	0.190
		统计个数	12	12	12	12	12	12	12	12	12	12	12
		标准值										13.4	16.0
3	粗砂	平均值										35	0
4	泥岩夹砂岩	平均值										30	40
5	泥岩夹砂岩	平均值										40	50

说明：砂岩夹泥岩内摩擦角及粘聚力为地区经验估算值，只供参考使用，由于泥岩夹泥岩暴露后加重风化，内摩擦角及粘聚力会随风化逐渐变小。粗砂内摩擦角为地区经验值，为依据密实度的不同在休止角的基础上适当增加加值。

续表

工程名称			接融大街综合管廊勘察工程										
工程编号			2015-092	编制人		张树宝		校对		姜华	工程负责人	审核	朱志生
													苏丹清
		统计项目	11	12	13	14	15	16		17	18	19	20
岩土编号	岩土名称		标贯击数N修正 (击/30cm)	重型动探 N63.5 (击/10cm)	重型动探修正 ⅠN63.5 (击/10cm)	单桥静探Ps (MPa)	有机质含量%Om	休止角 水上(°)	休止角 水下(°)	压缩系数 av0.1-0.2 1/MPa	压缩模量 Es0.1-0.2 MPa	变形模量 E0 MPa	单轴抗压强度 MPa
1	粉质黏土	最大值	8.0							0.300	6.78		
		最小值	7.0							0.260	5.92		
		平均值	7.6							0.278	6.37		
		标准差	0.321							0.010	0.202		
		变异系数	0.042							0.034	0.032		
		统计个数	10							17	17		
2	粉质黏土	最大值	5.7							0.440	5.03		
		最小值	4.7							0.370	4.27		
		平均值	5.2							0.403	4.66		
		标准差	0.356							0.022	0.232		
		变异系数	0.067							0.054	0.050		
		统计个数	17							12	12		
3	粗砂	最大值	42.2										
		最小值	32.8										
		平均值	36.3					31.0	28.0			20.0	
		标准差	2.858										
		变异系数	0.079										
		统计个数	15										
4	砂岩夹泥岩	最大值	37.6										
		最小值	27.4										
		平均值	33.4									18.0	
		标准差	3.363										
		变异系数	0.101										
		统计个数	18										
5	砂岩夹泥	最大值	101.8										0.96
		最小值	50.9										0.85

1.2 工程概况

四平市已开工建设10条路段的地下综合管廊工程，总长度为24.78km，总投资为164842万元，为中央财政支持的地下综合管廊试点工程。截至目前已完成接融大街、紫气大路、北迎宾街等路段综合管廊建设，共计18.14km，其余路段预计完成时间为2018年8月（图4-1-1、图4-1-2）。

图例

近期（2015~2030年）干线管廊
近期（2015~2020年）干线管廊
近期（2015~2020年）支线管廊
远期（2021~2030年）干线管廊
远期（2021~2030年）支线管廊

监控中心

图4-1-1 工程场地平面位置示意图　　**图4-1-2** 现场施工的情况

四平市地下综合管廊标准断面为水电舱、热力舱双舱布置，其中接融大街部分段落增加了蒸汽舱为三舱布置。管廊内净尺寸为水电舱3.7m×3.6m、4.25m×3.6m、5.8m×4.6m，热力舱2.9m×3.6m、4.2m×4.6m，其中增加的蒸汽舱为2.2m×3.6m。管廊埋深约8~10m，覆土厚度约为3.5m。

入廊管线主要有电力线缆、通信电缆，给水管线、热力管线，配套设施包括：排水设施、暖通设备、消防系统、电气专业、自控等专业设施。

1.3 设计及完成情况

（1）管廊采用C35混凝土，防渗等级覆土超过10m为P10，其余为P8，管廊顶板顶面以上部分抗冻等级F250；

（2）钢筋HRB400（fy=360MPa），钢筋HPB300（fy=270MPa）；

（3）水泥强度等级不得低于42.5（R），管廊的防水等级标准为二级；

（4）综合管廊主体结构设计合理使用年限为一百年，抗震等级为三级。

工程设计完成情况见表4-1-2、图4-1-3。

四平市地下综合管廊项目工程设计完成情况表　　　　表4-1-2

序号	路段名	管廊长度（km）	断面形式	断面尺寸	入廊管线	工程进展	预计完工时间
1	紫气大路（九经街—开运街）	4.03	矩形	8m×4.6m	电力电缆，电信线缆，供水管，热力管，中水管（预留）	主体完成3700m	2017.12.31
2	北迎宾街（北河—四梨大街）	4.04	矩形	7.6m×4.6m	电力电缆，电信线缆，供水管，热力管，中水管（预留）	主体完成3223m	2017.12.31
3	接融大街（开发区大路—烟厂路）	2.8	矩形	7.6m×4.6m	电力电缆，电信线缆，供水管，热力管，蒸汽管，中水管（预留）	主体完成2686m	2017.12.31
4	康平路（哈大铁路—九经街）	1.6	矩形	8.0m×5.0m	电力电缆，电信线缆，供水管，热力管，中水管	主体完成466m	2017.12.31
5	慧智街（北河西路—兴红路）	0.54	矩形	7.9×4.95	电力电缆，电信线缆，供水管，热力管，燃气管，中水管（预留）	主体完成300m	2017.12.31
6	烟厂路（平东大街—接融大街）	2.75	矩形	12.2×5.05 11.85×4.85 8.7×4.85	电力电缆，电信线缆，供水管，热力管，中水管（预留）	主体完成2470m	2017.12.31
7	北四经街（康平路—北河）	0.64	矩形	7.35×3.85	电力电缆，通信电缆，供水，热力管，管线（预留）	主体完成76m	2017.12.31
8	平东南路（平东大街—烟厂路）	2.04	矩形	6.9×3.0	给水、热力、电力、电信		2017.12.31
9	兴红路（迎宾街—亨智街）	2.2	矩形	10.6×5.95	给水、热力、电力、电信、燃气、污水		2017.12.31
10	慧智北街（北山路—北环城路）	3.67	矩形	未定	未定		未定

1.4　施工过程中关键技术与创新

（1）采用管井降水结合钢板桩解决地下水问题。

（2）管廊在穿越既有道路时，无法采用明挖法施工或者采用明挖法施工成本过大时，采用浅埋暗挖法施工。浅埋暗挖法施工相比于盾构法、掘进机法施工成本投入低，可多断面施工，加快工期进度。

（3）研制、组装简易的衬砌台车，提高施工效率，加快施工进度。

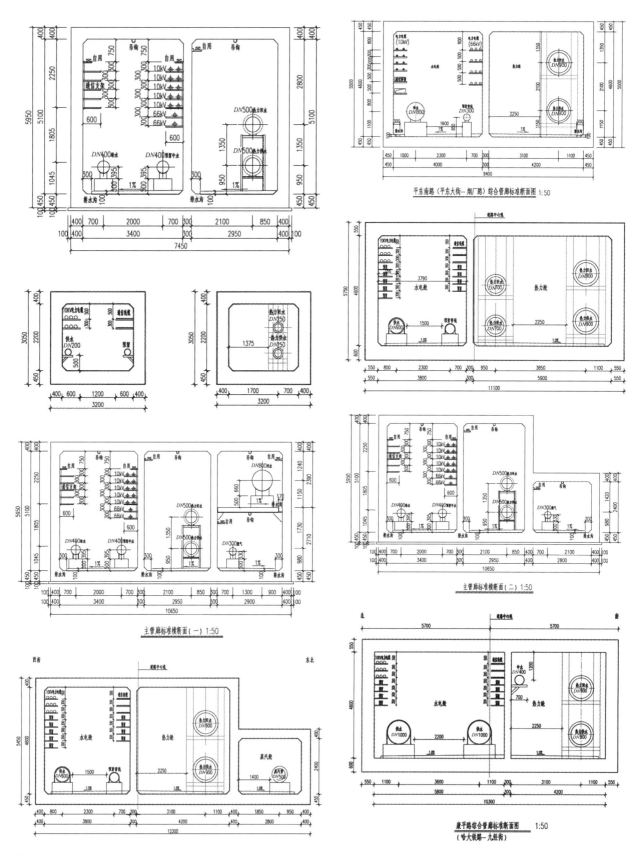

图4-1-3　综合管廊标准断面示意图

1.5 施工过程中开展的关键科学问题研究

（1）管廊工程是一个新兴项目，在许多方面都处于空白状态，特别是支护技术方面，缺乏系统的研究，有必要通过实践去总结一套相对完整的支护技术。

（2）本工程对地下综合管廊暗挖技术进行研究。城市复杂环境下进行管廊施工覆土一般较浅，周边建筑物密集，交通繁忙，地下管线繁多，采用浅埋暗挖法进行管廊施工具有灵活多变，对道路、地下管线和路面环境影响性小，拆迁占地少，不扰民的特点，特别适用于城市中心、老旧街区的改造；在城市特殊地质条件下，类比城市市政管道及城市地铁的修建经验，在明挖法和盾构法不适应的条件下，浅埋暗挖法在小范围、短距离城市支线或干线综合管廊修建中，显示了巨大的优越性。

2 综合管廊施工技术及实施

本项目实施过程中主要采用了以下三项技术：

2.1 管井降水结合钢板桩支护技术

主要适用于地下水位较高，且存在透水层的地带，既可以有效控制开挖作业面，又可以通过井点降水降低基坑周边水位，对基坑开挖提供便利条件。但是此种降水不宜过大，降水过大易造成周边地面塌陷，地下水骤降还易导致周边建筑物不同程度下沉、开裂。需注意降水时需设置回水孔，保证一个区域内的水位相对平衡，抽水不宜过快。周边植物易导致缺水，造成植物死亡，应额外给植物洒水。

这种支护形式可以达到预期基坑支护目的，又可以大大降低支护成本，提高施工效率，在城市地下综合管廊施工过程中可以广泛运用，通过对这几种支护形式研究，从而降低生产成本，提高企业效益（图4-1-4）。

图4-1-4 管井降水结合钢板桩支护现场施工情况

2.2 浅埋暗挖施工技术

综合管廊贯穿于整个城市，由于前期整体规划未考虑这项新兴工程，致使很多综合管廊线路存在横穿既有路面的情况，当横穿城市主干线时，若采取破路措施，将对本就很拥堵的城市交通带来极大的负担，存在重复建设浪费资源的情况，采用浅埋暗挖施工可以很好避免此类情况，还可减少很多管线的排迁工程及排迁费用。

由于浅埋暗挖管廊施工暂时缺少可以参考的项目，本工程主要借鉴浅埋暗挖修建地铁、沟道的相关施工工艺和方法，结合管廊施工的特点，综合进行分析。通过对浅埋暗挖施工技术中各工法的深入研究（如超长管棚、永久支撑、自密实混凝土），形成一套完整的城市综合管廊

图4-1-5　浅埋暗挖现场施工情况　　　　图4-1-6　简易衬砌台车照片

浅埋暗挖施工技术成果。可为后期应用浅埋暗挖技术修建城市综合管廊提供相应的技术储备，对于加快施工进度，保证安全施工，降低工程造价，规范施工管理，完善队伍建设等方面有着积极的指导作用，四平市管廊建设中累计已完成12条下穿道路的暗挖施工，实践证明浅埋暗挖施工技术具有很好的可行性（图4-1-5）。

2.3　简易衬砌台车技术

本项目施工运用一种地下综合管廊衬砌台车，该台车采用槽钢和钢管组成多层方形骨架，钢管之间采用扣件链接，钢管与槽钢之间采用焊接连接，台车底部的槽钢与钢管、连接板之间采用焊接连接，且槽钢中间设置有调节模板高度的顶托装置，台车底部的槽钢下端通过连接板焊接有定向滑轮，且定向滑轮与槽钢之间还焊接有加固板，竖向的钢管上每隔80cm设置一调节模板宽度的顶托装置；顶托装置包括顶托、丝杆和调节螺母，顶托焊接在钢管的一端，丝杆的两端分别安装在顶托和钢管内，调节螺母安装在丝杆上；该车的骨架上还设置有呈"八"字形的钢管，且呈"八"字形的钢管与横向、竖向的钢管之间采用扣件或焊接连接（图4-1-6）。

与现有技术相比，本发明的有益效果是：本发明台车通过丝杆和顶托来控制台车的高度和宽度以及移动，通过卷扬机将电能转化为动能，拉动整个衬砌台车前进，平均速度可达到5m/min，过程中台车定位、台车固定、台车行走均方便易行，人工数量大大降低。

本发明台车，可以免于大规模拆装模板，只需通过调节丝杆、顶托达到模板拆装目的，从而通过减少模板拆装达到节省工期的目的，台车高度都是3.6m，为了适应不同段落长度，每节台车长度控制在6m，通过几个台车连接可以达到不同长度要求，这样做还有利于通过折线段管廊时台车转弯。台车行走通过换轮由卷扬机牵引行走，相对轨道系统和液压系统节省一大笔开支。

通过采用简易衬砌台车技术，于2015年在4个月内顺利完成建设单位的施工生产任务，完成管廊建设8km。为今后地下综合管廊主体工程施工提供可参考的技术资料，积累宝贵的经验。为加快管廊的施工进度，降低管廊的工程造价以及提高施工安全性等方面，起到借鉴、指导作用，具有很好的经济性。

专家点评：

在中国全面推进城市地下综合管廊建设的政策背景下，综合管廊现浇工艺是目前全国各地大部分采用的施工方法。本项目管廊主体施工采用的浅埋暗挖施工技术具有不破坏地表、不影响交通、不涉及拆迁等优点，可应用于无法明挖区域；其中采用的简易衬砌台车技术明显解决了施工中模板安装、拆卸、倒运工序，并节约了成本。

随着综合管廊现浇工艺的不断完善，必将克服浅埋暗挖施工技术工期长和模板简易衬砌台车技术可伸缩增高的不足，为今后管廊主体工程施工提供可参考的宝贵经验。

建设单位：四平市综合管廊建设运营有限公司

设计单位：中国市政工程华北设计研究总院有限公司

施工单位：中交第四公路工程局有限公司

案例编写人员：胡浩方　张旭晨

2 铝合金模板施工技术长沙案例

案例特色： 结合长沙市老城区湘府西路地下综合管廊铝合金单边支模施工的实践经验，从改变模板材料到优化支模体系，将传统的木模板支模体系替换为"刚度大、质量轻便、安拆简易"的铝合金模板支模体系，将传统的满堂支架优化为铝模专用支撑，形成了一套针对单边支模施工的工艺装备。

1 项目概况

1.1 工程概况

长沙市是2015年中央财政支持的10个地下综合管廊试点城市之一。长沙市地下综合管廊项目分布于长沙市高铁新城区及老城区湘府西路，包括12条管廊工程及三个控制中心，全长约42.69km，估算总投资约39.95亿元。

其中湘府西路（韶高路—万家丽路）管廊工程位于长沙市雨花区，项目全长约3.88km，工程总投资约4.6亿元（图4-1-7）。其中，管廊80%主体结构（约3.1km）采用单边支模形式浇筑，标准断面（两舱）尺寸为7.05m×4m。沿线分布红线大市场、德思勤城市广场等多个商业地段，同时经万家丽路、洞井路口、韶山路口等多个重大交通路口，且与湘府西路快速化项

图4-1-7 湘府西路管廊布置图

目、雨水提标等多个项目交叉施工，交通疏解压力大，有效工作面极其狭窄。

1.2　工程条件分析

1.2.1　特点

项目位于老城区，受既定周边环境影响，有效工作面极其狭窄。

1.2.2　重点

基坑两侧支护桩施工偏差及墙面平整度难以控制，通过单边支模专用铝模体系能有效控制主体结构墙体厚度、平整度及墙面垂直度，确保达到清水混凝土观感。

1.2.3　难点

长沙综合管廊项目设计使用年限为"一百年"，作为地下工程，如何确保管廊防水质量，是重中之重，同时也是项目实施过程中的最大难点。

2　工程施工技术方案

2.1　跳舱法施工技术

长沙综合管廊项目属于超长混凝土结构，通过使用跳舱法施工技术，可以很好地控制结构伸缩裂缝和结构不均匀沉降，提高结构的整体性和防水性，还能缩短施工工期和节省投资，解决了传统后浇带施工过程中可能出现的大部分缺陷。

根据结构长度与约束应力的非线性关系，即在较短范围内结构长度显著地影响约束应力，超过一定长度后约束应力随长度的变化趋于恒定，所以跳舱法采用先放后抗，采用较短的分段调舱以"放"为主，以适应施工阶段较高温差和较大收缩，其后再连成整体以抗为主以适应长期作用的较低温差和较小收缩。调舱间隔时间为14天。跳舱法和后浇带的设计原则是一致的，都是"先放后抗"，只是将后浇带变成了施工缝。后浇带法没有利用混凝土的抗拉强度，偏于安全。

跳舱法施工是以"缝"代"带"，其关键是"跳舱"间隔浇筑。底板、楼板及侧墙钢筋、模板、混凝土均可"小块"分舱流水施工，流水节拍缩短从而可缩短工期（图4-1-8）。

2.2　铝合金单边支模施工技术

为有效解决施工作业面狭小，控制施工质量，达到清水混凝土感观，本项目铝模体系施工工艺流程共分三步实施：第一步，底板施工，装模至底板顶面50cm高度位置，即管廊内底面倒角模顶面以上，模板调平、校正后进行底板混凝土浇筑；第二步，进行侧墙与顶板施工，支模、调平、加固、校正后进行混凝土浇筑；第三步，混凝土强度达到相应要求后，进行铝合金模板的拆除，养护检验（图4-1-9、图4-1-10）。

2.2.1　安装定位筋

（1）根据校核后的墙线将对应控制线投绘在墙线外150mm处，作为墙身垂直定位的参照线。

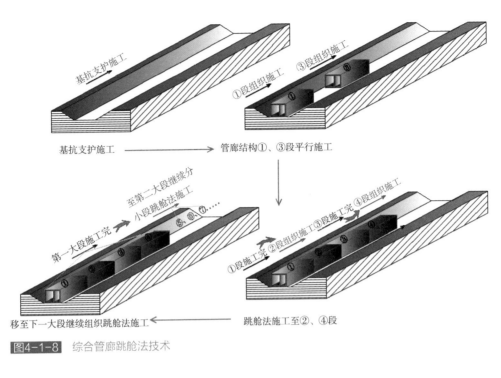

基抗支护施工 → 管廊结构①、③段平行施工

移至下一大段继续组织跳舱法施工 ← 跳舱法施工至②、④段

图4-1-8 综合管廊跳舱法技术

```
验线
  ↓
安装定位筋
  ↓
模板安装
  ↓
横向支架调平
及定位
  ↓
整体校正
加固检查
  ↓
底板混凝土浇筑
```

图4-1-9 工艺流程图（一）

```
底板导模架
拆除
  ↓
安装墙板、
校正垂直度
  ↓
安装顶板、
调平
  ↓
安装对撑、
斜撑
  ↓
整体校正、
加强检查
  ↓
检查验收
  ↓
侧墙及顶板混
凝土浇筑
```

图4-1-10 工艺流程图（二）

（2）倒角模板与底板顶面相接处，采用"L"形φ16钢筋落地的形式固定，与底板钢筋焊接连接，在倒角模板水平底面设置φ16的水平筋与"L"形钢筋焊接。

（3）在墙体布置定位筋（φ14@500×500）作为内撑，宽度与墙体一致，内撑表面上、下方向水平，左、右方向与墙线成直角。该工序直接影响墙面的垂直度，应专人检查（图4-1-11）。

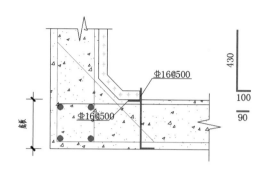

说明：图中单位均以mm计。

图4-1-11 定位筋安装示意图

2.2.2 横向支架调平并定位

（1）横向导模支架采用100×100×6空心方钢制作，支架各构件间采用焊接定型，考虑到方钢的准确性和重复利用，导模架制作时应严格控制尺寸和焊接质量，支架纵向间距控制为2m/道。

（2）因综合管廊横向左右两侧墙体可能存在不平整的情况，支架顶部横向支撑两端均采用可调顶撑，以此控制支架的横向位置，单个可调顶撑行程为200mm。

（3）横向导模支架应调平并确定位置，方钢底部与倒角模板连接处，采用角钢+M16螺栓固定（图4-1-12～图4-1-15）。

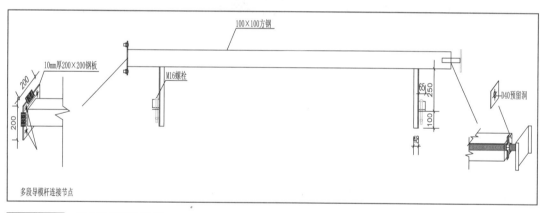

图4-1-12 单个导模架构造图

图4-1-13 导模架顶撑实体图

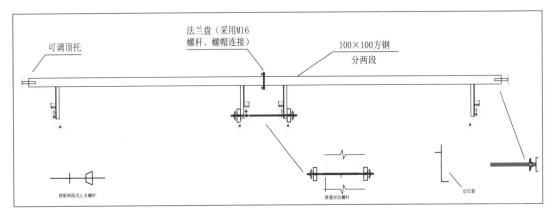

图4-1-14 两个导模架拼装构造图

图4-1-15 导模架拼装节点实体图

2.2.3 安装墙板、校正垂直度

（1）钢筋验收合格后，在钢筋上纵、横向间距每根穿墙螺杆位置安放与墙体相同宽度的内撑，内撑表面上、下方向水平，左、右方向与墙线成直角，该工序直接影响墙面的平整度、垂直度，应专人检查。

（2）拼装侧墙模板前，完成墙底50cm高反边模板拼缝处凿毛，同时加固反边第一道止水螺杆，使侧墙模板与反边模板形成一个整体。

（3）模板安装前先将表面清理干净，涂刷脱模剂，沾灰面必须全部涂抹以免影响脱模效果（油性脱模剂最好，可根据甲方墙体表面质量要求采购相应的脱模剂）。

（4）墙板安装完毕后，再安装两边背楞并加固。

（5）安装过程中遇到墙拉杆位置，需要将胶管及杯头套住拉杆，两头穿过对应的模板孔位。

（6）在墙模顶部转角处，固定线锤自由落下，线锤尖部对齐楼面垂直度控制线，如有偏差，通过调节直到线锤尖部和参考控制线重合为止。

（7）管廊外壁内侧墙模板背楞采用铝模专用小卡扣加固，斜撑与背楞通过小卡扣连接（图4-1-16、图4-1-17）。

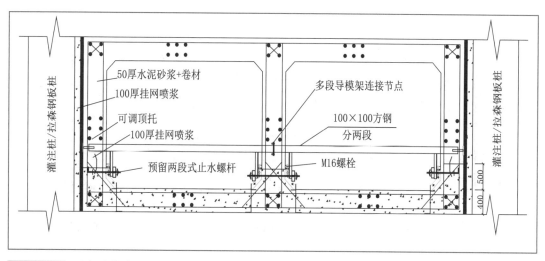

图4-1-16 底板支模体系设计图

图4-1-17 底板支模体系施工效果图

2.2.4 安装顶板、调平

（1）检查所有部位线锤都指向墙身垂直参考线后，开始安装顶板支架。

（2）支架安装关系顶板平整度，在安装期间需一次性用顶撑调好水平。

（3）为了安装快捷，顶板底面模板要平行逐件排放，先用销子临时固定，最后统一打紧销子。

（4）模板全部安装完毕后，应用水平仪测定其平整度及安装标高，如有偏差通过模板系统的可调节支撑进行校正，直至达到整体平整度及相应的标高（图4-1-18）。

2.2.5 安装对撑、斜撑

（1）确保对撑两端安装牢固，对撑与立杆之间通过十字扣相连。

（2）斜撑底部支撑点为底板50cm高的反边位置内，另一端与相邻墙内侧模板对顶。

本项目铝合金单边支模，其余各工序施工工艺同普通模板施工工艺流程及要求无较大差异，这里不再进行叙述（图4-1-19、图4-1-20）。

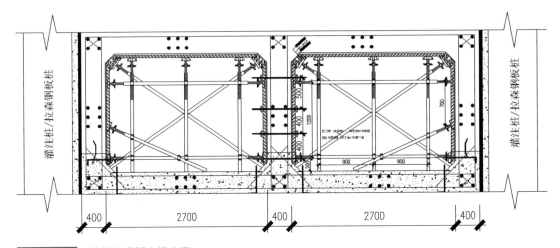

图4-1-18 墙体及顶板支模方案

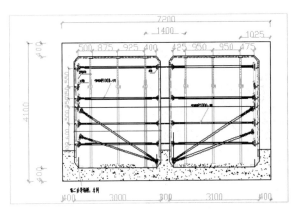

图4-1-19 内撑体系示意图

图4-1-20 内撑体系现场实施图

2.3 防水节点处理

铝模专用端模止水带定位装置设计：止水带安装采用铝合金端模，内设"π"字形止水带固定构造，本止水带定位装置包括：专用铝模端板、销钉、二段式止水螺杆（与水平受力筋一一对应，焊接形成对拉螺杆）（图4-1-21～图4-1-24）。

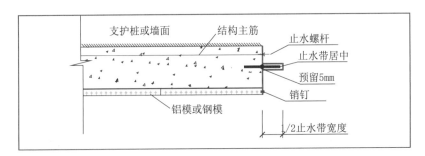

图4-1-21 止水带定位装置构造设计图

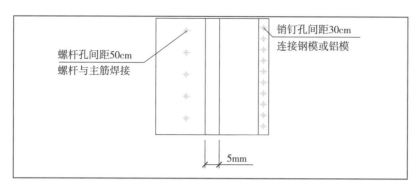

图4-1-22 止水带定位装置平面图

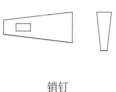

销钉

图4-1-23 铝模专用销钉图

图4-1-24 止水带定位装置施工效果图

2.4 效益对比分析

2.4.1 综合经济效益

（1）节省模板成本：铝合金模板强度大、材质好，模板可周转100～120次；钢模板为30～40次；而传统木模材质差，一般仅可周转6～8次（表4-1-3）。

（2）节约分包成本：传统木模施工分包单价约60元/m²，钢模板施工分包单价约55元/m²，而铝合金模板分包价格约52元/m²，大大节约了施工成本。

（3）节约混凝土抹灰费用：本工艺混凝土成型效果好，不需要抹灰，直接节约该成本费用。

（4）进度优势：铝合金模板是一种新型模板体系，全部采用定型设计，工厂生产制作，施工简便、安全、高效、轻松作业，施工效率提高20%～30%（表4-1-4）。

（5）质量优势：通过本工艺单边支模专用铝模体系能有效控制主体结构墙体厚度、平整度及墙面垂直度；使用铝模专用的止水带定位装置，提高止水带安装效果，增强结构防水效果（图4-1-25）。

各类模板系统性价比   表4-1-3

模板类型	铝模板	钢模板	木模板	结论
模板系统通用件使用次数	100~120次	30~40次	6%~次	铝模板具有经济实用优势
模板系统造价（含所有配件）	1500元/m²	1000元/m²	150元/m²	
整体折合单价（测算）	52元/m²	55元/m²	60元/m²	
是否需抹灰（成本）	否	是（36元）	是（36元）	
合计折合单价	52元/m²	91元/m²	96元/m²	

进度对比分析   表4-1-4

模板类型	木模	铝模
技术特点	不可早拆，不可复制	早拆体系，标准化，可复制
配模方式	墙板模板三套，支撑三套	墙板模板一套，支撑三套
工人安装效率	每人10~15m²/天	每人20~35m²/天
每节管廊完成时间（完成底板）	6~7天	5天

图4-1-25 现场效果图

2.4.2 社会效益

铝合金模板不但强度高，而且质量轻便；与传统木模相比，拼装速度快，施工效率高，从而大大缩短工期，加快了施工进度，推进了基础工程建设进程。

2.4.3　环保节能效益

采用铝合金材质的模板，减少了木质材料的使用，有利于对森林资源的保护，对节能减排、可持续发展做出实质性的行动。

2.4.4　应用前景

（1）政策方向：节能、环保、绿色、可持续发展为导向；

（2）用工优势：学习培训快，效率高，劳动强度低，工人来源可以一熟带多生；

（3）管理优势：可适当减少管理人员，标准化程度高，质量易控制；

（4）铝模投资价值分析：综合成本降低，具有质量品牌优势，优化管理，投资回报高、周期短。

专家点评：

铝合金模板体系是一种先进的工艺装备，具备重量轻、拆装方便、刚度大、精度高、坚固耐用，板面大、拼缝少、稳定性好，承载力高，浇筑的混凝土成型质量好，周转次数多、使用寿命长，施工进度快、效率高，施工过程安全，文明施工形象好，对机械依赖程度低等诸多优势，可以克服传统木模板材料损耗大、周转率低、施工进度慢、施工质量较差、不利于环保节能等缺点。将铝合金模板体系工装应用在综合管廊工程中，可以显著提高施工质量、效率和材料周转率，取得良好的社会和经济效益。

在人口、建筑、交通高度密集化的城市中心施工时，一般因严重缺乏开挖工作面而压缩施工空间，导致基坑内混凝土主体结构浇筑必须采用单边支模的方式。而传统的"单边支模+木模"的施工工艺往往存在"支模加固难、施工效果差、工艺复杂"的问题；该工艺从改变模板材料到优化支模体系，将传统的木质模板替换为"刚度大、质量轻便、安拆简易"的铝合金模板，将传统的满堂支架优化为铝模专用支撑，研究出一套针对单边支模施工、打破传统思维的施工工艺装备。

该工艺装备的成功实施为我国综合管廊建设事业提供了一个良好的借鉴，为社会创造了较大的应用价值。

建设单位：长沙中建城投管廊建设投资有限公司

设计单位：中国市政工程西北设计研究院有限公司

施工单位：中国建筑第五工程局有限公司

技术支撑单位：长沙市规划设计院有限责任公司（咨询单位）

长沙市规划勘测设计研究院（地勘单位）

深圳市勘察研究院有限公司（地勘单位）

天津正信环保新型材料有限公司（铝模板生产厂家）

北京东方雨虹防水工程有限公司（防水单位）

案例编写人员：彭万军　刘　杰　翟鹏宇　刘　鑫　胡俊杰　单　凯

第二节　特殊地质施工工法

3 喀斯特地区施工技术六盘水案例

案例特色：针对喀斯特地区淤泥质土、溶洞、溶槽等复杂多变的地质情况，探索形成的管廊施工过程中基坑开挖支护及地基处理施工技术，地基溶洞、溶槽处理中的处理方式，可为喀斯特山地城市地下综合管廊建设提供相应的参考。

1　地形地貌及水位地质条件

1.1　工程施工区域特点

六盘水市地处滇东高原向黔中丘原、黔西北高原向广西丘陵过渡的双重过渡地带，地势总体趋势是西高东低、北高南低，中部受北盘江的切割、侵蚀，起伏较大。境内山体高大，峰峦叠嶂，河谷深邃。山系沿地质构造线展开，境内海拔多在1400～1900m之间，其中六盘水市区所处的水城盆地海拔在1760～1820m之间。

全市地质构造复杂，地貌组合多样。在主要地貌类型中，山地占全市总面积64.93%，丘陵占16.9%，高原占4.05%，盆谷占8.47%，可直接开发利用的台地仅占1.66%，岩溶地貌比较发育，城区地形为"两山夹一谷"形式，区域内河网发达，岩溶面积占全市面积的63.18%以上，形成了独特的高原喀斯特地貌。

工程段内溶岩地质发育，地下水位复杂，溶洞溶槽、淤泥、碳质泥岩、石灰岩等各种地质交错，给地基处理和基坑开挖带来了极大的难度。

1.2　工程概况

六盘水综合管廊建设总长39.8km，断面形式为单舱至四舱，入廊管线种类涵盖了电力、通信、给水、热力、燃气、再生水以及雨、污水等管线（图4-2-1）。综合管廊所处路段多位于老城区，人员密集交通量巨大，且道路狭窄，两侧多为棚户区，地下水位

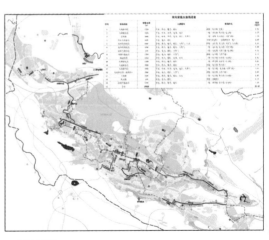

图4-2-1 六盘水地下综合管廊平面图

高，地质情况复杂，采用明挖现浇法施工综合管廊时，对两侧房屋的保护和开挖后地基的处理是工程的重点及难点。

2 喀斯特地区基坑开挖支护及地基处理施工技术

喀斯特地区地质多样，变化复杂，溶洞、溶槽发育。开挖后石笋、淤泥质土、碳质泥岩等多种地质相互交叉，六盘水地区较常见为高水位淤泥质土与溶洞、溶槽等地质，施工中针对这些地质条件总结出了一套较为成熟的施工技术。

2.1 创新详勘方式适应多变地质条件需求

针对喀斯特地区多变的岩溶地质情况，综合管廊施工主要难点体现在深基坑的开挖以及地基处理方面（图4-2-2）。

施工前详勘钻孔间距为30m一处，若地质情况复杂则加密钻勘。因综合管廊对地质要求的特殊性，变形缝处的不均匀沉降是管廊的重点质量控制点，六盘水管廊项目采取了如下做法：

图4-2-2 典型喀斯特地貌

2.1.1 提前分段，在变形缝处详勘

管廊详勘是在初勘的基础上，设计单位在平面图上根据结构设计等将变形缝位置提前划分清楚，详勘时按变形缝的位置进行钻孔点位的布设，为设计考虑相邻节段间的不均匀沉降提供最可靠的依据。

2.1.2 二次跟踪详勘，对症下药

为确保施工过程中支护及地基处理方式与实际相符，施工中创新采用了"二次跟踪详勘"的方式，即在前期详勘的基础上，设计单位先根据地勘报告中提到的地质情况，提出综合管廊开挖及支护处理通用方案集，涵盖六盘水管廊项目中可能遇到的十六种处理方式，当现场基坑开挖后，结合实际开挖的情况，由设计、地勘、监理、业主及施工五方现场确认地质情况，选择图集中合理的处理方式。

通过此程序的创新，简化了工作流程，缩短了现场环节的衔接时间，加快了施工进度，每段基坑开挖及支护的工序时间至少节约一周以上，为以后针对复杂地质情况的综合管廊建设及地基处理方式提供了一个可参考的模板。

2.2 高水位淤泥质土地区基坑开挖支护及地基处理成套技术

六盘水市属于典型的"两山夹一沟"的山区城市，老城区地下水位高，基坑两侧房屋距离近是施工开挖过程中的最大难点和安全隐患，同时如何控制淤泥质土中管廊基础强度和沉降也

是质量控制的难点之一。针对地下水位高的老城区地段，一般采取"止水帷幕+混凝土支护桩+钢管横撑"方式进行开挖支护。同时由于两侧支护桩的存在，结合两侧支护桩形成的"栅栏"作用，采用振动沉管碎石桩挤密地基保证均匀性来进行地基处理。

例如凉都大道位于老城区，两侧房屋年代久远，多为浅基础，根据地质勘查报告显示，两段道路均为古河道，地下水位高，并伴有现状河道随道路走向流过，道路路面以

图4-2-3 凉都大道现场情况

下5m范围内为杂填土回填层，透水性极强，下部为软塑状黏土，深度最深达20多米，而下伏基岩为石灰岩，且岩面线起伏较大，该岩体发育的岩溶裂隙具有强透水性，形成了地下水的储运空间（图4-2-3）。

2.2.1 基坑支护及开挖

因基底岩面起伏较大，且下伏基岩为石灰岩，设计考虑开挖支护方式为"止水帷幕+混凝土支护桩+钢管横撑"方式进行开挖支护。

止水帷幕采用两种方式设置，靠近河道一侧采用φ800mm高压旋喷止水帷幕，位于支护桩外侧，深入基底2m，远离河道一侧采用φ600mm高压旋喷止水帷幕，位于支护桩之间间距内，深入基底2m（图4-2-4）。

混凝土支护桩桩中心间距钻孔桩采用φ1000mm，桩顶设置一道600mm高冠梁，钢管横撑支撑与两侧冠梁上，采用φ600mm钢管，纵向间距<20m进行设置。

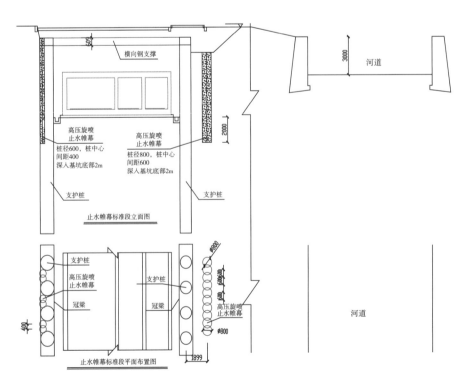

图4-2-4 基坑支护体系示意图

常规做法为先支护桩后止水帷幕的施工工艺。但在实际实施过程中，因靠河一侧路面以下5m范围内为毛石大渣回填层，透水性强，稳定性极差，支护桩钻进过程中塌孔严重，且垮塌部位均位于毛石大渣回填层内。通过分析与现场踏勘后得出，开挖后河道渗水为塌孔的主要诱因，需先防止地下水对孔桩上部分的影响，同时对毛石大渣层内的孔口进行加强，才能保证成孔质量。

实施时将支护桩与止水帷幕的顺序进行调整，先实施靠河侧止水帷幕对侧向的河道水进行截除，降低地下水对成孔过程中孔桩稳定性的影响，同时也对松散的毛石大渣层产生一定的固结作用。因顶部为毛石大渣层，止水帷幕施工时会因遇大粒径块石而无法实施，为将毛石大渣层对止水帷幕施工的影响降至最低，在施工止水帷幕前，预先将顶部毛石大渣层用挖机清理掉2m左右，并将边坡用挂网喷射混凝土进行封闭，再用引孔机将毛石大渣层预先在止水帷幕桩位处将孔先钻入淤泥层，后再用高压旋喷机实施止水帷幕。采用此方式进行止水帷幕的施工，有效规避了遇大粒径孤石时，止水帷幕无法施工的情况（图4-2-5）。

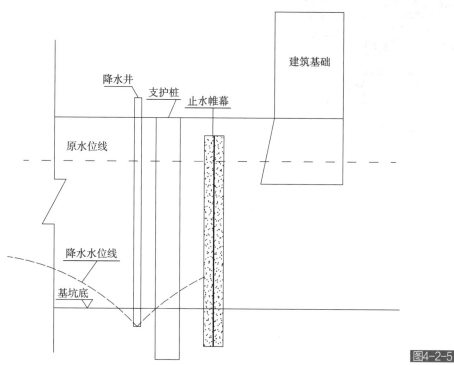

图4-2-5 基坑降水示意图

待止水帷幕实施完毕后方进行钻孔桩的施工，采取加长护筒，采用6m长的钢护筒穿过杂填土层的方案进行旋挖桩基的施工。经过现场实践统计结果显示，采取此种方式一次成孔率达到100%。

在桩基护筒拔出时需在混凝土初凝前，并且在浇筑过程中隔段时间活动一下钢护筒，否则会导致护筒无法拔出。

支护桩采用跳挖的方式实施，同时结合地勘资料，应在钻进过程中不断监测，正确判断是否遇溶洞，溶洞大小、数量、填充状况等。

为减少开挖中地下水的影响，开挖前提前对基坑进行井点降水，降水井点设置于基坑内，止水帷幕内侧，井底标高略低于基坑底部，同时因两侧有建筑物，且距离开挖基坑距离很近，为保证开挖过程中建筑的安全，在基坑开挖的过程中应随时监控基坑的变形情况。通过采取上述方式进行开挖，能有效降低开挖过程中地下水对基坑的影响，加快基坑开挖速度和安全（图4-2-6）。

2.2.2 振动碎石桩地基处理

因该段地基为淤泥质土，土体为流塑状，含水量高，为保证管廊基底的均匀性，需对坑底进行地基加固处理。设计采用振动沉管碎石桩进行施工。设计碎石桩孔径为800mm，间距1400mm等边三角形设置。管廊底部1m范围内采用毛石大渣分层压实回填（图4-2-7）。

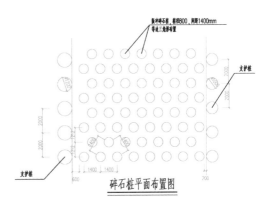

图4-2-6 基坑开挖后效果　　　　**图4-2-7** 碎石桩平面布置图

沉管到达设计深度提升灌注碎石时，由于流塑状土体从四周向中间挤压，桩尖处产生负压，导致桩尖合页无法打开，碎石无法正常灌注。为保障碎石的正常下料，需保证在桩头提升时，桩尖处土体不会向中间挤压，堵塞碎石下料通道。经多次论证后采用预制碎石桩桩头的方式可以保证成桩质量。桩头直径800mm，将碎石桩机桩尖合页去除，将桩头套在沉管端头震动下压，到达设计深度后再提升灌注碎石，由于预制桩头的存在，周围土体很快向沉管处挤压，碎石很快灌入桩中（图4-2-8、图4-2-9）。

经成桩后抽检，成桩效果良好，采用重Ⅱ型动力触探检测，贯入量100mm时击数均在5次以上。

2.2.3 综合效果评价

管廊地基整体处理完成后，通过地基承载力与静载荷试验，均满足设计要求。同时由于两侧支护桩基与止水帷幕起到"栅栏"的作用，基本限制了廊底基础下淤泥质土朝两侧的流动性，使该区域保持了相对稳定的状态。通过对管廊底板在回填前，回填中和回填后三个阶段的沉降观测，发现廊底基础变形量满足设计及使用要求。

以上成套开挖及处理技术主要适用于地下水位高的老城区综合管廊建设。针对山地城市道路狭窄，道路退让距离小等问题，将支护与地基处理作用共同考虑，既保证了支护和地基的稳

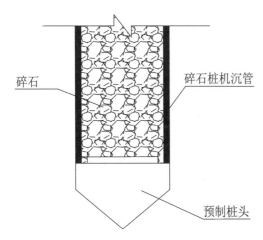

图4-2-8　预制桩头原理图　　　　图4-2-9　预制桩头

定性，同时综合成本也相对较低。

2.3　岩溶地区地基溶洞、溶槽处理技术

2.3.1　溶洞与溶槽的探测

喀斯特地区地基复杂，尤其溶洞溶槽发育，因管廊为线型混凝土结构，基底是否存在溶洞影响廊体受力情况，需要准确探明廊底是否存在溶洞以及溶洞的大小和状况，为准确判断溶洞对管廊结构的影响提供依据。

开挖至基底后，应锤击确认基底是否存在空洞或软弱地质，若发现溶洞，应对其周围进行人工钎探，确定溶洞的大小及深度，以便采取相应的处理方式。钎探是人工采用风镐，在管廊底板需探测处，向廊底钻入5m深孔，探测岩层下方是否存在溶洞，以及溶洞的大小。钻探过程中，将高压空气通过中空钻杆从端头将岩石碎末吹出，若遇溶洞或溶槽，空气压力将骤降，通过测量骤降处钻杆长度即可得出溶洞或溶槽的埋置深度。喀斯特岩溶地区采用人工钎探的方式，可有效探明溶洞、溶槽。

2.3.2　溶洞与溶槽的处理

（1）溶洞的处理

位于管廊结构底板的溶洞根据其大小及深度而采取不同的处理方式：

1）当溶洞深度较大、洞径较小不便入内施工时，因管廊底板为筏板基础，可据其性质和基底受力情况，用底板直接跨越溶洞的方式进行处理。

2）若溶洞较大无法使用结构直接跨越时，则需采取措施对溶洞进行处理，方可进行管廊的施工。

需先探测洞的深度和大小，然后采取抛填土夹石挤压密实后，在底板2m范围内采用毛石混凝土或素混凝土回填置换后在其上实施管廊底板。

3）若通过钎探等手段探知溶洞顶盖较薄，易破碎时，需人工凿除或放小炮清除顶盖，然后清除溶洞内填充杂物，再采用混凝土回填置换的方式处理（图4-2-10、图4-2-11）。

图4-2-10 人工钎探基底溶洞

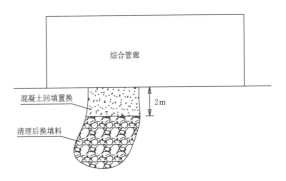

图4-2-11 溶洞处理方式

钻孔桩出现以下现象一般可判断为溶洞：

1）入岩后孔内漏浆或液面急速下降。

2）钻头入岩一定深度后突然进尺加快，且上下提动钻杆、钻头阻力很小。

3）钻出的岩样中风化岩较多，且有钟乳石碎块。

根据钻孔中的情况判断出溶洞的状态可采取回填片石或者混凝土后二次成孔、加长护筒穿越溶洞区等方式来处理。若孔桩遇到桩底落水井溶洞，只能避开此桩位，重新在其他地方实施桩基。

（2）溶槽的处理

溶槽为经长期溶蚀冲蚀而形成的深穴，其形状为槽状，槽内填充大量淤泥，软黏土等。

发现溶槽后，应探明溶槽的走向和宽度、大小。然后对溶槽内杂物进行清理后采用混凝土置换的方式处理。为保证置换后的基底为一连续整体，混凝土置换时需清除槽底松散碎石，并且处理的深度有以下要求：

1）若溶槽上下口宽度基本相同，则置换处理深度为3～4倍槽口宽度。

2）若溶槽为上宽下窄形式，则置换处理深度为2倍槽口宽度。

3）若溶槽为上窄下宽形式，则置换处理深度为5倍槽口宽度（图4-2-12）。

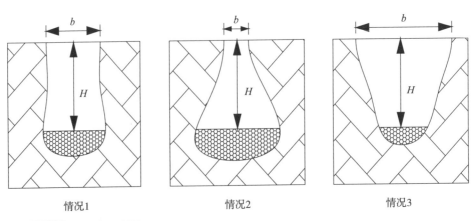

情况1　　　　　　　　情况2　　　　　　　　情况3

图4-2-12 溶槽处理断面

专家点评：

　　喀斯特地貌主要存在于西南地区，占全国国土面积比例大，地质条件复杂，地基处理及基坑开挖处理难度高。六盘水市属于典型的喀斯特山地城市，并且老城区地下水位高，两侧房屋距离近，同时综合管廊为线形混凝土结构，对地基要求高，该地区管廊建设的主要难点和控制点便是基坑开挖和地基的处理方面。通过该案例，可为喀斯特山地城市管廊建设提供相应的参考，以便及时准确提出处理方案，在保证安全质量的前提下快速、高效地完成综合管廊建设。

　　建设单位：六盘水城市管廊建设开发投资有限责任公司
　　设计单位：北京城建设计发展集团股份有限公司（一标段）
　　　　　　　中国电建集团贵阳勘测设计研究院有限公司（二标段）
　　施工单位：中国建筑第二工程局有限公司、
　　　　　　　中国建筑第六工程局有限公司、
　　　　　　　中建地下空间有限公司
　　技术支撑单位：中国建筑股份有限公司技术中心（咨询单位）
　　　　　　　　　贵州省建筑设计研究院有限责任公司（咨询单位）
　　　　　　　　　贵州省六盘水市规划设计研究院（咨询单位）
　　　　　　　　　贵州首钢国际工程技术有限公司（地勘单位）
　　案例编写人员：熊　兵　苗战中　翟鹏宇　谢华强　彭　杰

4 吹填土地质施工技术南沙案例

案例特色：针对南沙吹填土地质基础、复杂水文条件和场地特点，融合采用真空预压法地基处理、窄长型明挖式管廊基槽支护及结构防渗等多项关键技术，应用于南沙吹填土地质综合管廊项目，取得了较好的应用效果，为综合管廊在下卧深厚吹填土地质条件下进行明挖式施工积累了实践经验。

1 项目概况

1.1 工程位置

南沙吹填土地质综合管廊PPP项目是广州南沙新区明珠湾区起步区灵山岛尖配套道路工程（一期）—沙嘴中路工程中的一个子项目，该项目位于广州市南沙区横沥镇灵山岛尖（图4-2-13）。

南沙开发区内场地较为平坦，主要为鱼塘和农田等。其基岩主要为下燕山期的花岗岩（E），近场区主要地质构造有北侧东西向的范湖断裂。

灵山岛属南亚热带海洋季风气候，冬无严寒、夏无酷暑、雨量充沛、光照充足，全年平均气温21.8℃，无霜期346d；年平均降雨量1635mm，全年日照时间为1930h。由于地处珠江入

图4-2-13 工程场地平面位置示意图

海口咸淡水交界处，辖区南部每年的12月至翌年的2月份为半咸水期，咸度约为1～8‰，其余为淡水期。岛内主要河涌有北围涌、东围涌、七队涌及其支涌，其余均为农田灌溉水渠。东围涌、七队涌水体相通，情况相近，一般段河涌宽度30～35m，涌口与岛外水道相连，设有水闸。

潮汐是不规则的半日周朝，潮差为1.2～1.6m之间。季节性的最高潮位发生在6～7月间，最低潮位发生在3～4月间。潮差的年际变化不大，年内变化相对较大。汛期潮差略大于枯水期潮差。

项目所处范围防洪潮工程等级和标准为：堤防建筑物等级为I等1级，堤围按200年一遇洪水标准设防，堤防工程的闸、泵站等建筑物的设防标准不低于相应堤段的防洪标准。

1.2 工程概况

本工程将高质水、电力、通信等管线纳入管廊。沙嘴中路管廊分为A、B两种型号管廊，其中A型管廊长1287m、B型管廊长25m，合计全长1312m。管廊内设置排水、通风、供配电、控制中心、消防等设施。沙嘴中路综合管廊直接与沙嘴东路综合管廊相连（图4-2-14）。

图4-2-14 施工现场

沙嘴中路A型管廊：位于道路里程桩K0+018～K1+305处，共1287m（平面距离），尺寸：5.5m×2.6m，其中过河涌段为318.6m。

沙嘴中路B型管廊：位于道路里程桩K1+305～K1+330处，共25m，尺寸4.6m×2.6m，其中过河涌段为17.2m。

断面示意图如图4-2-15所示：

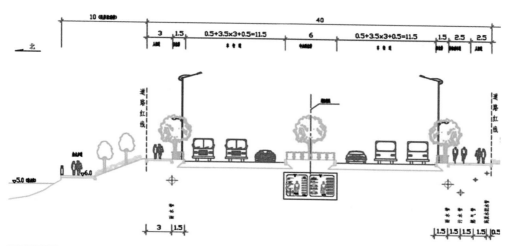

图4-2-15 管廊位置断面示意图

1.3 工程技术标准及结构形式

（1）管廊采用C40混凝土，防渗等级P8；

（2）钢筋HRB400（fy=360MPa），钢筋HPB300（fy=270MPa）；

（3）水泥强度等级不低于42.5，管廊的防水等级标准为二级；

（4）综合管廊主体结构设计的合理使用年限为一百年，抗震等级为二级；

（5）廊顶覆土深度为1.8m，综合管廊路由位置位于道路中央绿化带下方。

综合管廊主要规格见表4-2-1。

综合管廊主要规格一览表　　　　表4-2-1

序号	路名	名称	规格	单位	桩号	备注
1	沙嘴中路	A型管廊	5.5×2.6	m	k0+018～k1+305	
2		B型管廊	4.6×2.6	m	k1+305～k1+330	

1.4 施工过程中主要的技术难点

管廊主体结构所在场地的地质条件差，其特点是：主要为淤泥、淤泥质土、淤泥混粉细砂等软土，软土层厚且深，大部分地段软土为单层，局部为双层，其下卧层多为砂层，部分为黏性土，且厚度最厚处超过30m。在天然状态下，软弱黏土具有含水率高、孔隙比大、压缩性大、承载力低、灵敏度强等特点。而且该场地的地下水水位较浅，场地周边临近河道。

综合以上情况，在本项目施工过程中主要的技术难点简要叙述如下：

（1）场地地质条件差，大型机械入场困难；

（2）管廊主体结构所处地基下卧软土深达33.5m，难以满足承载力及沉降要求；

（3）管廊线路较长，周边环境及地层情况各段不同，单一的支护结构难以满足现场施工要求；

（4）管廊主体结构处于地下水影响范围，需要保证构筑物的防渗达到设计要求。

2 综合管廊施工技术及实施

2.1 主要的施工流程

施工过程，主要分成三个部分。第一部分是吹填土地基预处理，第二部分是地基处理及基坑开挖，第三部分是防水及主体施工（图4-2-16、图4-2-17）。

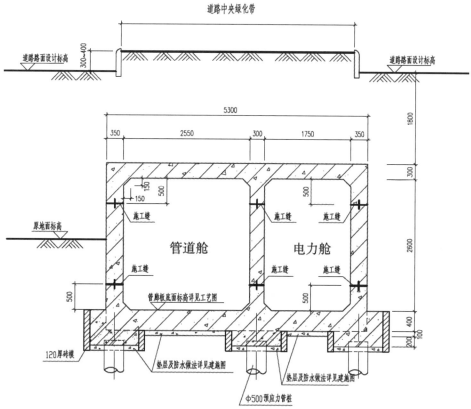

A型管廊结构断面示意图

B型管廊结构断面示意图

图4-2-16 综合管廊典型断面示意图

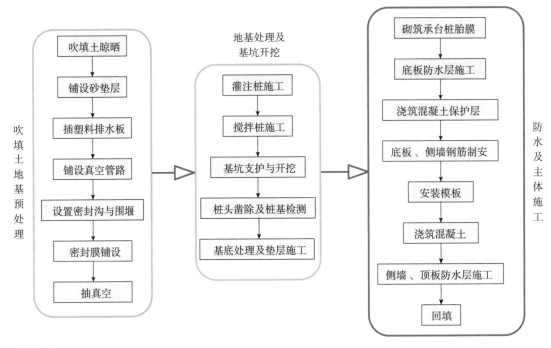

图4-2-17 主要的施工工艺流程图

2.2 施工过程中的关键技术

2.2.1 吹填土地基预处理

本项目地质资料显示：所经路段均有软基分布，且软土深厚（厚度15～33.5m），软基处理方法采用真空预压法。现场真空预压施工流程如图4-2-18所示。真空预压法平面布置示意图如图4-2-19所示。

（1）竖向排水体：采用C型塑料排水板，截面尺寸100mm×4.5mm，梅花形布置，间距1.2m，塑料排水板要求穿过淤泥质软土层及软弱下卧层，当软土层底面深度超过24.5m时，排水板的施工深度按25m控制。当下覆土层中存在砂层时，应控制塑料板距软土层底面距离为50cm，为了避免塑料排水板插入砂层，将排水板的端部1m套上防水薄膜。

（2）水平排水系统：排水垫层采用洁净的中粗砂，渗透系数宜大于$5×10^{-5}$cm/s，含泥量应小于3%。排水垫层厚度为0.6m，应宽出地基处理范围至少1.0m。本工程的路基底宽均小于60m，抽真空管网采用单侧布主管的梳状方式。主管采用直径φ75mm的硬PVC管，支管采用直径φ63mm的硬PVC管，主管、支管环刚度应不低于4kN/m²。支管间距为5m左右，支管上每5cm钻一直径8～10mm的小孔，支管外包不小于200g/m²的透水土工布。

（3）隔离与密封系统：为保证真空预压效果，在预压区顶部及四周需设置隔离及密封系统。其中，在水平排水垫层顶部设置密封膜，在预压区四周设置密封沟和泥浆密封墙（仅在地基中含有强透水砂层的路段设置）。密封沟应进入地下水位以下的黏土层0.5m以上且底宽大于0.5m。密封墙采用φ700mm泥浆搅拌桩，桩与桩相互搭接200mm，采用四喷四搅方式施工，搅拌桩桩长按10m控制，靠近建筑物及构筑物的预压区边界采用双排搅拌桩，距离建筑物及构筑

填筑中粗砂垫层0.5m、插入SPB-
C-FF-100-45型排水板

ϕ700mm四喷四搅
黏土搅拌桩施工

敷设3层厚0.12～0.14mm的压延
型聚氯乙烯薄膜

铺设真空管路（主管ϕ75mm，支
管ϕ63mm）

安装7.5kW真空射流泵，承担
面积宜800～1200m^2。

图4-2-18　真空预压现场施工流程

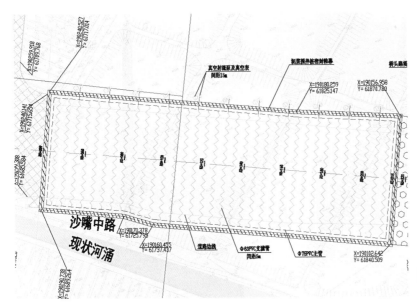

图4-2-19 真空预压施工平面布置示意图

物较远的采用单排搅拌桩。

（4）预压荷载与预压时间：真空联合堆载预压膜下真空度应不小于85kPa，每台7.5kW的射流真空泵承担面积宜为800~1200m²。抽真空压时间按4个月考虑。

（5）卸载标准：连续10天实测沉降速率≤2.0mm/d或地基固结度≥90%。

2.2.2 管廊基坑支护结构施工

根据本工程基坑开挖深度、工程地质条件和周边地形，从安全、经济、合理、可行的角度出发，主要采用放坡、拉森钢板桩+钢管撑支护、放坡+拉森钢板桩+钢管撑支护三种支护方式。

支护的施工顺序为：被动区水泥搅拌桩加固→打设拉森钢板桩→土方分段、分层开挖，同时加撑→结构施工；放坡支护开挖后在坡面挂网喷混凝土。

（1）无支撑段支护方案（挂网喷混凝土支护）

具体工艺如下：

采用一级放坡支护，放坡开挖采用1∶1.5，开挖后在坡面上挂网喷混凝土。在坡面上设置 ϕ10cm@2m×2mUPVC泄水管，基坑两侧坡顶及坡脚均设置0.3m×0.3m排水沟，沿着坑底两侧排水沟间隔30m设置集水坑（图4-2-20）。

（2）过河涌段支护方案（拉森钢板桩+钢管支护）

桩顶下方50cm设置一道型钢腰梁并采用直径40cm钢管对撑，钢管撑壁厚12mm，间距3m。对钢板桩支护的基坑坑底采用直径50mm的水泥搅拌桩加固，搅拌桩呈格栅式布置，搭接10cm，基坑底面以上空钻，以下实钻，搅拌桩满足28d强度设计要求后方可开挖。基坑两侧坑顶及坑底均设置0.3m×0.3m排水沟，沿着坑底两侧排水沟间隔30m设置集水坑（图4-2-21）。

（3）出线井支护方案（放坡+拉森钢板桩+钢管支撑）

基坑采用放坡+拉森钢板桩+钢管支撑支护设计，坡高0~1m，放坡开挖坡率采用1∶1.5，

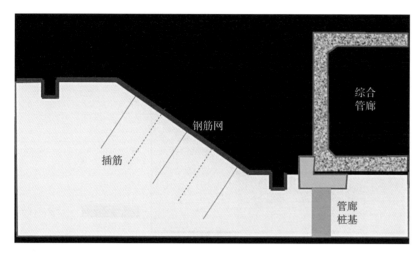

图4-2-20　一般路段施工示意图

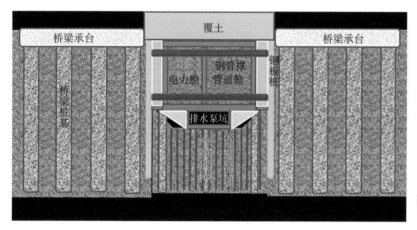

图4-2-21　过河涌段施工示意图

坡前设置2m宽平台，并在基坑内采用12m拉森钢板桩支护，桩顶下方50cm设置一道型钢腰梁并采用直径40cm钢管对撑，钢管撑壁厚12mm，间距3m，因出线井局部存在排水泵坑，考虑安全，在其影响范围第一道支撑下方2.5m处设置第二道钢管对撑，为保证基坑安全，对钢板桩支护的基坑坑底采用直径50mm的水泥搅拌桩加固，搅拌桩呈格栅式布置，搭接10cm，基坑底面以上空钻，以下实钻，搅拌桩满足28d强度设计要求后方可开挖。基坑两侧坑顶及坑底均设置0.3m×0.3m排水沟，沿着坑底两侧排水沟间隔30m设置集水坑（图4-2-22）。

2.2.3　管廊地基处理措施

本项目针对场地的软弱吹填土的不良地质情况，并结合基坑支护的安全要求，基坑坑底采用了格栅布置的水泥搅拌桩加固软弱地基。

为保证基坑安全，对钢板桩支护的基坑坑底采用直径50cm的水泥搅拌桩加固，搅拌桩呈格栅式布置，搭接10cm，基坑底面以上空桩、以下实桩。搅拌桩施工桩号为沙嘴东路综合管廊K1+344.9～K1+426.8，原地面标高为5.5m，底标高为-9.3m～-4.75m，管廊段搅拌桩桩底比钢板桩底深50cm，排水泵坑搅拌桩桩底比钢板桩底深3m。水泥搅拌加固桩布置及典型布置剖面示意图见图4-2-23、图4-2-24。

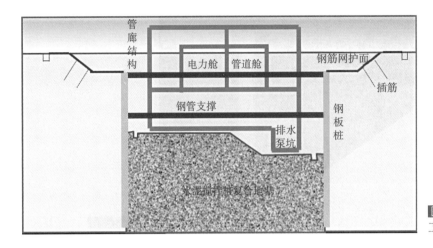

图4-2-22 出线井段施工示意图

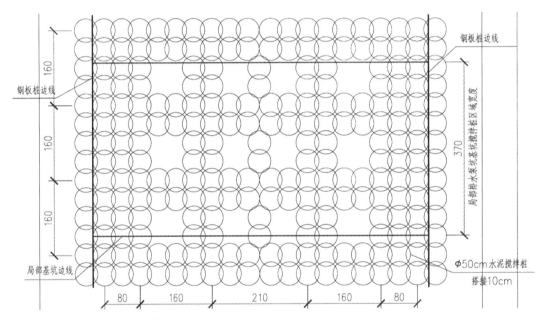

图4-2-23 搅拌桩布置大样图

2.2.4 管廊防水措施

根据地下使用功能，本工程防水等级Ⅱ级，防渗等级为P8。根据设计要求，须对管廊结构（底板、顶板、外侧墙）以及节点等地下工程薄弱环节施作防水层，应按《地下工程防水技术规范》GB 50108—2008和《地下防水工程质量验收规范》GB 50208—2011执行。

管廊防水的总体要求及标准断面地下防水设置示意图见图4-2-25。

（1）防水材料及厚度要求：

地下工程防水混凝土抗渗等级为S6；

屋面防水设置一道，防水层材料及厚度：聚合物水

图4-2-24 搅拌桩现场施工情况

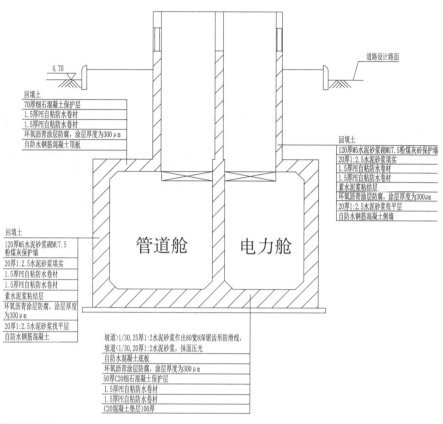

图4-2-25 标准断面防水设置示意图

泥基复合防水涂料厚度大于等于2.0mm；

外墙面的防水层材料及厚度：聚合物水泥基复合防水涂料厚为1.5mm；

地面的防水层材料及厚度：聚合物水泥基复合防水涂料厚度为1.5mm；

墙面防水层材料及厚度：聚合物水泥基防水涂料厚度为1.0mm；

（2）标准断面管廊结构底板防水层施工工艺流程（由下及上）（图4-2-26）

C20混凝土垫层100mm厚→1.5mm厚PE自粘防水卷材→1.5mm厚PE自粘防水卷材→50mm厚C20细石混凝土保护层→300μm厚环氧沥青防腐涂层→自防水混凝土底板。

（3）标准断面管廊结构顶板防水层施工工艺流程（由下及上）（图4-2-27）

自防水混凝土顶板→300μm厚环氧沥青防腐涂层→1.5厚PE自粘防水卷材→1.5厚自粘防

图4-2-26 底板防水层施工情况

图4-2-27 顶板防水层施工情况

图4-2-28 侧墙防水层施工情况

水卷材→70厚细石混凝土保护层→回填土。

（4）标准断面管廊侧墙防水层施工工艺流程（由内及外）（图4-2-28）

自防水混凝土侧墙→20厚1：2.5水泥砂浆找平层→300μm厚环氧沥青防腐涂层→苏水泥砂浆黏结层→1.5厚PE自粘防水卷材→1.5厚PE自粘防水卷材→20厚1：2.5水泥砂浆填实→120厚M5水泥砂浆砌MU7.5粉煤灰砖保护墙→回填土。

（5）节点处理

阴阳角及桩头部位的处理：阴阳角处须用砂浆做成50mm的圆角，然后再铺设PE自粘防水卷材。桩头与基面交接处，抹好水泥砂浆垫层后，预留凹槽，嵌填密封材料，再给管道四周除锈、打光，确保全面达到防水效果。

主要的节点如下述：

1）施工缝防水施工方法

止水钢板中心点距侧墙两侧17.5cm，钢板的凹面应朝向迎水面，转角处止水钢板应做成45度角（图4-2-29）。

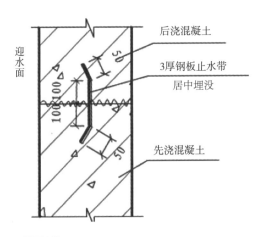

图4-2-29 施工缝防水构造

2）螺栓眼孔处理施工方法

穿墙螺杆采用直埋法，在两侧采用木板封头，模板拆除后，凿出模板封头，然后切割外漏穿墙螺杆，再用防水聚合物砂浆填满孔（图4-2-30）。

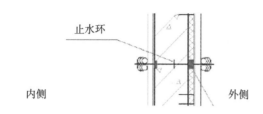

图4-2-30　螺栓眼孔构造

专家点评：

城市地下综合管廊工程施工技术包括结构、电气、通讯、消防、监控、通风、排水、管线等多方面，可谓"综合管廊结构尺寸虽小，五脏俱全"。需结合地质、水文、地上地下空间环境等因素，根据管廊的建设及运营要求，选取合理的工艺及技术进行管廊建设的组织管理。

本次广州南沙吹填土地质综合管廊项目，针对不利的吹填土地质基础、复杂的水文条件和场地的特点，融合了真空预压法地基处理，窄长型明挖式城市管廊基槽支护形式，吹填地质条件下明挖式城市管廊结构防渗等多项关键技术，将多种施工技术结合应用在新的结构形式中，取得了较好的应用效果，本项目所采用的基坑支护形式、水泥搅拌加固地基、防水措施等技术为吹填土及类似地质条件下的管廊建设做了很好的尝试。另外，管廊技术加固处理及技术方案可进一步优化，如采取桩承梁基础等。

建设单位：广州南沙明珠湾区开发有限公司
设计单位：广东省建筑设计研究院
施工单位：中交南沙新区明珠湾区工程总承包项目经理部
案例编写人员：任清波　刘志军　曾子明　曾庆军　周红星　王　冲

第三节　预制拼装施工工艺

5 预制装配整体式安装及施工技术哈尔滨案例

案例特色：针对哈尔滨市综合管廊施工区域特点，综合采用管廊标准段及各类引出节点构件全预制、现场整体拼装并浇筑叠合层的预制装配整体式安装施工技术，解决了管廊标准断面多舱、大断面、高低跨，各类引出节点复杂多样等技术难题。

1 项目概况

1.1 工程施工区域特点

哈尔滨红旗大街片区地下综合管廊位于哈尔滨市南岗区国际会展中心区域，与地铁2号线同步施工，具有交通压力大、施工环境影响大、作业面小、作业时间短、市政管线复杂、军用光缆敏感区位多等特点。

1.2 工程概况

哈尔滨红旗大街片区地下综合管廊项目共5个路段，总长13.28km，建设总造价15.65亿元。项目施工开工时间为2015年10月15日。PPP合同期27年，其中建设期2年、全线运营期25年。本项目综合管廊承载该区域主要对外市政主干管线的连接通道，服务片区的市政配套，将为南岗区建设与发展、沿线区域经济和社会发展提供重要的保障（图4-3-1）。

哈尔滨红旗大街片区地下综合管廊设计的舱室包括电力舱、通信舱、给水舱、

图4-3-1 哈尔滨市红旗大街片区管廊项目分布图

燃气舱、供热舱和雨污水舱，主要纳入高、低压电力、通讯电缆（有线、交通）、给水、中水、燃气、供热、雨水、污水等市政管线，管廊内设置消防、排水、通风、信息、电气、监控、标识等管理系统（表4-3-1）。

哈尔滨红旗大街片区地下综合管廊项目工程设计情况表　　　　表4-3-1

序号	路段名	管廊长度（m）	分区	断面形式	断面长度（mm）	入廊管线
1	宏图街（南直路~红旗大街）	1200	A区（红旗大街~南元二道街）	单舱	3.5×4.3m	电力管、通信管、给水管
			B区（南元二道街~五源路）	三舱	8.4×5.95m	电力管、通信管、给水管、排水管、燃气管
			C区（五源路~南直路）	三舱	8.4×3.1m	电力管、通信管、给水管、燃气管
2	长江路（南直路~红旗大街）	1270	南直路~红旗大街	三舱	15×3.8m	电力管、通信管、给水管、热力管
3	南直路南段（淮河路~长江路）	1470	淮河路~长江路	三舱	10.1×4.75m	电力管、通信管、给水管、燃气管、供热管
4	南直路北段（87中~宏北街）	1840	A区（87中~长安城、一机路~宏北路）	两舱	6.4×4.75m	电力管、通信管、给水管、燃气管
			B区（长安城~一机路）	三舱	10.4×4.75m	电力管、通信管、给水管、燃气管、供热管
5	红旗大街（公滨路~东直路）	7500	A区（公滨路~珠江路）	三舱	9.5×3.35m	电力管、通信管、给水管、燃气管
			B区（珠江路~先锋路）	四舱	12.9×3.35m	电力管、通信管、给水管、燃气管、供热管
			C区（先锋路~东直路）	三舱	7.8×3.35m	电力管、通信管、给水管、燃气管
	合计	13280				

本工程作为哈尔滨市综合管廊试点工程，采用预制装配整体式技术施工，预制段总长约13280m（包括标准断和各类引出节点），单个构件最大重量约10t。目前，本项目主体结构工程，除红旗大街地铁站上方外，均已全部完成，地铁站上方管廊主体结构随地铁站施工同步进行。

2 施工过程中攻克的主要难题

将管廊结构主体深化设计成叠合式底板、叠合式侧壁、叠合式顶板、双皮梁、叠合梁、预制支墩等构件，在工厂自动化流水线上批量生产，有效缩短了现场施工作业时间，既克服了严寒地区施工工期短问题，也解决了中心城区预制构件过大、重量重、运输难、吊装难的问题；采用管廊主体全预制技术，既预制标准段构件，又预制各类引出节点构件，克服了由于槽内断面上内支撑影响安装难、模板多次支拆、混凝土多次养生和外侧卷材晚铺贴等问题，从而为施工周期短提供了解决方案。

2.1 标准段预制安装技术

本工程标准断面一般为三舱或四舱，高度为3～6m，其中宏图街是高低跨断面，标准断面采用叠合式底板、预制叠合式侧壁、叠合式顶板，所有构件在工厂内提前生产然后运至现场安装，构件生产不占工期的关键线路，解决了因开挖槽内管线多、内支撑间距小，降低安装效率的问题；由于组装构件为一字型平面构件的优势，解决了多舱、大断面、高低跨的安装技术难题。本项目综合管廊主要预制构件装配式标准断面形式如下图（图4-3-2～图4-3-9）：

图4-3-2 标准断面全预制

图4-3-3 引出节点全预制

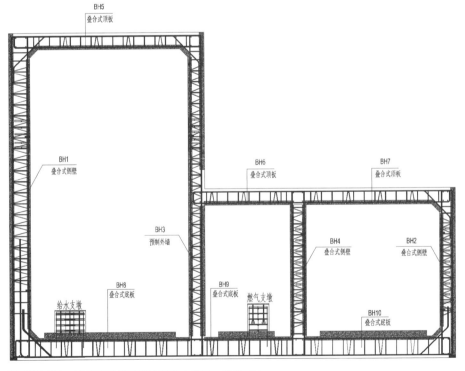

图4-3-4 宏图街标准断面拆分图（多舱、高低跨）

特点：高低跨、多舱一次组装成型。

图4-3-5 高低舱、大断面预制构件安装

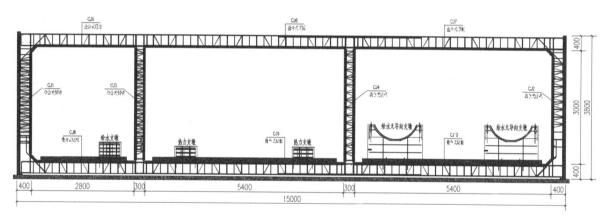

图4-3-6 长江路标准断面拆分图（多舱、大跨度）

特点：多舱、大跨度一次组装成型。

图4-3-7 多舱、大跨度预制构件安装

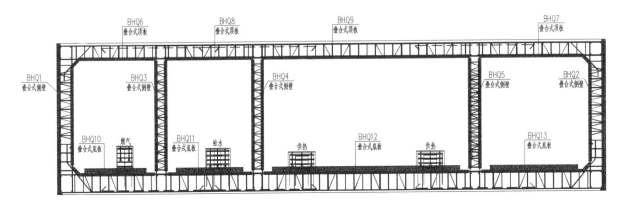

图4-3-8 红旗大街标准断面拆分图（多舱、大跨度）
特点：多舱、大跨度一次组装成型。

2.2 引出节点预制安装技术

本工程各类引出节点长度占主廊总长度的40%～60%（其中南直路南和南直路北均高达60%），引出节点内包含侧壁、框架柱、框架梁各类管廊结构构件，为解决管廊全预制的安装技术难题，各类引出节点采用预制叠合式侧壁、叠合式顶板、叠合梁、双皮梁，所有构件在工厂内提前生产然后运至现场安装，双皮梁技术与叠合式侧壁、叠合式顶板组合应用，现场减少钢筋绑扎和模板支设工序。本项目综合管廊各类引出节点预制形式如下图（图4-3-10～图4-3-16）：

图4-3-9 多舱、大跨度预制构件安装

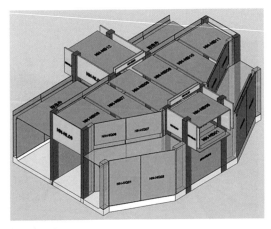

图4-3-10 通信电力引出节点BIM图，可组装多层、异形板

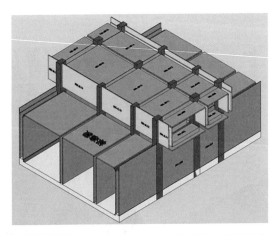

图4-3-11 供热燃气舱引出节点BIM图，可组装多层、上返梁

图4-3-12　通信电力、供热燃气引出节点预制构件现场安装

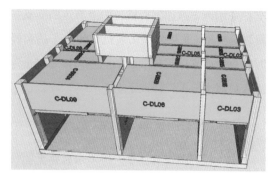

图4-3-13　风口节点BIM图，可组装多层、上返梁

图4-3-14　风口预制构件现场安装

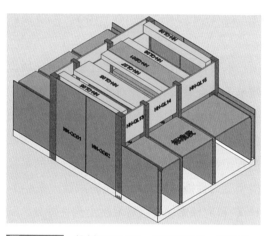

图4-3-15　投料口BIM图，可组装多层、双皮梁

图4-3-16　投料口预制构件现场安装

2.3　自密实混凝土浇筑

本工程标准断面及引出节点均为大断面，叠合式侧壁较高，而且现场绑扎完钢筋及构造钢筋后钢筋间距非常小，浇筑普通混凝土比较困难，实际现场施工时，向叠合层内浇筑自密实混凝土，分层浇筑，在结合层稍加振捣，保证了混凝土的密实度，操作简便、产品质量可靠，解决了现场混凝土浇筑质量不可控的问题。

2.4　开挖及基坑支护技术

本工程位于老城区，现场作业面小，基坑开挖宽度不可过大。采用预制装配整体式管廊技术，开挖宽度可比现浇管廊宽度减少1m，有效节约了土方开挖量；现场标准断面支护采用内支撑加钢板桩，引出节点断面支护采用锚杆加钢板桩，提高了构件安装效率；构件重量为5-8t，采用轻型吊装机械的汽车吊和履带吊即可，行走方便，安装效率高，且构件安装时能克服内支撑阻碍安装的缺点，以每35m为一施工段，保证安装机械、安装人员、浇筑混凝土人员流水施工，保证工期。

2.5 淤泥质土地基处理

本工程宏图街及红旗大街（东直路至明德路段）地质条件差，存在淤泥质土，现场采用混凝土桩及回填砂石料进行加固处理；宏图街两侧居民区密集，管线复杂，施工时多次出现漏水现象，现场选用专业的施工队伍，通过水泥护壁形式封堵漏水点进行排险抢修，保证施工顺利进行。

3 施工过程中开展的关键科学问题研究及施工技术试验验证

本项目以哈尔滨市东部红旗大街区域拟建地下综合管廊为研究对象，首先根据施工图设计图纸，对原结构进行深化设计，采用叠合装配整体式技术进行管廊的建造，为此进行了叠合装配整体式地下综合管廊的足尺模型受力性能试验及防水性能试验（图4-3-17），研究探索综合管廊混凝土构件拆分、制作及连接的有效方法，试验验证了拟采取的深化设计方案和组装施工方法的可行性和有

图4-3-17 地下综合管廊性能试验

效性及叠合装配整体式综合管廊受力性能和防水性能满足设计要求；在此基础上采用SAP2000对试验模型的有限元模拟分析，对其受力性能进行了进一步探讨，基于试验和分析结果的讨论和分析，可得到以下主要结论：

（1）本项目提出的管廊构件拆分、制作和连接方法可行，装配完成后管廊外观美观，能达到较好的施工质量（图4-3-18）。

（2）达到荷载设计值时，管廊顶板的最大位移仅约为1mm，底板的最大位移不足1mm，混凝土外墙的侧移也较小，且管廊顶板和底板仅有少量微小裂缝，其最大裂缝宽度仅约0.1mm，连接节点处未出现异常，表明管廊的整体受力性能较好等同于现浇结构，验证了本项目提出的叠合装配式综合管廊具有良好的受力性能和可靠性的观点，满足设计要求（图4-3-19 ～图4-3-20）。

（3）在管廊纵向连接后浇带区域的抗渗性能试验发现试验过程中管廊并未产生渗水现象，且由于管廊在达到设计荷载时也仅产生微小裂缝，进一步保证了管廊的防水抗渗性能，防水性能试验表明该叠合装配整体式综合管廊具有较好的防水性能。

（4）基于SAP2000的有限元模拟结果与试验结果整体吻合较好，表明本项目的有限元建模方法具有较高的精确性和可靠性（图4-3-21）。

图4-3-18　叠合式管廊构件外观

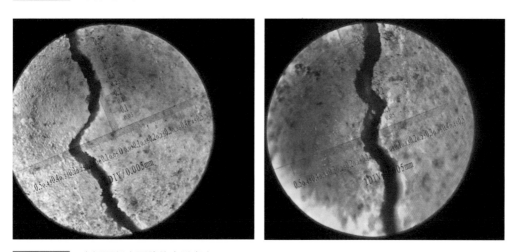

图4-3-19　底板混凝土裂缝放大后宽度

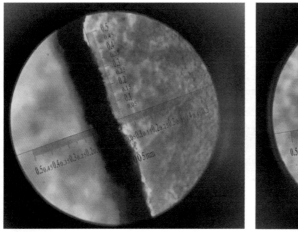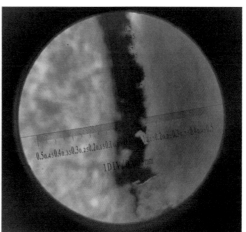

图4-3-20　顶板混凝土裂缝放大后宽度

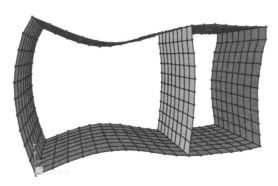

图4-3-21 结构整体变形形状的比较：管廊结构整体变形图（模拟结果）

（5）有限元分析结果表明，管廊顶板、底板及内外墙所受内力较小，特别是各构件的最大和最小主应力值均较小，大多构件的最大应力远小于混凝土的峰值拉压应力，表明管廊混凝土受力较小，管廊承载能力具有较高的安全储备。

4 预制装配整体式安装及施工技术特点及实施效果

预制装配整体式安装及施工技术工艺主要优点为能有效改善工程建设质量，节能、环保、减排、低碳，大幅缩短施工现场工期，机械化程度高，符合国家中长期发展规划要求。

4.1 实施过程的特点

（1）构件批量制作，每天可生产两批次管廊构件，产量高。生产不占关键线路，加工不受季节影响，节约工期（图4-3-22）。

（2）现场构件采用机械安装，能达到即运即安，减少场地占用，不影响交通，达到快速施工的效果（图4-3-23）。

（3）管廊工程标准段、各类引出节点及各类管线支墩均实现工厂全预制，是现浇管廊及管涵式管廊技术无法比拟的。

图4-3-22 批量生产的构体

图4-3-23 机械化安装构件

（4）预制装配整体式管廊构件拥有模板功能和受力钢筋功能，应用时节约了钢筋绑扎和模板支设时间，且安装后叠合层内浇筑自密实混凝土，使结构等同于现浇结构，满足了结构设计要求和功能，且只浇筑一次，节约了养护时间，缩短了工期（图4-3-24、图4-3-25）。

图4-3-24 装配式管廊效果　　　　图4-3-25 混凝土建筑

4.2 技术优势及适用范围

4.2.1 技术优点及创新点

预制装配整体式混凝土综合管廊技术综合优势为预制率高、施工工艺简单、质量好、工期短，对比其他管廊结构体系具有明显优势。

创新点是各种标准断面和各类引出节点全预制，即达到管廊的全装配效果，构件在工厂自动化流水线上生产，生产效率高，产量高，能满足安装的需求，产品为"一"字形构件，便于运输及吊装。叠合层应用自密实混凝土进行浇筑，结构整体性好，防水效果更易保证，结构安全性高。此技术体系完善，构件加工及安装工艺简单，便于推广。

4.2.2 适用范围

预制装配整体式混凝土综合管廊技术不仅适用于普通较小的单舱或两舱标准断面，尤其在多舱、大断面、高低跨断面上更具有明显优势；而且此技术也适用于各类引出节点的预制，包括普通引出节点、送风口、排风口、投料口等各类复杂节点。

4.3 实施效果（图4-3-26～图4-3-29）

图4-3-26 宏图街电力通信舱标准段

图4-3-27 长江路供热舱标准段

图4-3-28 南直路南电力通信引出节点

图4-3-29 南直路南电力通信舱标准段

专家点评：

本案例针对哈尔滨市综合管廊施工区域特点，综合采用了预制装配整体式混凝土综合管廊构件分块预制、现场整体拼装并浇筑叠合层的施工技术，解决了管廊标准断面多舱、大断面、高低跨，各类引出节点复杂、多样性，现浇管廊工期长、不利于绿色施工，管节式管廊构件生产效率低、运输安装困难等技术难题。试验研究及实践实施效果证明，预制装配整体式混凝土综合管廊拥有受力性能等同于现浇管廊结构，自防水性能、外观质量优于现浇管廊结构的特点，具有节能、绿色、环保等优势。

建设单位：哈尔滨管廊投资管理有限公司
设计单位：哈尔滨市建筑设计院
施工单位：北京城建亚泰建设集团有限公司
技术支撑单位：黑龙江宇辉新型建筑材料有限公司
案例编写人员：闫红缨 马川峰 祝玉君 麦明磊 李 杨 张志斌 颜 鹏 曹 正

6 节段式预制拼装技术厦门集美核心区案例

案例特色：针对厦门集美新城核心区综合管廊施工特点，采用节段工厂化预制、现场进行匹配拼装、张拉预应力钢绞线连接成跨的施工技术，实现了综合管廊的工厂化制作和机械化施工，提高了工程质量，同时加快了工程施工进度，经济效益和社会效益显著。

1 项目概况

1.1 工程规模

集美新城核心区占地面积约4.64km²，高标准建设综合管廊，结合主干网形成"三横三纵"布局系统，基本覆盖核心区。综合管廊总长度7.85km，项目于2010年开工建设，现已建成并投入使用（图4-3-30）。

图4-3-30 集美新城核心区综合管廊平面示意图

1.2 管廊断面结构

集美新城核心区综合管廊项目纳入管线齐全，一侧安装以电力为代表的强电，另一侧安装以通信为代表的弱电及中水，地面安设给水管道，地面以下布置雨、污水管。管廊内设有专门的行车道便于维护管理。管廊设有A型、B型、C型、D型等断面结构，典型断面如图4-3-31所示。

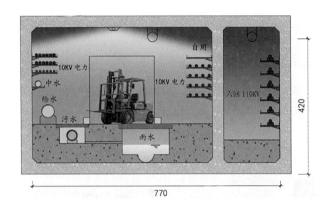 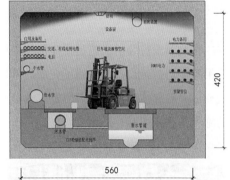

图4-3-31 综合管廊典型断面示意图

综合管廊采用C40防水混凝土，抗渗等级S6，沿纵向每隔不大于20～30m的距离设置一道沉降缝。本工程采用节段式预制拼装技术，每跨根据长度不同划分了6～11个预制节段，根据节段的构造不同，分为端节段、中间标准节段、横穿口节段等，标准节段长为2.5m。工程项目具体情况详见下表（表4-3-2）。

综合管廊工程项目汇总一览表　　　　　　　表4-3-2

序号	工程项目名称	管廊总长度m	断面尺寸（宽×高）m	标准节段长度m	标准节段重t	断面结构型式	开竣工日期
1	厦门集美新城核心区市政道路一期A标	608	5.3×4.3	2.5	43	单仓箱型	2010.9～2012.12
2	厦门集美新城核心区市政道路一期D标	1528	6.4×4.9	2.5	55	单仓箱型	2010.7～2011.10
3	厦门集美新城集美大道220kV线路缆化工程	3175	3×2.8+1.8×2.8	2.5	38	双仓箱型	2013.3～2015.9

2　主要攻克的难题

研究并解决了明挖法装配式综合管廊施工的关键技术，使采用预制安装方法建设地下综合管廊的工程质量得到保证，同时加快了工程施工的进度，取得了显著的经济效益和社会效益。

2.1 综合管廊节段长线法匹配预制工艺技术

在调查分析及总结现有桥梁长线、短线节段预制工艺的基础上，根据综合管廊节段预制数量、工期、现场拼装的精度要求和场地条件，开发了节段长线法匹配预制工艺，即：在预制工厂内根据每（单）跨综合管廊的线形（长度）设置节段预制的长线台座，从长线台座的一端往另外一端预制综合管廊节段，已浇节段的后端面作为待浇节段的前端模，形成匹配接缝来确保相邻节段块体拼接精度，如此依次逐节段循环进行，直至完成整跨综合管廊节段的预制（图4-3-32）。

2.2 综合管廊节段拼装工艺技术

预制节段拼装的工艺是将在预制工厂生产的节段通过运输车辆运输至现场，用架桥机或龙门吊等专用拼装设备，在施工完成的管廊基础上按次序逐块组拼，节段间采用胶拼，整跨胶拼完成后，施加体内预应力，使之成为整体结构，并沿预定的安装方向进行逐跨拼装、逐跨推进的施工工艺（图4-3-33）。

图4-3-32　综合管廊节段长线法匹配预制现场　　图4-3-33　综合管廊节段拼装现场

2.3 节段胶拼预应力接头

根据综合管廊工程所在地区的常年温度变化、使用环境等情况，通过试验选用合适的混凝土环氧胶结剂，按要求在拼装节段相邻结合面进行涂抹，而后进行临时张拉（体外），当完成一跨胶拼后进行整跨永久张拉。

2.4 模板系统

节段预制采用长线法匹配的工艺原则，以节段特征值为设计依据。通过对同类预制拼装模板系统的分析与研究，充分借鉴和融合其优势技术，同时充分考虑互换性，并着重考虑施工现有配套设备、施工工艺和施工技术特点的适应性，以及本系统的制造、使用等相关技术经济性进行设计。节段预制模板系统主要由端模、底模、侧模、内模等几部分组成。研制的模板系统具有工效高、操作方便、安全可靠性高、易于保养和维修等特点，解决了节段预制和匹配的难题。

3　主要施工工艺流程及步骤

3.1　明挖法装配式综合管廊施工工艺流程（图4-3-34）

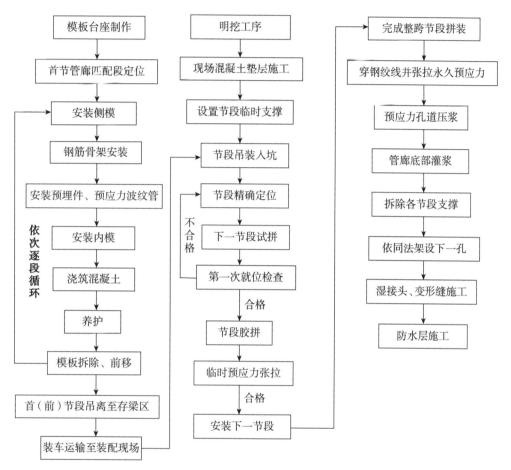

图4-3-34　明挖法装配式综合管廊施工工艺流程图

3.2　施工步骤

3.2.1　节段长线法匹配预制施工步骤

（1）在长线预制台座端立模、吊装钢筋骨架、浇筑端部1号节段；

（2）拆除1号节段模板后，将之作为匹配段进行2号节段的模板、钢筋骨架的吊装、浇筑混凝土。如此依次进行排序预制；

（3）当1号节段强度达到起吊要求后，将1号节段与2号节段分离、出运至寄存区；

（4）当N号节段预制完，即第一预制周期结束。此时可从端部继续开始第二预制周期的节段预制。

3.2.2　综合管廊节段拼装施工步骤

（1）根据节段重量、尺寸、现场条件及进度要求等因素进行拼装设备的选型；

（2）节段拼装设备的验收及综合管廊基础施工；

（3）从前往后依次将整跨综合管廊各节段吊装至基坑内，并置于基础的临时支撑上；

（4）首（前）节段精确定位后，一次进行节段试拼，并进行接缝涂胶施工；每道接缝涂胶完毕后将该节段精确就位并进行临时预应力张拉，涂胶施工要严格控制接缝胶面厚度和保证胶面完全密切结合；

（5）整跨拼装完成后，穿钢绞线并施加永久预应力，而后进行管道压浆；

（6）对综合管廊底部和垫层之间的间隙进行底部灌浆，待灌浆层达到一定强度，解除临时支撑，使整跨综合管廊支撑在灌浆层上；

（7）依同法拼装下一跨，直至完成。浇筑各跨端部现浇段混凝土，处理变形缝，使各跨综合管廊结构体系连续（图4-3-35）。

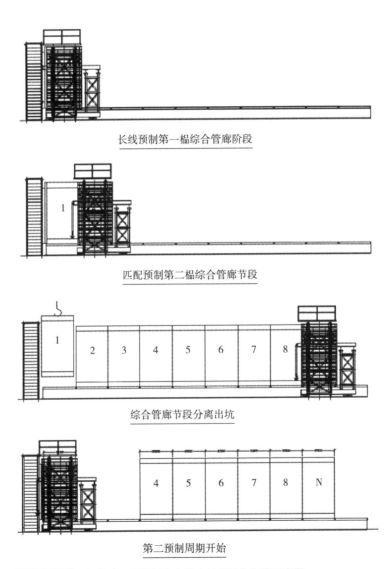

长线预制第一榀综合管廊阶段

匹配预制第二榀综合管廊节段

综合管廊节段分离出坑

第二预制周期开始

图4-3-35 长线法匹配预制综合管廊节段操作步骤示意图

4 技术优点及创新点

4.1 技术优点

（1）综合管廊节段在预制厂生产采用长线法匹配预制，以确保现场拼装时相邻节段块体拼接精度。长线法预制节段的台座周转快、利用率高，机械化程度高，各工序实现工厂化流水作业，生产效率高，同一台座可交错进行2跨管廊节段的预制，管廊节段质量有保证、观感好。

（2）现场拼装施工周期短，基坑暴露时间短，大大加快了施工进度。

（3）对城市道路交通和环境的影响小，施工现场无须模板支架，无须大量现浇混凝土，粉尘噪声污染少，对道路交通影响小。

（4）由于大量的工作量在预制厂完成，故可节省工程成本，经济效益显著。

4.2 技术创新点

（1）开发了综合管廊节段长线法匹配预制工艺技术

该工艺在预制工厂内根据每（单）跨综合管廊的线形（长度）设置节段预制的长线台座，在纵向进行匹配预制，形成流水线式的生产，具有施工速度快、线型控制较为直观、测量易于控制，成跨后混凝土收缩徐变对框架涵线型及结构影响较小等优点，适宜大规模工厂化集中生产，确保综合管廊节段的匹配预制质量。

（2）研制机械化程度高、操作方便、质量标准高的综合管廊节段预制模板系统。

（3）开发了综合管廊节段拼装工艺技术

包括预制节段纵向拼装、永久预应力张拉、孔道压浆、底部灌浆等。由于综合管廊采用节段预制现场预应力拼装，减小了综合管廊混凝土的徐变，避免了类似现浇混凝土产生的裂缝问题，提升了综合管廊钢筋混凝土结构的质量，提高了工程结构的耐久性。对城市的交通维护、环境保护、工程质量的提升和建设工期起到了积极作用。

专家点评：

装配式综合管廊匹配预制拼装施工技术作为一种新型的、先进的施工工艺，与传统的现浇工艺有着不可比的优点，实现了工厂化制作和机械化施工。产品制作质量控制精度高，改善了工人作业环境；产品安装利于环境保护，由于产品制作不占关键线路，有效缩短了管廊主体的施工工期，从而使综合管廊综合成本得到控制。

随着运输机械、安装机械技术的不断发展，必将克服装配式综合管廊技术在管廊多舱、大跨度、高低舱、引出节点上应用的不足，未来该技术的推广应用前景广阔。

建设单位：厦门市市政建设开发总公司
设计单位：厦门市市政工程设计院
施工单位：中交第三航务工程局有限公司
案例编写人员：熊子千　黄朝梅　张旭晨

第四节　暗挖施工技术

7 跨海长距离顶管施工技术厦门翔安机场案例

案例特色：针对长距离过海段管廊施工技术难题，在进行关键科学问题研究基础上，采用了超长过海段顶管施工技术，相关的管材选择、管节防水、中间继设置、顶管进出口洞加固、顶管机选择、减阻、顶进测量及纠偏、孤石处理等经验，可为其他类似地区施工提供借鉴。

1　项目概况

1.1　工程施工区域特点

厦门翔安新机场片区地下综合管廊位于厦门市翔安区大嶝岛的核心区域。本项目的特点有交通压力大，施工作业面小，与地铁、机场快速路及众多市政道路同时施工，军用碉堡、军用光缆等敏感区位多（图4-4-1）。

图4-4-1　管廊线路总体布置图

1.2　工程概况

本综合管廊项目两个过海段顶管工程分别为大嶝大桥过海段、机场快速路过海段，共包括2座工作井，2座接收井，大嶝大桥过海段2φ3000mm顶管长度为708m，机场快速路过海段2φ3000mm顶管长度为982m，顶管总长共计3380m。

大嶝大桥过海段顶管轴线主要穿越地质层有：残积砂质黏性土、全风化花岗岩，局部为砂砾状强风化花岗岩，部分段落可能穿越孤石区。

机场快速路过海段顶管轴线主要穿越地质层有：粉质黏土、残积砂质黏土、中粗砂、强风化岩，部分段落可能穿越孤石区。

大嶝岛海域潮水位标高最大年变幅约在-3.0～3.0m范围。

由于本项目过海段采用顶管形式进行施工，除每年夏秋季节的强台风天气外，气象条件对顶管施工影响较小。

本项目综合管廊过海段顶管段的断面形式如下（图4-4-2、表4-4-1）：

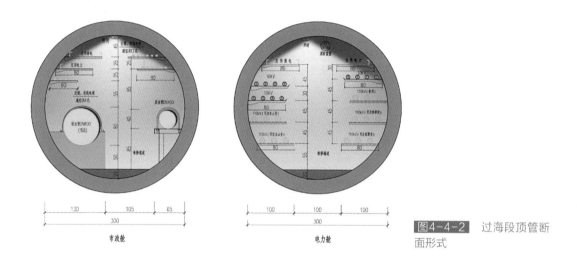

图4-4-2 过海段顶管断面形式

市政舱　　　　　　电力舱

厦门翔安新机场片区地下综合管廊工程顶管设计及管线入廊情况表　　表4-4-1

序号	路段名称	长度（m）	断面形式	断面尺寸	入廊管线	完工时间
1	大嶝大桥过海段	708	双舱	2φ3000mm	给水、原水、信息、电力	2019.6
2	机场快速路过海段	982	双舱	2φ3000mm	给水、信息、电力	2020.5

本项目两处过海段包括：工作井2座（内净空：长13.8m×宽10m×深（23.79～25.14m）；井壁厚度从上而下依次取1.2m、1.4m、1.6m三种壁厚，采取下宽上窄内墙水平的方式）；接收井2座（内净空：长13.8m×宽10m×深（22.54～24.43m）；井壁厚度从上而下依次取1.2m、1.4m、1.6m三种壁厚，采取下宽上窄内墙水平的方式）；顶管采用2φ3000mm双舱形式，管材采用"顶管专用钢筋混凝土管"，管底埋深约为现地面（海底）下14.11～20.57m，采用上水顶（设计纵坡0.3%）（图4-4-3～图4-4-6）。

大嶝大桥过海段和机场快速路过海段综合管廊的施工，两处过海顶管长度分别为708m和982m。两处过海段均采用NSD3000mm泥水平衡式顶管掘进机进行顶管施工，顶管采用"F"型钢筋混凝土承插管（图4-4-7）。主要工程施工难点为：

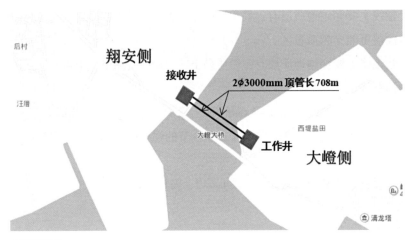

图4-4-3　大嶝大桥过海段平面示意图

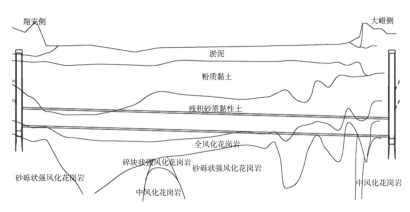

图4-4-4　大嶝大桥过海段剖面示意图

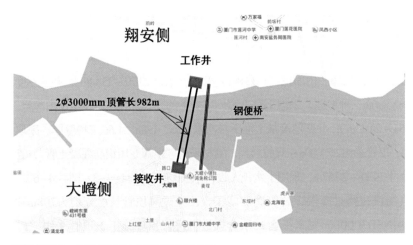

图4-4-5　机场快速路过海段平面示意图

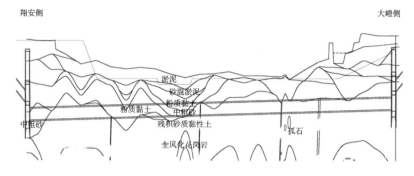

图4-4-6　机场快速路过海段剖面示意图

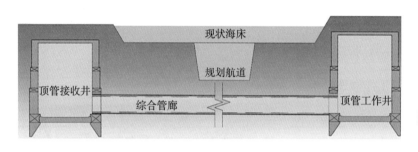

图4-4-7　过海段管廊顶管施工断面

（1）顶管过海距离长。最大顶管长度达982m，最大顶力为45846kN，是管材允许最大顶力（17000kN）的2.7倍，顶进过程中需设置6个中继间来分担顶力，中继间的布置方式对顶进过程的顶力分担有较大影响，同时在管材中预留注浆孔，顶进过程采用触变泥浆进行润滑减阻。

（2）顶管管径大。管材采用C50钢筋混凝土预制管，外径3.6m，为厦门市最大管径的顶管过海工程，也是国内第一条综合管廊过海工程。

（3）海底地质环境复杂。顶管过程主要穿越粉质黏土、残积砂质黏土、中粗砂、强风化岩，部分段落可能穿越孤石区，由于顶进过程中无法更换刀盘，顶管前需对机头进行改造，加密切削刀排列密度，提高耐磨强度；常规刀具更换成高强度KE13钨钴合金，可将抗岩石强度提高到60Mpa；必要时可以采取冲孔桩破除排障法辅助进行。

（4）管顶覆土浅。清淤后最小覆土为3m，当浮力超过管材上覆土重量及管材或设备自重时，施工中可能造成顶管机"抬头"，姿态难以控制；贯通后可能会造成管廊结构上浮，当上浮值无法有效控制时，将产生较大的透水风险。

1.3　施工过程中开展的关键科学问题研究

（1）海底管廊顶管法施工力学行为研究。本工程处于高裂度地震区及高水压区，关键荷载计算有其特殊性及重要意义。在顶管的施工过程中，及时地进行注浆对于填充顶管与岩层的空隙至关重要，可有效防止沉降，对结构的安全施工具有重要意义。注浆量、注浆压力、注浆速度、注浆范围是注浆施工中的关键参数，而不同的地质条件是注浆材料选择的决定因素，对于海底的复杂地质条件，有必要对其注浆效应及注浆参数进行优化研究。

（2）跨海管廊顶管法施工结构防渗、防腐蚀、耐久性研究。跨海管廊的防水体系和防水结构不同于传统的路上管廊，也不同于一般的跨海隧道，具有长期浸泡在海水中、强渗透性、强腐蚀性、强冲刷性，动、静水压力对管廊结构长期荷载作用等特点。同时又具有管段防裂面积大、顶管对接接头防水长度长、水下施工工序多且复杂等不可避免的客观条件限制。管廊的管节接头在地震、高水压、腐蚀性、管廊基底不均匀沉降、地表不均匀变形的情况下也极容易失效。如果管廊中一旦出现腐蚀性海水渗漏，会腐蚀管道。天然气管道中的少量酸性气体如硫化氢、二氧化碳等在有水的条件下也能形成酸性物质，使管道内部产生腐蚀，从而引起管道中的气体泄漏，严重影响管廊的运行安全。因此，研究海底管廊的防水非常必要。

2 超长过海段顶管施工技术及实施

2.1 过海段顶管施工工作原理

根据本工程的地质条件及安全要求，过海段顶管采用NSD3000mm泥水平衡式顶管掘进机进行顶管施工（图4-4-8）。

泥水平衡顶管施工工法采用机械掘进技术，基本原理是由送水泵将具有一定浓度的泥水送至挖掘面，再经井内旁通压力调整阀及调整排泥泵转速来调整进水压力大小，使其平衡地下水压及挖掘面土压力，尽量使掘进机刀盘在平衡压力下工作，从而可防止由于挖掘面的失稳而造成地面沉降和隆起（图4-4-9）。

泥水平衡顶管系统的主要设备有：掘进机、主顶设备、测量设备、井内旁通、控制系

图4-4-8 顶管施工设备平面布置

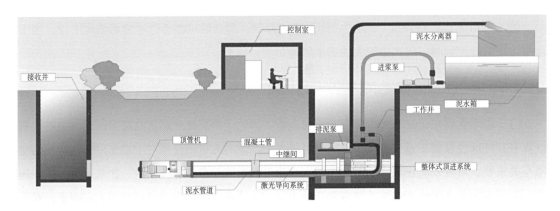

图4-4-9 泥水平衡顶管工作原理示意图

统等；辅助设备包括：泥水处理设备、注浆设备。

本工程顶管属超500m的长距离顶管，顶进过程容易出现较大管道偏差，需采取勤测、勤纠，严格控制顶进速度的措施进行控制偏差大的问题，因此将采用"全自动APS智能引导系统"进行全程自动测控，做到动态设计、信息化施工。

2.2　管材选择

顶管管材采用顶管专用"F"型预制钢筋混凝土承插管，内径3.0m，壁厚0.3m，管长2.5m，接口密封圈采用楔形橡胶圈，每节管材配备2个试压孔（与吊装孔呈90°）（图4-4-10），每3节带1节注浆管，每节注浆管另配置4个注浆孔（与吊装孔呈45°）（图4-4-11）。

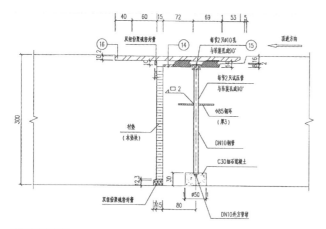

图4-4-10　试压孔结构图及实物图

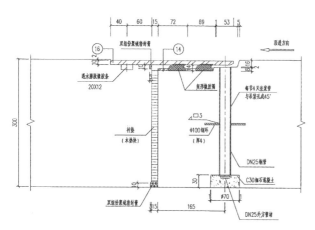

图4-4-11　注浆孔结构图及实物图

2.3　管节的防水

（1）本工程过海段顶管管材直接埋入海域，地下水环境类别属四类，海水对混凝土结构和结构中的钢筋在长期浸水条件下具有腐蚀性，在干湿交替条件下具有强腐蚀性。结构设计寿命一百年，因此在设计之初，便对钢筋混凝土采取多种措施，除了对混凝土原材料做出严格要求外，同时要求混凝土采用双掺技术，以提高混凝土的耐久性。为了能确保混凝土结构寿命周期，在混凝土中掺入防腐阻锈剂，能有效抑制、阻止或延缓钢筋锈蚀的电化学反应过程，从而起到有效保护钢筋的作用。

（2）为保证在顶管长时间深埋海底的条件下不被海水腐蚀，除了顶管混凝土材料进行多重防护外，对顶管承插口的钢板也调整成耐海水腐蚀的铬钢，大幅度提高钢板在海水中浸泡的耐蚀性，从而有效保障结构寿命一百年的要求。

（3）管节间承插口防水采用双道楔形密封圈止水，接口处填塞抗微生物双组份聚硫密封膏，同时在承口钢套环内侧粘贴遇水膨胀橡胶条来保证接口的抗渗性，接口处采用双道楔形密封圈，一方面相当于接口抗渗的双道保险，另一方面万一发生渗水时也可以通过双道楔形密封圈中间的试压孔注浆补救（图4-4-12）。

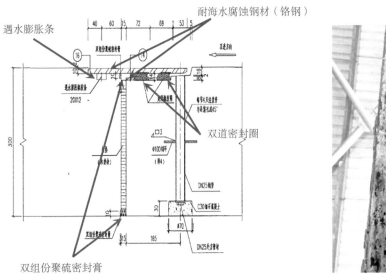

图4-4-12 管节间防水构造图

2.4 中继间设置

中继间设置原则：中继间的设置应根据估算总顶力，管材允许顶力，工作井允许顶力及主顶千斤顶的顶力来确定。其中大嶝大桥过海段总顶力33728kN，机场快速路过海段总顶力45846kN，根据设计及施工技术条件，本项目中继间设置情况如下：

（1）数量。顶管施工中中继间具有分段顶进、分摊顶力的作用。通过理论计算，大嶝大桥过海段顶管中继间需设置2个，机场快速路过海顶管段中继间设置3个，结合现场实际施工经验，通过增加设置中继间，确保顶力富余、顶进顺利。其中大嶝大桥过海段顶管中继间设置4个，机场快速路过海顶管段中继间设置5个（图4-4-13、图4-4-14）。

（2）安放。中继间在安放时，第一个中继间应紧跟机头后部，增强机头排障功能。根据设计要求，第一个中继间的顶力富余量不宜小于40%，其余不宜小于30%。

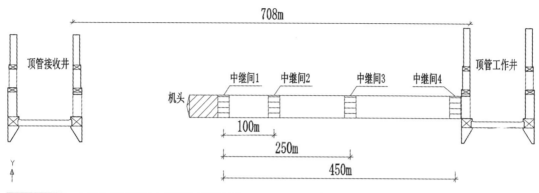

图4-4-13　大嶝大桥过海段中继间布置示意图

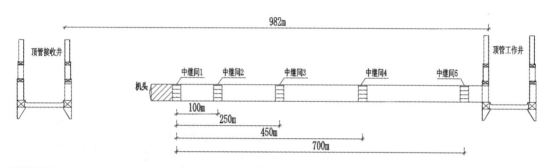

图4-4-14　机场快速路过海段中继间布置示意图

（3）选型。在中继间选型上，常规中继间待顶管结束后的拆除、修复工期很长，影响总工期。本工程采用与管材连接伸缩性"丢弃式"中继间，可直接将两节水泥管直接合拢不留任何隐患，大大缩短修复工期（至少缩短1个月），安全可靠，防腐性可与管材同寿命。

（4）自动控制。从顶管机向工作井依次按1号、2号……编号。工作时，首次启动1号，中继间顶推行程达到允许行程后停止1号中继间，启动2号中继间工作，直到最后启动工作井千斤顶，循环顶进。

2.5　顶管进、出洞口加固

在工作井出洞区、接收井进洞区都采用注浆进行加固，范围为离洞口正前方6m，上、下、左、右各4m（图4-4-15）。

同时为保证顶管过程中后靠顶力的安全，在工作井下沉到位后对侧面及后靠背处也采用注浆进行加固，沉井侧面加固宽度为3m，后靠背侧加固宽度为6m，深度与沉井同深。

2.6　顶管机的选择

本工程顶管口径大（φ3000mm），出土量多，需穿越海床底部，综合地质情况，本工程选用NPD3000mm封闭式泥水平衡顶管机（图4-4-16）。因局部孔段见有孤石或不均匀风化残留体分布，且受花岗岩风化特性影响，不排除钻孔间有其他孤石或不均匀风化残留体分布的可

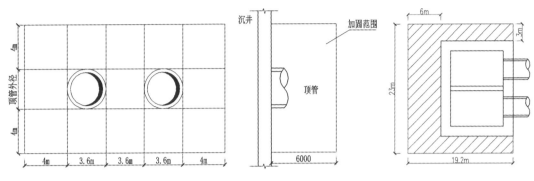

图4-4-15 进出洞口加固示意图

能性。根据设计预测，本工程采取以下应对措施：

（1）在顶管机刀盘上将切削刀排列密度加密，提高耐磨强度。

（2）将原刀盘上常规刀具更换成高强度KE13钨钴合金，将抗岩石强度提高到60MPa（常规刀具抗岩强度10～15MPa）。

该型泥水平衡顶管机的优势为：

（1）适用范围广，软土、黏土、砂土、砂砾土、硬土均可适用。

图4-4-16 投入的泥水平衡式顶管机

（2）破碎能力强，破碎粒径大，特别是加密切削刀排列密度，采用钨钴合金刀具后已具有抗岩能力。

（3）顶进速度快、施工精度高、采用地面集中控制系统，安全、直观、方便。

2.7 减阻技术

本项目过海段顶管顶进减阻主要采用两种措施：

（1）为了提高顶进施工的效率，在施工过程中尽可能地降低管道外侧的阻力，通常情况下，往管外侧喷射触变泥浆，降低顶进的阻力。搅拌后的触变泥浆应达到以下性能指标：①黏度大于30s；②滤失量小于25ml/30min；③比重1.1～1.6；④含砂率不大于3%；⑤稳定性静置24h无离析水；⑥静切力为100Pa；⑦pH小于10。

本项目顶管采用的配浆比例：

纯海水配浆：高黏土与水的比例10：100。抗盐添加剂一方水加2.0kg。

自来水配浆：高黏土与水的比例8：100，抗盐添加剂一方水应加200～400g。

以上两种配比可以保证膨润土浆达到所要求的性能指标。

（2）通过在顶管管节外表面涂刷石蜡，减小顶管顶进过程中管节外壁与土层的摩擦阻力，达到减阻效果。

2.8 顶进测量、纠偏

本工程顶管属超500m的长距离顶管，需采取严格控制顶进速度的措施来控制偏差大的问题。本工程在常规测量、纠偏的基础上，采用"全自动APS智能引导系统"进行全程自动测控，做到动态设计、信息化施工。

（1）测量纠偏原理。激光经纬仪安置在观测台上，它发出的激光束为管道中心线，要符合设计坡度要求，实为顶管导向的基准线。施工开始时将顶管机测量靶的中心与激光斑点中心重合。当顶管机头出现偏差，相应激光斑点将偏离靶中心，测量靶图像通过视频传送到操作台的监视器上，从而观察出激光斑点将偏离靶中心偏离图像，通过控制纠偏千斤顶的伸缩量，进行顶进方向的纠正，使顶管机始终沿激光束方向前进。同时在顶进距离超过500m后，采用陀螺经纬仪对顶进方向进行复核，确保顶进方向的精准控制（图4-4-17）。

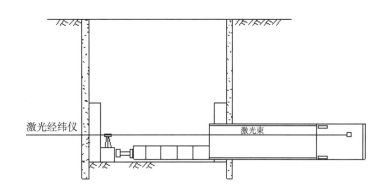

图4-4-17 测量纠偏原理示意图

（2）纠偏系统

1）纠偏系统主要设备：纠偏千斤顶、油泵站、位移传感器和倾斜仪组成。

2）纠偏系统的作用：控制顶管施工中的顶管机推进方向。

纠偏系统的动作控制在地面操作室的操作台进行远程控制，通过安放在纠偏千斤顶上的位移传感器实现纠偏量的控制，纠偏动作是一个纠偏千斤顶的组合式动作来实现（图4-4-18）。

纠偏动作组合如右图所示：

向上纠偏：左下、右下油缸同时伸动作；

向下纠偏：左上、右上油缸同时伸动作；

向左纠偏：右上、右下油缸同时伸动作；

向右纠偏：左上、左下油缸同时伸动作。

2.9 孤石处理

（1）机场快速路过海段：根据初步设计地勘资料，K12+890左右处（距工作井约700m），在顶管轴线周边采用微动探测探出微风化花岗岩孤石，为排除顶管施工中隐患，多

图4-4-18 纠偏油缸位置图

次组织专家进行论证，最终确定采用以下两个措施来避开孤石所在范围：

首先是调整沉井位置（将大嶝侧沉井向南港特大桥方向逆时针偏移15m）；然后调整顶进方向，将原初步设计由南（大嶝侧）向北（翔安侧）顶进调整为由北（翔安侧）向南（大嶝侧）方向顶进，利用顶管轴线的爬坡高差，有效避开不良地质，由设计单位在充分利用原详勘钻孔的基础上，对调整区域增加布置钻孔26个，地勘单位对新增钻孔进行勘察，经钻孔未发现微风化花岗岩孤石。

（2）大嶝大桥过海段：地勘资料显示线路轴线上并无孤石存在，但实际顶管机刚出洞就遇到孤石，孤石面积占机头面积的2/3，经对重新补勘钻孔及后续旋挖钻机取孔的芯样强度进行试验，孤石的强度平均值为103.3MPa。根据中国科学院武汉岩土力学研究所采用地质钻结合CT法进行地质补勘，顶管轴线穿越土层为残积土，全风化花岩，局部为砂砾状强风化花岗岩岩土层中含有不规则孤石8处约35m，孤石直径D500至4000不等，最小强度约为52MPa，最大强度约118MPa。采用了复合型刀盘泥水平衡顶管机，增加刀盘密度、采用强化刀具等措施，增加顶管机的排障能力，保证其顺利通过危险区，同时在顶管机通过该区域后对土体进行压密注浆，防止顶管机在该区域滞留时间过长造成附近土体流失严重引起后续顶管时出现"失压"现象。

2.10 顶管法和盾构法工法比较

对于大嶝大桥过海段地下综合管廊，根据以往施工的建设经验和目前的施工技术水平，采用顶管法和盾构法各有其优缺点，详见表4-4-2。

顶管法和盾构法比较表 表4-4-2

项目工法方法	顶管法	盾构法
结构形式	单一的圆形结构	单一的圆形结构
对环境影响	干扰小	干扰小
施工难度	技术成熟，难度小	技术成熟，难度较小
施工风险	小	小
作业环境	好	好
止水效果	好	好
沉降控制	较好	好
施工工期	150d	170d
经济性	一般	较贵

采用泥水平衡顶管法，优点是：适用土质范围较广，尤其适用于施工难度极大的粉砂质土层中，可保持挖掘面的稳定，对周围的土层影响小，底面变形小，较适宜用于长距离顶管施

工，工作井内作业环境好且安全，可连续出土，施工进度快。缺点是：施工场地大，设备费用高，需在地面设置泥水处理、输送装置，机械设备复杂。

综合考虑本项目设计推荐采用泥水平衡顶管法进行过海段管廊的施工。

顶管法较盾构法的优点有：

（1）接缝大为减少，容易使接缝达到密闭防水要求；

（2）管道纵向受力性能较好，能适应地层的变形；

（3）不需要二次衬砌，工序简单；

（4）内壁光洁；

（5）造价较低。

专家点评：

过海段顶管工程具有顶进距离长、直径大、地质情况复杂的特点，项目施工方案结合项目环境解决了顶管的施工和耐久性等技术难点，通过工程实施取得以下方面成效：

（1）不同地质条件下顶管机的掘进参数选取；

（2）顶进施工全过程的结构安全性分析；

（3）顶管穿越不同地质，特别是孤石地质的处理方案；

（4）对海域条件下的管廊防水处理方式进行了创新研究。

此外，本项目在施工中把暗挖顶进技术成功地应用到了管廊建设中，对今后城区综合管廊建设下穿河道、重要节点及构造物施工提供了借鉴。

建设单位：中铁市政（厦门）投资管理有限公司

设计单位：厦门市市政工程设计院有限公司

施工单位：中铁海峡建设集团有限公司　中铁二十二局集团第三工程有限公司

技术支撑单位：中国铁建股份有限公司

案例编写人员：郑一明　王新荣　苏国亮　刘四德　罗　冰　钱增裕